普通高等教育系列教材

Java程序设计教程

崔 淼 赵晓华 主编

机 械 工 业 出 版 社

本书以面向对象程序设计的思想为主线，全面细致地介绍了 Java 程序设计的基础知识、特点及相关应用，注重引导读者从 C 语言的以函数为主的面向过程的程序设计，过渡到以类和对象为主的面向对象的程序设计。本书共分为 12 章，主要包括 Java 语言概述，类和对象，深入理解类及其成员，继承、抽象类、接口和多态，数组与集合，异常和异常处理，输入/输出与文件管理，数据库编程、多线程，Java 网络编程，JavaFX 基础和 JavaFX Scene Builder 等方面的内容。

本书适合作为高等院校计算机专业教材使用，同时也可作为广大计算机爱好者的学习用书和各类 Java 程序设计培训班的教学用书。

本书配套授课电子课件，需要的教师可登录 www.cmpedu.com 免费注册，审核通过后下载，或联系编辑索取（微信：15910938545，电话：010-88379739）。

图书在版编目（CIP）数据

Java 程序设计教程 / 崔淼，赵晓华主编. —北京：机械工业出版社，2019.5（2024.8 重印）

普通高等教育系列教材

ISBN 978-7-111-62467-7

Ⅰ. ①J… Ⅱ. ①崔… ②赵… Ⅲ. ①JAVA 语言－程序设计－高等学校－教材 Ⅳ. ①TP312.8

中国版本图书馆 CIP 数据核字（2019）第 068185 号

机械工业出版社（北京市百万庄大街 22 号 邮政编码 100037）

策划编辑：胡 静 责任编辑：胡 静

责任校对：张艳霞 责任印制：张 博

北京建宏印刷有限公司印刷

2024 年 8 月第 1 版 • 第 10 次印刷

184mm×260mm • 20.25 印张 • 501 千字

标准书号：ISBN 978-7-111-62467-7

定价：69.00 元

电话服务	网络服务
客服电话：010-88361066	机 工 官 网：www.cmpbook.com
010-88379833	机 工 官 博：weibo.com/cmp1952
010-68326294	金 书 网：www.golden-book.com
封底无防伪标均为盗版	机工教育服务网：www.cmpedu.com

前　言

百年大计，教育为本。习近平总书记在党的二十大报告中强调“教育、科技、人才是全面建设社会主义现代化国家的基础性、战略性支撑”，首次将教育、科技、人才一体安排部署，赋予教育新的战略地位、历史使命和发展格局。

计算机科学是建立在数学、物理等基础学科之上的一门基础学科，对于社会发展以及现代社会文明都有着十分重要的意义。程序设计语言是计算机基础教育的最基本的内容之一。

Java 是一种经典的程序设计语言，它全面支持面向对象的程序设计方法。因此，Java 在国内外各个领域中得到了广泛的应用，有着极高的市场占有率。本教材以 Eclipse 4.7 + JRE 10.0 为开发平台，结合大量易于理解的实例，面向初步学习了 C 语言的读者，从面向对象程序设计的角度，循序渐进地展开了 Java 程序设计基础知识和编程技术的介绍。在内容讲述上以深入浅出的布局，结合直观的图示、演练、实训以及在源代码中尽可能多地添加注释等手段，使读者能够较轻松地理解面向对象编程的基本概念和思想。

本教材重点突出面向对象的程序设计思想，不仅在讲述内容上详细介绍了面向对象的相关概念及编程技术，而且在几乎所有演练、实训中采用“任务驱动”的方式，强调使用面向对象的程序设计方法来实现程序功能。注重引导读者从 C 语言的以函数为主的面向过程程序设计，过渡到以类和对象为主的面向对象的程序设计方法。

本教材共分为 12 章，主要包括 Java 语言概述，类和对象，深入理解类及其成员，继承、抽象类、接口和多态，数组与集合，异常和异常处理，输入/输出与文件管理，数据库编程、多线程，Java 网络编程，JavaFX 基础和 JavaFX Scene Builder 等方面的内容。

作者讲授程序设计语言课程多年，并参加过许多实际应用系统的开发，有丰富的教学经验和实践经验。在教材内容的处理上，紧紧抓住面向对象的程序设计思想这条主线，使学生通过本教材的学习，不但能学会 Java 程序设计的基本知识、设计思想和方法，还能很容易地过渡到其他面向对象程序设计语言的学习与使用上。

本书适合作为高等院校计算机专业教材使用，同时也可作为广大计算机爱好者和各类 Java 程序设计培训班的教学用书。本书配套有完整的教学用 PPT 课件，并提供所有演练、实训的源代码，需要的读者可从机械工业出版社教学服务网（http://www.cmpedu.com）中下载。

本书由崔淼、赵晓华主编，其中，李鸿雁编写第 1、10 章，崔淼编写第 2、3、4、5 章，刘瑞新、刘克纯、骆秋容、翟丽娟、徐维维编写第 6 章，彭姣编写第 7 章，许萌编写第 8 章，赵晓华编写第 9 章，苏继斌编写第 11、12 章，程序的上机调试、代码优化及教学课件由赵晓华制作完成。本书由刘瑞新教授统稿。编写过程中得到了许多一线教师的大力支持，提出了许多宝贵意见，使本书更加符合教学规律，在此感谢。

由于计算机信息技术发展迅速，书中难免有不足和谬误之处，恳请广大读者批评指正。

编　者

目　　录

第1章　Java语言概述

Java 是一种优秀的编程语言，具有面向对象、与平台无关、安全稳定和多线程等特点，在全球编程语言排行榜中，从2002到2018年，Java一直位于第一，是最受欢迎的语言。

1.1　Java语言的特点及相关概念

Java 是一种功能强大和多用途的编程语言，可用于开发运行在移动设备、台式计算机以及服务器端的应用程序。

1.1.1　Java语言的特点

Java 是由美国 Sun 公司于 1995 年推出的。Java 最初被称为 Oak（橡树），是 1991 年为消费类电子产品的嵌入式芯片而设计的。1995 年更名为 Java，并重新设计成用于 Web 应用程序的开发。2010 年 Sun 公司被美国 Oracle（甲骨文）公司收购，目前 Java 商标归 Oracle 公司所有。Java 是目前使用最为广泛的编程语言之一，它具有简单、面向对象、与平台无关、解释型、多线程、安全、动态等特点。

1．简单

Java 语言的语法与 C/C++和 C#语言十分接近，这使得程序员可以很容易地学习和使用 Java 语言。此外，Java 丢弃了 C++中很少使用的、很难理解的、令人迷惑的一些特性，如操作符重载、多继承、自动强制类型转换等。特别是，Java 语言不再使用指针的概念，并提供了自动的内存垃圾回收机制，使得程序员不必再编写任何关于内存管理的代码。

2．面向对象

Java 语言是一个完全面向对象的程序设计语言，它提供了类、接口和继承等面向对象编程技术。Java 支持类之间的单继承，支持接口之间的多继承，支持类与接口之间的实现机制和全面支持动态绑定。

3．与平台无关

与程序运行平台无关是 Java 较其他一些传统的编程语言最大的优势。Java 源程序（*.java）经过编译后生成能被 Java 虚拟机（JVM）识别和执行的字节码文件（*.class），这种机制使得任何支持 JVM 的平台都可以很好地运行 Java 程序。当平台的操作系统（Windows、Linux 等）或处理器发生变化或升级时无须对程序进行任何修改，从而实现了 Sun 公司提出的“一次写成，处处运行”的设计目标。

4．解释型

使用 C 和 C++等语言编写的应用程序，在运行前需要针对当前计算机的操作系统和 CPU 进行编译，编译后生成对应本计算机的二进制可执行代码文件。显然，这样的应用程序的可移植性较差。而 Java 应用程序经过编译后生成的是针对 JVM 的字节码文件，该文件在 JVM 中以解释方式被执行，从而提高了 Java 程序的适应能力和可移植性。

5．多线程

使用 Java 可以设计出能同时处理多项任务的多线程应用程序。多线程机制使应用程序能够并行执行，而且 Java 的同步机制保证了对共享数据的正确操作。通过使用多线程程序，设计者可以分别用不同的线程完成特定的行为，而不需要采用全局的事件循环机制，这样就很容易地实现了网络上的实时交互行为。

6．安全

为适应在网络环境中的应用，Java 提供了一套完善的安全机制，可以有效防止恶意代码的攻击。除了 Java 语言具有的许多安全特性以外，Java 对通过网络下载的类，提供了一个安全防范机制（ClassLoader 类）。例如，分配不同的名字空间以防替代本地的同名类。字节代码检查和安全管理机制（SecurityManager 类）也为 Java 应用程序提供了一个“安全哨兵”。

7．动态

Java 语言的设计目标之一就是适应动态变化的环境。Java 程序需要的类能动态地被载入到运行环境，也可以通过网络来载入所需要的类，这对软件的升级十分有利。

Java 语言的优良特性使得 Java 应用具有强大的健壮性和可靠性，减少了应用系统的维护费用。Java 对面向对象技术的全面支持和 Java 平台内嵌的 API 能缩短应用系统的开发时间，降低开发成本。Java 的编译一次到处可运行的特性，使得它能够提供一个随处可用的开放结构和在多平台之间传递信息的低成本方式。特别是 Java 企业应用编程接口（Java Enterprise APIs），为企业计算及电子商务应用系统提供了相关技术和丰富的类库。

1.1.2 与 Java 相关的几个概念

在使用 Java 语言进行程序设计之前，首先需要理解以下几个与 Java 相关的基本概念。

1．Java 语言规范

Java 语言规范是对 Java 语言的技术定义，规定了 Java 语言的语法和语义，如关键字、标识符、语法格式等。完整的 Java 语言规范可以在 Oracle 的官方网站（https://docs.oracle.com/javase/specs/）中找到。

2．Java 虚拟机

任何一种可以解释并运行 Java 字节码的软件均可看成是 Java 虚拟机（JVM），如各类浏览器。可以将其理解为能解释并执行 Java 字节码的“软 CPU”，也就是说 JVM 是可以解释并运行 Java 字节码的假想软计算机。

3．API

API（Application Program Interface，应用程序接口）也称为“库”，其中包含有为开发 Java 程序而预定义的通用类和接口。使用这些具有工具性质的预定义类和接口，可以大幅度减轻开发人员的代码编写量，缩短软件的开发周期。

4．JRE

JRE（Java Runtime Environment，Java 运行环境），它包含了 Java 虚拟机、Java 基础类库等，是运行 Java 应用程序所必需的软件环境。计算机中只有正确安装和配置了 JRE 后，才能运行 Java 应用程序。

5. JDK

JDK（Java Development Kit，Java 开发工具包）由一系列独立的 Java 程序构成，是开发人员编写 Java 程序所需的开发工具包，它是提供给开发人员使用的预定义类、接口的集合。

JDK 包含了 JRE、Java 源代码的编译器 javac.exe 和运行 Java 程序的 java.exe，还包含了许多 Java 程序调试和分析的工具，如 jconsole.exe（Java 性能分析器）、jvisualvm.exe（Java 监控工具）等。此外，编写 Java 程序所需的文档和一些实例程序也包含在 JDK 中。

6. Java 版本

Java 是一种全面且功能强大的计算机程序设计技术，面对不同的用途，Java 提供了 Java SE、Java EE 和 Java ME 3 个不同的版本。

（1）Java SE

Java SE（Java Standard Edition，Java 标准版），可用来开发客户端应用程序。使用 Java SE 开发的应用程序可以独立运行，也可作为 Java Applet（Java 小程序）嵌入到 HTML 网页中在 Web 浏览器中运行。Java 基础学习一般都是在 Java SE 环境中进行的。

（2）Java EE

Java EE（Java Enterprise Edition，Java 企业版），可用来开发服务器端的应用程序，如 Java Servlet 和 JSP（Java Server Pages）。Java EE 提供了企业电子商务架构及 Web Services 服务，其优越的跨平台能力与开放的标准深受广大企业用户的喜爱。目前，Java EE 已成为开发电子商务应用的首选平台。

（3）Java ME

Java ME（Java Micro Edition，Java 微型版）是一个精简的 Java 开发平台，可用于面向消费类产品和嵌入式设备的应用程序开发。无论是无线通信还是手机、PDA 等小型电子设备，均可采用 Java ME 作为开发工具及应用平台。它提供了对 HTTP 等 Internet 协议的支持，可以使手机等便携式设备以 C/S（客户端/服务器）的方式直接访问 Web 网站或本地存储的资源。

1.2 Java 与面向对象的程序设计

Java 是一个完全面向对象的程序设计语言。所谓“面向对象”是指将程序中遇到的所有实体都看作一个“对象”（Object），并将具有相同基本特征的对象归属到一个“类”（Class）中，可以将对象理解成类的一个具体实例。类是抽象的、模糊的；而类的对象却是具体的、明确的。例如，隶属于电视机类的某品牌，某型号具体的电视机对象。在使用 Java 以面向对象的方式进行针对电视机的程序设计时，通常需要先创建一个电视机类，定义出描述电视机所需的特征变量（如尺寸、分辨率、能耗等）和行为方法（如开机、关机、搜台、调整音量和色彩等）。而后，创建电视机类的实例，并通过该实例操作电视机类的特征变量或调用电视机类具有的方法，进而实现程序的预期功能。

1.2.1 Java 应用程序的构成

在使用 Java 进行程序设计时，开发人员的主要工作是进行类及其方法的设计，并通过代码控制类对象的特征变量（也称为字段变量或属性）、调用对象的方法，最终实现程序的设计目标。

一个可以独立运行的 Java 应用程序由一个或多个相互关联的类组成，每个类中通常包含以下 3 个最基本的成员。

1）特征变量：也称为字段或属性。一个类中可以包含一个或多个特征变量，如描述一个圆对象的半径值、边线颜色、填充颜色、圆心位置等；描述一个学生对象的学号、姓名、性别、班级、成绩等。

2）方法：它是用于在程序中实现某些具体操作的代码段。一个类中可以包含一个或多个用于实现不同功能的方法，如一个圆对象可以有计算并输出圆面积值的方法、计算并输出周长的方法等；一个学生对象可以有修改学生成绩、计算总分、输出成绩单等方法。

3）构造方法：构造方法是类中一种特殊的方法，用于初始化类的对象，它没有返回值并且其名称必须与类名相同。

下列所示的是一个能根据用户输入的半径值，计算并输出圆面积值的 Java 应用程序的构成框架。

```
class 主类{
    主方法 main{
        用于接收用户输入的半径值的语句;
        创建圆类对象并为其半径赋以用户输入值的语句;
        通过圆对象调用圆类计算并输出面积方法的语句;
    }
}
class 圆类{
    声明圆半径变量的语句;
    计算并输出圆面积的方法{
        实现功能的代码;
    }
}
```

说明：

1）上述 Java 应用程序由两个类（主类和圆类）构成，每个类中又包含有各自的方法。

2）若希望一个 Java 应用程序能独立运行，则其中必须包含有一个命名为“main”的主方法，主方法是程序执行的起始点。它所在的类称为“主类”。

3）通常主方法仅用来提供用户的操作接口，它通过对象的特征变量存储数据，通过调用对象的方法实现程序功能，相当于应用程序的指挥中心。

4）Java 除了允许开发人员根据实际需要创建自定义类外，还在 JDK 中包含了众多可在程序中直接调用的、用于实现各种功能的预定义类。使用这些预定义类可以大幅度提高程序的开发效率，减轻开发人员的工作量。

1.2.2 创建、编译和执行 Java 应用程序

在 Windows 命令提示符窗口中编译和运行 Java 应用程序之前，首先需要在计算机中正确地安装和配置 JDK。

1．下载、安装和配置 JDK

最新版的 JDK 安装包可以从 Oracle 公司的官方网站中免费下载（https://www.oracle.com/technetwork/java/javase/downloads/index.html），下载页面如图 1-1 所示。该页面中提供了当前 JDK 的最新版本和 Java 应用程序开发 IDE 平台 NetBeans with JDK（包含了 JDK 的 NetBeans）的下载链接。下载时应注意根据自己计算机中安装的操作系统选择相应的 32 位（i586）或 64 位（x86）版本。

下载并正确安装了 JDK 后还需要对其运行环境进行一些必要的配置。下面以 Windows 10 操作系统为例说明 JDK 的基本配置方法。

JDK 10 默认安装在 C:\Program Files\java\jdk-10 文件夹中，其中包含的 JRE 10 安装在 C:\Program Files\java\jre-10 文件夹中。为了使 Windows 能够找到需要执行的程序文件，需要将 JDK 的路径添加到 Windows 的环境变量中。

右击 Windows 10 桌面上“此电脑”图标，在弹出的快捷菜单中执行“属性”命令，在打开的窗口中单击左侧“高级系统设置”，在打开的对话框中单击“环境变量”按钮，在环境变量设置窗口中选择“系统变量”中的“Path”项，在图 1-2 所示的窗口中单击“新建”按钮，向环境变量列表中添加一条描述 JDK 相关文件所在位置的记录“C:\Program Files\java\jdk-10\bin”。

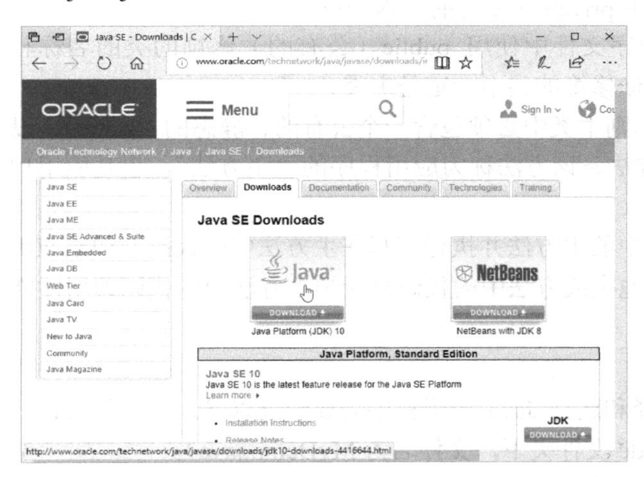

图 1-1　下载 JDK 安装包

图 1-2　设置 Windows 环境变量

设置完毕后，打开 Windows 命令提示符窗口，在窗口中输入命令“java -version”后按〈Enter〉键，该命令表示要在命令提示符窗口中显示当前计算机中安装的 JDK 版本，若能在窗口中显示出图 1-3 所示的信息，则表明 JDK 的基本配置正确。

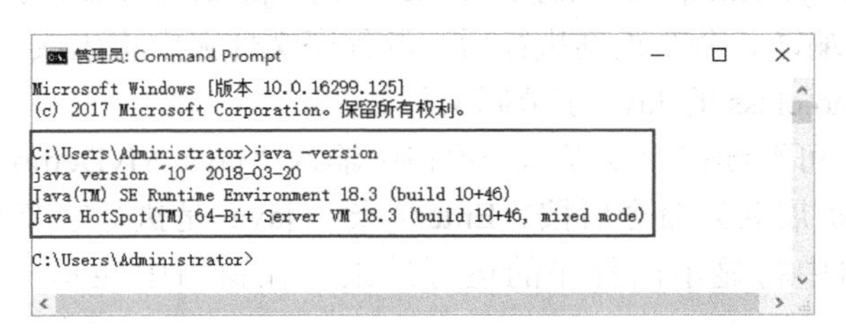

图1-3　检查环境变量设置是否正确

2. 创建 Java 应用程序

创建一个 Java 应用程序最直接的方法，就是在类似于 Windows 记事本的纯文本编辑软件中直接按 Java 语言规范写出程序的源代码。图 1-4 所示的就是在 Windows 记事本中编写的，可在屏幕上显示一段文本的，一个简单 Java 应用程序。代码编写完毕后，需要将源代码文件以主类名为文件名，以.java 为文件扩展名保存。本例将源程序文件以 MyDemo.java 为文件名，保存在 d:\javacode 文件夹中。

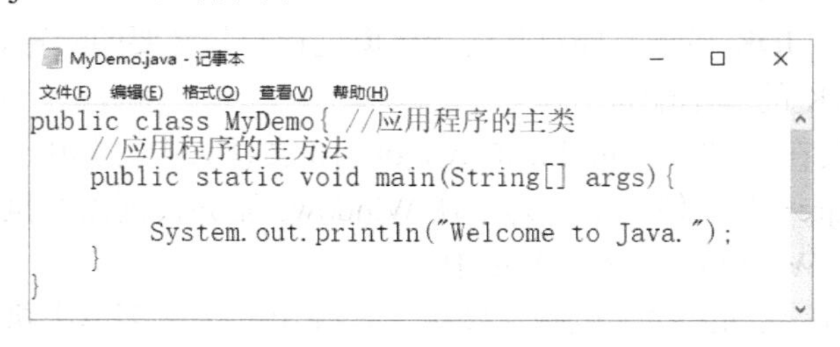

图 1-4　在 Windows 记事本中创建 Java 应用程序

需要注意以下几点：

1）在一个 Java 应用程序中至少要包含一个类（class），该类称为应用程序的主类。由于主类是执行程序的入口，所以它不能使用 private（私有的）修饰符。

2）Java 源程序文件名必须与源程序文件中使用 public（公有的）修饰的类的名称相同，并以.java 为文件扩展名。使用 public 修饰的类不一定是主类。

3）如果希望应用程序能直接运行，则主类中必须包含一个公有的、静态的（static）、没有返回值的（void）、名为“main”的方法。该方法称为应用程序的“主方法”，也是应用程序执行时的切入点。

应用程序运行时，首先要找到主类中的主方法并执行书写在主方法中的代码。如果应用程序中包含有多个类或多个方法，则其他类或方法中的代码只能被主方法中的代码调用才能被执行。

3. 编译和运行 Java 应用程序

在 Windows 命令提示符窗口中编译和运行 Java 应用程序需要经过以下几个步骤（设：编写完毕的 Java 源程序存储在 d:\javacode 文件夹下，文件名为 MyDemo.java）。

1）打开 Windows 命令提示符窗口，输入“d:”后按〈Enter〉键，将当前驱动器变更为 d 盘。

2）输入“cd javacode”后按〈Enter〉键，将当前目录变更为前面已编写完成的 Java 源程序文件所在目录 d:\javacode。

3）输入“javac MyDemo.java”后按〈Enter〉键（javac 是 Java 源程序的编译命令），对 Java 源程序文件进行编译。命令正确执行后，源程序文件夹中将生成一个可被 JVM 识别并执行的、名为 MyDemo.class 的 Java 字节码文件。

4）编译完成后，可继续在命令提示符窗口中输入“java MyDemo”（这里表示的是主类名区分大小写，不带扩展名）命令后按〈Enter〉键（java 是执行字节码文件的命令），命令被正确执行后，窗口中将显示出程序的运行结果（在窗口中显示一段文字“Welcome to Java.”）。

5）主方法中的“String[] args”是一个字符串型参数数组，用于接收 Java 程序运行语句传递给主方法的若干个字符串型数据。例如，在运行 Java 程序时可以使用下列所示的命令格式向主方法传递两个数据 12 和 13。

```
java MyDome 12 13↙ //向主方法传递两个数据 12 和 13（用空格分隔），↙表示按〈Enter〉键
```

在主方法中可以使用类似下列所示的语句接收传递来的数据。

```
//显示“接收到的数据是：12 和 13”，args[0]表示数组中第 1 个数据，args[1]表示第 2 个数据
System.out.println("接收到的数据是：" + args[0] + "和" + args[1]);
```

1.2.3 Java 源程序的编写要求

在编写 Java 源程序时有以下一些注意事项。

1）Java 中所有变量、类、方法等的名称和 Java 关键字区分大小写。

2）一条语句原则上要书写在同一行中，行尾使用英文分号表示结束。

3）代码中二元操作符的左右应当各留一个空格。

4）块结构语句要使用缩进格式。

如：

好的风格	不好的风格
c = a + b;	c=a+b;
if(a > 3){	if(a>3){
b = a + 1;	b=a+1;
System.out.println(b);	System.out.println(b);
}	}

5）Java 源程序中的注释语句分为以“//”开头的“行注释”和以“/**”开头以“*/”结束的、可以书写在多行中的“块注释”。在程序中恰当地使用注释可有效提高程序的可读性，是一种良好的编程习惯。

6）书写大小括号时要注意它们都是成对出现的，最好输入前括号后立即输入后括号，而后再书写括号中的内容。此外，还要注意表示语句行结束的分号“;”、表示字符串的“""”和用于分隔数据列表的逗号“,”都是英文符号，要注意中英文输入法的切换。

1.3 Java 的数据类型

任何一个计算机应用程序都是在不断的数据分析、处理中实现其功能的。所以，在真正开始设计 Java 应用程序之前，首先需要建立 Java 使用的各种数据类型的概念。

计算机程序运行时的主要工作实际上是进行一系列各类数据的读取、分析、处理和输出。这些数据在程序运行过程中需要存储在计算机内存中，并以变量或常量的形式进行管理。

为了准确地为各类数据分配所需的内存空间并提供合理的运算方法，就需要将数据分为不同的类型。每种类型的数据均被预定义了能够占用的存储容量（字节数），这就意味着任何一种类型的数据都被规定了可取值的范围，超出这个范围将会导致数据的“溢出”。

1.3.1 基本类型和引用类型

Java 将数据分为基本类型和引用类型两大类。基本类型中主要包括整型、浮点型、布尔型和字符型。引用类型中最常用的有字符串型、数组、类的对象等。本节仅介绍基本类型和引用类型中的字符串类型，其他将在后续章节中介绍。

1．基本类型

基本类型数据主要包括数值型（整型、浮点型）、字符型和布尔型 3 大类。

（1）整型

整型数据包括正整数、负整数和零。Java 中将整数分为 byte（字节型）、short（短整型）、int（整型）和 long（长整型）4 种类型，每种类型可占用不同大小的存储空间。不同的整型表示的数值范围也不同，这为开发人员根据实际需要进行灵活选择提供了方便，同时设置适当的类型对节约系统资源，提高程序运行效率也是十分重要的。常用整数类型、占用的存储空间及取值范围见表 1-1。

表 1-1　整型数据及取值范围

数据类型	占用存储空间/字节	取值范围
byte（字节型）	1	-2^7(−128)～2^7−1(127)
short（短整型）	2	-2^{15}(−32768)～2^{15}−1(32767)
int（整型）	4	-2^{31}(−2147483648)～2^{31}−1(2147483647)
long（长整型）	8	-2^{63} (−9223372036854775808)～2^{63} −1(9223372036854775807)

需要说明以下两点：

1）从表 1-1 中可以看出，就算是数值范围最大的 long 类型，也会有无法表示的超小或超大的整数。此时，应当使用 Java 提供的 BigInteger 类来处理数据。

2）Java 将一个整数默认为 int 类型。若需要将一个整数表示为 long 类型时，则需要在数字的后面加上 l 或 L（大写或小写的 L）。

（2）浮点型

浮点型用于表示一个实数（既有整数又有小数的数），浮点型数据分为标准计数法（如 3.0、4.156 等）和科学计数法（如 123.45 表示为 1.2345E+2）两种。

Java 根据所需数值范围不同将浮点型数据分为 float（单精度）和 double（双精度）两种类型，它们占用的字节数和取值范围见表 1-2。

表 1-2　浮点型数据及取值范围

数据类型	占用存储空间/字节	取值范围
float（单精度浮点型）	4	负数范围：−3.408235E+38～−1.4E−45 正数范围：1.4E−45～3.408235E+38
double（双精度浮点型）	8	负数范围：−1.7976931348623157E+308～−4.9E−324 正数范围：4.9E−324～1.7976931348623157E+308

需要说明以下两点：

1）无论是 float 还是 double 都是一种近似数据。其中，float 型最多能有 7 位有效数字，能保证的精度为 6 位，也就是说 float 的精度为 6～7 位有效数字；double 类型最多能拥有 16

位有效数字，能保证的精度为 15 位，也就是说 double 的精度为 15～16 位。在使用浮点数进行高精度计算时应注意上述问题。例如，下列语句执行后的输出结果不是 2.7，而是 2.6999999999999997。

```
System.out.println(3.0 - 0.1 - 0.1 - 0.1);          //输出结果为 2.6999999999999997
```

若需要高精度的计算，可使用 Java 提供的 BigDecimal 类。

2）Java 将一个浮点数默认为 double 类型，若希望表示一个 float 类型数值，则应在数值的后面加上一个 f 或 F。

（3）布尔型

布尔型（boolean）也称为逻辑型，用来表示一个布尔值。布尔型数据的取值只能是 true（真）或 false（假），占用 1 个字节的存储空间，通常用来表示一个关系表达式（如 a > b）或逻辑表达式（如 a > b & a < c）的运算结果。

（4）字符型

字符型（char）用来存储单个字符，占用两个字节的存储空间。Java 语言中的字符采用的是 Unicode 字符集编码方案，每个字符占用两个字节的存储空间（16 位无符号整数），共包含有 65536 个字符。由于 Unicode 字符集支持英文、中文等多国文字，所以也被称为“万国码”。在 Java 中 Unicode 码用“\uxxxx”表示，前面的“\u”表示这是一个 Unicode 值，后面 xxxx 是 4 位 16 进制数。Unicode 码的范围是\u0000～\uFFFF。

2．String 类型

前面介绍过的基本数据类型在计算机内存中保存的是数值本身，而引用数据类型在内存中存储的则是数值的内存地址，它往往由多个基本数据组成。因此，常将对引用数据类型的引用称为“对象引用”，引用数据类型也被称为复合数据类型，在有的程序设计语言中将其称为“指针”。引用数据类型中最常用的有字符串类型、数组和类的对象等。

字符串类型（String）表示一个由若干字符组成的字符序列。严格地讲，String 是 Java 的一个预定义类，字符串类型数据实际上是 String 类的一个实例化对象中存储的数据。例如：

```
String str = new String();       //声明一个 String 类的对象 str
str = "Welcome to Java.";        //为 str 对象赋值
```

上面两条语句可以简化为：

```
String str = "Welcome to Java.";
```

1.3.2 变量与常量

对用户来说，变量是用来描述一条信息的名称，在变量中可以存储各种类型的信息。而对计算机来说变量代表一个存储地址，变量的类型决定了存储在变量中的数据的类型。简单地讲，变量就是在程序运行过程中，其值可以改变的数据。程序是通过变量的名称来访问相应内存空间的。

常量存储的是在程序运行中不能被修改的固定值。Java 中常量与变量相同，也分为整型、浮点型、布尔型、字符型和字符串型。

在程序设计中使用变量与常量进行数据传递、数据读写等是最为基础的操作，正确理解和使用变量、常量是程序设计工作的重要技术之一。

1．标识符

标识符是用来表示变量名、类名、方法名、数组名和文件名的有效字符序列。开发人员可依据相应的规范自行决定要使用的标识符。关于标识符的命名应遵循如下一些规定。

1）标识符可以由大小写字母、数字、下划线、符号$等组合而成。

2）标识符只能以字母、下划线、$开头，不能以数字开头。标识符中不能包含空格、小数点或其他特殊字符。

3）标识符不能是 Java 的关键字（已被 Java 占用并赋予特定含义的字符串），如 int、double、String 等不能用作标识符。

4）标识符中变量名、方法名、数组名的第一个单词全部小写，后面的每个单词首字母大写（如 age、myName 等）；类名每个单词的首字母都要大写（如 Student、MyClass 等）。

5）标识符应该能够标识事物的特性。例如，用于存储用户名的字符串变量可使用 userName 来命名。

2．声明变量

变量总是和变量名联系在一起的，所以要使用变量，必须为变量命名。在 Java 中，命名变量的过程称为“声明”。

声明变量就是把存储数据的类型告诉计算机，以便为其安排需要的内存空间。同时将变量名和安排的内存地址关联，以方便数据的读写。变量的数据类型可以对应所有合法的数据类型。声明变量最简单的语法格式如下：

数据类型 变量名列表;

例如：

```
double result;                  //声明一个双精度浮点型变量
bool usersex;                   //声明一个布尔型变量
String userName, userEmail;     //声明两个字符串型变量，变量名之间要使用逗号将其分隔开
```

需要注意以下两点：

1）变量必须“先声明，后使用”。直接使用没有进行类型和名称声明的变量时，将出现未找到变量的错误。为了尽量避免这类错误，Java IDE 软件都具有将已声明的变量自动添加到智能感知提示列表中的功能。

2）对于已声明的，较长或拼写复杂的变量名，最好先输入首字母或前面若干个字母，再用上下光标键从智能感知提示列表中选择需要的名称，最后使用“.”号、空格键或〈Enter〉键将其输入，这样可以有效地避免拼写错误。

3．为变量赋值

变量声明后没有赋值或需要重新赋予新值时可使用如下所示的语句，语句中的“=”称为赋值运算符。

```
int num;                        //声明一个整型变量 num
num = 32;                       //为整型变量 num 赋值 32
bool usersex = true;            //声明布尔型变量 usersex 的同时赋值为 true
```

```
char letter;                    //声明一个字符型变量 letter
letter = 'w';                   //给变量 letter 赋值，字符型直接量要使用单引号括起来
String username = "张三";       //给字符串变量 username 赋值，字符串型直接量要使用双引号括起来
```

为变量赋值时可以使用直接量，也可以使用变量表达式。例如：

```
int a = 3, b = 4, c;            //声明 3 个变量 a、b、c，并为 a、b 分别赋值
c = a + b;                      //用一个变量表达式为另一个变量赋值
```

若需要为多个变量赋予相同值时可以使用如下所示的语句。

```
int num1, num2, num3;
num1 = num2 = num3 = 7;
```

需要说明以下两点：

1）赋值号“=”与数学中的等号具有相同的外观，但它们的含义是完全不同的。例如，在数学中 x = 12 与 12 = x 均正确，但在赋值语句中 x = 12 是正确的，而 12 = x 就是错误的，因为语法格式要求变量只能出现在赋值表达式的左边。

2）在程序中使用已声明但未赋值的变量将导致错误。例如，下列语句是错误的。

```
int a, b;
b = a + 1;                      //整型变量 a 已声明但未赋值导致语句出错
```

4．变量的作用域

变量的作用域是指变量的可见范围，也可以理解为变量的有效范围。Java 将变量分成全局变量和局部变量两大类。

（1）全局变量

全局变量主要包括实例变量（也称为普通全局变量）和静态变量。

1）实例变量和静态变量都需要声明在类中，且不能包含在任何一个方法中。

2）静态变量需要使用 static 关键字来声明。

需要注意的是，无论全局变量的声明语句写在什么位置，它的作用域都是整个类。

（2）局部变量

局部变量是指在某方法中或某块语句结构（如 if、for、while、switch 等）中声明的变量。局部变量的作用域限定在所在方法或块语句结构内，也就是变量声明语句所在的一对大括号内。

例如，下列语句中 x 为静态变量，y 为实例变量，a、b 为局部变量。

```
public class MyClass { //类
    static int x;          //x 为静态变量，静态变量必须声明在类中，不能声明在任何一个方法中
    int y = 3;             //y 为实例变量，不能声明在任何一个方法中
    public void test() {//方法
        int a = 5;         //包含在方法中的局部变量，作用域为整个方法
        if(y >= 1) {
            int b = a + 2;          //b 为局部变量，作用域仅为 if 语句块
        }
        else {
```

```
                x = 6;                    //x 为静态变量，声明一次在任何地方都可以使用
                int b = a + y + 2;        //与 if 中的 b 不是一个变量，作用域仅为 else 语句块
            }
        }
    }
```

5．常量与常用转义符

（1）声明和使用常量

Java 中使用 final 修饰符来声明常量，其语法格式如下：

```
final 数据类型 常量名 = 常量值;            //常量名中所有字母要全部大写
```

例如：

```
final int MAX = 9;
final String UNIT = "东方大学";
```

常量的使用方法与变量相同，可以使用常量名来表示常量值。例如：

```
System.out.println("最大值是：" + MAX);      //输出结果为："最大值是：9"
```

在程序中使用常量有以下 3 个优点。

1）不必反复输入同一个数据，这在数据本身较复杂时更能显示出其优势。

2）如果必须修改常量的值时，仅需在源代码中修改一个地方。

3）用一个描述性名称命名常量，可以提高代码的可读性。

（2）常用转义符

转义符用来表示一些确实存在，但无法以常规的方式显示的特殊符号。如换行、回车、Tab 等。所有转义符都用符号反斜杠“\”开头，后面跟一个特定的字母表示。常用转义符及说明见表 1-3。

表 1-3　常用转义符及说明

转义符	说明	Unicode 编码	转义符	说明	Unicode 编码
\a	鸣铃(Beep)	\u0007	\"	双引号	\u0022
\b	退格（Backspace）	\u0008	\'	单引号	\u000D
\t	横向跳到下一制表位置（Tab）	\u0009	\r	回车（Enter）	\u0027
\n	换行	\u000A	\\	反斜线符"\"	\u005C

字符串中需要使用单引号“'”、双引号“"”或反斜杠“\”时，为了避免二义性就需要使用转义符来表示。例如，下列语句输出为：他说："Java 是很有用的"，并在结尾输出一个回车符。

```
System.out.print("他说：\"Java 是很有用的\"\r");    //在字符串中使用转义符
```

1.3.3　数据类型的转换

在处理数据的过程中，经常需要将一种数据类型转换为另一种数据类型。例如：

```
int a = 3, b = 2;
double c = a / b;              //整数除整数只能得到另一个整数 1，隐式转换成 double 后得 1.0
System.out.println(c);         //输出结果为 1.0 而不是 1.5
```

要想得到带有小数的计算结果，就需要将 a 和 b 转换成浮点型数据后再执行 a/b 的操作。在 Java 中，数据类型的转换分为“隐式转换”与“显式转换”两种。

1．隐式转换

（1）隐式转换的概念

隐式转换是系统自动执行的数据类型转换。隐式转换的基本原则有两个：首先，原类型与目标类型是兼容的；再者，原类型的数值范围小，目标类型的数值范围大。例如：

```
int x = 123456;                //为 int 类型变量赋值
long y = x;                    //将 x 的值读取出来，隐式转换为 long 类型后，赋给长整型变量 y
```

（2）char 类型隐式转换为数值

Java 允许将 char（字符）类型的数据隐式转换为数值范围在短整型 short 及以上的数值类型。例如：

```
char mychar = 'A';             //为字符型变量 mychar 赋值
//读取 mychar 的值，隐式转换为整数 65（A 的 ASCII 码值），与 32 相加后将结果赋给 num
int num = 32 + mychar;         //num 的值为 97
```

之所以允许将字符型数据隐式转换为整数，是因为 char 类型的数据在内存中保存的实质是整型数据，只是从意义上代表的是 Unicode 字符集中的一个字符。

（3）数值隐式转换为字符串

当一个字符串与一个数值型数据进行“+”运算时，Java 会首先将数值型数据转换成字符串，而后再与原字符串连接。例如：

```
String str = "你的年龄是：" + 21;          //str 得到连接后的字符串"你的年龄是：21"
```

2．显式转换

显式转换也称为强制转换，是在代码中明确指示将某一类型的数据转换为另一种类型。显式转换语句的一般格式如下：

类型 A 变量 = (类型 A)类型 B 变量;　　　　//将类型 B 变量中的数据转换成类型 A

例如：

```
int x = 600;
short z = (short)x;      //将变量 x 中的值显式地转换为 short 类型，赋值后变量 z 的值为 600
```

实际上，显式转换包括了所有的隐式转换，也就是说把任何隐式转换写成显式转换的形式都是允许的。与隐式转换相同，进行显式转换也要求原类型与目标类型兼容；不同的是若将数据范围大的类型转换成数值范围小的类型时，可能出现精度下降的情况。例如：

```
double d = 234.55;
int x = (int)d;      //将双精度变量 d 中的数据转换为整型后，只能得到 234，小数部分被丢掉
```

如果希望将一个数字字符串转换成某种数值类型，可使用如下所示的显式转换方法。

```
Integer.parseInt(str1);          //将整数字符串 str1 转换成 int 类型
Double.parseDouble(str2);        //将浮点数字符串 str2 转换成 double 类型
```

上面代码中 Integer 是 int 类型的包装类，Double 是 double 类型的包装类。它们用于将基本类型的 int 或 double 转换成对应的引用类型，以方便调用包装类提供的方法进行类型转换或进行其他操作。

1.3.4 字符串的常用操作方法

Java 的 String 类为处理字符串数据提供了大量实用的方法，通过这些方法可以实现对字符串进行测长度、取子串、比较等操作。关于字符串常用的操作方法见表 1-4。

表 1-4 String 对象的常用方法

方法名	说明	示例 （设：String str ="123456")
length()	返回字符串中包含的字符数（长度）	int num = str.length(); //num 得到返回值 6
charAt(index)	返回字符串中索引值为 index 处的字符	char c = str.charAt(3); //索引从 0 开始，c 得到“4”
toUpperCase()、toLowerCase()	将字符串全部转为大写或小写后返回	String s = ("Abc").toUpperCase(); //s 得到“ABC”
trim()	移除字符串前后的空格后返回	String s = (" abc ").trim(); //s 得到“abc”（移除前后空格）
equals(s1)	比较字符串与字符串 s1 是否相等	String s = "1234"; boolean t = str.equals(s); //t 为 false
contains(s1)	如果 s1 是该字符串的子串返回 true	String s = "1234"; boolean t = str.contains(s) //t 为 true
substring(index)	返回从索引值为 index 到结尾的子串	String s = str.substring(2); //s 得到“3456”
substring(a, b)	返回从索引 a 到索引 b-1 之间的子串	String s = str.substring(2, 4); //s 得到 34（不含索引值为 4 的）

str.replaceAll(s1, s2)、str.replaceFirst (s1, s2)	将字符串中所有或第一个 s1 替换成 s2	String s = str.replaceAll("345", "999"); //s 得到“129996”
		如果将 s2 设置为空字符串，就可实现“移除”的效果

1.3.5 常用数学方法和随机数

Java 在 Math 类中预定义了两个常量和大量用于数学计算（如三角函数、平方根、幂运算、生成随机数等）的方法，这些常量和方法的说明见表 1-5。

表 1-5 数学类常用属性与方法

名称	功能说明	示例	示例结果
Math.PI	得到常量圆周率	Math.PI	3.14159265358979
Math.E	得到常量自然对数的底	Math.E	2.71828182845905
Math.sin(弧度值)	求正弦值方法，返回类型为 double	Math.sin(Math.PI / 6)	0.5 (保留 1 位小数)
Math.cos(弧度值)	求余弦值方法，返回类型为 double	Math.cos(Math.PI / 3)	0.5 (保留 1 位小数)
Math.tan(弧度值)	求正切值方法，返回类型为 double	Math.tan(Math.PI / 4)	1.0 (保留 1 位小数)
toRadians(角度值)	角度值转换成弧度值，返回类型为 double	Math.toRadians(60)	1.0471975511965976
toDegrees(弧度值)	弧度值转换成角度值，返回类型为 double	Math.toDegrees(Math.PI / 3)	59.99999999999999
Math.pow(底数, 指数)	幂运算，返回类型为 double	Math.pow(3, 2) 求 3 的 2 次方	9.0
Math.sqrt(数值)	求数值的平方根，返回类型为 double	Math.sqrt(2)	1.4142135623730951

除了上述常用的数学运算方法外，Math 类还提供了一个用于产生随机数的 random()方法。该方法可以产生一个大于等于 0.0，小于 1.0 的 double 类型的随机数。

如果希望产生一个 a～b 的随机整数（包括 a 和 b），可使用如下所示的语句格式。

```
int 整型变量 = a + (int)(Math.random() * (b - a + 1));
```

例如，下列语句用于产生一个 10～99 的随机整数（包括 10 和 99）。

```
int x = 10 + (int)(Math.random() * 90);          // 99 - 10 + 1 = 90
```

1.4 运算符和表达式

描述各种不同运算的符号称为运算符，而参与运算的数据称为操作数。表达式用来表示某个求值规则，它由运算符、配对的圆括号及常量、变量、函数、对象等操作数组合而成。表达式可用来执行运算、处理字符串或测试数据等，每个表达式都产生唯一的值。表达式的类型由运算符的类型决定。

1.4.1 算术运算符与算术表达式

算术运算符分为一元运算符和二元运算符。由算术运算符与操作数构成的表达式称为算术表达式。

（1）一元运算符

一元运算符包括-（取负）、+（取正）、++（增量）、--（减量）。

一元运算符作用于一个操作数，其中“-”与“+”只能放在操作数的左侧，表示操作数为负或为正。

增量与减量符只能用于变量，不能用于常量，表示操作数增 1 或减 1。例如：

```
int x = 10;
++x;        //增量，x 的值为 11，等价于 x = x + 1
x = 5;
x--         //减量，x 的值为 4，等价于 x = x - 1
```

增量与减量运算符既可以放在操作数的左侧，也可以放在操作数的右侧。如果在赋值语句中使用增量或减量符，其出现的位置不同具有的含义也不同。

若增量或减量符出现在操作数的左侧，表示将操作数先执行增量或减量，再将增（减）结果赋值给“=”左侧的变量。

若增量或减量符出现在操作数的右侧，表示先将未执行增（减）量操作的操作数赋值给“=”左侧的变量，再执行增量或减量操作，并将增（减）结果保存在操作数中。例如：

```
int a, b, c, d;
a = b = 10;
c = ++a;            //先执行增量，再执行赋值，c 的值为 11
c = b++;            //先执行赋值，再执行增量，c 的值为 10
d = b;              //b 在上一语句中已执行了增量，故 d 的值为 11
```

（2）二元运算符

二元运算符包括+（加）、-（减）、*（乘）、/（除）、%（求余）。其意义与数学中相应运算符的意义基本相同。

说明：%（求余）运算符是以除法的余数作为运算结果，故求余运算也叫模运算。例如：

```
int x = 6, y = 4, z;
z = x % y;              //z 的值为 2，即 6 被 4 除得余数 2
z = y % x;          //z 的值为 4，即 4 被 6 除得商 0，得余数 4
```

在 Java 中，求余运算符不仅支持整型数值的运算，也支持实型数值的运算。如 5 % 1.5 的结果为 0.5。

（3）算术表达式

算术表达式是指使用若干二元运算符、数学方法、括号和操作数等元素共同组成的数学式子，与大家熟悉的数学表达式十分相似。例如：

```
int a , b, c;
c = a * b / (32 + b%3);         //由运算符、操作数和括号组成的算术表达式
```

需要注意的是，在算术表达式中所有的括号都要使用圆括号“()”，不能使用“[ ]”和“{ }”。此外，在使用算术表达式时，要特别注意数据类型对最终计算结果的影响。

在使用算术表达式时应特别注意变量的类型，不同数据类型的变量中存储的数据也可能是不同的，尽管这些数据都是来自相同的计算结果。例如：

```
int a, b = 39;
a = b / 2;                    //a 的值为 19，而不是 19.5
```

这是由于相除的两个数都是整型，结果也是整型，小数部分被截去。即使被赋值的是浮点型变量，两个整型数相除，也不会保留相除结果的小数部分。例如：

```
double x;
int a = 37, b = 4;
x = a / b;                    //x 的值是 9，而不是 9.25
```

这是由于 a 和 b 都是整型，所以运算的结果只能是整型，这个整型结果在赋给双精度变量 x 时，才被隐式转换为双精度型。因此，x 的值自然是 9，而不是 9.25。

两个整型数相除如果想保留住小数，必须进行显式转换。例如：

```
double x;
int a=37, b=4;
x=(double)a / b;              //x 的值是 9.25
```

由于 a 被强制转换为双精度型，则 b 在运算前也被隐式转换为双精度型（向数值范围宽的类型转换），运算的结果自然也是双精度型。

1.4.2 关系运算符与关系表达式

由>、<、!=等关系运算符结合操作数组成的表达式称为关系表达式。关系运算符用于对

两个操作数进行比较，判断关系是否成立：若成立则结果为 true，否则为 false，即关系运算符的运算结果为布尔型。常用的关系运算符及说明见表 1-6。

表 1-6　Java 中常用的关系运算符

关系运算符	含义	关系表达式示例	运算结果
==	等于	5 = 3	false
>	大于	5 > 3	true
>=	大于等于	x=5; x>= 3;	true
<	小于	32<5	false
<=	小于等于	3 <= 23	true
!=	不等于	5 != 3	true

需要注意以下两点：

1）等于运算符由两个连续的等号“==”构成，以区别于赋值号运算符“=”。由于字符串是一种引用类型的对象，故在相等比较时不能使用“==”，只能使用 String 类提供的 equals()方法。

2）凡是由两个符号构成的关系运算符（如==、>=、<=、!=），在使用时两个符号之间不能有空格，否则将出错。

关系表达式由操作数和关系运算符组成。关系表达式既可以用于数值的比较，也可以用于字符型数据的比较，下面的代码给出了常见的关系表达式使用方法。

```
int a = 5, b = 3;
char ca = 'A', cb = 'B';
bool s, i, c;
s = (a == b);      //先进行 a==b 的比较，然后将比较结果 false 赋值给 s
i = a > b;         //先进行 a>b 的比较，然后把比较结果 true 赋值给 i
c = ca > cb;       //c 的值为 false
String str1 = "zhang", str2 = "wang";
boolean bool = str1.equals(str2);    //判断 str1 是否等于 str2，返回 false
```

需要说明的是，在进行字符比较时，实际上比较的是字符的 Unicode 值。上例中两个字符变量的比较，由于“A”的 ASCII 码值小于“B”的 ASCII 码值（Unicode 字符集中前 128 个字符及其 Unicode 值，恰好与 ASCII 相同），所以 ca>cb 的关系不成立，运算的结果为 false。

1.4.3　布尔运算符与布尔表达式

布尔运算符也称为逻辑运算符。布尔表达式，也称为“逻辑表达式”，由关系运算符、布尔运算符连接常量或关系表达式组成，其取值为布尔值（true 或 false）。通过条件表达式或布尔表达式可对应用程序计算结果及用户输入值进行判断，并根据判断结果选取执行不同的代码段。

逻辑运算符的操作数是布尔类型，运算结果也是布尔类型。在 Java 中，最常用的布尔运算符是!（非运算）、&&（与运算）、||（或运算）。

1）非运算（!）是一元运算符，是求原布尔值相反值的运算，如果原值为 true，非运算的结果为 false，否则为 true。

2）与运算（&&）是求两个布尔值都为 true 的运算，当两个布尔值都为 true 时，运算结果为 true，即所谓“同真为真”。

3）或运算（||）是求两个布尔值中至少有一个为真的运算，当两个布尔值中至少有一个为 true 时，运算结果为 true，只有在两个布尔值均为 false 时，运算结果才为 false，即所谓“同假为假”。例如：

```
boolean b1 = !(5>3);                //b1 的值为 false
boolean b2 = (5>3) && (1>2);        //b2 的值为 false
boolean b3 = (5>3) || (1>2);        //b3 的值为 true
```

例如，挑选男女篮球队员，要求男队员身高为 1.75m 及以上，体重不超过 90kg；女队员身高为 1.65m 及以上。对应上述条件的布尔表达式如下所示。

```
(性别 ="男" && 身高 >= 1.75 && 体重 <= 90) || (性别 ="女" && 身高 >= 1.65)
```

1.5 安装和使用 Java IDE 环境

IDE（Integrated Development Environment，集成开发环境）是专门用于软件开发的特殊应用程序，一般包括代码编辑器、编译器、调试器和图形用户界面工具等。它集成了代码编写、性能分析、编译、调试、发布等一体化的软件开发服务，使开发人员可以在同一窗口内完成所有开发相关的工作。

开发 Java 应用程序常用的 IDE 软件有 Eclipse、NetBeans、MyEclipse、IntelliJ IDEA 等。本教材仅介绍两款免费的，市场占有率较高的 Eclipse 和 Oracle 官方推荐的 NetBeans 的基本使用方法，关于其他 IDE 软件的使用读者可自行查阅相关资料。

1.5.1 安装和使用 Eclipse

Eclipse 是一个免费的、较为流行的 Java IDE 开发软件，其最新版本可以从 Eclipse 官方网站中下载。

1. 下载、安装 Eclipse

在 Eclipse 官网中提供了直接解压版和安装工具版两种软件安装方式。前者，下载后直接解压 zip 文件，并将得到的 Eclipse 文件夹复制到计算机中适当的位置即可使用。后者，下载后需要运行得到 eclipse-inst-win64.exe 文件，并按屏幕提示完成 Eclipse 的安装。该方式需要在安装时从 Internet 中临时下载所需文件，故它只能在联网的环境中使用。Eclipse 安装工具的下载地址为：http://www.eclipse.org/downloads/eclipse-packages/。使用 Eclipse 安装工具的好处是总能自动下载并安装 Eclipse 的最新版本。Eclipse 安装工具运行后界面如图 1-5 所示，单击第一个选项“Eclipse IDE for Java Developers”并按屏幕提示完成软件的安装。

安装完毕后双击 Windows 桌面上 Eclipse 快捷图标启动 Eclipse，将显示图 1-6 所示的对话框，要求用户为其指定一个工作目录。本例中将工作目录设置为“d:\eclipse-workspace”，若指定的文件夹不存在，系统会自动在指定位置上创建。选择“Use this as the default and do not ask again”复选框，可将本次的设置指定为默认，再次启动 Eclipse 时不再询问。工作目录设置完毕后，单击“Launch”按钮可进入 Eclipse 的工作界面。

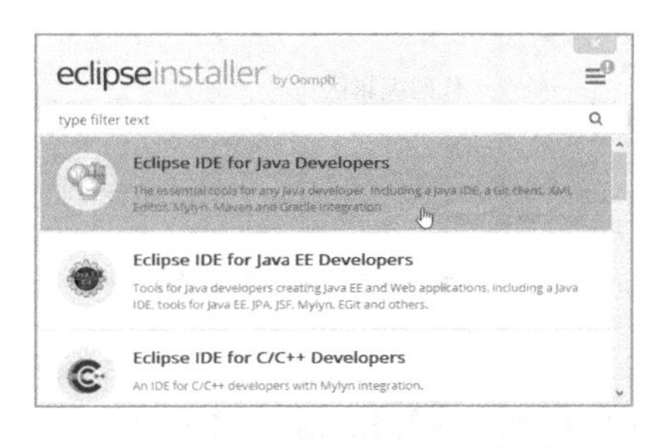

图 1-5　Eclipse 安装工具界面

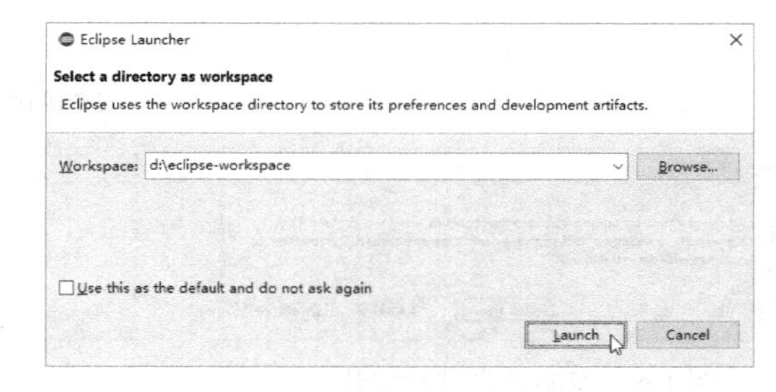

图 1-6　指定 Eclipse 的工作目录

如果希望在 Eclipse 中使用中文界面，可执行 Help 菜单下的“Install New Software”命令，在图 1-7 所示的对话框的“Work with”文本框中输入 Eclipse 软件更新地址“http://download.eclipse.org/technology/babel/update-site/R0.16.0/oxygen”后按〈Enter〉键。其中“oxygen”表示 Eclipse 版本，对应于 Eclipse 4.7。需要注意的是，语言包的下载地址可能会有变化，可以通过 https://www.eclipse.org/babel/downloads.php 了解最新版插件的更新内容和地址。

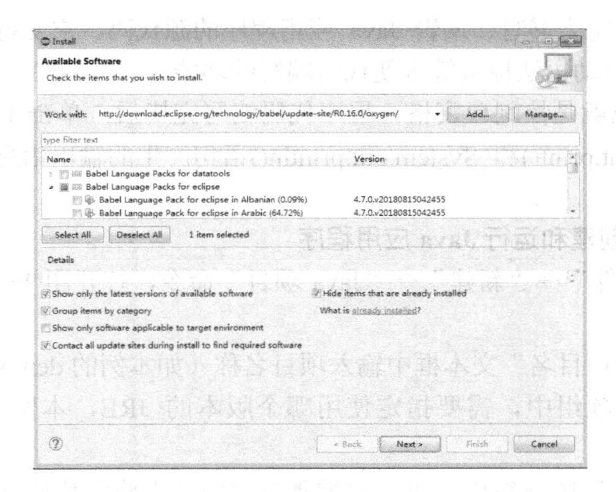

图 1-7　为 Eclipse 安装中文语言包

经过一段时间的检索，窗口中列出了当前可用的所有更新包，选择“Babel Language Packs for eclipse”下的“Babel Language Packs for eclipse in Chinese(Simplified)”（简体中文语言包）项后单击“Next”按钮。

安装过程中可能会出现图 1-8 所示的警告信息框，提醒用户注意由于未找到相应的签名，正在安装的软件无法保证其真实性和可靠性。此时，可单击“Install anyway”按钮忽略警告继续执行安装。语言包安装完毕并重启 Eclipse 后，显示如图 1-9 所示的经过汉化的工作界面。

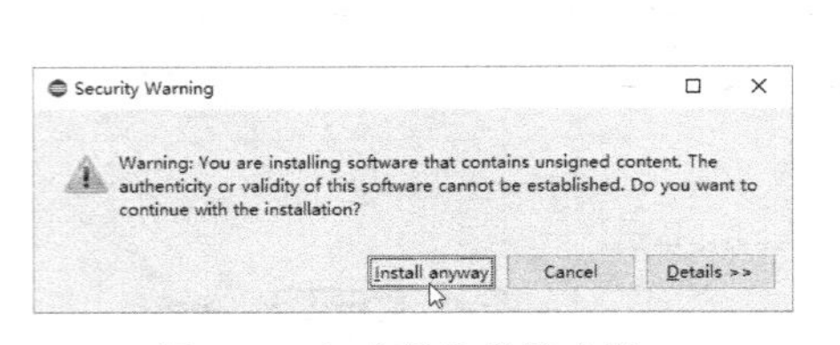

图 1-8　忽略警告继续安装

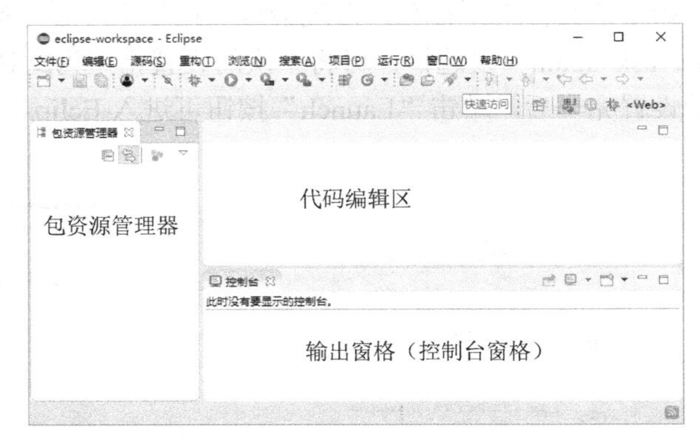

图 1-9　汉化后的 Eclipse 工作界面

2. Eclipse 工作界面

Eclipse 工作界面除了具有标题栏、菜单栏和工具栏等常规组成外，还包含有 3 个重要的子窗格：包资源管理器、代码编辑区和输出窗格（控制台窗格）。

1）包管理器：为了更好地组织类，Java提供了“包”管理机制。一个 Java 项目隶属于某个包，包中包含了隶属项目的所有类。可以将包理解为类的容器，用于分隔类名空间。如果一个 Java 应用程序没有使用 package 语句指定所属的包，则其中包含的所有类都属于一个默认的无名包。

2）代码编辑区：用来书写、编辑 Java 应用程序的源代码。它支持代码的智能感知和自动补全，支持代码的自动语法检查等方便代码编写的功能。

3）输出窗格：也就是控制台窗格。程序代码编写完毕后，单击工具栏中的“运行”按钮后，由 System.out.print()和 System.out.println()语句产生的输出信息或出错提示信息将被显示到该窗格中。

3. 在 Eclipse 中创建和运行 Java 应用程序

执行 Eclipse“文件”→“新建”→“Java 项目”命令，打开图 1-10 所示的“新建 Java 项目”对话框。

1）用户需要在“项目名”文本框中输入项目名称（如本例的 demo）。

2）在“JRE”选项组中，需要指定使用哪个版本的 JRE，本例选择了使用默认 JRE 版本“jre-10”。

3）在“项目布局”选项组中，可以根据需要决定是否将源代码文件（.java）和编译后的字节码文件（.class）放在同一文件夹中。

设置完毕后单击“下一步”按钮，打开“Java 设置”对话框。在该对话框中用户可以对新建的 Java 项目进行更为详细的设置，包含“源代码”“项目”“类库”“排序和导出”等内容。若无须使用特殊的设置，可直接单击对话框中的“完成”按钮，系统将按用户给定的设置在 Eclipse 中创建一个空白的 Java 应用程序项目。

在包资源管理器中右击项目名称，在弹出的快捷菜单中执行“新建”→“类”命令，打开图 1-11 所示的“新建 Java 类”对话框。

1）用户需要在“名称”文本框中输入新建类的名称。在命名类时应当使用首字母大写的方式，若名称中包含多个单词，则每个单词的首字母都要大写。

图 1-10 “新建 Java 项目”对话框

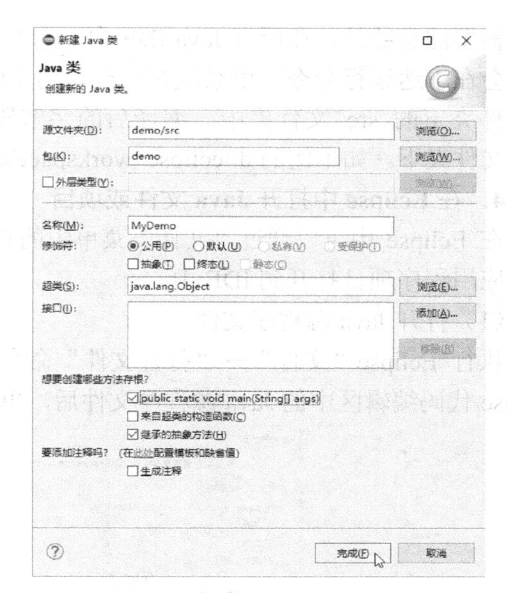

图 1-11 “新建 Java 类”对话框

2）在“修饰符”选项组中要指定类的形态（公用、默认、私有、受保护等），若项目中只有一个主类可选用“公用”项，系统将自动使用 public 修饰符创建主类的框架代码。

3）在“想要创建哪些方法存根？”选项组中，可选择希望系统自动创建的方法框架代码（存根），本例选择了在类中创建一个主方法（public static void main(String[] args)）的框架代码。

设置完毕后，单击“完成”按钮进入 Eclipse 的工作界面，可以看到在包资源管理器和代码窗格中系统已自动完成了结构组织和框架代码的书写工作。在包资源管理器中可以看到，项目 demo 中包含有 JRE 系统库和 src（source，源）两个模块，src 中包含有包 demo，包 demo 中包含有一个与主类名（MyDemo）相同的 Java 源代码文件 MyDemo.java。

在主方法框架中输入了一段代码后，单击工具栏中的“运行”按钮，在输出窗格中将看到相应的输出信息，如本例的“Welcome to Java.”。Eclipse 工作界面及程序运行结果如图 1-12 所示。

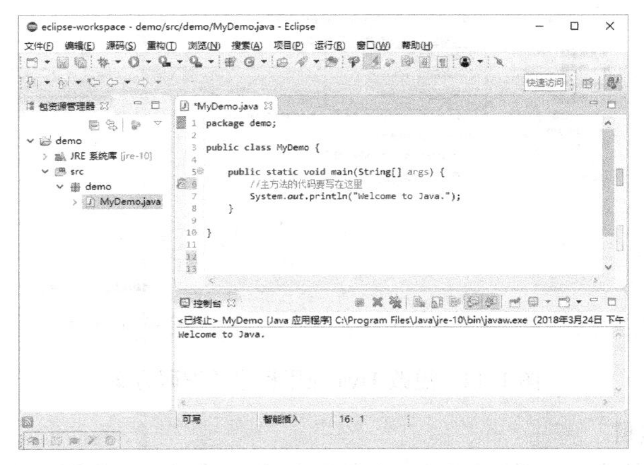

图 1-12 系统自动生成包结构和类代码

需要注意的是，在所有 Java IDE 中，均不需要单独执行对源代码文件进行编译的操作。编译会在下达运行命令时由系统在后台自动完成。在默认设置情况下，源代码文件保存在项目文件夹下的 src 文件夹中。编译后的字节码文件（.class）保存在“项目文件夹\bin\包名称”文件夹下。如本例的 d:\eclipse-workspace\demo\bin\demo 下。

4．在 Eclipse 中打开 Java 文件或项目

在 Eclipse 中可以通过“文件”菜单中的相关命令将已存在的 Java 源程序文件或完整的 Java 应用程序项目打开到 IDE 中。

（1）打开 Java 源程序文件

执行 Eclipse“文件”→“打开文件”命令，在图 1-13 所示的对话框中选择需要打开到 Eclipse 代码编辑区中的 Java 源程序文件后，单击“打开”按钮。

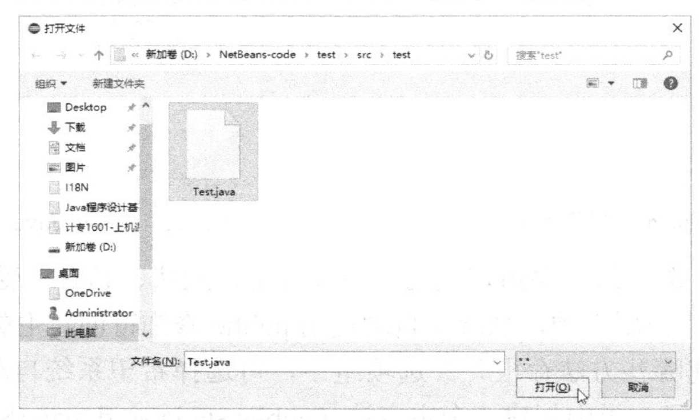

图 1-13　打开 Java 源程序文件

需要注意的是，如果打开的是在 NetBeans 环境中创建的 Java 源程序文件，可能会因两个 IDE 环境使用的默认编码方案不同（Eclipse 中默认使用 GBK 编码，而 NetBeans 默认使用 UTF-8 编码），而使源文件中的中文显示为乱码。此时，可在 Eclipse“包资源管理器”中右击项目名称，在弹出的快捷菜单中执行“属性”命令，在图 1-14 所示的对话框中将“文本文件编码”更改为“UTF-8”即可解决中文乱码问题。

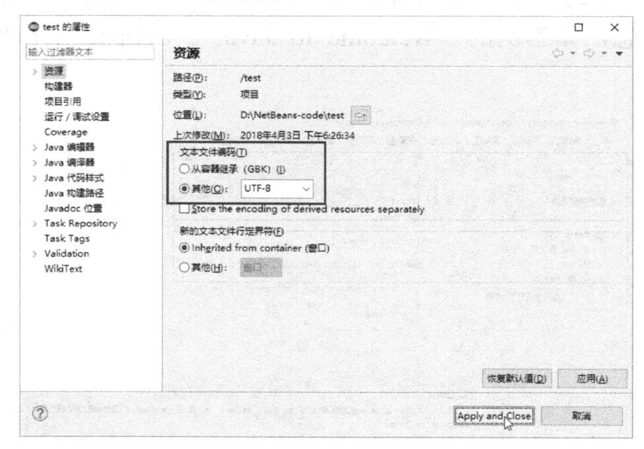

图 1-14　更改 Java 应用程序的编码方案

（2）打开 Java 项目

使用前面介绍过的方法，在 Eclipse 中单独打开一个 Java 源程序文件，因缺少相应的构建，只能对其进行查看或修改操作，而不能执行运行命令。若需要在编辑、修改后能执行运行命令，则要将其以 Java 应用程序项目的方式打开。

执行 Eclipse “文件” → “Open Projects from File System”（从文件系统打开项目）命令，在图 1-15 所示的对话框中单击 “Directory”（目录）按钮，在打开的对话框中选择 Java 应用程序项目所在的文件夹，并单击 “完成” 按钮。

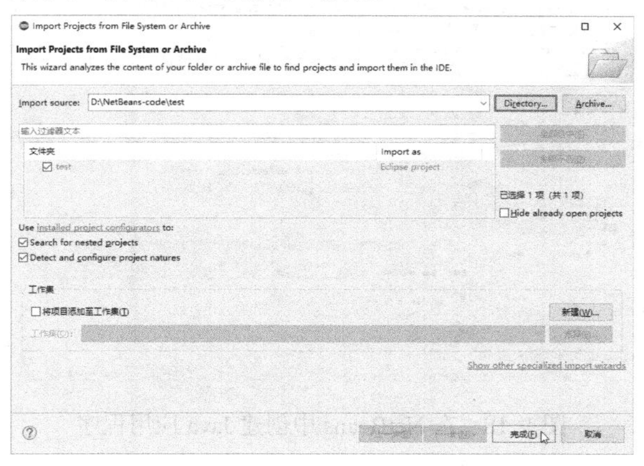

图 1-15　打开 Java 应用程序项目

1.5.2　安装和使用 NetBeans

NetBeans 是 Oracle 公司推荐的一款免费 Java IDE 软件，可以从 NetBeans 官方网站中下载其安装包。软件的安装方法十分简单，安装程序运行后能自动根据当前操作系统选用简体中文版本，用户按屏幕提示即可轻松完成软件的安装。

安装完成后，双击 Windows 桌面上 “NetBeans IDE 8.2” 快捷图标启动 NetBeans，执行 “文件” → “新建项目” 命令，在图 1-16 所示的对话框中，进行以下操作。

1）在 “类别” 列表框中选择 “Java”。

2）在 “项目” 列表框中选择 “Java 应用程序” 后单击 “下一步” 按钮。

在图 1-17 所示的 “新建 Java 应用程序” 对话框中，进行以下操作。

1）填写项目名称（如本例的 test）。

2）选择 “创建主类” 复选框后单击 “完成” 按钮。

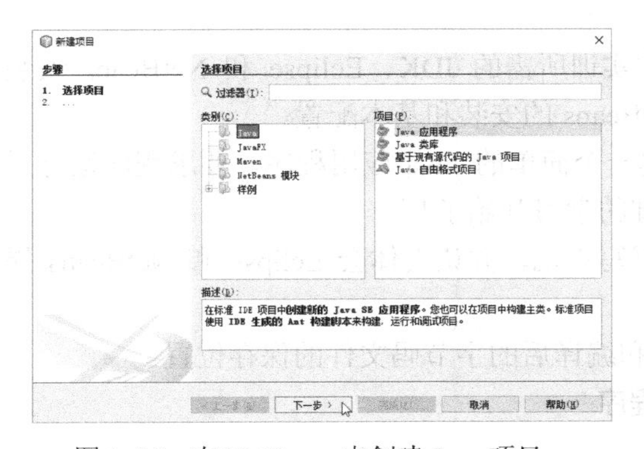

图 1-16　在 NetBeans 中创建 Java 项目

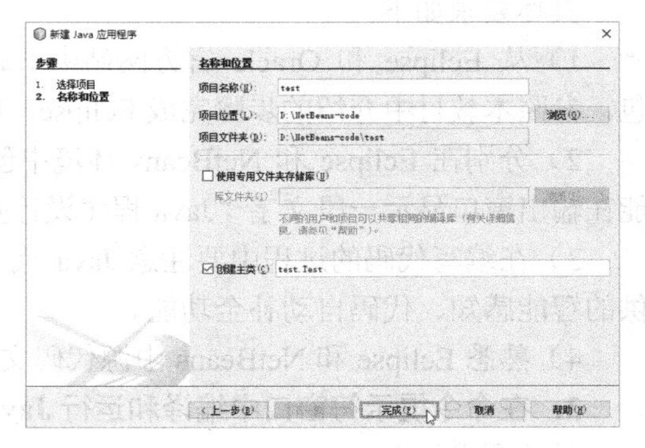

图 1-17　设置项目名称和位置

图 1-18 所示的是在 NetBeans 环境中创建并运行 Java 应用程序的情况，可以看出窗格布局形式与前面介绍过的 Eclipse 基本相同。单击工具栏中“运行”按钮 ▷ 或按〈F6〉键后，在输出窗格中将显示相应的输出信息。与 Eclipse 相同，在运行程序时后台自动完成编译操作，编译后的字节码文件（.class）被保存到了项目文件夹\build\classes 下。

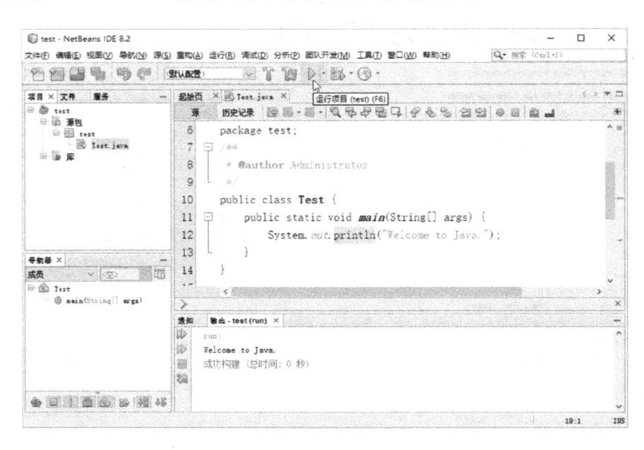

图 1-18　在 NetBeans 中创建 Java 应用程序

1.6　实训　Eclipse 和 NetBeans 的安装和使用

1.6.1　实训目的

理解 Java 应用程序的运行机制，掌握常用 Java IDE 软件 Eclipse 和 NetBeans 的下载、安装与基本使用方法，通过 Windows 记事本编写源代码文件，了解在命令提示符窗口中编译和运行 Java 应用程序的基本步骤。

1.6.2　实训要求

本实训分为 IDE 的安装和使用以及在命令提示符窗口中编译和运行 Java 应用程序两个部分。

1．Java IDE 的安装和使用

具体要求如下。

1）从 Eclipse 和 Oracle 官方网站中下载本实训所需的 JDK、Eclipse 和 NetBeans 安装包，参照本教材中介绍的步骤完成 Eclipse、NetBeans 的安装和基本配置。

2）分别在 Eclipse 和 NetBeans 环境中创建一个简单的 Java 应用程序，要求程序运行后能在输出窗口显示一段文字“Java 程序设计基础的学习开始了！”。

3）在编写代码的过程中要注意 Java 代码书写规范，并认真体会 Eclipse 和 NetBeans 提供的智能感知、代码自动补全功能。

4）熟悉 Eclipse 和 NetBeans 中源代码文件和编译后的字节码文件的保存位置。

2．在命令提示符窗口中编译和运行 Java 程序

具体要求如下。

1）使用 Windows 记事本按如下所示编写 Java 应用程序代码，并以 MyDemo.java 为文件保存在 D 盘根目录下。

```
public class MyDemo{          //主类
    public static void main(String[] args){       //主方法
        //将接收到的 String 类型参数转换成 int 类型后再求和，计算结果存储到 result 变量中
        int result = Integer.parseInt(args[0]) + Integer.parseInt(args[1]);
        System.out.println(args[0] + " + " + args[1] + " = " + result);          //输出算式和两数的和
    }
}
```

2）使用 javac 命令编译 Java 源程序文件，生成对应的 MyDemo.class 文件。

3）使用带有两个参数的 java MyDemo xx xx 命令运行上述 Java 程序（xx 为任意的一个整数，如本例中的 12 和 14），在窗口中应能看到“12 + 14 = 26”的输出结果。程序的编译和运行过程如图 1-19 所示。

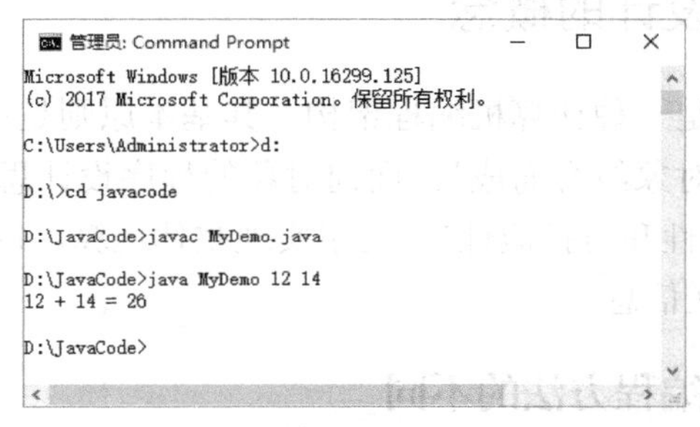

图1-19　程序的编译和运行过程

第2章　类和对象

类和对象是面向对象的程序设计（Object Oriented Programming，OOP）中最重要的两个概念。面向对象的程序设计方法将设计过程中遇到的所有实体都归属于不同的类，这些类之间可以相互通信传递数据。而对象则是类的实例化结果，通常需要通过对象才可以完成对类的操作。如保存数据、调用方法、类之间的通信和数据传递等。

2.1　面向对象程序设计的概念

面向对象的程序设计是一种计算机编程架构。其基本原则是：“计算机程序由单个能够起到子程序作用的单元或对象组合而成”。面向对象的程序设计思想达到了软件工程的三个主要目标：“重用性、灵活性和可扩展性”。为了实现整体运算，每个对象都能够接收信息、处理数据和向其他对象发送信息。

2.1.1　面向对象与传统编程方法的不同

传统的程序设计方法是“面向过程”的，开发人员需要按照事情的发展，一步步编写相应的代码。面向过程程序设计的核心是设计各种函数，以实现某种具体功能为主要目的。面向对象的程序设计将数据和方法耦合在一起构成一个独立的、可以重用的对象，它的重点在于类和对象设计及对象的操作方面。函数在面向对象程序设计中称为方法，隶属于类，表现了类所代表事物的一些行为特征，但方法不能脱离类单独存在。

1．传统程序设计方法的设计思路

例如，设计一个用户登录程序时，面向过程的程序设计思路如下。

1）创建一个提供用户输入用户名和密码的应用程序界面。

2）用户提交数据后首先判断用户名和密码是否为空，若为空提示出错，否则继续。

3）判断用户输入的用户名是否为合法用户名。是，则继续，否则提示用户名错。

4）判断用户输入的密码是否与输入的用户名匹配。是，则登录成功，否则提示密码错。

可以看出整个程序设计思路是按照事情的发展进行的，也就是围绕着事情发展的过程展开的，并以实现程序功能为核心。程序设计完毕后，用户的操作顺序自然也不能发生变化。

2．面向对象设计方法的设计思路

面向对象的程序设计方法模拟人类认识世界的思想方法，将所有实体看作一个对象。仍然是上面的例子，面向对象的程序设计思路如下。

1）首先需要创建一个以类的形式表示的，提供用户输入用户名和密码的应用程序界面。

2）创建一个“用户类”，并为其创建“用户名”“密码”等特征变量和一个用于检验用户名和密码合法性的方法。

3）在用户提交用户名和密码数据后，通过实例化用户类得到一个用户对象，而后调用对象的方法对数据进行检验，并根据检验返回结果确定用户登录是否成功。

显然，这里创建的用户类及其方法不仅可以在实现用户登录时调用，在其他情形下（如注册新用户等）也可以再次被使用，形成了模块化的格局，从而大幅度提高了代码的重用率，提高了程序开发的效率。

3．面向对象程序设计方法的优点

采用面向对象的程序设计方法具有如下一些优点。

1）代码的可重用性：类和对象在程序中是相对独立的，每个类都可以有自己的属性和方法，而且这些隶属于类的属性和方法在任何一个与类相关的场合，包括不同的应用程序，甚至是不同语言编写的应用程序中也都是适用的。这种特性使类代码具有了很高的可重用性。

2）可扩展性：在传统的设计方法中功能的实现分散在很多步骤中，对功能的扩展极为不利。而在面向对象的设计中，功能靠方法来实现，需要新功能时只需要创建新的方法即可，当因对象发生变化需要修改程序时，也可通过较小的局部改动来完成新的需求，保证了程序设计的可扩展性。

3）分工明确：面向对象的设计方法中将所有问题都划分成相应的对象，程序功能依靠对象的方法来实现，从而使程序各部分有了明确的分工，自然也就形成了模块化程序设计的格局，这对充分发挥开发人员的个人优势及实现团队开发提供了极为便利的条件。

2.1.2 类和对象概述

现实生活中的类是人们对客观对象不断认识而产生的抽象概念，而对象则是现实生活中的一个具体的实体。例如，人们在现实生活中接触了大量的汽车、摩托车、自行车等实体，从而产生了交通工具的概念，交通工具就是一个类，而现实生活中具体的某辆汽车、摩托车、自行车等则是交通工具类的实体对象。

1．类和对象的概念

面向对象程序设计中类（class）的概念从本质上和人们现实生活中类的概念是相同的。可以把类比作一种蓝图，它定义了在描述一个具体的对象时所需要的一些基本特征数据和行为方法，而对象则是根据蓝图所创建的实例。

由于类本质上是一种数据类型，所以用类声明对象的方法与用基本数据类型声明变量的方法基本相同。用类声明的变量叫“类的对象”或“类的实例”。用同一个类可以声明无数个该类的对象，这些对象具有相同的特征变量和数据操作方法，所不同的仅仅是数据的具体值。正如只要是人，就具有人所具备的共同特点，如身高、体型等。不同的仅仅是高矮胖瘦等个体数据而已。类与对象的关系如图 2-1 所示。

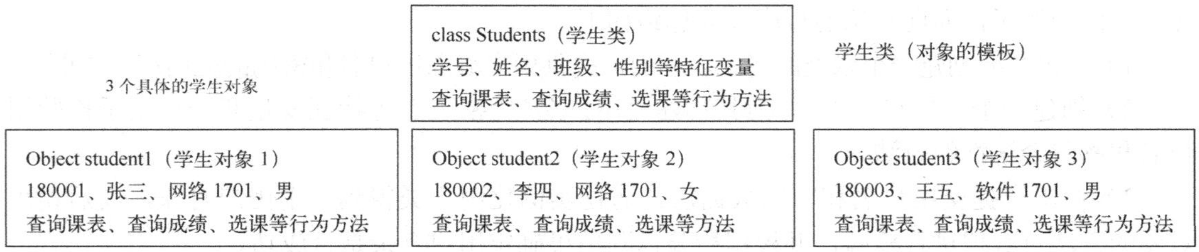

3 个具体的学生对象

class Students（学生类）
学号、姓名、班级、性别等特征变量
查询课表、查询成绩、选课等行为方法

学生类（对象的模板）

Object student1（学生对象 1）	Object student2（学生对象 2）	Object student3（学生对象 3）
180001、张三、网络 1701、男	180002、李四、网络 1701、女	180003、王五、软件 1701、男
查询课表、查询成绩、选课等行为方法	查询课表、查询成绩、选课等方法	查询课表、查询成绩、选课等行为方法

图2-1　类与对象的关系

2. 类的 3 个重要特征

类是面向对象程序设计中的核心概念，它具有封装性、继承性和多态性 3 个重要特征（也称为面向对象程序设计的 3 个重要特征）。正确理解这些特征是理解面向对象程序设计的重要基础。

（1）封装性

类是特征变量和方法的集合，是为了描述某个对象而专门定义的一个抽象体。用户并不需要完全了解类内部每句代码的具体含义，只需通过对象调用类的数据和方法即可达到预期的目的，这就是类的封装性。

封装是一种信息隐蔽技术，用户只能见到对象封装界面上的信息，对象内部对用户是隐蔽的。简单地说，封装技术使类具有了“黑匣子”的特征。也就是说，“进去的是数据，出来的是结果，不必关心中间具体的实现过程”。

例如，一台计算机就是一个封装体。从设计者的角度来讲，不仅需要考虑内部各种元器件，还要考虑主板、内存、显卡等元器件的连接与组装；从使用者的角度来讲，只关心其型号、颜色、外观、重量等特征，只关心电源开关按钮、显示器的清晰度、键盘灵敏度等，根本不用关心其内部构造。因此，封装的目的在于将对象的使用者与设计者分开，使用者不必了解对象内部的数据流转和行为的具体实现，只需要用它提供的消息接口来访问该对象，获取需要的结果就可以了。

（2）继承性

继承是面向对象程序设计最重要的特性之一。一个类可以从另一个类中继承其全部特征和方法。这就是说，这个类自动拥有了被继承类的所有特征和方法而不需要重新定义。这种特性在面向对象编程技术中称作对象的“继承性”。被继承的类称为父类或基类，继承的类称为子类或派生类。子类不但可以继承其父类的所有特征和方法，而且可以根据自身特点扩展一些自己独有的特征和方法。

例如，灵长类动物包括人类和大猩猩，那么灵长类动物就是父类，人和大猩猩是其子类。灵长类具有的特征包括身高、体重、年龄、性别等，具有的行为（方法）有走、跑、爬、吃等。人类和大猩猩继承于灵长类，自然就具有了灵长类动物所定义的所有特征和行为。人类除了具有灵长类的基本特征和方法外，还可以扩展出身份证号、联系电话、职业、家庭住址以及打球、打电话等特有的一些特征和方法。

（3）多态性

在实际应用中往往会存在子类中的特征和方法较其父类有所变化的情况，需要在子类中更改从父类中自动继承来的特征和方法。针对这种问题，面向对象的程序设计提出了“多态性”的概念。多态性概括地说就是指同一事物在不同的环境中可以有不同的表现。例如，父类中定义的特征或方法被其子类继承后可以进行更改。又如，同名方法根据参数不同，实现的功能也不相同。

例如，设手机是一个父类，它具有一个拨打电话的方法。一般的手机拨打电话都是输入号码后按拨号键即可完成。但某些手机采用了语音拨号方式，与一般的拨号方法不同，于是只能通过改写其父类的按键拨号方法才能实现子类的语音拨号。

2.2 类的方法

方法在有些程序设计语言中也被称为函数或过程，它是类的一个重要成员，是实现某种数据处理操作的一段程序。使用方法处理数据实现程序功能，最大的好处就是便于代码的重复使用。选择结构和循环结构程序设计方法是类方法设计的主要手段。方法可以根据调用语句传递过来的参数经过选择结构或循环结构程序的分析、加工和处理，最终将结果返回给调用语句或直接输出。

2.2.1 数据的输入和输出

数据的输入和输出是方法设计的两个端点，熟练掌握相关概念和编程技巧是程序设计中至关重要的一环。

任何一个应用程序都需要从外界接收数据，这些数据被应用程序加工、处理后必然需要进行保存、返回或直接显示出来。应用程序从外界接收数据的途径有许多，常用的有用户键盘输入、从文件或数据库中读取、从网络中读取等。数据的输出方式常用的有输出到控制台窗格、输出到文件或数据库、输出到打印机等。这里重点介绍用户键盘输入和输出到控制台的相关知识和编程技巧，其他方式将在后续章节中逐步介绍。

1．键盘输入的接收

Java 使用预定义的 Scanner 类对象来实现用户键盘输入数据的接收，它提供的若干个方法可以实现单个或多个数据的接收。接收到的数据可以是字符串，也可以是 int、float、double 等类型。Scanner 类提供的常用方法见表 2-1。

表 2-1 Scanner 类的常用方法

方 法 名	说 明
nextInt()	将用户的输入作为整型数据读入，以空格、Tab 或回车为结束
nextDouble()	将用户的输入作为整型数据读入，以空格、Tab 或回车为结束
nextFloat()	将用户的输入作为整型数据读入，以空格、Tab 或回车为结束
next()	将用户的输入作为字符串读入，以空格、Tab 或回车为结束
nextLine()	将用户的输入作为字符串读入，以回车为结束（读取一整行）
close()	Scanner 对象使用完毕后应当调用本方法将其关闭

Scanner 类隶属于 java.util 包，所以若要在程序中使用该类，就需要通过 import 语句将其导入到程序中，而且 import 语句一定要写在主类的上方。例如：

```
import java.util.Scanner;                    //导入 Scanner 类
public class Test{                           //主类
    public static void main(String[] args) { //主方法
```

```
            Scanner val = new Scanner(System.in);      //声明一个 Scanner 类的对象
            System.out.print("请输入你的年龄：");    //输出提示信息，指导用户输入数据
            String str = val.nextLine();        //通过 Scanner 对象 val 调用 nextLine()方法获得输入的字符串
            val.close();                        //关闭 Scanner 对象
            int age = Integer.parseInt(str);    //将接收的字符串转换为整型
        }
    }
```

又如：

```
    import java.util.Scanner;              //导入 Scanner 类
    public class Test{
        public static void main(String[] args) {
            Scanner val = new Scanner(System.in);      //声明一个 Scanner 类的对象
            System.out.print("输入身高和体重（用空格分隔）：");      //提示信息
            int h = val.nextInt();         //读取用户输入在同一行、用空格分隔的第一个数据
            int w = val.nextInt();         //读取空格后面的第二个数据
            val.close();                   //关闭 Scanner 对象
        }
    }
```

使用 nextInt()、nextDouble()或 nextFloat()方法接收用户输入时，需要注意对应的数据类型不能出错。例如，不能用 nextInt()方法接收用户输入的 12.34，这将因无法将 12.34 隐式地转换成 int 类型而导致错误。为避免此类错误，Scanner 类专门提供了用于检测用户输入数据类型的 hasNextInt()、hasNextDouble()和 hasNextFloat()方法，当输入数据不符合相应类型时方法的返回值为 false。一般在调用 nextInt()、nextDouble()或 nextFloat()方法前，可先调用 hasNextInt()、hasNextDouble()或 hasNextFloat()方法进行检测，若返回 false 则提示用户输入错误，确认数据类型无误后再调用 Scanner 类对象的 nextInt()、nextDouble()或 nextFloat()方法接收用户输入的数据。

2．将数据输出到控制台

使用 Java 预定义的 System.out.print()或 System.out.println()方法可将字符串数据输出到输出窗口。这两个方法的区别在于输出内容的结尾是否包含一个回车符。例如，下列 4 条输出语句执行后，如图 2-2 所示，“abcd”和“1234”会出现在同一行，而“Welcome”和“5678”会各自独占一行。

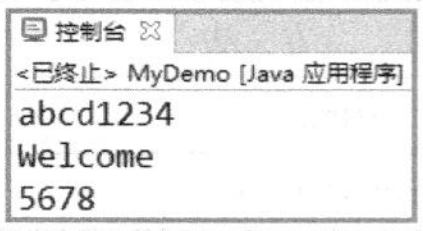

图2-2　代码执行结果

```
    System.out.print("abcd");
    System.out.print("1234\r");    //转义符“\r”表示输出一个回车符（换行）
    System.out.println("Welcome");
    System.out.println("5678");
```

思考：若第 2 行语句中没有“\r”，会得到怎样的输出结果？

2.2.2　选择结构程序设计

所谓“选择结构”是指程序可以根据一定的条件有选择地执行某一程序段，对不同的问

题采用不同的处理方法。最简单的选择结构可以概括成“如果 A，则 B，否则 C”，显然 A 是一个条件，而 B 和 C 是处理问题的方法，也就是说如果条件 A 成立，则按方案 B 执行，否则按方案 C 执行。Java 提供了多种形式的语法格式来实现选择结构。

1．if…else 语句

if 语句是程序设计中基本的选择语句，if 语句的语法格式如下：

```
if (条件表达式) {
    语句序列 1;
}
[else {
    语句序列 2;
}]
```

说明：

1）条件表达式可以是关系表达式、布尔表达式或布尔常量值真（true）与假（false），当条件表达式的值为真时，程序执行语句序列 1，否则执行语句序列 2。

2）语句序列 1 和语句序列 2 可以是单行语句，也可以是语句块。如果语句序列中为单行语句，大括号可以省略。

3）else 子句为可选部分，可根据实际情况决定是否需要该部分。

if…else 语句执行时，首先会计算条件表达式的值，若该值为真（true）则执行 if 后的语句序列，为假（false）则执行 else 后的语句序列。

【演练 2-1】 设计一个应用程序，程序启动后提示用户输入一个不为零的整数。若用户输入的数据符合要求，则显示该数的平方值，否则显示“只能输入一个整数”或“数据不能为零”。程序运行结果如图 2-3 所示。

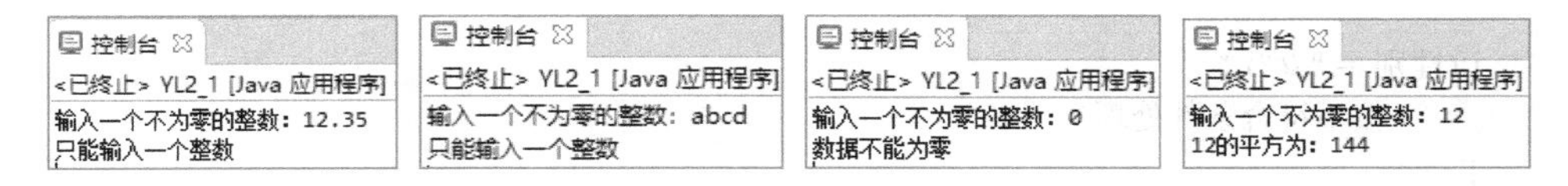

图 2-3　程序运行结果

程序设计步骤如下。

1）首先在 Eclipse 中新建一个 Java 应用程序项目 YL2_1，并创建主类和主方法。在主类的上方添加用于导入 Scanner 类的 import 语句。

```
import java.util.Scanner;        //也可以写成 import java.util.*，表示导入 util 包中的所有类
```

2）编写如下所示的主方法代码。

```
public static void main(String[] args) {
    Scanner val = new Scanner(System.in);                    //声明一个 Scanner 类的对象
```

```
        System.out.print("输入一个不为零的整数：");        //提示信息
        if(!val.hasNextInt()) {            //调用 hasNextInt()方法判断用户输入的是否为一个整数
            System.out.println("只能输入一个整数");
            return;          //终止当前方法的执行，程序运行结束
        }
        int num = val.nextInt();           //读取用户输入的数据
        val.close();                       //关闭 Scanner 对象
        if(num == 0)
            System.out.println("数据不能为零");//只有一行语句，省略了 if 语句的大括号
        else
            System.out.println(num + "的平方为：" + num * num);       //省略了 else 语句的大括号
    }
```

2．if…else if 语句

使用 if…else if 语句可以进行多条件判断，故也称为“多条件 if 语句”。它适合用于对 3 种或 3 种以上的情况进行判断的选择结构。if…else if 语句的语法格式如下：

```
if (条件表达式 1) {
    条件表达式 1 成立时执行的语句序列;
}
else if (条件表达式 2) {
    条件表达式 2 成立时执行的语句序列;
}
…
else if (条件表达式 n) {
    条件表达式 n 成立时执行的语句序列;
}
else {
    上述所有条件都不成立时执行的语句序列;
}
```

例如，挑选男子篮球队员。要求身高要不低于 1.75m，体重应为 75～90kg，判断过程如下：

```
if(性别 = "女") {
    //按不符合条件处理
}
else if(身高 < 1.75) {          //else if 可以理解为“否则，如果……”
    //按不符合身高条件处理
}
else if(体重 < 75 || 体重> 90) {
    //按不符合体重条件处理
}
else {
    //按符合条件处理
}
```

3．if 语句的嵌套

所谓“if 语句的嵌套”是指在一个 if 选择结构程序段中包含另一个 if 选择结构。例如，

下列代码描述了使用 if 语句的嵌套实现通过匹配用户名和密码管理用户登录的情形。

```
if(username == "zhangsan") {
    if(password == "123456")            //if 语句的嵌套使用
        System.out.println("Welcome");
    else
        System.out.println("密码出错！);
}
else {
    System.out.println("用户名出错！);
}
```

4．条件赋值表达式

条件赋值表达式可以看作是关系表达式或布尔表达式和赋值表达式的组合，它可根据关系表达式或布尔表达式的值（true 或 false）返回不同的结果。其语法格式如下：

变量 = 关系达式或布尔表达式 ? 表达式 1 : 表达式 2;

在条件赋值表达式运算时，首先计算关系表达式或布尔表达式的值，如果为 true，则将表达式 1 的值赋值给变量，否则将表达式 2 的值赋值给变量。例如：

```
int x, y;
x = 4;
y = x > 5 ? x * 8 : x* 9;        //y 的值为 36
```

由于 x 的值小于 5，故语句执行时将返回第二个表达式（x * 9）的值给变量 y。

条件赋值表达式也可以嵌套使用，例如：

```
int x = 100, y = 100;
String s = x > y ? "大于" : x == y ? "等于" : "小于";        //s 的结果为“等于”
```

上例中“x > y”为关系表达式，表达式 1 为“大于”，表达式 2 本身又是一个完整的条件赋值表达式“(x == y ? "等于" : "小于")”，含义为：若 x 等于 y 返回“等于”，否则返回“小于”。显然，通过条件赋值表达式的嵌套，也可以实现多分支的选择判断。

5．switch 语句

如果在多重分支的情况下，虽然可以使用 if…else if 语句或 if 语句的嵌套实现，但层次较多会使程序的结构变得较为复杂，降低了代码的可读性。使用专门用于多重分支选择的 switch 语句，则可以使多重分支选择结构的设计更加方便，层次更加清晰。

（1）switch 语句的语法格式

switch 语句的语法格式如下：

```
switch (控制表达式) {
    case 常量表达式 1:
        语句序列 1;
        break;
    case 常量表达式 2:
        语句序列 2;
```

```
        break;
    default:
        语句序列 3;
        break;
}
```

需要注意以下几点：

1）控制表达式所允许的数据类型为整数类型（byte、short、int 等）、字符类型（char）、字符串类型（String）。

2）各个 case 语句后的常量表达式的数据类型与控制表达式的类型相同，或能够隐式转换为控制表达式的类型。

3）如果 case 标签后含有语句序列，则语句序列最后必须使用 break 语句，以便跳出 switch 结构。缺少 break 语句将会导致多个 case 语句的连续执行。

（2）switch 语句的执行顺序

switch 语句根据控制表达式的值选择要执行的语句分支，其执行顺序如下。

1）控制表达式求值。

2）如果 case 标签后的常量表达式的值等于控制表达式的值，则执行其后的内嵌语句。

3）如果没有常量表达式等于控制语句的值，则执行 default 标签后的内嵌语句。

4）如果控制表达式的值不满足 case 标签，并且没有 default 标签，则跳出 switch 语句而执行后续代码。

【演练 2-2】 使用 switch 语句设计一个程序，程序启动后要求用户输入自己的身份（“教师”“职工”或“学生”，不支持其他），按〈Enter〉键后，根据用户身份进一步提示输入“职称”（教师）、“工龄”（职工）或“班级”（学生）数据。输入完毕后程序能在控制台窗格中显示类似“身份：教师，职称：副教授”的信息。程序运行结果如图 2-4 所示。

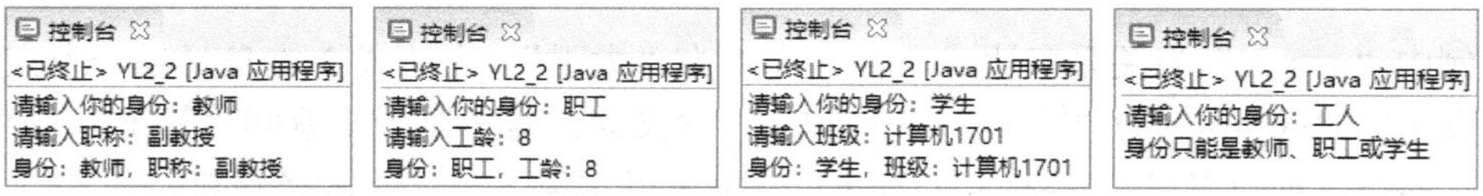

```
控制台 ☒
<已终止> YL2_2 [Java 应用程序]
请输入你的身份：教师
请输入职称：副教授
身份：教师，职称：副教授

控制台 ☒
<已终止> YL2_2 [Java 应用程序]
请输入你的身份：职工
请输入工龄：8
身份：职工，工龄：8

控制台 ☒
<已终止> YL2_2 [Java 应用程序]
请输入你的身份：学生
请输入班级：计算机1701
身份：学生，班级：计算机1701

控制台 ☒
<已终止> YL2_2 [Java 应用程序]
请输入你的身份：工人
身份只能是教师、职工或学生
```

图 2-4　程序运行结果

程序设计步骤如下。

1）首先在 Eclipse 中新建一个 Java 应用程序项目 YL2_2，并创建主类和主方法。在主类的上方添加用于导入 Scanner 类的 import 语句。

```
import java.util.Scanner;
```

2）编写如下所示的主方法代码。

```
public static void main(String[] args) {    //主方法
    Scanner val = new Scanner(System.in);
    System.out.print("请输入你的身份：");          //显示第一个提示
    switch(val.nextLine()) {        //接收用户第一次输入的数据，并作为 switch 的控制表达式
```

```
            case "教师":        //若用户输入的是“教师”
                System.out.print("请输入职称：");//显示第二个提示
                System.out.println("身份：教师，职称：" + val.nextLine());     //输出用户的输入
                break;        //退出 switch 语句块
            case "职工":
                System.out.print("请输入工龄：");
                System.out.println("身份：职工，工龄：" + val.nextLine());
                break;
            case "学生":
                System.out.print("请输入班级：");
                System.out.println("身份：学生，班级：" + val.nextLine());
                break;
            default:     //以上 case 均不符合时执行的语句，已是 switch 中最后一行可以省略 break
                System.out.print("身份只能是教师、职工或学生");
        }
        val.close();        //关闭 Scanner 对象
    }
```

6．在 switch 中共享处理语句

在 switch 语句中，多个 case 标记可以共享同一处理语句序列。例如，描述 10 分制学生成绩时，设 9 分及以上等级值为“优”，7 分及以上为“良”，6 分为“及格”，6 分以下为“不及格”。分数转等级的实现代码如下：

```
String grade;     //存储根据分数得出的等级
switch (score) {  //score 中存储了学生 10 分制的分数
    case 10:
    case 9:
        grade = "优";        //分数值为 10 或 9 时的共享代码
        break;
    case 8:
    case 7:
        grade = "良";        //分数值为 8 或 7 时的共享代码
        break;
    case 6:
        grade = "及格";
        break;
    case 5:
    case 4:
    case 3:
    case 2:
    case 1:
    case 0:
        grade = "不及格";        //分数为 0～5 时的共享代码
        break;
}
```

2.2.3 循环结构程序设计

循环是在指定的条件下重复执行某些语句的运行方式。例如，计算学生总分时没有必要对每个学生都编写一个计算公式，可以在循环结构中使用相同的计算方法、不同的数据来简化程序的设计。

Java 中常用的循环结构语句有 for、while、do…while 和 foreach。本节重点介绍前 3 个语句，foreach 语句将在后续章节中介绍。

1．for 循环

for 循环常常用于已知循环次数的情况，故也称为“定次循环”。使用该循环时，先测试是否满足执行循环的条件，若满足条件，则进入循环执行循环体语句，否则退出该循环。for 循环语句的语法格式如下：

```
for (循环变量初始值; 执行循环的条件; 步长增量) {
    循环语句序列（循环体）;
}
```

for 循环的执行顺序如下。

1）首次进入循环执行到 for 语句时对循环变量赋予初始值。

2）执行循环的条件为一个条件表达式，即每次执行到 for 语句时都会判断该表达式是否成立：如果成立（表达式的值为 true），则执行循环语句序列（进入循环体）；否则循环结束，执行循环语句的后续语句。

3）满足循环条件开始执行循环体语句前，for 语句会根据步长增量表达式改变循环变量值，一般通过递增或递减来实现。

【演练 2-3】 下列代码表示当用户输入一个整数范围后，按〈Enter〉键程序将在控制台窗格中输出所有偶数和奇数的和。程序运行结果如图 2-5 所示。

程序设计步骤如下。

1）首先在 Eclipse 中新建一个 Java 应用程序项目 YL2_3，并创建主类和主方法。在主类的上方添加用于导入 Scanner 类的 import 语句。

```
import java.util.Scanner;
```

控制台 ☒
<已终止> YL2_3 [Java 应用程序]
输入两个整数(用空格分隔)：1 10
所有偶数的和：30
所有奇数的和：25

图2-5　程序运行结果

2）编写如下所示的主方法代码。

```
public static void main(String[] args) {
    Scanner val = new Scanner(System.in);
    System.out.print("输入两个整数(用空格分隔)：");
    int num1 = val.nextInt();        //获取用户输入的第 1 个数
    int num2 = val.nextInt();        //获取用户输入的第 2 个数
    val.close();          //关闭 Scanner 对象
    int sum1 = 0, sum2 = 0;//分别用来存储偶数和奇数的和
    for(int i = num1; i <= num2; i++) {
        if(i % 2 == 0)     //i 若能被 2 整除表示 i 为偶数，否则为奇数
            sum1 = sum1 + i;         //偶数累加器
        else
```

```
            sum2 = sum2 + i;        //奇数累加器
        }
        System.out.println("所有偶数的和：" + sum1);
        System.out.println("所有奇数的和：" + sum2);
    }
```

说明：for 循环的循环变量 i 的值从用户输入的范围起始值（输入的第 1 个值）开始，到范围结束值（输入的第 2 个值）结束，每次循环 i 值加 1。这使得程序能对范围内的所有数据实现一个遍历。

思考：如果用户输入的第 1 个数大于第 2 个数时会出现什么情况？怎样修改代码才能使程序在这种情况下仍能正常运行？

2．while 循环

在实际应用中常会遇到一些不定次循环的情况。例如，统计全班学生的成绩时，不同班级的学生人数可能是不同的，这就意味着循环的次数在设计程序时无法确定，能确定的只是某条件被满足（如后面不再有任何学生了）。此时，使用 while 循环最为合适。

while 循环执行时首先会判断某个条件是否满足，若满足条件则进入循环，执行循环体语句，否则退出循环。while 循环语句的语法格式如下：

```
while (条件表达式) {
    循环语句序列;
}
```

条件表达式是每次进入循环前进行判断的条件，当条件表达式的值为 true 时，执行循环，否则退出循环。

while 循环在使用时应注意以下几个问题。

1）条件表达式是一个关系表达式或逻辑表达式，其运算结果为 true 或 false。

2）作为循环体的语句序列可以是多条语句，也可以是一条语句。如果是一条语句，大括号可以省略。

3）循环语句序列中一般应包含能改变条件表达式或强制退出的语句（如 break、return 等），以避免程序陷入永远无法结束的“死循环”。

例如，下列代码将产生一系列的 1～9 的随机整数，当产生的随机整数正好为 9 时结束循环。

```
int i = 0;
while (i != 9) {   //如果 i 的值不等于 9，则执行循环体语句
    i = 1 + (int)(Math.random() * 9);          //循环体语句，产生一个 1～9 的随机整数
    System.out.println(i);
}
```

3．do…while 循环

do…while循环非常类似于while循环。在一般情况下，二者可以相互转换使用。它们之间的差别在于while循环的测试条件在每一次循环开始时执行，而do…while循环的测试条件

在每一次循环体结束时进行判断。do…while语法的一般格式如下：

```
do {
    循环语句序列;
} while (条件表达式);
```

当程序执行到 do 语句后，无条件开始执行循环体中的语句序列，执行到 while 语句时再对条件表达式进行测试。若条件表达式的值为 true，则返回 do 语句重复循环，否则退出循环执行 while 语句后面的语句。例如，前面的例子要使用 do…while 结构实现时，代码可按如下所示修改。

```
int i;
do {
    i = 10 + (int)(Math.random() * 9);    //循环体语句，产生一个 0～9 的随机整数
    System.out.println(i);
} while (i != 9);            //若 i 的值不等于 9，则返回 do 语句，否则退出循环执行后续语句
```

4．循环的嵌套

若一个循环结构中包含有另一个循环，则称为“循环的嵌套”，也称为多重循环结构。循环嵌套的层数理论上无限制。在多重循环结构中，3 种循环语句（for 循环、while 循环和 do…while 循环）可以互相嵌套。需要注意的是，使用循环嵌套结构时，内循环必须完全包含在外循环内部，不能出现交叉。

【演练 2-4】使用循环嵌套，实现在控制台窗格中输出一个九九乘法表。程序运行结果如图 2-6 所示。

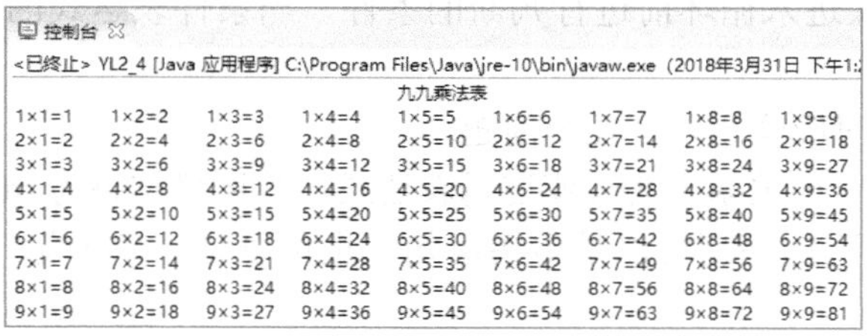

```
控制台
<已终止> YL2_4 [Java 应用程序] C:\Program Files\Java\jre-10\bin\javaw.exe (2018年3月31日 下午1:
                                        九九乘法表
1×1=1   1×2=2   1×3=3   1×4=4   1×5=5   1×6=6   1×7=7   1×8=8   1×9=9
2×1=2   2×2=4   2×3=6   2×4=8   2×5=10  2×6=12  2×7=14  2×8=16  2×9=18
3×1=3   3×2=6   3×3=9   3×4=12  3×5=15  3×6=18  3×7=21  3×8=24  3×9=27
4×1=4   4×2=8   4×3=12  4×4=16  4×5=20  4×6=24  4×7=28  4×8=32  4×9=36
5×1=5   5×2=10  5×3=15  5×4=20  5×5=25  5×6=30  5×7=35  5×8=40  5×9=45
6×1=6   6×2=12  6×3=18  6×4=24  6×5=30  6×6=36  6×7=42  6×8=48  6×9=54
7×1=7   7×2=14  7×3=21  7×4=28  7×5=35  7×6=42  7×7=49  7×8=56  7×9=63
8×1=8   8×2=16  8×3=24  8×4=32  8×5=40  8×6=48  8×7=56  8×8=64  8×9=72
9×1=9   9×2=18  9×3=27  9×4=36  9×5=45  9×6=54  9×7=63  9×8=72  9×9=81
```

图 2-6　for 循环的嵌套示例

程序设计步骤如下。

1）首先在 Eclipse 中新建一个 Java 应用程序项目 YL2_4，并创建主类和主方法。

2）编写如下所示的主方法代码。

```
public static void main(String[] args) {
    System.out.println("\t\t\t\t\t\t\t 九九乘法表");        //使标题居中，“\t” 为〈Tab〉键的转义符
    for(int i = 1; i < 10; i++) {                //外循环用来控制行
        for(int j = 1; j < 10; j++) {            //内循环用来依次输出每一行中的各列
            System.out.print(i + "×" + j + "=" + i * j + "\t");    //输出算式，〈Tab〉键用于内容对齐
        }
        System.out.println();                    //一行中所有列输出完毕后换行
    }
}
```

5．在循环中的跳转语句

循环中的跳转语句可以实现循环执行过程中的流程转移。Java 中可用于循环跳转的语句有 break、continue 和 return。

break 语句执行后无论是否满足循环终止条件都可以无条件地结束当前正在执行的循环。

continue 语句执行后并不终止当前正在执行的循环，而是忽略 continue 后面的语句返回循环的开始部分，执行下一次循环。

return 语句执行后会忽略 return 后面的语句，从当前方法中返回。若当前方法为主方法，则会导致程序运行结束。

【演练 2-5】 设计一个应用程序，程序启动后要求用户输入密码。若输入“123456”，则在控制台窗格中显示“Welcome”并结束运行。若输入不正确，则在控制台窗格中显示“密码错，你还有 x 次机会”。若 3 次输入不正确，则在控制台窗格中显示“bye!”并结束运行。程序运行结果如图 2-7 所示。

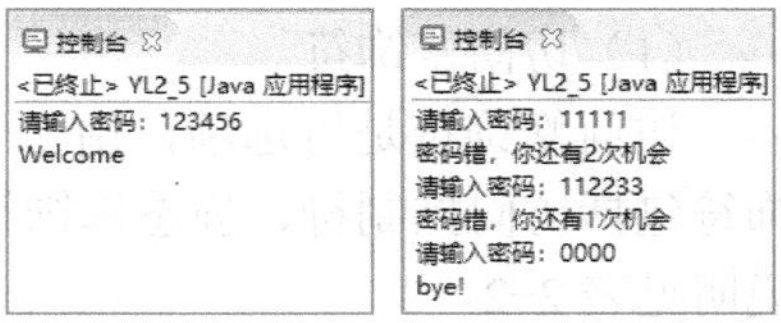

图 2-7　程序运行结果

程序设计步骤如下。

1）首先在 Eclipse 中新建一个 Java 应用程序项目 YL2_5，并创建主类和主方法。在主类的上方添加用于导入 Scanner 类的 import 语句。

```
import java.util.Scanner;
```

2）编写如下所示的主方法代码。

```
public static void main(String[] args) {
    Scanner val = new Scanner(System.in);
    int times = 0;                  //times 用于存储出错次数
    while(true) {                   //构建一个“死循环”
        System.out.print("请输入密码：");
        if(val.nextLine().equals("123456")){      //判断用户输入是否等于“123456”
            System.out.println("Welcome");
            break;                  //退出循环
        }
        else {                      //密码错时执行的代码
            times++;                //累计出错次数
            if(times < 3) {
                System.out.println("密码错，你还有" + (3 - times) + "次机会");
                continue;   //不再执行后续代码，转回 while 语句（循环的开始处）
            }
            else {
                System.out.println("bye!");
                return;     //退出主方法，结束运行。此处若使用 break 效果相同
            }
        }
    }
    val.close();                    //关闭 Scanner 对象
}
```

2.2.4 方法的声明和调用

声明方法指的是在类中定义方法的名称、规定可被谁调用、从调用语句接收怎样的参数以及是否需要将加工好的数据返回给调用语句等。方法可以被同一个类或不同类中的语句调用。调用方法时可以根据需要，将某些数据作为参数传递给方法，并从方法接收数据处理的结果。也可以仅调用方法去执行某个操作，而无须返回操作结果。

1．方法的声明

在类中声明方法的语法格式如下：

```
[修饰符] 返回值类型 方法名([参数列表]) {
    …… ;            //方法体语句块
    [return 变量;]
}
```

（1）访问修饰符

访问修饰符是可选项，由一个或多个 Java 关键字组成，用来说明方法的一些特征。修饰符包括访问控制符、静态修饰符、抽象修饰符、最终修饰符、本地修饰符等。修饰符及其说明见表 2-2。

表 2-2 方法的修饰符及说明

修饰符	说明
public	公共访问控制符。指定该方法是开放的，可以在任何一个类中被调用
private	私有访问控制符。指定该方法是私有的，只允许在本类中被调用
protected	受保护的访问控制符。指定该方法只能在本类、其子类或同一个包中被调用
缺省	声明方法时省略了访问控制符，表示该方法只在本包中被调用
static	静态修饰符。说明该方法不需要通过类对象就可以被直接调用
abstract	抽象修饰符。说明该方法是一个抽象方法，只有方法头。其具体实现需要由其子类来完成
native	本地修饰符。说明该方法是使用其他程序设计语言（如 C 语言等）在程序外部编写的

（2）返回值类型

方法的返回值类型可以是 Java 支持的任何预定义（如 int、double、String、数组等）或自定义数据类型。方法的返回值类型使用 void 标记时，表示该方法没有返回值。

（3）方法名和参数列表

方法名和变量名的命名习惯相同。要求使用能表明方法功能的、全部字符都小写的英文单词或众所周知的缩写命名方法，如 area、count 等。若名称中包含多个单词，要求第一个单词全部小写，第二个及以后的单词首字母大写，如 checkUser、isPass 等。

方法声明语句中的参数列表是一个可选项，表示从调用语句接收的数据存储在怎样的变量中。例如，Java 应用程序的主方法声明语句 public static void main(String[] args)中的 args，表示从调用语句接收到的数据保存在字符串数组类型的变量 args 中。也就是说参数由数据类型和参数名组成。若列表中存在多个参数，则各参数之间要使用逗号分隔。

（4）方法体语句

方法体语句由实现方法具体功能的一系列代码组成。这些代码被封装在方法体内，使方法对用户而言变成了一个“黑匣子”，用户只需要知道方法可以干什么，而不必知道具体是怎样实现的。若方法的声明语句中的返回值类型不是 void，则方法体内至少要有一个 return 语句按声明语句中返回值类型将处理后的数据返回给调用语句。

2．方法的调用

在程序中调用方法的语法格式如下：

[数据类型 变量名 =][类对象名.]方法名([参数列表]);

方法一般需要通过类的对象来调用。例如，Java 预定义的 Scanner 类中的 nextInt()方法用于读取用户通过键盘输入的一个整数。调用时首先需要创建一个 Scanner 类的对象，而后才能通过该对象调用 nextInt()方法。

```
Scanner val = new Scanner(System.in);          //使用 new 关键字声明一个 Scanner 类的对象 val
System.out.println("请输入半径：");
double r = val.nextInt();          //通过 val 对象调用 Scanner 类的 nextInt()方法，并将返回值赋给 r
```

需要说明如下内容：

1）如果方法位于本类中则可直接通过方法名调用方法，而不必通过类对象调用（调用语句中可省略“类对象名”）。

2）使用参数传递数据时需要注意，若存在多个参数则各参数之间要使用逗号“,”分隔。调用语句中使用的参数称为实际参数，简称为实参；方法声明语句中的参数用于接收实参值，称为形式参数，简称为形参。

3）在未调用方法时，形参并不占用存储单元。只有在发生方法调用时，系统才会给方法中的形参分配内存单元。在调用结束后，形参所占的内存单元也自动释放。

4）实参可以是常量、变量或表达式；形参必须是声明的变量，且必须指定类型。

5）实参列表中参数的数量、类型和顺序必须与形参列表中的参数完全对应，否则将发生异常。

【演练 2-6】 创建一个 Java 项目，要求在主类中创建一个能计算任意三角函数的方法 getValue()。要求调用语句向方法传递表示三角函数名（sin、cos 或 tan）和角度值的两个参数，方法根据这两个参数返回一个 double 类型的三角函数值。程序运行结果如图 2-8 所示。

```
控制台 ☒
<已终止> YL2_6 [Java 应用程序] C:\Program Files
请输入三角函数名和角度值(用空格分隔)：sin 30
sin30.0 = 0.5000
```

```
控制台 ☒
<已终止> YL2_6 [Java 应用程序] C:\Program Files
请输入三角函数名和角度值(用空格分隔)：cos 45
cos45.0 = 0.7071
```

```
控制台 ☒
<已终止> YL2_6 [Java 应用程序] C:\Program Files
请输入三角函数名和角度值(用空格分隔)：tan 45
tan45.0 = 1.0000
```

图 2-8 程序运行结果

程序设计步骤如下。

1）首先在 Eclipse 中新建一个 Java 应用程序项目 YL2_6，并创建主类和主方法。

2）编写如下所示的主类代码。

```
import java.util.Scanner;          //导入 Scanner 类
public class YL2_6 {               //主类
    public static void main(String[] args) {     //主方法
```

```
        Scanner val = new Scanner(System.in);
        System.out.print("请输入三角函数名和角度值(用空格分隔)：");
        String n = val.next();    //读取用户输入的三角函数名
        double a = Double.parseDouble(val.next()); //读取用户输入的角度值，并转换为 double
        val.close();         //关闭 Scanner 对象
        //调用 getValue()方法并将函数名和角度值传递给方法，将返回值赋给变量 value
        double value = getValue(n, a);
        System.out.println(n + a + " = " + String.format("%.4f", value));       //输出 4 位小数的计算结果
    }
    //在主类中，除 main()方法外再创建 getValue()方法
    //funName 用于接收三角函数名，angle 是用于接收角度值
    private static double getValue(String funName, double angle) {
        //v 用于存储返回值，ang 存储转换成弧度的角度值
        double v = 0, ang = Math.toRadians(angle);
        switch(funName) {      //根据三角函数名计算对应的函数值
            case "sin":
                v = Math.sin(ang);
                break;
            case "cos":
                v = Math.cos(ang);
                break;
            case "tan":
                v = Math.tan(ang);
                break;
            case "cot":
                v = 1 / Math.tan(ang);
                break;
        }
        return v;          //将计算结果返回给调用语句
    }
}
```

思考：使用上述方法计算 tan 90°或 cot 0°时会出现怎样的结果？为什么？怎样修正？

需要说明的是，上例中声明 getValue()方法时使用了 private 访问控制符，说明该方法只能在本类中被调用。使用 static 静态修饰符说明该方法是一个静态方法。这是因为主方法 main()是一个静态方法，在静态方法中只能调用其他静态方法，而不能调用非静态方法。

2.2.5 方法的重载

Java 允许在同一个类中声明多个具有不同参数列表（不同参数数量、不同参数数据类型、不同参数顺序）的同名方法，调用方法时程序能根据调用语句传递参数的情况自动选择相应的方法，这种处理方式称为“方法重载”。

使用方法重载时需要注意以下两点要求。

1）重载的方法名称必须相同。

2）重载的方法，其形参个数或类型必须有所不同。也就是说，类中不能出现完全相同的两个方法，否则将出现编译错误。

声明了重载方法后，当调用具有重载的方法时，系统会根据参数的个数、类型或顺序的不同寻找最匹配的方法予以调用。

下列代码是一个通过参数数量不同来实现方法重载的示例。在 Rectangle（矩形）类中定义了同名的两个方法 calculate（计算），若从调用语句接收两个 float 类型参数时，返回矩形面积值，若从调用语句接收 3 个 float 类型参数时返回柱体的体积值。

```
class Rectangle {        //创建类
    public float calculate(float x, float y) {             //接收两个参数
        return x * y;          //返回面积值
    }
    public float calculate(float x, float y, float z){    //接收 3 个参数
        return x * y * z;      //返回体积值
    }
}
```

2.2.6 方法调用中的参数传递

调用带参数的方法时，程序能自动实现实参为形参赋值的操作。由于调用方法时参数的传递通常是通过实参变量为形参变量赋值来实现的，而 Java 中数据又分为基本类型和引用类型两种，所以方法的参数传递形式也对应有传值和传址两种方式。

1．传值方式

使用基本类型（int、double、char 等）的实参变量传递数据时，形参接收到的是实参变量值的副本，两个数据存储在不同的内存地址中，所以在方法中修改了形参变量的值对实参的值不会有任何影响。

2．传址方式

使用引用类型（String、数组、类的对象等）的实参变量传递数据时，形参将接收到实参变量传递来的实参值所在的内存地址值，所以修改形参会导致实参值的同步改变。

传值和传址两种方式的示意如图 2-9 所示。

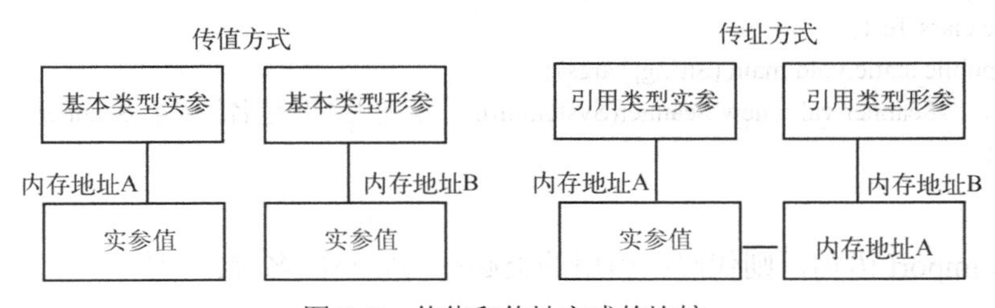

图 2-9　传值和传址方式的比较

2.3 创建和使用类

Java 中的类分为预定义和自定义两大部分。Java 的预定义类包含于 Java JDK 和 API 的

类库中，主要用于实现一些特定的、工具性质的操作。开发人员可以直接或通过 new 关键字创建的类对象来使用预定义类及其中包含的方法。例如，前面使用过的 System.out.println()就是调用了 Java 预定义的 System 类中 out 成员的 println()方法。但由于 System 类是静态的，所以不需要使用 new 关键字创建其对象就可以直接使用。自定义类是由开发人员根据设计需要自行定义的类，用于描述一些与程序设计相关的实体对象。

2.3.1　类的管理和类成员

在开始创建类之前首先需要理解 Java 的类管理机制以及类的基本成员和这些成员在类中的作用。

1．Java 中类的管理机制

Java 规定一个源程序文件中最多只能有一个使用 public 修饰符的类，而且源程序文件名必须与该类的名称一致。面对 Java 中存在的大量预定义类和用户自定义类，为了避免文件名冲突，Java 使用“包”（package）来管理数量众多的类。Java 将功能相近的类划归到一个包中，包中还可以存在下一级的包，这样只要保证在同一个包中没有名称冲突就可以了。描述类时使用“包名 1.包名 2.……包名 n.类名”的方式。习惯上常使用“组织名.项目名.类名”的分级方式。

（1）package 语句

如果要为自定义类创建所属的包，就必须以 package 语句作为 Java 源文件的第一条语句，该语句用于指明文件中定义的所有类隶属于哪一个包。其语法格式如下：

package 包名 1[.包名 2][…][包名 n];

例如：

```
package sky.tools;              //指明文件中所有类隶属于 sky 包下的 tools 包
```

（2）import 语句

若要在应用程序中使用隶属于某包中的类，就需要使用包含包各层级的类的完整描述方式。为了减少代码录入量，使程序更加简练清晰，可以使用 import 语句向 Java 源程序导入某包中相关的类或某包中所有类。例如：

```
import java.util.Scanner;       //使用 import 语句导入 Scanner 类，只有此处需要写类的全名
public class Test{
    public static void main (String[] args){
        Scanner val = new Scanner(System.in);       //使用不带包名的类名 Scanner
    }
}
```

若不使用 import 语句，则代码中引用的类必须写完整的名称。例如：

```
public class Test{
    public static void main (String[] args){
        //未使用 import 语句则必须使用类的全名 java.util.Scanner
        java.util.Scanner val = new java.util.Scanner(System.in);
    }
}
```

需要说明以下两点：

1）Java 为所有应用程序自动隐含地导入了 java.lang 包中的所有类，因此，需要使用其中的任何类时无须再使用 import 语句。

2）如果希望导入某个包中的所有类，可以使用星号“*”通配符。例如：

```
import java.util.*;//导入 java 包下 util 包中的所有类
```

2．类成员和修饰符

一个 Java 类中主要包含有描述类状态的特征变量（也称为字段、数据字段或属性）和方法两大部分。方法又分为用于初始化对象的构造方法和用于实现程序功能的实例方法（简称为方法）。类的一般结构如下：

```
[修饰符] class 类名 {
    [修饰符] [字段成员;]
    [public 构造方法成员;]
    [修饰符] [方法成员;]
}
```

类修饰符和成员修饰符用于说明类及其成员可以被访问的范围或其他一些特性。由于构造方法是用于创建对象时使用的，所以其修饰符一般要使用 public。

类的修饰符常用的有 public（公有的）、private（私有的）、protected（受保护的）、默认的和 abstract（抽象的），字段成员常用修饰符与前面介绍过的方法的修饰符及其含义基本相同。

2.3.2 创建类

创建一个自定义类通常需要完成声明类的字段成员、构造方法成员和方法成员 3 个步骤。由于类中用于存储数据的字段和用于实现程序功能的方法是相互独立的，所以一个类中可能不包含字段或不包含任何方法。

例如，下列代码创建了一个名为 Circle1 的类，该类包含一个用于表示半径的 radius 字段，不包含任何用于实现功能的方法，不包含任何显式声明的构造方法。

```
class Circle1{          //使用了默认修饰符的 Circle1 类
    double radius;      //使用了默认修饰符的、表示圆半径的 radius 字段
}
```

又如，下列代码创建了一个名为 Circle2 的类，该类包含了两个根据接收到的半径参数计算圆面积和圆周长的 getArea()和 getPerimeter()方法，但不包含任何字段成员和显式声明的构造方法。

```
class Circle2{
    //接收一个 double 类型的半径参数 r，返回值为 double 类型的圆面积
    double getArea(double r){       //使用了默认修饰符的 getArea()方法
        return r * r * Math.PI;     //return 语句用于向调用语句返回结果
    }
    double getPerimeter(double r) {
        return 2 * Math.PI * r;     //返回圆周长
```

```
        }
    }
```

在 Eclipse 环境中可以将自定义类与主类书写到同一个源程序文件中，也可以将它们分别书写到不同的源文件中。如果在一个 Java 应用程序项目中存在有多个类，无论它们是否在同一个源程序文件中，编译器都会将它们分别编译成多个对应的字节码（.class）文件，存储在项目文件夹下的 bin 子文件夹中。

在 Eclipse 环境中创建自定义类有以下两种途径。

1）直接将类写在主类所在的源程序文件中。使用这种方式时要注意 Java 规定一个源程序文件（.java）中只有一个类能使用 public 修饰符，并且源程序文件名必须与该类的类名相同。所以，此时自定义类可使用默认修饰符。

2）在创建了应用程序项目、主类和主方法后，在包资源管理器中右击项目名称，在弹出的快捷菜单中执行"新建"→"类"命令，在打开的对话框中填写自定义类名及需要使用的修饰符即可。使用这种方式时，Eclipse 会将自定义类存储在一个以类名命名的源程序文件中，该文件与主类的源程序文件一样存储在项目文件夹下的 src 子文件夹中。编译后的字节码文件（.class）也被存储在项目文件夹下的 bin 子文件夹中。

【演练 2-7】 在 Eclipse 环境中创建一个公有的 Teacher 类，该类包含有 id（编号）、name（姓名）、sex（性别）、unit（单位）和 jobTitle（职称）5 个公有的 String 类型字段；包含一个根据职称返回对应 double 类型津贴值的公有 getSubsidy()方法。假设，津贴发放标准为：教授为 1000 元；副教授为 800 元；其他为 500 元。

类的创建步骤如下。

1）首先在 Eclipse 中新建一个 Java 应用程序项目 YL2_7，并创建主类和主方法存根。

2）由于 Teacher 类要求是公有的，所以不能在主类源程序文件中创建。在包资源管理器中右击项目名称，在弹出的快捷菜单中执行"新建"→"类"命令，在弹出的对话框中填写类名为 Teacher，选择使用公用修饰符后单击"完成"按钮。

3）按如下所示编写类代码。

```
public class Teacher {   //声明 Teacher 类
    //声明类的字段成员
    public String id, name, sex, unit, jobTitle;
    public double getSubsidy() {          //声明 getSubsidy()方法
        double subsidy;                   //用于存储津贴值
        switch(jobTitle) {
            case "教授":
                subsidy = 1000;
                break;
            case "副教授":
                subsidy = 800;
                break;
            default:
                subsidy = 500;
                break;
        }
```

```
            return subsidy;     //将津贴值返回给调用语句
        }
    }
```

设计完毕后在包资源管理器中可以看到图 2-10 所示的整个项目的类结构图。可以看出项目由两个类（主类 YL2_7 和 Teacher 类）组成，这两个类各自创建在与类名相同的源程序文件中。此外，还可以看到这两个类的所有成员。在类 YL2_7 的图标下方有一个绿色三角标记，表示该类为项目的主类。

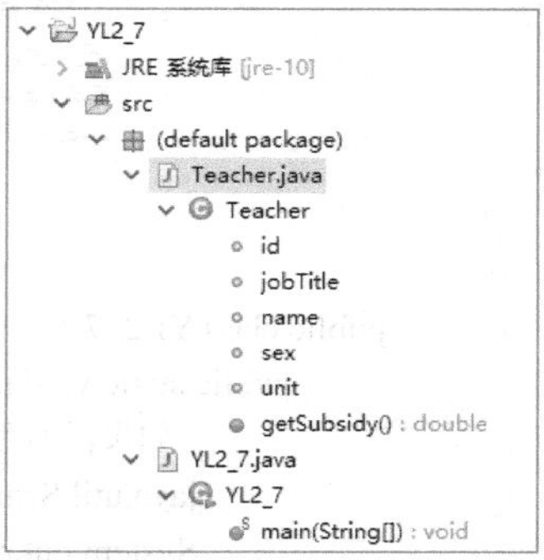

图2-10　包资源管理器中的类结构

2.3.3　字段与局部变量的区别

类的字段成员实际上是类内部的一系列变量，其声明的语法格式与声明局部变量的语法格式完全相同。类中局部变量只能出现在方法的定义过程中，它与字段有着本质上的区别。

1）字段是属于类的，用于存储类中的数据，可以使用 public、private、static 等修饰符来限制来自外部的访问。而局部变量属于方法，可以是方法的参数或方法内用于存储临时数据的变量，不能使用任何修饰符。

2）从变量在内存中的存储形式看，字段是对象的一部分，它随对象一起存储在堆内存中。方法中的局部变量与其他局部变量一样，只能存储在栈内存中。

3）从变量在内存中的生命周期来看，字段随对象的创建而建立，一般需要通过 Java 的垃圾回收机制进行销毁。局部变量只有在方法被调用时才被建立，方法运行结束局部变量将被立即销毁。

4）在一般情况下字段如果没有被赋予初始值，则会被自动赋以类型的默认值（使用了 final 修饰符，但没有使用 static 修饰符的字段是一种例外）。局部变量不会自动赋值，必须显式地赋值后才能被使用。

2.3.4　创建和使用类的对象

在一个 Java 项目中创建了某个类之后，通常还需要在程序中创建类的对象，并通过对象访问类的字段、调用类的方法，这个过程也称为“类的实例化”。创建类对象的基本语法格式如下：

```
类名 对象名 =new 类名();
```

例如：

```
Student stu = new Student();          //声明一个 Student 类的对象 stu
```

访问对象就是访问对象成员，即在应用程序中使用由类创建的对象，其代码编写格式与访问一般常用对象的代码格式完全相同。例如，在【演练 2-7】的主方法中使用代码创建 Teacher 类的对象 teacher，并为其各字段赋值，调用 getSubsidy()方法显示当前教师的津贴值。程序运行结果如图 2-11 所示。

```
控制台
<已终止> YL2_7 [Java 应用程序] C:\Program Files\Java\jre-10\bin\javaw.exe
请输入教师的相关数据（用空格分隔）：170001 张三 男 软件学院 副教授
津贴为：800.0
```

图 2-11　程序运行结果

```
public class YL2_7 {    //【演练 2-7】的主类
    public static void main(String[] args) {    //主方法
        //如果没有使用 import 语句导入 Scanner 类，就必须说明 Scanner 类的所在包
        java.util.Scanner val = new java.util.Scanner(System.in);
        System.out.print("请输入教师的相关数据（用空格分隔）：");
        Teacher teacher = new Teacher();    //创建 Teacher 类的对象 teacher
        teacher.id = val.next();            //逐个读取用户输入的数据，并为对象的各字段赋值
        teacher.name = val.next();
        teacher.sex = val.next();
        teacher.unit = val.next();
        teacher.jobTitle = val.next();
        val.close();
        double subsidy = teacher.getSubsidy();          //调用对象的 getSubsidy()方法返回津贴值
        System.out.println("津贴为：" + subsidy);       //显示 getSubsidy()方法的返回值
    }
}
```

2.4　类成员的封装

封装是类的 3 大特征之一，是指将对象的状态信息或某些方法通过 private 修饰符隐藏在对象的内部，不允许外部程序直接访问。封装使某些对象成员变成了一个只有入口和出口的“黑匣子”，实现了“进去的是数据，出来的是结果”的设计目的，既提高了数据的安全性，也简化了外部用户的操作。

封装的目的就是为了实现“高内聚，低耦合”。高内聚就是类的内部数据操作细节自己完成，不允许外部干涉，即这个类只完成自己的功能，不需要外部参与；低耦合，就是仅暴露很少的通道给外部使用，以实现数据的输入和输出。面向对象程序设计的封装性隐藏了内部的具体执行步骤，取而代之的仅仅是数据的输入和输出。对类成员的封装主要指对字段成员和方法成员的封装。

2.4.1　字段的封装

字段的封装是指对字段使用 private 修饰符，使字段只能在本类中被访问。外部程序访问字段时，需要通过专门设计的、用于读写对象字段成员的 get（读）或 set（写）方法来实现。这实际上是为对象的字段添加了一道安全关卡。例如：

```
public class Students{                  //创建一个学生类
    private String id, major;           //封装的 id（学号）字段和 major（专业）字段
    private int grade;                  //封装的 grade（成绩）字段
    public void setID(String _id){      //用于为学号字段赋值的 setID()方法
```

```
            id = _id;
            switch(id.substring(2, 4)){        //取 id 第 3～4 位，决定专业名称
                case "01":
                    major = "网络工程";  //在实际应用中该部分数据需要从数据库中读取
                    break;
                case "02":
                    major = "软件工程";
                    break;
                …
            }
        }
        public String getID(){    //用于读取 id 字段的 getID()方法
            return id;
        }
        public String getMajor() {      //用于读取 major 字段值的 getMajor()方法
            if (major == null || major.isEmpty())          //判断 major 是否已赋值
                return "未设置";      //若 major 字段未赋值，则返回“未设置”
            else
                return major;
        }
        public void setGrade(int _grade){            //为成绩字段赋值的 setGrade()方法
            if(_grade >= 0 && _grade <= 100)    //只有大于零，小于等于 100 的数据才能通过
                grade = _grade;
            else
                System.out.println("输入的成绩值有错误！");
        }
        public int getGrade(){            //读取成绩字段的 getGrade()方法
            return grade;
        }
    }
```

需要说明以下 3 点：

1）上述 Students 类的 id、major 和 grade 3 个字段都使用了 private 修饰符，外部代码不能通过类的对象直接读写。只能通过对象的 getID()、setID()、getMajor()、getGrade()或 setGrade()方法进行读写操作。

2）major 字段值只能在为 id 字段赋值时由 setID()方法根据 id 字段的第 3～4 位为其赋以对应的值。对外部程序而言，major 字段是只读字段（字段只有 get 方法没有 set 方法，其值由 id 字段值推算而来，外部程序不能直接为其赋值）。

3）grade 字段封装后，可以通过 set 方法对外部程序传递过来的数据进行筛选，只有合理的数据才能赋给 grade 字段。

2.4.2 方法的封装

除了对类的字段进行封装外，还可以对类的某些方法进行封装。一旦方法使用了 private 修饰符，则该方法就不能被外部程序通过其对象调用了。这样的方法一般用于类内部的数据

处理，也称为“私有方法”。

例如，下列语句创建了一个 TriFunction（三角函数）类，类中包含有一个对外公开的 getValue()方法，该方法从调用语句接收一个角度值，返回一个包含有对应 sin、cos 和 tan 函数值信息的字符串。其中获取 3 种三角函数值的工作由类内部的 3 个被封装的私有方法来完成。

```
public class TriFunction{      //创建一个三角函数类
    private double angle;    //angle 私有字段用于存储角度对应的弧度值
    //唯一一个对外部公开的，用于同时返回 3 个三角函数值的 getValue()方法
    public String getValue(double a) {          //从调用语句接收一个角度值参数
        angle = Math.toRadians(a);              //将角度转换成对应的弧度值
        //调用私有方法获取 3 种三角函数值，组成一个字符串表示的结果
        String result = "sin：" + getSin() + "   cos：" + getCos() + "   tan：" + getTan();
        return result;      //返回组织好的字符串结果
    }
    private String getSin() {               //被封装的 getSin()方法用于在类内部计算正弦函数值
        double value = Math.sin(angle);             //计算正弦函数值
        return String.format("%.4f", value);        //保留 4 位小数点
    }
    private String getCos() {               //被封装的 getCos()方法用于在类内部计算余弦函数值
        double value = Math.cos(angle);
        return String.format("%.4f", value);
    }
    private String getTan() {               //被封装的 getTan()方法用于在类内部计算正切函数值
        double value = Math.tan(angle);
        return String.format("%.4f", value);
    }
}
```

2.5 构造方法和匿名对象

构造方法是类中一种特殊的方法，在使用 new 关键字声明类的对象时用于对象的初始化。匿名对象实际上是声明类对象时的一种简单语法格式，使用匿名对象可以直接通过简化后的语句访问类成员而不必指定对象的名称。

2.5.1 类的构造方法

类的构造方法只能用于初始化类的对象。它与普通方法成员相同，也可以有自己的重载形式，也就是说类中可以存在相同方法名不同参数的构造方法。

1. 创建构造方法

构造方法的声明语法格式如下：

```
[修饰符] 类名(参数列表){
    方法体语句;
}
```

例如，下列代码创建了一个 Circle（圆）类，该类拥有一个私有的用来存储半径值的

radius 字段和一个可以给半径字段赋值的构造方法。

```
class Circle{
    private double radius;     //私有的半径字段（只能写的字段）
    public Circle(double r){ //Circle 类的构造方法，接收一个 double 类型参数用于为半径赋值
        if(r > 0)              //保证半径不为一个负值
            radius = r;
        else
            radius = -r;
    }
}
```

在外部程序中只能在使用 new 关键字创建类对象时，由系统自动调用构造方法。例如，下列语句执行时，系统会自动调用 Circle 类的构造方法，并将 double 类型数据 2.31 作为参数传递给构造方法。

```
Circle c = new Circle(2.31);  //系统将自动调用构造方法
```

声明和调用类的构造方法时应注意以下几个要点。

1）类的构造方法只能在使用 new 关键字创建类的对象时自动被调用，所以一般应使用 public 或缺省修饰符使其具有可以被外部访问的特质。

2）构造方法名必须与类名相同，没有返回值，也不能使用 void 关键字。

3）一个类可以有多个同名但参数个数或类型不同的构造方法（构造方法的重载）。

4）若类中没有声明任何一个构造方法，则在使用 new 关键字创建对象时系统会自动调用隐含的默认构造方法。默认构造方法没有参数，在方法体中也没有任何代码。当类中不存在任何自定义的构造方法时，默认构造方法自动存在，无须显式的声明。

2．构造方法的重载

构造方法和成员方法相同，也可以有自己的重载形式。例如，下列代码为 Circle 类声明了 3 个构造方法，分别用于创建类的默认对象及在创建类对象时为半径字段赋值或同时为半径字段和高字段赋值。

```
class Circle{
    public double radius, height;   //公有的半径字段和高字段
    public Circle(){}               //空的，不带任何参数的构造方法（缺省构造方法）
    public Circle(double r){        //Circle 类的构造方法，接收一个 double 类型参数用于为半径赋值
        radius = r;
    }
    public Circle(double r, double h){    //构造方法的重载形式，接收两个 double 类型参数
        radius = r;    //为半径字段赋值
        height = h;    //为高字段赋值
    }
}
```

在外部程序中使用 new 关键字创建类的对象时，可使用如下所示的形式分别调用不同的构造方法。

```
Circle c1 = new Circle(2.31, 5.6);  //创建 Circle 对象 c1（圆柱体）时指定半径和高的值
Circle c2 = new Circle(2.31);       //创建 Circle 对象 c2（圆）时指定半径值
Circle c3 = new Circle();           //创建 Circle 对象 c3
c3.radius = 2.31;
c3.radius = 5.6;
```

3．使用 this 关键字

在程序中如果出现了字段与局部变量同名的情况，则会出现字段变量被屏蔽，无法使用的现象。例如，下列代码中表示学号的 id 和两科成绩的 id、score1、score2 是类的字段，而类的构造方法中也有 3 个与之同名的、仅在方法内有效的局部变量参数。显然，如果在构造方法内直接使用 id、score1 和 score2 变量名，访问的只能是方法的参数。为了能在字段与局部变量命名冲突时对二者加以区别，Java 允许使用 this 关键字来指明对字段的引用。

```
class Students{
    private int id, score1, score2;  //类的字段
    public Students(int id, int score1, int score2){    //构造方法的参数（局部变量）
        this.id = id;                   //通过 this 关键字引用全局变量
        //this.score1 指的是字段，score1 指的是局部变量（参数）
        this.score1 = score1;        //将接收到的参数赋值给类的字段
        this.score2 = score2;
    }
}
```

实际上 this 表示的就是类本身，它不但可以引用类的字段变量，也可以用来调用类的方法。例如，下列语句表示调用本类中的 method()方法。

```
this.method();
```

2.5.2　匿名对象

通过类创建其对象时，如果该对象在程序中仅使用一次，则可不明确指定对象名。例如，有如下所示的一个学生类。

```
class Students{    //学生类
    private int id, math, chs, en;     //学生类的 4 个私有字段
    public Students(int id, int math, int chs, int en){ //学生类的构造方法
        this.id = id;
        this.math = math;
        this.chs = chs;
        this.en = en;
    }
    public int getTotal(){     //用于获取学生总成绩的 getTotal()方法
        return this.id + this.chs + this.en;
    }
}
```

当需要调用上述 Students 类的 getTotal()方法时一般的做法是先创建类的对象，而后通过对象调用类的方法。例如：

```
Students stu = new Students(18001, 78, 82, 69);          //声明类的对象 stu
System.out.println("总分：" + stu.getTotal());           //调用对象的方法
```

如果对象的方法仅在程序中使用一次或少数的几次，也可以不指定类对象的名称而直接通过类似下列的语法来调用对象。

```
System.out.println("总分：" + new Students(18001, 78, 82, 69).getTotal());
```

使用匿名对象的另一种情况是将一个类对象作为某方法的参数进行传递。例如，某个方法需要接收一个 MyClass 类的对象作为参数，且方法的结构如下所示：

```
void method(MyClass c){      //method()方法需要接收一个 MyClass 类型的对象作为参数
    方法体语句;
}
```

在调用该方法时可以使用如下所示的语句：

```
method(new MyClass(构造方法参数));          //将匿名对象作为参数传递给 method()方法
```

2.6 实训　创建和使用类

2.6.1 实训目的

1）熟练掌握结构化程序设计的常用技术，能熟练使用选择结构、循环结构程序设计技术创建类的方法，进一步理解方法及方法重载的概念和面向对象程序设计中模块化的优点。掌握常用字符串处理的方法和编程技巧。

2）熟练掌握类的字段、构造方法和方法的定义及在程序中创建类的对象，访问类成员的编程技巧，进一步理解封装的概念和具体实现。

2.6.2 实训要求

本实训安排 3 个项目，分别要求在 NetBeans 和 Eclipse 环境中完成设计。

1．设计一个小学生加法练习程序

在 NetBeans 环境中创建一个 Java 项目 SX2_1，在项目中编写一个用于小学生 100 以内加法练习的程序，运行结果如图 2-12 和图 2-13 所示。

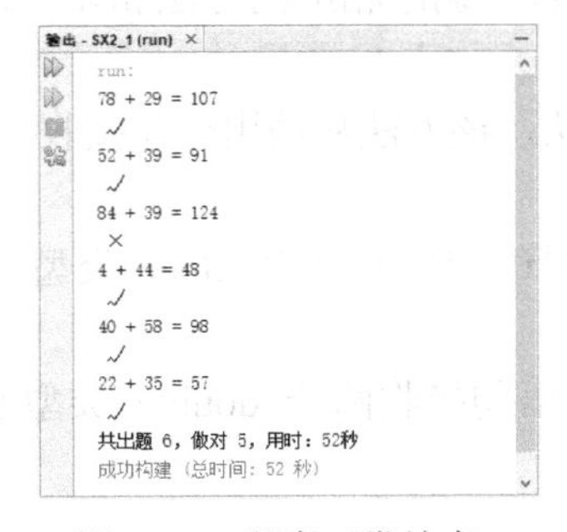

图 2-12　程序正常结束

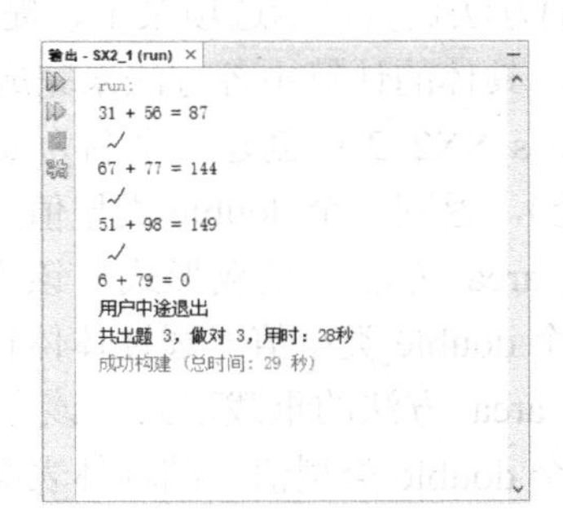

图 2-13　用户中途退出程序

（1）具体功能要求

1）程序运行后在输出窗口中显示“xx + xx =”的算式等待用户输入答案。其中，xx 为 1～99 的随机整数。用户输入答案后按〈Enter〉键。

2）若答案正确显示“ √ ”，否则显示“ × ”。

3）在练习结束时能显示统计结果（出题数、正确数、用时）。

4）默认每次练习共出题 6 道。用户若输入答案为 0，则中途强制退出。

5）程序中使用了 System.currentTimeMillis()方法用于获取当前时间的相关数据，查阅相关资料了解该方法，进而理解通过 Internet 解决技术问题的一般途径。

（2）类的设计要求

1）程序由主类和一个自定义的 Exercise（练习）类构成。Exercise 类的成员结构见表 2-3。

表 2-3　Exercise 类成员及说明

成员名	说　明
num1、num2（int）	私有字段变量，用于存储加法练习题中的两个操作数
构造方法	使用缺省修饰符，无参数，能为 num1、num2 各赋以一个 1～99 的随机整数值
show()方法	使用缺省修饰符，用于在控制台窗口输出一个由 num1 和 num2 构成的加法算式，无返回值
getResult()方法	使用缺省修饰符用于返回 num1 与 num2 的 int 类型的和

2）在程序的主方法中创建 Exercise 类的对象，调用对象的 show()方法显示一个加法算式，接收用户通过键盘输入的答案，调用对象的 getResult()方法得到正确答案并与用户的输入对比，根据对比结果累加正确做题数。

2．方法及方法重载的应用

在 Eclipse 环境中创建一个 Java 项目 SX2_2，在项目中编写一个能根据用户的选择及输入的参数，调用方法或方法的重载，分别计算圆面积、圆柱体体积和圆柱体表面积的应用程序。程序运行结果如图 2-14 所示。

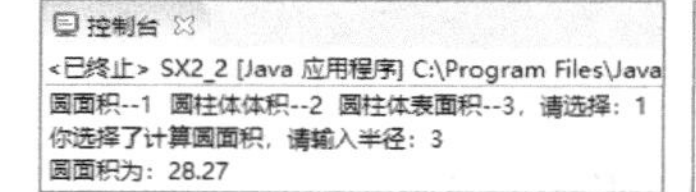

图 2-14　程序运行结果

具体要求如下。

1）main()方法负责显示选项菜单、提示输入参数、调用相应的方法和显示计算结果（方法的返回值），具体的计算由各方法来完成。

2）在 class SX2_2 中创建一个名为 area 的方法，该方法从调用语句接收一个 double 类型参数（半径），返回一个 double 类型值（圆面积）。

3）创建 area 方法的重载形式，该方法从调用语句接收两个 float 类型参数（半径和高），返回一个 double 类型值（圆柱体体积）。

4）创建 area 方法的重载形式，该方法从调用语句接收两个 double 类型参数（半径和高），返回一个 double 类型值（圆柱体表面积）。

3．从身份证号中获取年龄和性别

在 Eclipse 环境中创建一个 Java 应用程序项目 SX2_3，要求程序能根据用户输入的身份证号，显示其年龄和性别。程序运行结果如图 2-15 所示。

控制台
<已终止> SX2_3 [Java 应用程序] C:\Program
输入身份证号：110108199910121523
年龄：19，性别：女

图2-15　程序运行结果

具体要求如下。

1）项目由主类和一个自定义的 Person 类组成，Person 类的成员及说明见表 2-4。

表 2-4　Person 类成员及说明

成员名	说　明
id、age、sex（String）	私有字段变量，用于存储用户身份证号、年龄和性别。注意：年龄和性别字段为只读字段
构造方法	使用缺省修饰符，接收一个表示身份证号的 String 类型参数，能为 id、age 和 sex 字段赋值
getAge()方法	使用缺省修饰符，用于返回年龄值
getSex()方法	使用缺省修饰符，用于返回性别值

2）主方法负责从键盘接收用户输入的身份证号，并将其作为参数调用 Person 类的构造方法创建类对象。而后，调用类对象的 getAge()和 getSex()方法获取用户的年龄和性别显示到控制台窗口。

2.6.3　实训步骤

1．小学生加法练习的实现步骤

程序设计步骤如下。

1）复习第 1 章中关于 NetBeans 使用的内容，在 NetBeans 环境中创建一个 Java 应用程序项目 SX2_1，注意比较 NetBeans 自动创建的 Java 应用程序框架与 Eclipse 有何不同。

2）在代码窗口中按如下所示编写程序代码。

```
package sx2_1;   //声明项目中所有类所属的包
import java.util.Scanner;        //导入 Scanner 类
//声明自定义 Exercise 类（注意，Exercise 类与主类并列，不能写在主类内部）
class Exercise{          //使用了缺省修饰符
    private int num1, num2;          //封装的私有字段成员
    Exercise(){          //类的构造方法，使用了缺省修饰符
        num1 = (int)(1 + Math.random() * 99);       //为两个操作数赋值
        num2 = (int)(1 + Math.random() * 99);
    }
    void show(){         //用于显示一个算式的 show()方法，使用了缺省修饰符
        System.out.print(num1 + " + " + num2 + " = ");
    }
    int getResult(){     //用于获取正确答案的 getResult()方法
        return num1 + num2;
    }
}
//主类（注意，主类与前面的自定义 Exercise 类同级，是同一个包 SX2_1 中的两个不同的类）
public class SX2_1 {
```

```
	public static void main(String[] args) {	//主方法
		Scanner val =new Scanner(System.in);
		int i, right = 0;	//i 循环变量，right 用于存储做对的题数
		long start = System.currentTimeMillis();	//记录开始的时间
		for(i = 1; i <= 6; i++) {	//一次练习出 6 道题
			Exercise exc = new Exercise();	//创建 Exercise 类对象 exc
			exc.show();	//调用对象的 show()方法显示一个算式
			int sum = val.nextInt();	//接收用户的键盘输入
			if(sum == 0) {	//若用户输入的是 0
				System.out.println("用户中途退出");
				break;
			}
			//调用对象的 getResult()方法获取答案并比较输入的答案是否正确
			if(exc.getResult()== sum) {
				System.out.println("  √"); //答案正确的处理
				right = right + 1;	//累加正确做题数
			}
			else {	//答案错误的处理
				System.out.println(" ×");
			}
		}
		long end = System.currentTimeMillis();	//记录结束时间
		//显示统计结果
		System.out.println("共出题 " + (i-1) + "，做对 " + right + "，用时：" +
						(end - start)/1000 + "秒");
		val.close();	//关闭 Scanner 对象
	}
}
```

2．方法及方法重载应用的实现步骤

程序设计步骤如下。

1）首先在 Eclipse 中新建一个 Java 应用程序项目 SX2_2，并创建主类和主方法。

2）编写如下所示的程序代码。

```
import java.util.Scanner;	//导入 Scanner 类
public class SX2_2 {	//主类
	public static void main(String[] args) {	//主方法
		Scanner val = new Scanner(System.in);
		//显示供选择菜单
		System.out.print("圆面积--1  圆柱体体积--2  圆柱体表面积--3，请选择：");
		int n = val.nextInt();
		switch (n) {
			case 1:	//如果用户选择了 1（计算圆面积）
				System.out.print("你选择了计算圆面积，请输入半径：");
				double radius1 = val.nextDouble();	//读取圆半径
				double s1 = area(radius1);	//调用 area()方法计算圆面积
```

```
                    System.out.println("圆面积为：" + String.format("%.2f",s1));    //输出面积
                    break;
                case 2:
                    System.out.print("你选择了计算圆柱体体积，
                                                    请输入半径和高（用空格分隔）：");
                    float radius2 = val.nextFloat();
                    float height2 = val.nextFloat();
                    double v = area(radius2, height2);
                    System.out.println("圆柱体体积为：" + String.format("%.2f", v));
                    break;
                case 3:
                    System.out.print("你选择了计算圆柱体表面积，
                                                    请输入半径和高（用空格分隔）：");
                    double radius3 = val.nextDouble();
                    double height3 = val.nextDouble();
                    double s2 = area(radius3, height3);
                    System.out.println("圆柱体表面积为：" + String.format("%.2f", s2));
                    break;
            }
            val.close();        //关闭 Scanner 对象
        }
        public static double area(double r) {//area()方法，用于计算圆面积
            return Math.PI * r * r;
        }
        //area()方法的重载形式（接收两个 float 参数），计算圆柱体体积
        public static double  area(float r, float h){
           return Math.PI * r * r * h;
        }
        //area()方法的重载形式（接收两个 double 参数），计算圆柱体表面积
        public static double area(double r, double h){
            return Math.PI * r * r * 2 + 2 * Math.PI * r * h;
        }
    }
```

3．从身份证号中获取年龄和性别的实现步骤

1）问题分析：用当前系统时间中的年份和身份证号中的出生年份相减即可计算出年龄值；根据身份证号中第 17 位的奇偶性可判断出性别（偶数为女，奇数为男）。当前系统时间中年份值的获取可通过 java.util.Calendar 类提供的相关方法来实现。关于 Calendar 类请自行查阅相关资料。

2）在 Eclipse 中新建一个 Java 应用程序项目 SX2_3，并创建主类和主方法。

3）编写如下所示的程序代码。

```
import java.util.Calendar;      //导入日历类
import java.util.Scanner;
//创建 Person 类
class Person{
```

```
	private String id, age, sex;	//声明私有的类字段
	Person(String id){		//Person 类的构造方法，请认真理解该构造方法的用途
		this.id = id;		//为 id 字段赋值
		int birthday = Integer.parseInt(id.substring(6, 10));	//取出身份证出生日期中的年份
		Calendar now = Calendar.getInstance();			//声明一个 Calendar 对象 now
		//now.get(Calendar.YEAR)用于获取当前年份
		age = (now.get(Calendar.YEAR) - birthday) + "";	//加一个空字符串用于实现类型转换
		//取出身份证号中的第 17 位，并转换为 int 类型
		int sexnum = Integer.parseInt(id.substring(16, 17));
		if(sexnum % 2 == 0)
			sex = "女";
		else
			sex = "男";
	}
	String getAge() {		//用于读取 age 字段的 getAge()方法
		return age;
	}
	String getSex() {		//用于读取 sex 字段的 getSex()方法
		return sex;
	}
}
//项目的主类
public class SX2_3 {
	public static void main(String[] args) {	//主方法
		Scanner val = new Scanner(System.in);
		System.out.print("输入身份证号：");
		Person p = new Person(val.nextLine());		//调用构造方法，创建 Person 类的对象
		val.close();		//关闭 Scanner 对象
		//调用对象的 getAge()和 getSex()方法获取年龄和性别
		System.out.println("年龄：" + p.getAge() + "   性别：" + p.getSex());
	}
}
```

第 3 章　深入理解类及其成员

在理解了类、字段、构造方法、方法的基本概念后，还需要进一步理解关于这些概念的其他相关知识。例如，类与类之间的关系、单例模式、实例成员与静态成员的区别、final 修饰符的作用以及如何在项目中调用来自第三方的类等。

3.1　类之间的关系

在应用程序设计过程中通常会遇到多个相互关联的类同时存在的现象。例如，在一个图书管理程序中会出现图书类和读者类，而读者类又可分为教师类和学生类。显然，教师和学生与读者之间是继承关系，而图书与读者之间是一种平等的关联关系。类之间通常会存在有依赖、关联、聚合、组合和继承关系（继承关系将在后续章节中介绍），理解类之间的关系是进行类设计的一个重要环节。

3.1.1　UML 简介

在开始讨论类之间关系前，首先需要了解一下用于描述类结构及类之间关系的分析工具 UML（Unified Modeling Language，统一建模语言）。UML 是一种支持模型化和软件系统开发的图形化语言，它为软件开发的所有阶段提供模型化和可视化的支持。UML 表现的是系统的架构，而不能表示代码的细节。

UML 的目标之一就是为开发团队提供标准和通用的设计语言，并通过这种语言形成应用的蓝本。通过 UML 开发人员能够实现对任意系统架构的阅读、理解和交流，它是系统架构设计及实现的一种图形化的利器。

常用的 UML 图包括用例图、类图、对象图、序列图、状态图、活动图、组件图和部署图。本教材中仅简单介绍使用类图和对象图来表示 Java 项目的类结构和各元素间的对应关系的方法，其他内容读者可查阅相关资料。

1．类图

类图表示不同的实体间的相互关系，显示了系统的静态结构。类图可用于表示实体的抽象描述。如图 3-1 所示，类图通常用一个矩形来表示，并在矩形中从上自下分为类名、字段和方法 3 个部分。

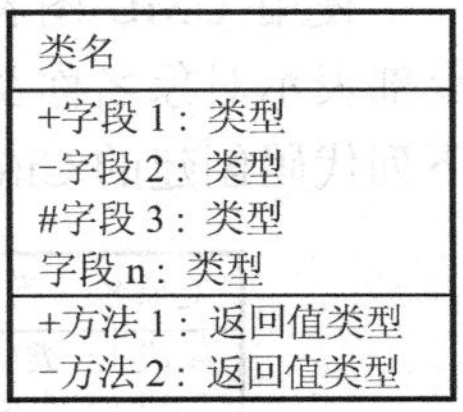

类名
+字段 1：类型 -字段 2：类型 #字段 3：类型 字段 n：类型
+方法 1：返回值类型 -方法 2：返回值类型

图 3-1　UML 类图

图中类成员名称前面的符号表示访问修饰符，常用的+、-和#分别表示 public、private 和 protected 修饰符，没有使用符号修饰的成员表示使用缺省修饰符。冒号后面表示字段成员数据类型或方法成员的返回值类型。例如，下列代码表示的 Circle 类可以使用图 3-2 所示的 UML 类图表示。

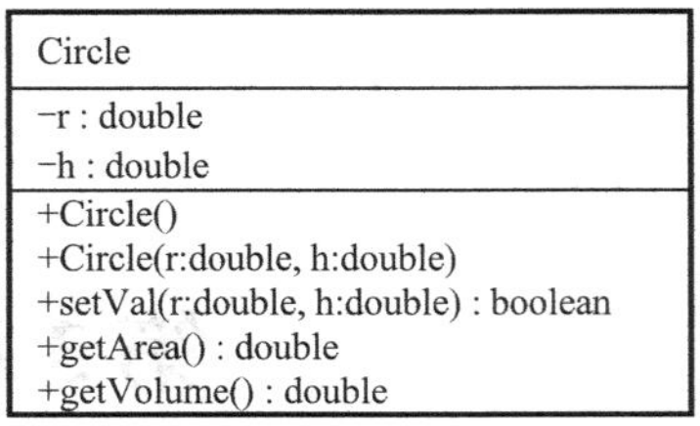

Circle
-r : double -h : double
+Circle() +Circle(r:double, h:double) +setVal(r:double, h:double) : boolean +getArea() : double +getVolume() : double

图 3-2　Circle 类图

```
public class Circle{
    private double r, h;//封装的私有字段，表示半径和高
    public Circle(){}  //缺省构造方法
    public Circle(double r, double h){   //构造方法的重载
        if(r > 0 && h > 0) {//只有半径和高都大于 0 时才为字段赋值
            this.r = r;
            this.h = h;
        }
    }
    //为半径和高赋值的 set 方法，返回值为 boolean 型表示赋值是否成功
    public boolean setVal(double r, double h){
        if(r > 0 && h > 0) {
            this.r = r;
            this.h = h;
            return true
        }
        else
            return false;
    }
    public double getArea(){       //用于计算面积的方法
        if(r > 0)
            return Math.PI * r * r;
        else
            return -1;             //半径没有赋值时返回-1，表示计算失败
    }
    public double getVolume(){   //用于计算圆柱体体积的方法
        if(r > 0 && h > 0)
            return getArea() * h; //调用本类的 getArea()方法计算底面积
        else
            return -1
    }
}
```

2．对象图

使用 UML 图表示对象时，图 3-3 所示矩形中从上向下分为对象名和字段值两个部分，上部表示对象名称及所属的类，下部表示对象的各自段及赋值情况。例如，图 3-4 所示的是下列代码创建的 Circle 类对象 c1 和 c2 的 UML 对象图。

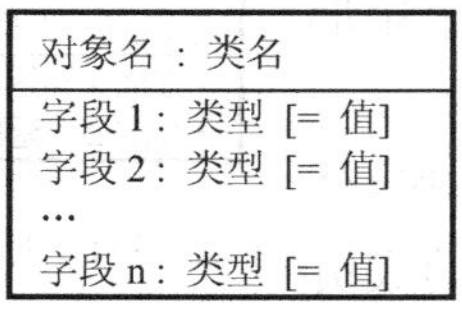

对象名 ： 类名
字段 1 : 类型 [= 值] 字段 2 : 类型 [= 值] … 字段 n : 类型 [= 值]

图 3-3　UML 对象图

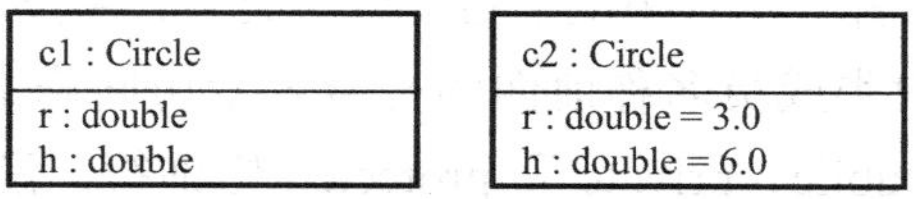

c1 : Circle
r : double h : double

c2 : Circle
r : double = 3.0 h : double = 6.0

图 3-4　Circle 类对象 c1、c2 的 UML 对象图

```
Circle c1 = new Circle();
Circle c2 = new Circle(3, 6);
```

3.1.2 依赖关系

依赖关系是指一个类 A 使用到了另一个类 B，而这种使用是具有偶然性、临时性的弱关系。也就是说某个对象的功能实现需要依赖另一个对象，但是被依赖的对象并未被融合到该对象中，它仅仅是当作工具被使用。例如，在图书管理系统中学生类的借阅（borrow）方法是否能执行成功，需要依赖于图书类的库存量（stock）和借出（loan）方法，但学生类并未将图书库存量和借出方法这两个图书类的成员包含进来，执行借阅时它仅仅是当作辅助数据和工具被使用的。如图 3-5 所示，在 UML 类图中使用一条从类 A 指向类 B 的带箭头的虚线表示这种依赖关系。

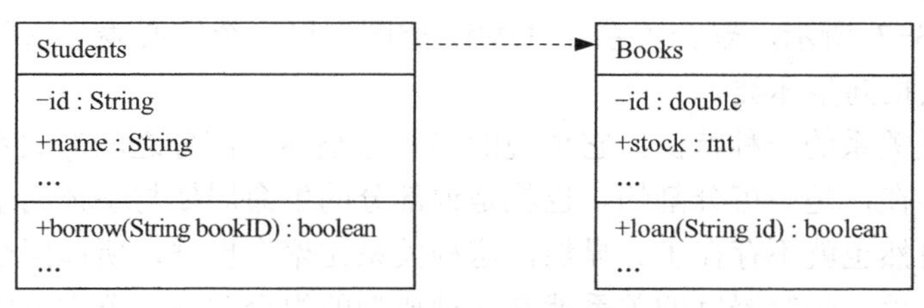

图 3-5　UML 类图表示的依赖关系

3.1.3 关联关系

关联是一种常见的二元关系，它描述了多个类之间的活动，是一种更强的依赖关系。例如，学生选取课程是学生类（Student）和课程类（Course）之间的一种关联。而教师授课是教师类（Teacher）与课程类之间的一种关联。需要注意的是，关联关系中常会出现一对多或多对多的关系。例如，在选课过程中多名学生可以选同一课程，而一门课程只能由一名教师授课。在 UML 图中关联关系用带箭头的实线表示，在关联的两端可以标注关联双方的角色和多重性标记。

图 3-6 所示的关联关系表示学生可以选取多门课程，而每门课程可以有 5～60 名学生；每位教师可以教授 0～3 门课程，而每门课程只能由一名教师教授。图中黑色三角表示的是关系的方向，它标记了关系中的主动方。例如，是学生选课，而不是课程选学生。

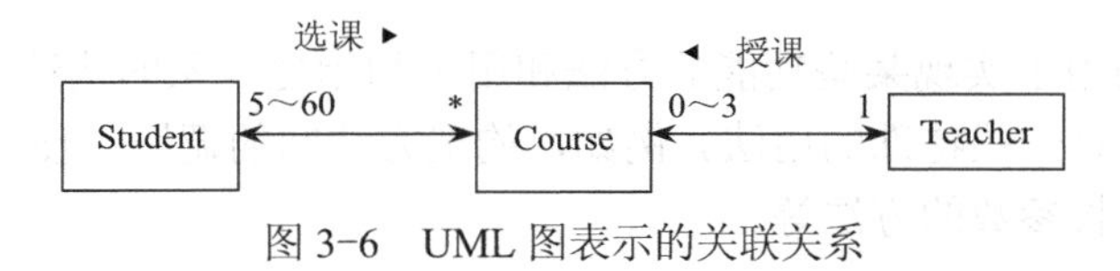

图 3-6　UML 图表示的关联关系

下列所示的代码表现了学生、课程和教师之间的通过字段和方法实现的关联。

class Student{	class Course{	class Teacher{

private Course[] courseList;
void addCourse(Course c){
…
}
}
	private Student[] stuList;
	private Teacher teacher;
	void addStudent(Student s){
	…
	}
	void setTeacher(Teacher t){
	…
	}
	}
		private Course[] courseList;
		void addCourse(Course c){
		…
		}
		}

其中 Course[]和 Student[]表示的是 Course 类和 Student 类数组，数组中每个元素均为一个 Course 类或 Student 类对象，表示一个具体的课程或一名具体的学生。

3.1.4 聚合与组合

类之间的聚合关系也称为聚集，它是关联关系的一种特例，用来表示整体和部分之间的关系。例如，汽车、发动机和轮胎三者之间的关系。显然，发动机和轮胎是汽车的这个整体的一部分，但是发动机和轮胎可以属于多个不同的汽车整体，而且发动机和轮胎的生命周期也不依赖于汽车的生命周期。也就是说，当一辆汽车销毁时发动机和轮胎还可以继续存在于其他汽车整体中。

在类中，聚合关系与关联关系相同也是通过字段成员来实现的，但它与关联关系的不同点在于关联中涉及的多个类处于相同的级别，而聚合关系中的多个类分为整体和部分两个不同的层次。如图 3-7 所示，聚合关系在 UML 类图中以一个空心菱形箭头加实线箭头来表示，空心菱形箭头指向整体类。

组合也是关联关系的一种特例，它体现的仍然是整体与部分之间的关系，但组合中的部分依赖于整体而存在，是不可分割的。也就是说部分的生命周期与整体的生命周期相同，当整体消亡时部分自然也就不存在了。显然，这种关系比聚合更强，所以组合也称为强聚合。例如，人类和头、手、脚等器官的关系就是一种典型的组合关系，器官只能唯一地隶属于某个具体人类，不可分割，而且它们具有相同的生命周期。如图 3-8 所示，在 UML 图中使用实心的菱形箭头表示组合关系，菱形箭头指向整体部分。

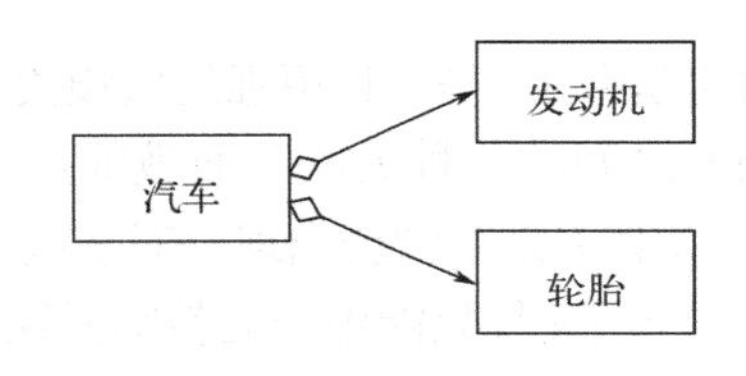

图 3-7 UML 图表示的聚合关系

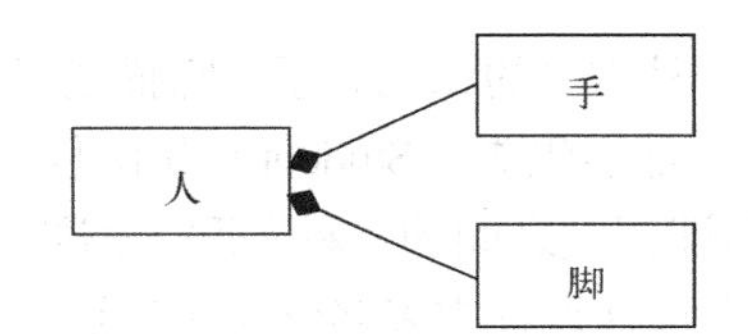

图 3-8 UML 图表示的组合关系

3.2 方法的特殊用法

类中的方法分为用于实现某些功能的方法和用于初始化对象的构造方法。方法在使用时除了常规的用法外还有一些特殊的用法。例如，构造方法间的调用、使用 private 修饰的私有构造方法、使用可变长参数的方法等。

3.2.1 在构造方法中调用其他构造方法

为了某些特定运算的需要，Java 允许在类的某个构造方法内使用 this 关键字调用其他构造方法，采用这种形式可使程序代码更加简练。

例如，下列代码创建了一个 Circle（圆）类，该类拥有 radius（半径）、height（高）和 color（颜色）3 个私有字段；拥有一个带有 3 个参数和一个无参数的构造方法。若要求在使用无参数构造方法创建 Circle 类的对象时，能自动为上述 3 个私有字段赋以一些特定值，则可在该构造方法内通过 this 关键字调用带有 3 个参数的构造方法来实现。

```
class Circle{
    private double radius, height;
    private String color;
    public Circle(double r, double h, String c) {      //带有 3 个参数的构造方法
        radius = r;
        height = h;
        color = c;
    }
    public Circle() {                //无参数的构造方法
        //调用前面一个带有 3 个参数的构造方法，并为 radius、height 和 color 字段赋以特定值
        this(2, 5, "blue");          //代码执行后 radius = 2，height = 5，color = "blue"
    }
}
```

在程序中使用 new 关键字创建 Circle 类的对象时，以下两个语句的执行结果是完全相同的。可以看出如果 radius = 2，height = 5，color = "blue"是一种常用的状态组合的话，使用上述无参数构造方法的确十分方便。

```
Circle cir = new Circle(2, 5, "blue");      //调用带有 3 个参数的构造方法，并为各字段赋值
Circle cir = new Circle();                  //调用无参数的构造方法，并为各字段赋以特定值
```

需要注意以下两点：

1）在一个构造方法中调用另一个构造方法时，必须使用 this 关键字，不能使用被调用的构造方法名。例如，下列语句是错误的。

```
public Circle() {
    //调用前面一个带有 3 个参数的构造方法，并为 radius、height 和 color 字段赋以特定值
    Circle(2, 5, "blue");     //这种写法是错误的
}
```

2）在一个构造方法中使用 this 关键字时，如果方法体语句中有多行语句，则包含 this 的语句必须写在方法体语句的第一行。

3.2.2 私有构造方法和单例模式

类的构造方法成员通常是在使用 new 关键字创建类对象（实例化）时，由系统自动调用的。所以，其构造方法一般不能使用 private 修饰符。但在某些特殊的应用场景中，可能需要限制外部程序创建类对象的数量，以减少对系统资源的占用。单例模式（Singleton Pattern）的应用就是这样的一个特例。

所谓单例模式是一种特殊的创建类对象的模式。在该模式中要求某个类只有一个自动实例化的对象，并且能向整个系统提供这个实例。具有该特征的类也称为单例类。单例类可以通过使用 private 修饰符的私有构造方法来实现。

1．创建单例类

下列代码创建了一个名为 Singleton 的类，该类的构造方法被声明成私有的。外部程序需要创建该类对象时只能通过调用类的 getObject()静态方法来实现。但是，getObject()方法

的返回值永远都是同一个 Singleton 类的对象 obj。

```
public class Singleton {
    private static Singleton obj = new Singleton(); //私有的 Singleton 类型对象（Singleton 类的字段）
    private Singleton() {              //将 Singleton 类的构造方法声明成私有的
    }
    //getObject()方法的返回值是一个 Singleton 类对象
    public static Singleton getObject() {          //外部程序只能通过该静态方法获得实例对象
        return obj;    //无论该方法被调用多少次，返回的都是同一个实例对象
    }
    public void doSomething() {                    //类中的其他成员方法
        //方法体语句;
    }
}
```

2．单例模式的优缺点

在程序中使用单例模式具有如下一些优点。

1）由于单例模式在内存中只有一个实例，减少了内存开支。特别是一个对象需要频繁地创建、销毁时，单例模式的优势就更加明显了。

2）由于单例模式只生成一个实例，所以减少了系统的性能开销。当一个对象的产生需要比较多的资源时，如读取配置、产生其他依赖对象时，就可以通过在应用启动时直接产生一个单例对象，然后用永久驻留内存的方式来解决。

3）单例模式可以避免对资源的多重占用。例如，一个写文件动作，由于只有一个实例存在内存中，就可避免对同一个资源文件的同时写操作。

4）单例模式可以在系统中设置全局访问点，优化和共享资源访问。例如，可以设计一个单例类负责所有数据表的映射处理。

任何一个事物都会有正反两个方面，单例模式也不例外。在程序中使用单例模式时要充分认识到单例模式一般没有接口，扩展很困难。若要扩展，除了修改代码基本上没有第二种途径可以实现。

3．单例模式的使用场景

单例模式的使用场景主要有以下几个方面。

1）要求生成唯一连续标识（如序列号、编号等）的环境。

2）创建一个对象需要消耗的资源过多，如要访问 IO 和数据库等资源的环境。

3）需要定义大量的静态常量和静态方法（如工具类）的环境。

3.2.3 参数长度可变的方法

在 JDK1.5 之后，Java 允许在定义方法时使用长度可变参数，也就是允许为方法指定数量不确定的形参。如果在定义方法时，在最后一个形参类型的后面增加 3 个点符号“…”，则表示该形参可以接收多个参数值。

例如，下列代码声明的 getTotal()方法中包含一个常规参数 id（学号）和一个可变长参数 grades（各科成绩）。调用语句可以将一个学号值和若干个成绩值传递给 getTotal()方法以获取学生的总分值。从代码中可以看出 getTotal()方法的可变长参数 grades 实际上是一个一维数

组，通过遍历数组各元素即可计算出总分值。

```
public String getTotal(String id, int…grades) {
    int total = 0;
    for(int i = 0; i < grades.length; i++) {       //遍历所有数组元素
        total = total + grades[i];                 //计算总分
    }
    return "学号：" + id + "   总分：" + total;           //返回计算结果
}
```

在程序中可按如下所示的方式调用 getTotal()方法以获取有不同科目数量的总分值。

```
//可变长部分传递 3 个参数（表示有 3 门课程成绩）
System.out.println(getTotal("18001", 70, 70, 70));          //输出为："学号：18001   总分：210"
//可变长部分传递 4 个参数（有 4 门课程成绩）
System.out.println(getTotal("18002", 70, 70, 70, 70));      //输出为："学号：18002   总分：280"
```

3.3 类的实例成员和静态成员

static 称为静态修饰符，它可以修饰类中的字段和方法成员。类中使用 static 修饰的成员（字段和方法）称为静态成员，未使用 static 修饰符的则称为实例成员。实例成员属于类的对象，而静态成员则属于类。

3.3.1 Java 变量的内存分配机制

在深入讨论类成员之前首先需要了解一下 Java 的内存分配机制。Java 将内存分为栈内存和堆内存两种类型。在方法中定义的一些基本类型变量和对象引用类型变量都在方法的栈内存中分配所需空间，当超出变量的作用域后 Java 会自动释放掉该变量占用的空间。

堆内存用来存储通过 new 关键字创建的数组或对象，在堆中分配的内存空间由 Java 虚拟机的自动垃圾回收器来管理。

Java 在堆中创建了一个数组或对象后，同时还会在栈中定义一个特殊的变量，该变量的值为数组或对象变量的堆内存地址（也称为数组或对象的“句柄”），它是数组或对象的引用变量。在程序中只能通过引用变量（栈变量）来实现对堆内存中数组或对象的访问。

需要注意的是，超出变量的作用域后引用变量在栈中占用的内存将自动释放，而存储在堆中的数组或对象值在对应的引用变量被释放后仍会继续存在，直至被 Java 虚拟机的垃圾回收器销毁。

3.3.2 实例成员

实例成员包括实例字段和实例方法。例如，下列代码声明了一个 Circle 类。其中，用于表示半径的 r 和表示高的 h 是实例字段，用于获取圆柱体体积的 getVolume()方法是一个实例方法。

```
class Circle{
    public double r, h;        //实例字段
```

```
        public double getVolume(){            //实例方法
                return Math.PI * r * r * h;
        }
}
```

在程序中下列语句创建了两个不同的 Circle 类对象 c1 和 c2，并为每个对象的 r 和 h 字段赋值，而后分别调用它们的 getVolume()方法得到了圆的体积值。

```
Circle c1 = new Circle();
c1.r = 2;
c1.h = 6;
double v1 = c1.getVolume();
Circle c2 = new Circle();
c2.r = 5;
c2.h = 8;
double v2 = c2.getVolume();
```

1．实例字段

上述代码被执行后，c1 和 c2 各自拥有了用于保存自己成员的，独立的存储空间，不与其他对象共享。其内存分配情况如图 3-9 所示。

可以看出，c1 的相关数据保存在堆内存中以地址 A 为首地址的区域，而地址 A 的值又被保存在 c1 栈内存中。c2 的相关数据保存在以地址 B 为首地址的区域，而地址 B 的值又被保存在 c2 的栈内存中。所以，修改 c1 的半径或高不会改变 c2 中的任何数据，反之亦然。

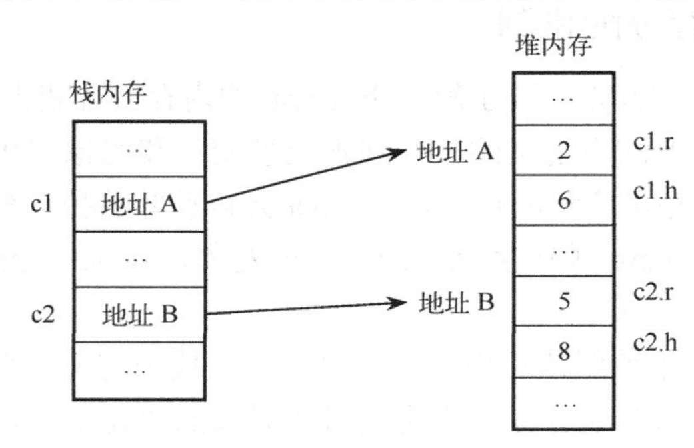

图 3-9　不同对象的内存分配情况

2．实例方法

当类的字节码文件被加载到内存时，类的实例方法不会立即被分配内存空间，只有当该类的对象创建时系统才会跟随对象为实例方法分配内存空间。需要注意的是，对于实例方法系统为其分配的内存空间只有一个，不会为所有对象各自独立分配内存空间。该类所有不同的对象都共享该实例方法的地址。

3.3.3　静态字段

使用 static 修饰的字段称为静态字段，也称为静态变量或类变量。静态字段与前面介绍的实例字段相比主要有以下一些不同点。

1）最大的不同就是静态字段是属于类的，可以被所有该类的对象所共享。而实例字段则是属于对象的。所以静态字段只能声明在类中，不能声明在任何一个方法中。

2）静态字段对所有该类的对象而言是一个公共的存储单元，任何一个对象对它的读取都将得到一个相同的值，任何一个对象对它的修改，也会导致全局的变化。

3）静态字段不仅可以通过类的对象进行访问，也可以不必创建类的对象，而直接通过类进行访问。例如：

```
class MyClass{
    public static int field;    //在 MyClass 类中使用 static 修饰符声明一个静态字段
}
```

在外部程序中可以使用如下所示的语句访问静态字段。

```
int x = MyClass.field;          //使用类名访问静态字段
MyClass.field = 1234;
```

【演练 3-1】 创建一个能表示同底三角形的 Triangle 类，该类具有表示底的 double 型字段 bottom 和表示高的 double 字段 height，具有一个能返回 double 类型面积值的 getArea()方法。要求在主方法中编写测试代码，观察静态字段共享于所有类对象的特点。程序运行结果如图 3-10 所示。

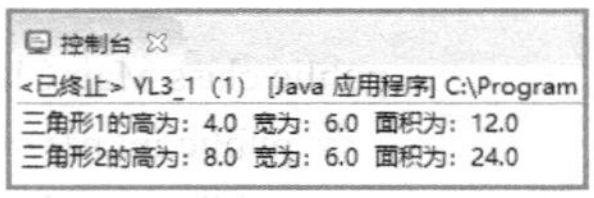

程序设计步骤如下。

1）问题分析：由于同底三角形的底边是相等的，所以可以将 Triangle 类的 bottom 字段设计成静态的，使之共享于所有 Triangle 类的对象。

控制台 ☒
<已终止> YL3_1 (1) [Java 应用程序] C:\Program
三角形1的高为：4.0 宽为：6.0 面积为：12.0
三角形2的高为：8.0 宽为：6.0 面积为：24.0

图 3-10 程序运行结果

2）在 Eclipse 环境中创建一个名为 YL3_1 的项目，并创建主类和主方法。在代码编辑窗口中编写如下所示的与主类同级的 Triangle 类代码。

```
class Triangle{    //同底三角形类 Triangle
    static double bottom;    //静态字段 bottom，表示三角形的底
    double height;           //实例字段 height，表示三角形的高
    double getArea() {       //实例方法 getArea()，用于获取三角形的面积
        return bottom * height / 2;
    }
}
```

3）在主方法中编写如下所示的测试代码。

```
public class YL3_1 {    //主类
    public static void main(String[] args) {    //在主方法中编写测试代码
        Triangle t1 = new Triangle();           //声明同底三角形对象 t1
        Triangle t2 = new Triangle();           //声明同底三角形对象 t2
        //通过类名为静态字段 bottom 赋值，该值对所有 Triangle 类的对象都有效
        Triangle.bottom = 6;    //该语句写成 t1.bottom = 6; 或 t2.bottom = 6; 效果都相同
        t1.height = 4;          //为 t1、t2 对象的高赋值（没有对 bottom 字段赋值）
        t2.height = 8;
```

```
            //输出 t1、t2 的底、高和面积值
            System.out.println("三角形 1 的高为：" + t1.height + "  宽为：" +
                                                    t1.bottom + "  面积为：" + t1.getArea());
            System.out.println("三角形 2 的高为：" + t2.height + "  宽为："
                                                    + t2.bottom + "  面积为：" + t2.getArea());
        }
    }
```

3.3.4 静态方法

静态方法也称为类方法，指类中使用 static 修饰的方法成员。与静态字段相同，静态方法属于类而不属于任何该类的对象。当类被加载到内存时，系统就会为静态方法分配相应的内存空间，并且会一直保存到程序运行结束。所以，静态方法不仅可以被该类所有对象调用，也可以通过类名来调用。

由于类的所有对象都能共享静态方法，而且静态方法创建时实例字段还没有被创建（实例字段属于对象，随对象的创建而创建），所以其中出现的字段成员也必须为所有该类对象所共享。也就是说，静态方法中只能访问类的静态字段，不能访问实例字段。同样的道理，静态方法中也不能调用本类中其他实例方法。

例如，下列代码表现了在静态方法和实例方法中访问静态字段和实例字段的使用规则。

```
public class MainClass{          //主类
    public int n1;               //实例字段 n1
    public static int n2;        //静态字段（类字段）n2
    public static void main(String[] args){      //静态主方法
        n1 = 1;                  //出错，静态方法中不能访问实例字段
        n2 = 2;
        method1();               //出错，静态方法中不能调用本类中其他实例方法
        method2();
    }
    public void method1(){             //实例方法 method1()
        n1 = 1;
        n2 = 2;
    }
    public static void method2(){  //静态方法 method2
        n1 = 1;                        //出错，静态方法中不能访问实例字段
        n2 = 2;
    }
}
```

此外，无论是静态方法还是实例方法，当调用执行时方法中的局部变量才会被分配内存空间。方法执行完毕后，局部变量会立即被释放。如果在方法执行完毕前再次被调用，则系统会重新为局部变量分配新的内存空间，使每个执行进程互不干扰。

3.3.5 静态初始化器

静态初始化器是由 static 修饰的一对大括号括起来的语句块。它的作用与构造方法相

似，都是用来初始化的，其语法格式如下：

```
static {
    初始化代码;
}
```

静态初始化器与构造方法有以下几个不同点。

1）构造方法是用来初始化类对象的，而静态初始化器则是对类本身进行初始化，也就是为静态字段赋以初始值。

2）构造方法是在使用 new 关键字创建新对象时由系统自动调用的，而静态初始化器一般不能由程序代码调用，它在所属类被加载到内存时由系统自动调用执行。也就是说，构造方法由程序代码启动，由系统自动调用；静态初始化器则在类被加载时由系统调用。

3）代码中使用 new 关键字创建了多少个对象，构造方法就会被调用多少次。而静态初始化器则只有在类被加载到内存时被调用一次，与创建多少个对象无关。

4）不同于构造方法，静态初始化器不能理解成一种特殊的方法。它没有方法名，也没有返回值和参数。

5）与构造方法的重载相似，在一个类中可以包含有一个或多个静态初始化器。但不同于构造方法重载的是，在类被加载时这些静态初始化器会依次被调用执行。

【演练 3-2】 使用静态初始化器配合静态字段和构造方法实现 Employee 类中员工 id（编号）实例字段的自动延续生成，也就是说每当使用 new 关键字创建一个新员工对象时，系统会自动为其分配一个自动延续的编号值（假设，已使用的最后一个员工编号为 18000）。程序运行结果如图 3-11 所示。

```
控制台 ☒
<已终止> YL3_2 (1) [Java 应用程序]
新员工的编号为：18001
新员工的编号为：18002
新员工的编号为：18003
```

图 3-11　程序运行结果

程序设计步骤如下。

1）问题分析：在 Employee 类中可以使用一个静态字段 lastID 保存当前已使用的最后一个编号值，static 初始化器中的代码负责为 lastID 赋以初始值（已使用的最后一个员工编号）；将 id 字段设置为 private 类型，使其只能通过类的构造方法进行赋值。在构造方法中使 id 的值等于 lastID 值+1，即可实现员工编号的自动生成。

2）在 Eclipse 环境中创建一个 Java 项目 YL3_2，并创建主类和主方法。

3）在代码窗口中按如下所示创建 Employee 类，并编写主方法中的测试代码。

```
public class YL3_2 {
    public static void main(String[] args) {
        //只要创建新员工对象，构造方法就会自动为其 id 字段赋值
        Employee e1 = new Employee();    //创建 3 个新员工对象
        Employee e2 = new Employee();
        Employee e3 = new Employee();
    }
}
class Employee{                //Employee（员工）类
    static int lastID;         //静态字段，用于存储当前使用的最后一个 id 值
    private int id;            //员工编号，私有实例字段
    Employee(){                //构造方法
```

```
            id = ++lastID;    //自动生成新员工的 id 值（最后一个值 + 1）
            System.out.println("新员工的编号为：" + id);        //显示赋值结果
        }
        static {      //静态初始化器，为静态字段 lastID 赋以初始值
            lastID = 18000;           //实际应用中 lastID 的值可以从数据库中获取
        }
    }
```

3.4 final 修饰符

在本书第 1 章中介绍过使用 final 修饰符可以声明一个常量。但从更广泛的意义上说 final 可以用来修饰局部变量以及类和实例字段、静态字段、方法等类的成员，使之在第一次初始化后就不能再被变更。

3.4.1 使用 final 修饰类及其成员

final 的中文含义是“最终的”。顾名思义，使用 final 修饰符的类或类的成员在第一次初始化后就不能再被更改了。

1．使用 final 修饰类和方法

用 final 修饰符的类称为最终类，表明这个类不能被继承。也就是说，如果希望一个类永远不会让其他类当作父类来继承，就可以用 final 进行修饰。需要注意的是，final 类中所有方法成员都会被隐式地指定为 final 方法。使用 final 修饰符的方法将不能被子类覆盖，它主要用于锁定方法以防任何子类对其进行重写。

在使用 final 修饰类时要谨慎考虑，在一般情况下尽量不要将类设计为 final 类。除非出于安全的考虑或者这个类确实在以后不会被用作父类。

2．使用 final 修饰类的字段

字段是随着类初始化或对象初始化而初始化的。当类被初始化时，也就是静态初始化器代码被执行时，系统会为类的静态字段分配内存空间；当创建对象时，也就是类的构造方法被调用时，系统会给对象的实例字段分配内存空间。

当使用 final 修饰实例字段或静态字段时，这些字段一旦有了初始值后就不能被重新赋值。所以也将使用 final 修饰符的实例字段或静态字段称为最终字段。显然，使用了 final 修饰符又没有赋以初始值的实例字段或静态字段就没有任何存在的意义了。对使用了 final 修饰符的静态字段必须在定义它们的时候就直接为其指定初始值，或者在类的构造方法及静态初始化器中指定其初始值。例如：

```
class Test {
    final static int a = 10;   //定义时直接为静态字段 a 赋值
    final int b = 20;          //定义时直接为实例字段 b 赋值
}
```

使用类的构造方法或静态构造器的赋值方式，特别适合需要为 final 字段进行有选择、按条件赋值的情况。例如：

```
class Test {
```

```
    final static int a;  //最终静态字段 a
    final int b;         //最终实例字段 b
    Test(){
        b = a / 2;   //b 的值为 a 的二分之一
    }
    static {      //静态初始化器先于构造方法被执行
        a = 10;
    }
}
```

3.4.2 使用 final 修饰基本类型和引用类型变量的区别

使用 final 修饰基本类型变量时，由于不能对其进行重新赋值，所以不能改变变量的值。但对于引用型变量而言，它保存的仅仅是一个引用（对象的内存地址），所以只要保证这个引用的地址不被改变即可。也就是说会一直引用同一个对象，但这个对象完全是可以发生变化的。例如：

```
class Students{          //声明一个学生类
    int id, grade;       //声明类的字段
    Students(int id, int grade){    //类的构造方法
        this.id = id;
        this.grade = grade;
    }
}
public Test{       //测试类（程序的主类）
    public static void main(String[] args){      //主方法
        final int num = 10;          //使用 final 修饰基本类型变量 a
        num = 15;                    //出错，试图更改最终变量的值
        final Students stu = new Students(18001, 80);          //使用 final 修饰引用型变量 stu
        stu.id = 18002;       //修改 stu 对象的 id 字段值，语句能正常执行
        stu.grade = 90;       //修改 stu 对象的字段值（堆内存），并未修改对象的引用地址（栈内存）
        System.out.println(stu.id + "，" + stu.grade );          //显示修改后的字段值
    }
}
```

3.5 使用第三方类文件

使用第三方的类文件是指在当前 Java 项目中使用由第三方编写完成的类，这些类可以存储在源程序文件（.java）、字节码文件（.class）或 jar 压缩包中。掌握使用第三方类的相关技术对实现团队合作，充分利用现有代码，提高开发效率是十分有利的。

3.5.1 使用其他源程序文件或字节码文件中的类

1．将其他类的源程序文件添加到项目

如果需要引用的由第三方编写的类包含在某个源程序文件中，在 Eclipse 环境中只需要

将该源程序文件复制到本项目的源代码文件夹（src）下，并在包资源管理器中选择当前项目后按〈F5〉键刷新显示，即可看到新添加到项目中的源程序文件。若需要对其进行查看或修改，可双击该文件将其打开到代码编辑器中。

需要注意的是，如果第三方源程序文件来自于 Internet 或其他非本团队环境，可能需要使用 package 命令指定该类属于本项目所在的包。

2．将字节码文件添加到项目

如果需要使用的第三方类存储在某字节码文件中，则在 Eclipse 环境中将其添加到当前项目的操作步骤如下。

1）使用 Windows 记事本将.class 文件打开，如图 3-12 所示，可以看到写在类名前面的包名。如果类名前面有多个用“/”分隔的字符串，如“xx/xx/xx/类名”，则表示类所在的包为：xx.xx.xx，如本例的 com.sky.test。需要注意的是，用 Windows 记事本打开.class 文件后只能查看不能进行任何修改。

2）在当前项目文件夹中（也可以是其他位置）创建一个文件夹，名称可根据需要自行命名。在该文件夹中再创建一个以.class 文件所属的包名命名的子文件夹（如果包名称分为多级，则需要建立相应的多级子文件夹），并将.class 文件存储其中。

3）右击项目名称，在弹出的快捷菜单中执行“构建路径”→“配置构建路径”命令。打开如图 3-13 所示的“Java 构建路径”对话框，在“库”选项卡中选择“Classpath”（类路径）后，单击“添加类文件夹”按钮，在打开的对话框中选择前面自行命名的文件后，单击“确定”按钮。返回后单击“Apply and Close”（应用并关闭）按钮完成操作。

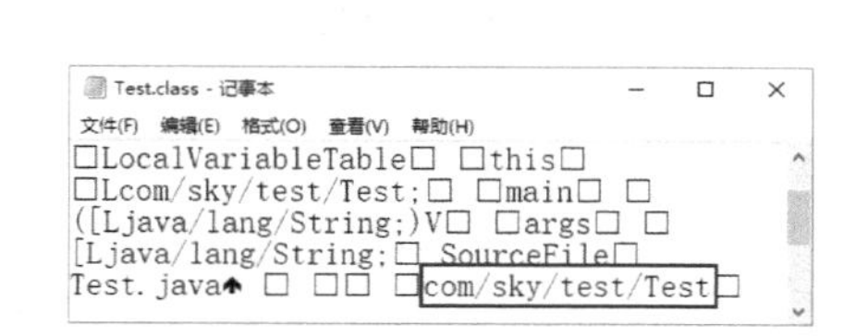

图 3-12　显示在记事本中的.class 文件

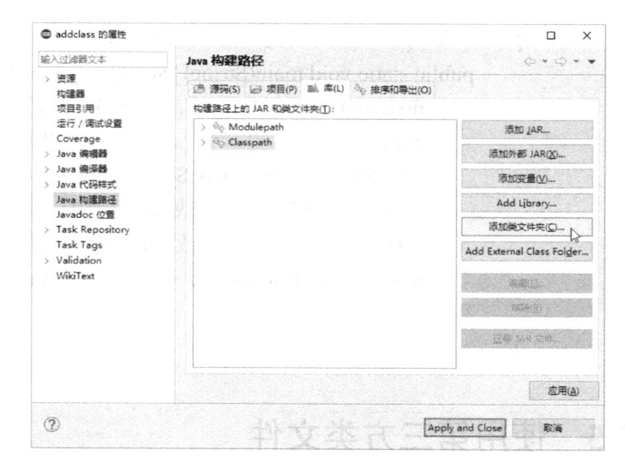

图 3-13　“Java 构建路径”对话框

4）最后需要在代码编辑窗口中使用 import 命令导入.class 文件中包含的类。需要注意的是，描述类名时要书写包含包名的完整格式。

【演练 3-3】 新建一个 Java 应用程序项目 YL3_3，将一个来自第三方的，保存在.class 字节码文件中的 Teacher 类添加到本项目中，并在主方法中编写测试程序检验引用的效果。Teacher 类的成员及说明见表 3-1。

表 3-1　Teacher 类成员及说明

类成员	说　　明
id、name、sex、unit、jobTitle	编号、姓名、性别、单位和职称 5 个公有的 String 类型字段
getSubsidy()方法	根据职称返回对应 double 类型津贴值的公有方法。假设，津贴发放标准为：教授为 1000 元；副教授为 800 元；其他为 500 元

程序设计步骤如下。

1）使用 Windows 记事本程序打开 Teacher.class 文件，可以看到图 3-14 所示的类所在包为 demo1。

2）在 Eclipse 环境中新建一个 Java 应用程序项目 YL3_3，并创建主类和主方法。在项目文件夹中新建一个名为 other 的文件夹，在 other 下再创建一个名为 demo1 的子文件夹。将 Teacher.class 复制到其中。按〈F5〉键刷新后如图 3-15 所示，已添加到项目中的外部类。

3）在包资源管理器中右击项目名称，在弹出的快捷菜单中执行“构建路径”→“配置构建路径”命令，在弹出的对话框的“库选项卡”中选择“Classpath”后单击右侧“添加类文件夹”按钮；弹出如图 3-16 所示的对话框，并在该对话框中选择项目文件夹下，包含有.class 文件的 other 子文件夹后单击“确定”按钮。返回后单击“Apply and Close”按钮，完成添加操作。

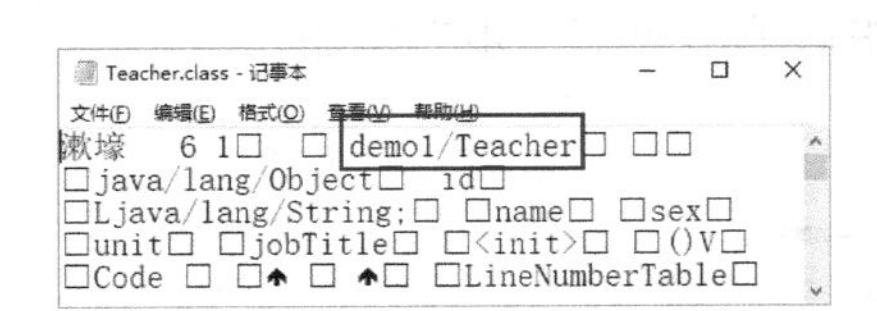

图 3-14　查看.class 文件的内容

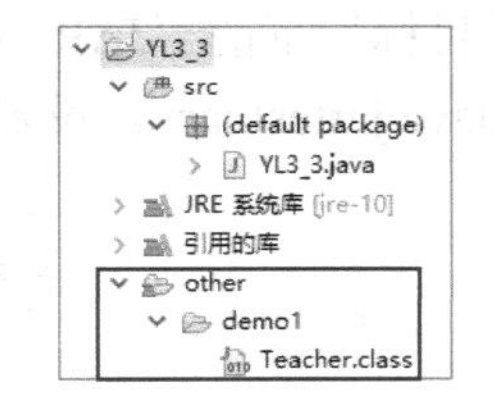

图 3-15　添加到项目的外部类

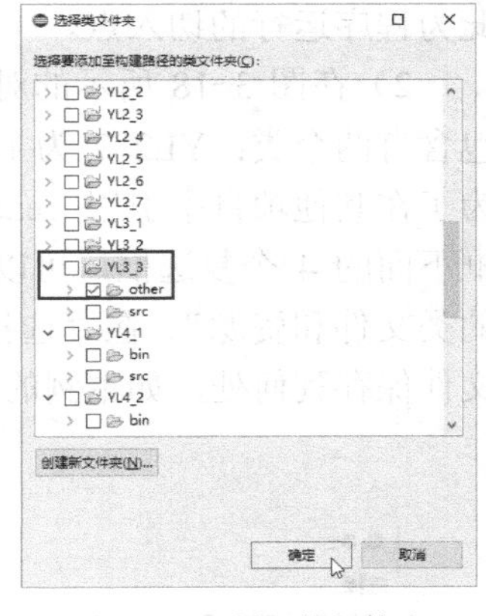

图 3-16　选择类文件夹

4）在主方法中编写如下所示的测试代码。

```
import demo1.Teacher;          //导入 Teacher 类（不能省略包名）
public class YL3_3 {   //主类
    public static void main(String[] args) {    //主方法
        Teacher t = new Teacher();    //创建一个 Teacher 类对象 t
        t.id = "18001";               //为类的各字段赋值
        t.name = "张三";
        t.sex = "男";
        t.unit = "软件学院";
        t.jobTitle = "副教授";
        //调用 getSubsidy()方法获取指定对象的津贴值
        System.out.println(t.name + "的津贴为：" + t.getSubsidy());
    }
}
```

5）运行程序检测结果。可以看到程序在控制台窗格中输出了正确的信息。需要说明的是，本项目的主类在创建时没有指定所在的包，所以系统将其置于默认的缺省包（default package）中。由于主类 YL3_3 与 Teacher 类不在同一个包中，所以 import 语句不能缺少。

3.5.2 使用 Eclipse 的导出功能创建 JAR 包

为了更好地管理和使用字节码文件，Java 可以将若干相关的字节码文件组成一个扩展名为.jar 的压缩包。打包后的字节码文件不仅可以继续在本项目中使用，也可以方便地应用到其他项目中。实际上无论是将 Java 源程序文件编译成字节码文件，还是将若干字节码文件打包成 JAR 文件，都是一种对类的封装。开发人员在使用时完全不必关心它是怎么实现的，只要对其结构和开放的接口有所了解即可。

Eclipse 自带的导出功能适合当前项目中不包含其他外部.jar 包的情况，若项目中还包含有其他外部.jar 包，Eclipse 的导出设置会比较烦琐一些。

使用 Eclipse 自带的导出功能创建不包含其他.jar 文件的 JAR 包的操作步骤如下。

1）在包资源管理器中选择要打包的 Java 应用程序项目，执行“文件”→“导出”命令，打开图 3-17 所示的对话框。选择“Java” →“JAR 文件”后单击“下一步”按钮。若选择“可运行的 JAR 文件”项，系统会自动将当前项目中的主类和主方法包含进来，并以此为程序运行的切入点。

2）在图 3-18 所示的对话框中选择要导出到 JAR 包的资源，本例选择的 YL2_7 项目中包含有两个类：YL2_7 为主类，Teacher 为自定义类。如果不希望 JAR 包能单独运行，仅仅为了在其他项目中引用 Teacher 类则可不选择主类 YL2_7。通过“选择要导出的资源”列表框下面的 4 个复选框，可以指定以何种方式处理前面选择的资源，本例取默认项“导出生成的类文件和资源”。在“选择导出目标”下的“JAR 文件”下拉列表中需要指定将生成的.jar 文件保存到何处，如本例的“D:\Java\jartest.jar”。设置完毕后单击“下一步”按钮。

图 3-17 选择导出方式

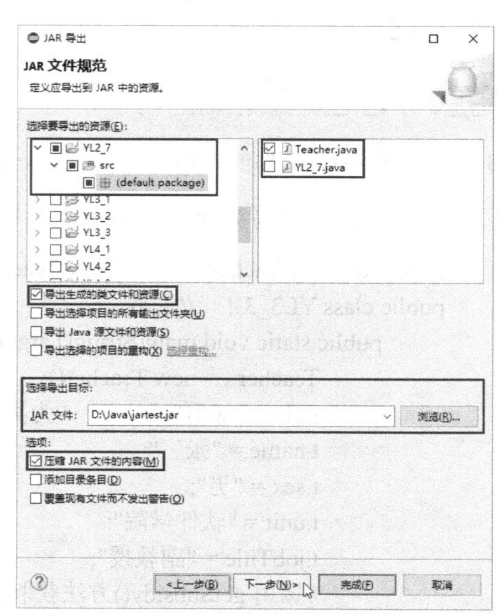

图 3-18 选择要导出的资源

3）在图 3-19 所示的对话框中，用户可以选择是否将那些包含错误或警告的类文件也加入到 JAR 包中。一般取默认项单击“下一步”按钮即可。

4）系统在执行打包操作时默认会向包中添加一个清单文件（MANIFEST.MF），该文件存储在 JAR 包的 META-INF 文件夹中，记录了包的入口程序等信息。在一般情况下，在图 3-20 所示的对话框中取默认项“生成清单文件”即可。

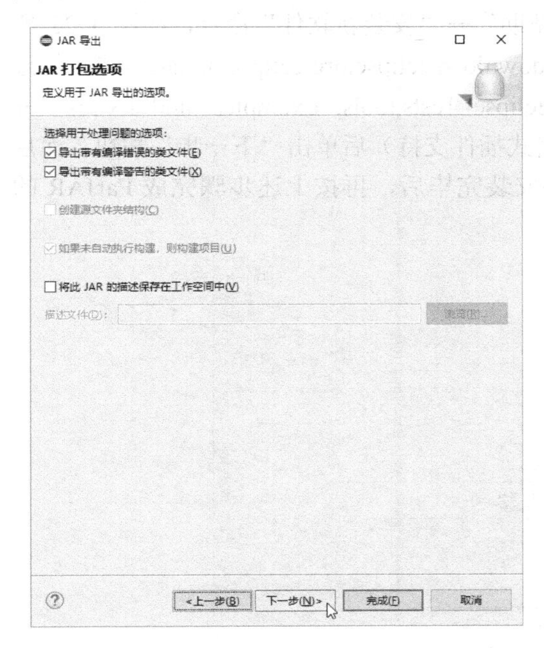

图 3-19　JAR 打包选项

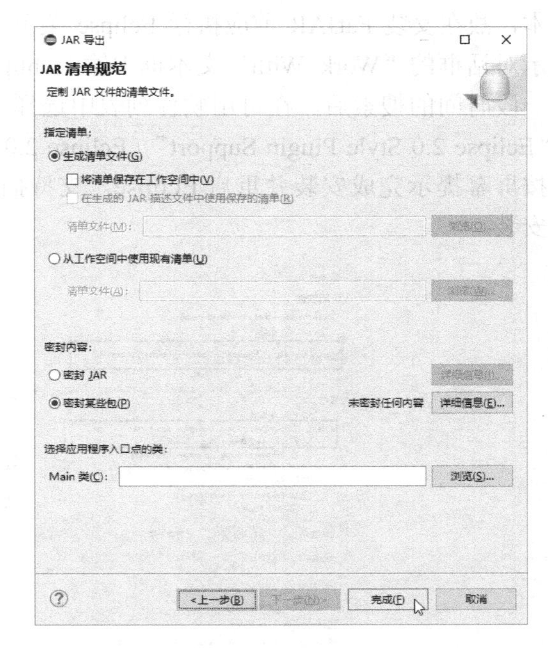

图 3-20　JAR 清单规范

在“密封内容”选项组中，可以对整个 JAR 包或部分内容进行“密封”。如果是对整个 JAR 文件进行密封，那就意味着包内所有的 Package 语句指定的包都被密封了。这些包一旦被密封，那么 Java 虚拟机在成功装载密封包中的某个类后，其后所有装载的带有相同包名的类必须都来自同一个 JAR 文件，否则将触发 Sealing Violation 安全异常。

在“选择应用程序入口点的类”选项组中，可以选择可运行 JAR 包的主类和主方法。若不希望 JAR 文件能单独运行此处可留空。

所有设置完成后单击“完成”按钮，即可在前面指定的输出文件夹中看到生成的.jar 文件。由于.jar 文件实际上就是一种压缩文件，所以若需要查看其中内容、解压出其中的类文件、修改清单文件时，可使用 WinZip 或 WinRAR 一类的解压缩工具软件。

3.5.3　安装和使用 FatJAR 插件

FatJAR 是一个专门用于在 Eclipse 环境中创建 JAR 包的应用程序插件，使用它创建 JAR 包前首先要下载并将其添加到 Eclipse 环境中。

1．下载和安装 FatJAR 插件

插件的下载地址为 http://kurucz-grafika.de/fatjar。执行 Eclipse 菜单“帮助”→“安装新

软件”命令，在打开的对话框中单击“添加”按钮。在图 3-21 所示的对话框中填写插件名称和下载位置后，单击“确定”按钮。而后按屏幕提示完成安装并重启 Eclipse 即可。

图3-21　添加Fat jar插件

需要说明的是，在高版本 Eclipse 中安装 FatJAR 插件需要先安装低版本插件支持。本教材使用的 Eclipse Oxygen 对应 Eclipse 4.7 属于高版本，故在安装 FatJAR 前应执行 Eclipse 菜单“帮助”→“安装新软件”命令，在图 3-22 所示对话框的“Work With”文本框中输入 http://download.eclipse.org/eclipse/updates/4.7，经过一段时间的搜索后，在可用软件列表中选择“Eclipse Tests,tools, Examples, and Extras”→“Eclipse 2.0 Style Plugin Support”（Eclipse 2.0 格式插件支持）后单击“下一步”按钮。而后按屏幕提示完成安装并重启 Eclipse。支持插件安装完毕后，再按上述步骤完成 FatJAR 的安装。

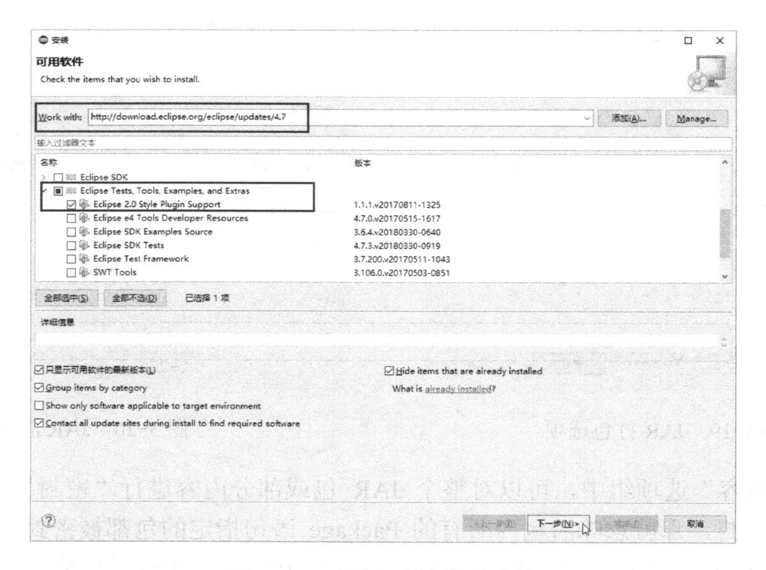

图 3-22　安装低版本插件支持

2．使用 FatJAR 创建 JAR 包

FatJAR 成功安装后，在 Eclipse 包资源管理器中右击项目名称，在弹出的快捷菜单中就会多出一个“Build Fat Jar”命令，执行该命令将打开图 3-23 所示的对话框。

1）在“Jar-Name”文本框中输入要保存 JAR 包的位置。如果需要保存到项目文件夹之外，还需要选择“use extern Jar-Name”复选框。

2）如果项目中包含有其他.jar 文件，则应当单击“Main-Class”（主类）栏右侧的“Browse”按钮选择当前项目的主类。此外，还要选择对话框下方的“One-JAR”复选框，把一个依赖于多个其他.jar 文件的应用程序发布成一个单一的可执行.jar 文件。

3）单击“下一步”按钮后，在图 3-24 所示的对话框中需要选择希望打包到.jar 文件中的内容，本例选择了程序的主类 AddJAR.class 和一个由外部导入的 JAR 包 mytools.jar。最后单击“完成”按钮结束创建 JAR 包的操作。

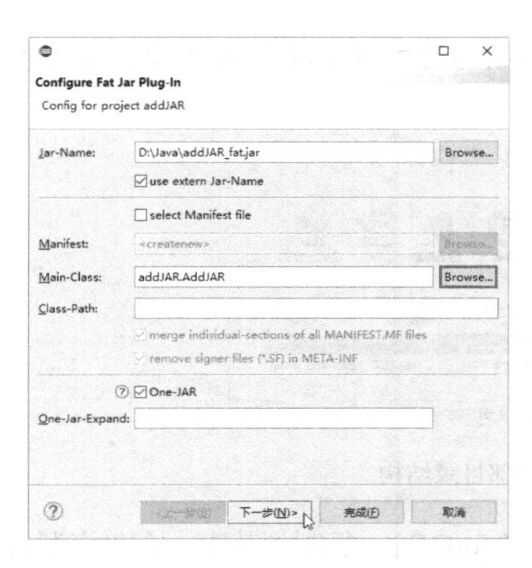

图 3-23　设置 JAR 包参数

图 3-24　选择要打包的文件

3.5.4　引用第三方 JAR 包

向 Java 应用程序项目中添加外部 JAR 包的操作步骤如下。

1）如果要添加到项目中的.jar 文件来自 Internet 或其他外部环境，首先需要使用 WinRAR 一类的解压工具将其打开，以便了解.jar 文件的包命名情况，并确认需要使用的类名称。例如，需要使用的类位于 A 文件夹下的 B 子文件夹中，则该类文件隶属于包 A.B。

2）在项目文件夹中新建一个子文件夹（通常会命名为 jar 或 lib），将准备好的.jar 文件复制到该文件夹中。在包资源管理器中选择项目名称后按〈F5〉键刷新，使复制到项目中的.jar 文件可见。

3）右击复制到项目中的.jar 文件，在弹出的快捷菜单中执行“构建路径”→“添加至构建路径”命令。

4）.jar 文件添加到项目后，通常需要在源程序文件中使用 import 语句添加对外部类文件的引用。

【演练 3-4】 已知 forQE.jar 文件中包含有一个用于解一元二次方程的 QuadraticEquation 类，该类的成员见表 3-2。

表 3-2　QuadraticEquation 类成员及说明

类成员	说明
a、b、c（int）	表示一元二次方程的 3 个系数的私有字段
QuadraticEquation(int a, int b, int c)	用于初始化时为一元二次方程 3 个系数赋值的公有构造方法
getDiscriminant()	用于获取一元二次方程判别式的公有方法，返回值为 int
getRoot()、getRoot2()	用于获取一元二次方程两个根的公有方法，返回值为 double

要求将 forQE.jar 文件添加到 Java 应用程序项目，并在主方法中编写测试代码通过 forQE.jar 中的 QuadraticEquation 类，实现任意一元二次方程求解。

程序设计步骤如下。

1）在 Eclipse 环境中创建一个 Java 应用程序项目 YL3_4，并添加主类和主方法。

2）使用 WinRAR 打开 forQE.jar，可以看到图 3-25 所示的目录结构。故可以得出 QuadraticEquation 类隶属于 sky.mytools 包。

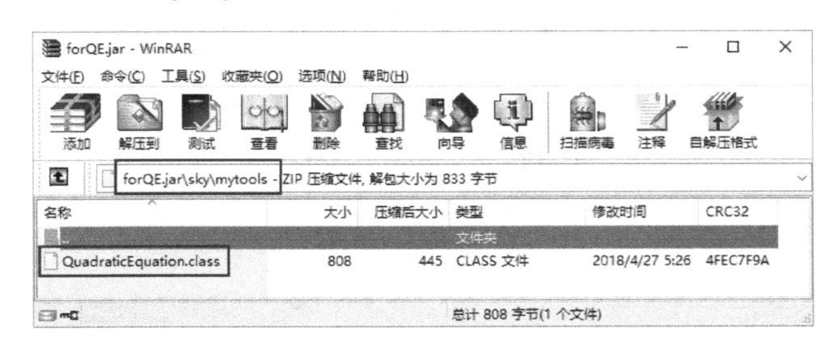

图 3-25　forQE.jar 的内部目录结构

3）在项目文件夹中新建一个子文件夹 jar，并将 forQE.jar 复制到其中。在包资源管理器中选择项目名称后按〈F5〉键刷新，使复制到项目中的 forQE.jar 文件可见。

4）在包资源管理器中右击添加到项目中的 forQE.jar，在弹出的快捷菜单中执行“构建路径”→“添加至构建路径”命令，完成外部 JAR 包的引用。项目结构如图 3-26 所示。

5）编写测试代码，通过引用的 QuadraticEquation 类，实现任意一元二次方程的求解。

按如下所示编写测试代码，程序运行结果如图 3-27 所示。

```
import sky.mytools.*;            //导入 sky.mytools 包中的所有类
public class YL3_4 {             //主类
    public static void main(String[] args) {
        //创建 QuadraticEquation 类对象 qe，并初始化使 a = 1，b = −6，c = 3;
        QuadraticEquation qe = new QuadraticEquation(1, −6, 3);
        System.out.println("判别式的值为：" + qe.getDiscriminant());
        if(qe.getDiscriminant() >= 0) {
            System.out.println("x1 = " + qe.getRoot1() + "，  x2 = " + qe.getRoot2());
        }
    }
}
```

图 3-26　项目结构

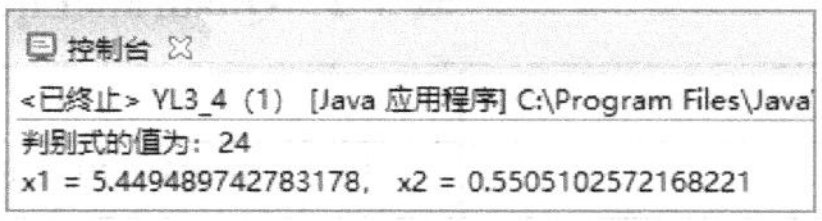

图 3-27　测试程序运行结果

3.5.5 反编译.class 文件

反编译是指将 Java 字节码文件还原成 Java 的源程序文件。常用的反编译工具有 JD-GUI（Java Decompiler）和 XJad，本节将以 JD-GUI 工具软件为例介绍 Java 字节码文件的反编译方法。

JD-GUI 是一个单文件小工具，无须安装可直接运行。JD-GUI 启动后，执行“File”→“Open File”命令，在打开的对话框中选择需要反编译的.class 或.jar 文件后单击“打开”按钮，即可在图 3-28 所示的 JD-GUI 工作界面中看到反编译后的源程序内容。

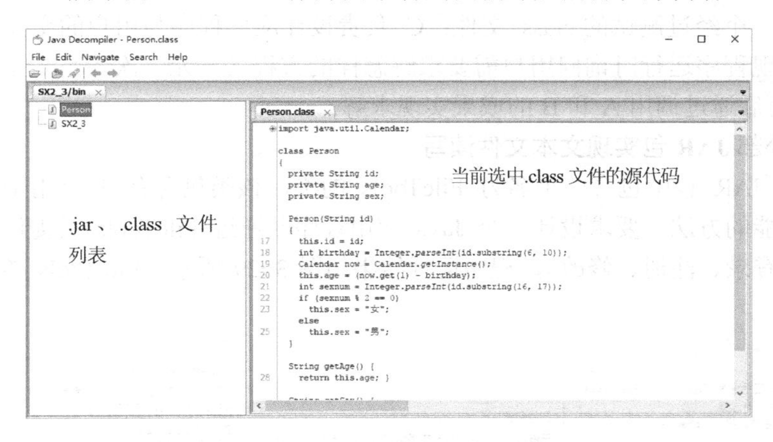

图 3-28　使用 JD-GUI 反编译 Java 字节码文件

需要说明的是，任何一个反编译软件都不可能是万能的，其反编译得到的结果也并非与源程序完全一致（甚至还可能有一些错误），它仅仅是由计算机推算出来的、比较准确的一种可能。

3.6　实训　团队合作项目开发

3.6.1　实训目的

1）强化应用程序中类的设计与应用，通过实训使学生能根据实际需要完成所需类的设计，进一步理解封装的概念、类构造方法的概念及相关设计技术。

2）熟练掌握在项目中引用第三方 JAR 包或字节码文件的设置方法；掌握使用现有类快速完成程序设计的操作方法，进一步理解面向对象程序设计中代码重用的优点。

3）初步理解团队合作开发的基本步骤：项目分析 → 结构设计 → 分工 → 整合 → 运行调试。培养团队合作意识。

3.6.2　实训要求

本实训分为以下两个部分。

1）以团队合作方式设计一个相对完整的，可以求解任意一元二次方程或二元一次方程的 Java 应用程序。

2）使用外部 JAR 包实现文本文件的读写操作。

1．求解一元二次方程或二元一次方程

1）设计一个用于求解任意一元二次方程的 QuadraticEquation 类。

2）设计一个用于求解任意二元一次方法的 LinearEquation 类。

3）利用上述两个类组合成一个应用程序项目，使程序能根据用户的选择及提供的参数实现一元二次方程或二元一次方程求解。

本实训要求每 3 名学生组成一个团队：A 负责设计并编写用于求解一元二次方程的类，提交成果为一个经过测试的.class 文件；B 负责设计并编写实现求解二元一次方程的类，提交成果同样为一个经过测试的.class 文件；C 负责设计应用程序与用户的交互界面，编写主方法代码以实现程序运行时询问用户需要求解怎样的方程（一元二次还是二元一次？各个系数如何？），而后通过调用 A 和 B 的成果实现求解。

2．使用外部 JAR 包实现文本文件读写

已知外部 JAR 包中包含一个名为 FileTools 的类，该类包含有 3 个用于实现文本文件增、改、查功能的方法。要求设计一个 Java 应用程序并通过 FileTools 类提供的方法实现简单用户管理（登录、注册、修改），程序运行结果如图 3-29 所示。FileTools 类包含的方法及说明见表 3-3。

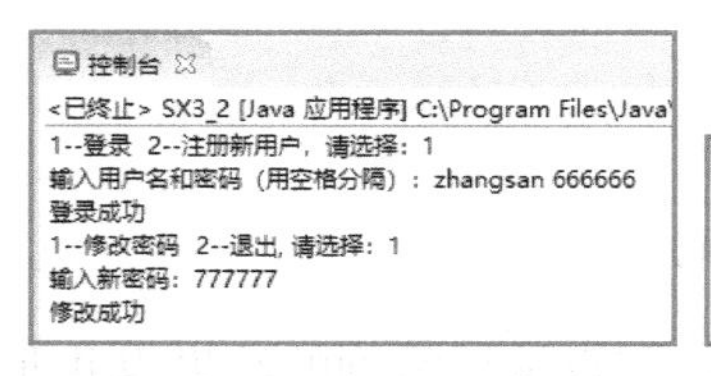

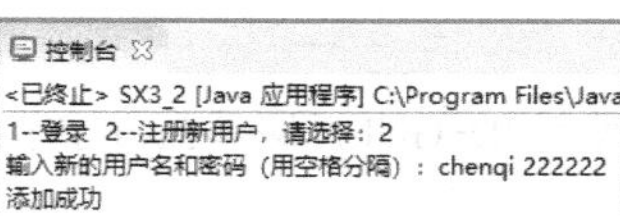

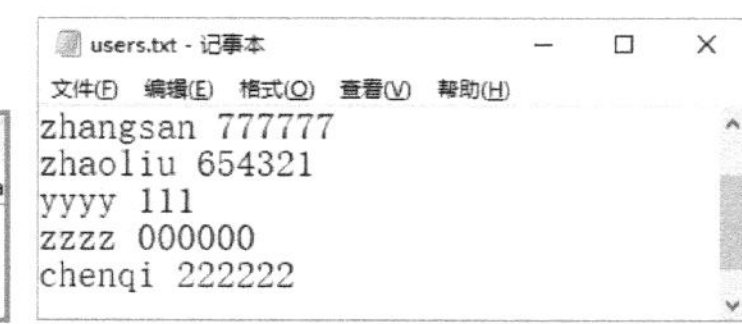

图 3-29 程序运行结果

表 3-3 FileTools 类成员及说明

类成员	说 明
+appendToFile(String fName, String line)：String	将 line 指定的文本行追加到 fName 指定的文本文件中。若文件不存在则创建后再追加。返回值为“添加成功”或由系统产生的异常信息
+editFile(String fName, String oldLine, String newLine)：String	将 fName 指定的文件中由 oldLine 指定的行修改成新内容（newLine）。返回值为“修改成功”或由系统产生的异常信息
+query(String fName, String line)：String	从 fName 指定的文本文件中查找内容为 line 的行。返回值为找到的第一个匹配行或由系统产生的异常信息。未找到指定行时返回“keyIsNoFound”

3.6.3 实训步骤

1．方程求解的实现

（1）知识准备

设一元二次方程的一般形式为 $ax^2 + bx + c = 0$，则求根公式如下：

$$x = \frac{-b \pm \sqrt{b^2 - 4ac}}{2a}$$

判别式为：$b^2 - 4ac$，当判别式大于 0 时有两个不同的实根，等于 0 时有两个相等的实根，小于 0 时无实根。

设，二元一次方程的一般形式为

$$\begin{cases} ax + by = c \\ dx + ey = f \end{cases} \quad \text{则求解公式为：} \quad x = \frac{ce - bf}{ae - bd} \quad y = \frac{af - cd}{ae - bd}$$

判别式为：ae – bd，判别式为 0 时方程无解。

（2）设计 QuadraticEquation 类

参照【演练 3-4】对 QuadraticEquation 类及其成员进行设计。该类拥有 3 个 int 类型的私有字段：一个用于获取判别式的值，返回值为 int 类型的 getDiscriminant()方法；两个用于求根，返回值为 double 类型的 getRoot1()、getRoot2()方法。

在 Eclipse 环境中新建一个 Java 应用程序项目 SX3_1A，并添加用于测试设计结果的主类和主方法。再向项目中添加一个新类，并将其命名为 QuadraticEquation，按如下所示编写类代码。

```
//指定 QuadraticEquation 类隶属于 sky.equation 包，包名称在进行整体规划时就要预先指定
package sky.equation;
public class QuadraticEquation {
    private int a, b, c;                    //私有字段
    public QuadraticEquation(int a, int b, int c) {
        this.a = a;
        this.b = b;
        this.c = c;
    }
    public int getDiscriminant(){           //计算判别式值的方法
        return   b * b - 4 * a * c;
    }
    public double getRoot1(){               //计算实根的方法
        return (-b + Math.sqrt(b * b - 4 * a * c)) / (2 * a);
    }
    public double getRoot2(){
        return (-b - Math.sqrt(b * b - 4 * a * c)) / (2 * a);
    }
}
```

在主方法中编写测试代码以检验设计结果是否正确。

（3）设计 LinearEquation 类

LinearEquation 类成员及说明见表 3-4。

表 3-4　LinearEquation 类成员及说明

类　成　员	说　明
a、b、c、d、e、f（int）	表示二元一次方程的 6 个系数的私有字段
LinearEquation(int a, int b, int c, int d, int e, int f)	用于初始化时为二元一次方程 6 个系数赋值的公有构造方法
isSolvable()	用于获取二元一次方程判别式是否为 0 的公有方法，返回值为 boolean 型
getX()、getY()	用于获取二元一次方程解的公有方法，返回值为 double

在 Eclipse 环境中新建一个 Java 应用程序项目 SX3_1B，并添加用于测试 LinearEquation 类设计结果的主类和主方法。再向项目中添加一个新类，并将其命名为 LinearEquation，按如下所示编写类代码。

```
package sky.equation;  //指定该类隶属于 sky.equation 包，与 QuadraticEquation 为同一包
public class LinearEquation {
    private int a, b, c, d, e, f;          //定义 6 个表示方程系数的私有字段
    LinearEquation(int a, int b, int c, int d, int e, int f){      //创建类的构造方法
        this.a = a; this.b = b; this.c = c; this.d = d; this.e = e; this.f = f;
    }
    //用于读取 6 个字段值的 get()方法，没有 set()方法表示 6 个字段为只读字段
    public int getA(){
        return a;
    }
    public int getB(){
        return b;
    }
    public int getC(){
        return c;
    }
    public int getD(){
        return d;
    }
    public int getE(){
        return e;
    }
    public int getF(){
        return f;
    }
    public boolean isSolvable(){            //判别式方法，用于测试方程组是否有解
        return a * d - b * c != 0;
    }
    public double getX(){                   //计算方程组的解（x）
        return (double)(c * e - b * f) / (double)(a * e - b * d);
    }
    public double getY(){                   //计算方程组的解（y）
        return (double)(a * f - c * d) / (double)(a * e - b * d);
    }
}
```

在主类 SX3_1B 中编写如下所示的测试代码以检验设计结果是否正确。

```
package sky.equation;
public class SX3_1B {
    public static void main(String[] args) {
        //调用构造函数创建对象 le，并通过其构造方法为 6 个系数字段赋值
        LinearEquation le = new LinearEquation(1, 2, 3, 4, 5, 6);
        if(le.isSolvable())            //调用判别式方法，判断方程组是否有解
            //显示方程组的解
            System.out.println("方程有解：x = " + le.getX() + "，  y = " + le.getY());
        else
```

```
                System.out.println("方程无解");
        }
    }
```

（4）设计用户交互界面及程序整合

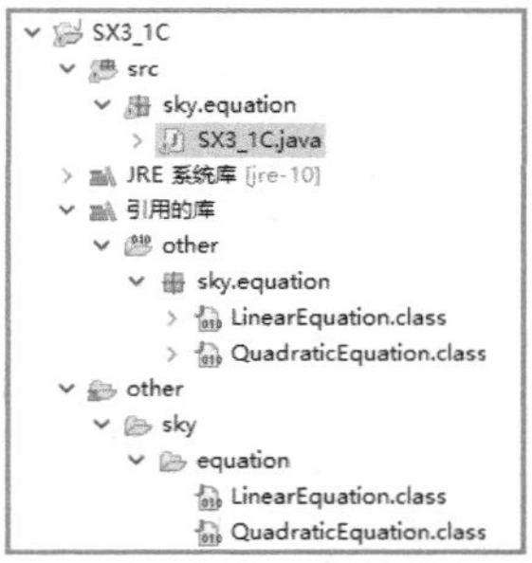

1）新建一个 Java 应用程序项目 SX3_1C，并创建主类和主方法。在项目文件夹中创建一个名为 other 的文件夹（该名称可以自行规定），根据整体规划时已预定的包名称在 other 下创建一个名为 sky 的文件夹，在 sky 下再创建一个名为 equation 的文件夹。将由 A 和 B 完成的 QuadraticEquation.class 和 LinearEquation.class 文件复制到 equation 文件夹中。配置项目的构建路径，将 other 文件夹添加进来。项目结构如图 3-30 所示。

图 3-30　项目结构

2）设计主方法功能。

① 程序启动后提供一个可选菜单，以获取用户希望计算哪种方程（一元二次还是二元一次）。

② 根据用户的选择要求输入 3 个系数（一元二次方程）或 6 个系数（二元一次方程）。

③ 根据这些方程系数调用由 A 或 B 完成的 QuadraticEquation 类或 LinearEquation 类中的判别式方法以确定方程是否有实根或解。

④ 若有解，则调用 QuadraticEquation 类或 LinearEquation 类提供的 getRoot1()、getRoot2()或 getX()、getY()方法给出方程的解。

⑤ 参考代码如下所示。

```
package sky.equation;
import java.util.*;
public class SX3_1C {
    public static void main(String[] args) {
        Scanner val = new Scanner(System.in);
        while(true) {       //死循环，只有用户选择 3 的时候才能退出
            System.out.print("一元二次方程--1　二元一次方程--2　退出--3　请选择：");
            switch(val.nextInt()){
                case 1:     //处理一元二次方程
                    System.out.print("请输入一元二次方程的 3 个系数（用空格分隔）：");
                    QuadraticEquation qe = new QuadraticEquation(val.nextInt(),
                                                    val.nextInt(), val.nextInt());
                    if(qe.getDiscriminant() >= 0)
                        System.out.println("x1 = " + qe.getRoot1() + "，　x2 = " +
                                    qe.getRoot2());
                    else
                        System.out.println("方程无实根");
                    break;
                case 2:     //处理二元一次方程
                    System.out.print("请输入二元一次方程的 6 个系数（用空格分隔）：");
                    LinearEquation le = new LinearEquation(val.nextInt(), val.nextInt(),
                            val.nextInt(), val.nextInt(), val.nextInt(), val.nextInt());
```

```
                if(le.isSolvable())
                    System.out.println("x = " + le.getX() + ",    y = " + le.getY());
                else
                    System.out.println("方程无解");
                break;
            case 3:
                System.out.println("bye!");
                return;
            }
        }
    }
}
```

2. 简单用户管理的实现

（1）程序设计思路

新建一个 Java 应用程序项目 SX3_2，并创建主类和主方法。再向项目中添加一个 Users 类，该类负责保存用户数据（用户名、密码）并提供用于登录、新用户注册和修改密码的方法。Users 类中的各方法需要使用第三方 JAR 包中提供的 FileTools 类实现对文本文件的查询（登录）、添加（新用户注册）和修改（修改密码）。

至于 FileTools 类中的各方法是如何实现对文本文件的读写操作的，开发人员完全不必了解，只要掌握了它对外提供的方法接口就可在 Users 类中进行调用来实现需要的功能。项目构成框架如图 3-31 所示。

在面向对象的程序设计中这种设计思路十分常见，称为“三层架构程序设计”。其中，主类负责实现与用户的交互，称为“表现层”；Users 类用于实现对具体问题的处理，称为“业务逻辑层”；封装了的 FileTools 类用于实现对数据源的读写操作，称为“数据层”。

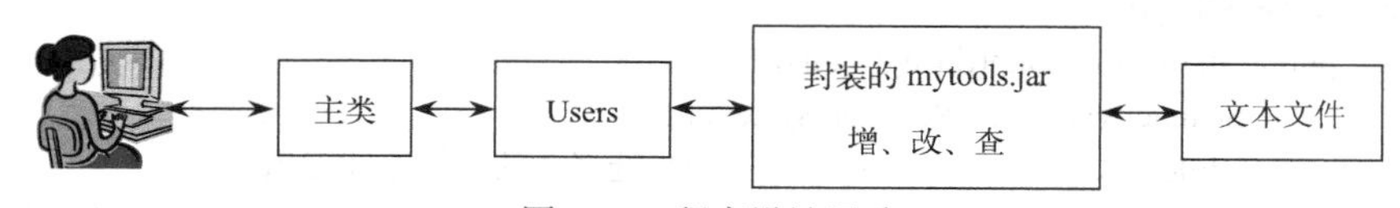

图3-31　程序设计思路

（2）引用外部 JAR 包

1）使用 WinRAR 打开 mytools.jar 文件，可以看到需要使用的 FileTools 类位于 sky.mytools 包中。

2）在项目文件夹中新建一个名为 jar 的子文件件，将已封装了的 mytools.jar 文件复制到其中。在包资源管理器中选择当前项目后按〈F5〉键刷新，使 mytools.jar 在项目结构中可见。右击 mytools.jar，在弹出的快捷菜单中执行“构建路径”→“添加至构建路径”命令，完成外部 JAR 包的引用。此时，项目结构如图 3-32 所示。

图 3-32　项目结构

（3）创建 Users 类

在包资源管理器中右击项目名称，在弹出的快捷菜单中执行“新建”→“类”命令，将新类命名为 Users，选择 public 修饰符。在代码编辑窗口中按如下所示编写 Users 类代码。

```
import sky.mytools.FileTools;
```

```
public class Users {     //创建 Users 类
    //name 用于存储用户名，userData 用于存储用户名与密码的组合字符串（用空格分隔）
    private String name, userData;          //封装的私有字段
    private final String fileName = "d:\\users.txt";  //私有的 final 类型字段，用于存储数据文件名
    private FileTools ft = new FileTools();     //声明一个 FileTools 类对象 ft
    public Users(String n, String p){    //Users 类的构造方法
        name = n;
        userData = n + " " + p;          //将用户名和密码组合成一个用空格分隔的字符串
    }
    public boolean checkUser() {        //用于检测用户是否合法的方法
        //调用 FileTools 类的 query()方法，从文件中查找是否有符合条件的行
        //若 query()的返回值不是“keyIsNoFound”表示匹配成功
        return !ft.query(fileName, userData).equals("keyIsNoFound");
    }
    public String addUser() {      //用于实现新用户注册的方法
        //调用 FileTools 类的 query()方法检查用户数据是否已存在于文件中
        if(ft.query(fileName, userData).equals("keyIsNoFound"))  //若不存在
            //调用 FileTools 类的 apperdToFile()方法将用户数据写入文件
            return ft.appendToFile(fileName, userData);
        else
            return "要添加的数据已存在";
    }
    public String editUser(String newPwd) {        //用于修改密码的方法
        //调用 FileTools 类的 query()方法检查要修改的数据是否存在于文件中
        if(!ft.query(fileName, userData).equals("keyIsNoFound"))         //若存在
            //调用 FileTools 类的 editFile()方法修改数据
            return ft.editFile(fileName, userData, name + " " + newPwd);
        else
            return "要修改的数据不存在";
    }
}
```

（4）编写主方法的代码

在代码窗口中按如下所示编写主方法的代码。

```
import java.util.*;
public class SX3_2 {  //主类
    public static void main(String[] args) {    //主方法
        Scanner val = new Scanner(System.in);
        System.out.print("1--登录   2--注册新用户，请选择：");
        switch(val.nextInt()) {
            case 1:     //登录
                System.out.print("输入用户名和密码（用空格分隔）：");
                Users user = new Users(val.next(), val.next());         //创建 Users 类对象 user
                if(user.checkUser()) {          //checkUser()方法返回 true
                    System.out.println("登录成功");
                    System.out.print("1--修改密码   2--退出，请选择：");
```

```
                    if(val.nextInt()== 1) {          //用户选择了“修改密码”
                        System.out.print("输入新密码：");
                        System.out.println(user.editUser(val.next()));
                    }
                    else          //用户选择了“退出”
                        System.out.println("bye!");
                }
                else  //登录失败
                    System.out.println("用户名或密码错");
                break;
            case 2:             //用户选择“注册新用户”
                System.out.print("输入新的用户名和密码（用空格分隔）：");
                user = new Users(val.next(), val.next());
                System.out.println(user.addUser());
                break;
            default:
                System.out.println("菜单选择错误");
        }
        val.close();
    }
}
```

第4章　继承、抽象类、接口和多态

类的继承是指将现有类作为父类派生出新的子类。通过类的继承可以实现以最少的代码快速创建新类的目的，也就是说继承可以提高代码的复用率。

Java 中接口的含义有两种，广义上的接口指对外提供的功能，如系统对外提供的服务、类对外开放的方法调用通道等，这种接口称为系统接口或类接口。本章中要讨论的接口是 Java 中一种与抽象类相似的，但只包含常量和抽象方法的数据结构。

从一定角度来看，面向对象的三大特征中封装和继承几乎都是为多态而准备的。多态指允许不同类的对象对同一消息（方法调用的请求）做出响应。即同一消息可以根据发送对象的不同而采用多种不同的行为方式。

4.1　继承

继承是面向对象程序设计的三大特征之一，通过继承可以使子类自动拥有其父类允许被继承的所有成员，而且在子类中还可以根据实际需要重写父类方法或继续扩展出自己独有的一些字段和方法。

4.1.1　创建类的子类

使用继承可以形成一种自顶向下的设计方式。例如，学校中员工分为教师和职员，这两类员工既有一些相同的特征描述字段（如工号、单位、姓名、性别、年龄、联系电话等），也有一些独有的特性（如教师的职称和职员的工龄以及不同的考核方法等）。使用继承的设计思路是，首先抽象出所有子类的相同点（字段和方法），并根据这些相同点创建父类（如员工类），而后由父类派生出具体的子类（教师类和职员类），这样子类可以从父类继承所有相同点，需要做的仅是扩充出自己独有的特征点就可以了。

Java 中需要使用 extends 关键字创建一个类的子类，其语法格式如下所示。

```
[修饰符] class 子类名 extends 父类名{
    子类成员;
}
```

例如，下列代码首先声明了一个表示包含教师和职员的所有员工共有属性的 Employee 类，而后又声明了两个继承于 Employee 类的 Teacher 和 Worker 子类，在子类中只需要添加自己独有的特征就可以了，其他共有属性可以通过继承自动拥有。

```
class Employee{          //声明一个员工类
    public String id, unit, name, sex, birthday, tel;    //所有员工（包括教师和职员）的共有属性
```

```
}
class Teacher extends Employee{   //继承于 Employee 类的 Teacher 类
    public String jobTitle;   //除了继承来的所有共有属性外，再增加一个 jobTitle（职称）属性
}
class Worker extends Employee{   //继承于 Employee 类的 Worker 类
    public int workAge;   //除了继承来的所有共有属性外，再增加一个 workAge（工龄）属性
}
```

在 UML 图中继承关系通过从子类指向父类的一个空心箭头连线来表示。图 4-1 所示的就是上述父类 Employee 和两个子类 Teacher、Worker 之间的继承关系。

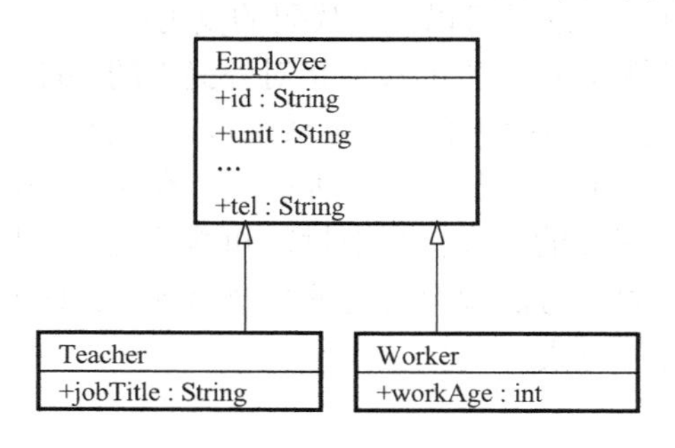

图4-1　表示继承关系的UML图

需要说明以下几点：

1）父类成员可以通过 private 访问修饰符阻止其子类对这些成员的继承。在子类中只能通过父类提供的没有使用 private 修饰符的相应 get()或 set()方法，来实现对父类中 private 字段的访问。

2）Java 中类的继承具有单一性。也就是说，子类只能继承于一个父类。

3）子类中可以扩展出新的成员，但不能除去已经继承的父类成员。

4）继承是可传递的，也就是说某个类可以是某些类的父类，同时又是另一些类的子类，而且子类可以继承来自所有上级类的可继承成员，这种情况称为多级继承。如图 4-2 所示，A 为顶级父类，B1 和 B2 为 A 的子类；C11、C12 以及 C21、C22 又分别继承于 B1 和 B2，同时它们也是 A 的子类。所以，C11、C12、C21 和 C22 都自动继承了顶级父类 A 的所有可被继承的成员。

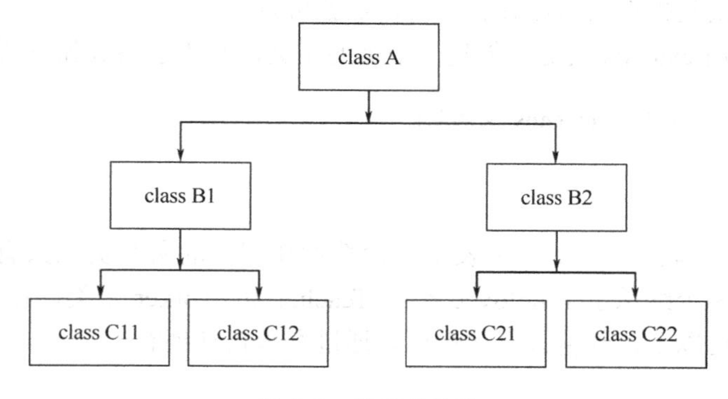

图 4-2　继承的传递

此外，在继承的实现过程中父类与子类是否在同一个包（package），对可以继承的父类成员也会有很大的影响。这实际上也是父类成员使用了不同的访问修饰符带来的影响。

1）如果子类与其父类在相同的包中，则子类可以自动继承父类中所有没有使用 private 访问修饰符的成员，而且继承的类成员的被访问权限不变。

2）如果子类与其父类不在同一个包，则子类只能继承使用 public 或 protected 修饰符的类成员，不能继承使用 private 修饰符和缺省修饰符的类成员。

4.1.2 调用父类构造方法和 super 关键字

父类的构造方法用于初始化类的对象不能被子类继承，在继承模式中其形式分为以下 3 种。

1）父类及其子类中都没有显式地声明任何构造方法，初始化类对象或其子类对象时系统将自动使用默认的无参数构造方法。

2）父类中显式声明了无参数的构造方法。此时，使用 new 关键字创建其子类对象时，无论子类的构造方法是否带有参数，系统都将先调用父类无参数构造方法，再调用子类的构造方法。

3）父类中声明了带若干个参数的构造方法。此时，只能在其子类的构造方法中通过 super 关键字调用父类有参数的构造方法。

super 与前面介绍过的 this 关键字相似，super 表示子类的父类，this 表示类本身。通过 super 可以访问父类的字段、方法和构造方法，其语法格式如下：

```
super.字段名 = 值;           //访问父类的字段
super.方法名(参数列表);      //调用父类的方法
super([参数列表]);           //调用父类的有参数或无参数构造方法
```

例如：

```
public class Test{        //测试类（主类）
    public void main(String[] args) {      //主方法
        //创建子类对象时会自动调用父类无参数、显式声明的构造方法
        //控制台窗格中会显式“我被调用了”，说明父类的无参数构造方法先被调用
        Student s = new Student("张三", 19, 87);
        //输出对象 s 的 3 个属性值，输出正确说明 3 个参数的构造方法也被调用了
        System.out.println(s.name + " " + s.age + " " + s.grade);
    }
}
class Person{      //父类
    public String name, int age;           //父类可被继承的公有有字段（姓名、年龄）
    //父类显式声明的、无参数的构造方法，使用 new 关键字创建其子类对象时它将首先被调用
    Person(){
        System.out.println("我被调用了");
    }
    Person(String name, int age){          //父类有参数的构造方法
        this.name = name;
        this.age = age;
```

```
        }
    }
    class Student extends Person{//子类
        public double grade;            //Student 类扩展出的 grade（成绩）字段
        //Student 类的有参数构造方法，可以为 name、age 和 grade 字段赋值
        //使用 new 关键字创建 Student 类对象时同时会调用其父类的、显式声明的无参数构造方法
        Student(String n, int a, double g){
            super(n, a);   //调用父类 Person 的带有两个参数的构造方法，必须放在第一行
            grade = g;
        }
    }
```

需要说明以下两点：

1）若在子类的构造方法中使用 super 关键字调用父类的构造方法，则 super 语句必须要写在子类构造方法的第一行。

2）在任何情况下，通过 new 关键字创建一个类的对象时，系统都会沿着继承链调用所有父类的构造方法。当创建一个子类对象时，子类的构造方法会在完成自己的任务前，先调用其父类的构造方法。这个过程将持续到沿着这个继承体系结构的最后一个构造方法被调用，也就是顶级父类的构造方法被调用为止，被调用的这一系列的构造方法称为构造方法链。

【演练 4-1】 继承的使用，具体要求如下。

1）新建一个 Java 应用程序项目 YL4_1，并添加隶属于缺省包的主类 YL4_1 和主方法。

2）新建一个隶属于 sky.test 包的 Person 类，其成员及说明见表 4-1。

表 4-1　Person 类（父类）成员及说明

类成员	说　明
-name : String #sex : String age : int	姓名（私有）、性别（受保护的）、年龄（缺省）字段
+Person() +Person(String name, String sex, int age)	公有的无参数构造方法中设置 name、sex 为空字符串，age 为 0；公有的带有 3 个参数的构造方法中设置 name 为空字符串，sex 只能是“男”或“女”，age 的值必须为 16～50，否则输出出错提示信息
+getName() : String、+setName(String name) : void	用于读写 name 字段的 get 和 set 方法
+getSex() : String、+setSex(String sex) : void	用于读写 sex 字段的 get 和 set 方法，限制性别只能是“男”或“女”
+getAge() : int、+setAge(int age) : void	用于读写 age 字段的 get 和 set 方法，限制年龄只能在 16～50

3）新建一个隶属于缺省包，并继承于 Person 类的 Student 类，其成员及说明见表 4-2。

表 4-2　Student 类（继承于 Person 类的子类）成员及说明

类成员	说　明
-id : String	Student 除了通过继承得到的 name、sex 和 age 字段外，再增加一个私有的 id（学号）字段
+Student() +Student(String id, String name, String sex, int age)	公有的无参数构造方法中设置 id 为空字符串；公有的带有 4 个参数的构造方法中调用 Person 类的构造方法为 name、sex 和 age 三个字段赋值
+getID() : String、+setID(String id) : void	用于读写 id 字段的 get 和 set 方法
+showInfo() : void	用于显示 Student 类对象各字段数据的方法

4）在主类的主方法中创建 Student 类对象。观察与父类在不同包中的子类访问使用了不

同修饰符的父类成员时的情况（父类成员的可见性）。

程序设计步骤如下。

1）创建主类和主方法后，右击项目名称，在弹出的快捷菜单中执行“新建”→“类”命令，在弹出的对话框中指定要添加的公有类名称为 Person，所在包为 sky.test。按如下所示编写 Person 类的代码。

```
package sky.test;
public class Person {
    private String name;    //私有 name 字段
    protected String sex;   //受保护的 sex 字段
    int age;                //使用缺省修饰符的 age 字段
    public Person(){        //Person 类的无参数公有构造方法
        name = "";
        sex = "";
        age = 0;
    }
    public Person(String name, String sex, int age){//带有 3 个参数的公有构造方法
        this.name = name;
        if(sex.equals("男") || sex.equals("女"))    //性别的值只能是“男”或“女”
            this.sex = sex;
        else
            System.out.println("性别只能输入男或女");  //否则，显示出错提示
        if(age >= 16 && age <= 50)         //年龄值只能在 16～50
            this.age = age;
        else
            System.out.println("年龄值只能在 16～50 之间");  //否则，显示出错提示
    }
    public String getName() {    //用于读取 name 字段的 get 方法
        return name;
    }
    public void setName(String name) {       //用于为 name 字段赋值的 set 方法
         this.name = name;
    }
    public String getSex() {//用于读取 sex 字段的 get 方法
        return sex;
    }
    public void setSex(String sex) {    //用于为 sex 字段赋值的 set 方法
        if(sex.equals("男") || sex.equals("女"))
            this.sex = sex;    //sex 字段的值只能是“男”或“女”
        else
            System.out.println("The data is wrong.");        //否则，显示出错提示
    }
    public int getAge() {    //用于读取 age 字段的 get 方法
        return age;
    }
    public void setAge(int age) {         //用于为 age 字段赋值的 set 方法
```

```
            if(age >= 16 && age <= 50)
                this.age = age;     //age 字段的值只能在 16～50
            else
                System.out.println("The data is wrong.");         //否则，显示出错提示
        }
    }
```

2）右击项目名称，在弹出的快捷菜单中执行“新建”→“类”命令，在打开的对话框中指定公有类的名称为 Student，隶属于缺省包。按如下所示编写 Student 类的代码。

```
public class Student extends sky.test.Person {   //指定 Student 类继承于 Person 类
    //除了从 Person 类继承来的 3 个字段外，再为 Student 类扩展一个私有的 id（学号）字段
    private String id;
    public Student(){         //Student 类的无参数构造方法
        this.id = "000000";       //将 id 字段的值设置为“000000”
    }
    public Student(String id, String name, String sex, int age){          //带有 4 个参数的构造方法
        super(name, sex, age);          //调用父类的构造方法为继承来的 3 个字段赋值
        this.id = id;         //为 Student 类独有的字段 id 赋值
    }
    public String getID() {           //用于读取 id 字段值的 get 方法
        return id;
    }
    public void setID(String id) {          //用于为 id 字段赋值的 set 方法
        this.id = id;
    }
    public void showInfo() {       //用于显示 Student 类对象信息的方法
        //比较访问字段时的不同，id、sex 可直接访问，name、age 只能通过继承来的 get 方法访问
        System.out.print(id + "    ");                    //访问自己的 id 字段
        System.out.print(getName() + "    ");        //访问从父类继承来的 name 字段
        System.out.print(sex + "    ");                   //访问从父类继承来的 sex 字段
        System.out.print(getAge() + "    ");          //访问从父类继承来的 age 字段
    }
}
```

3）在主类 YL4_1 中编写如下所示的主方法代码。

```
public class YL4_1 {            //主类
    public static void main(String[] args) {   //主方法
        Student s = new Student();    //创建一个 Student 类对象 s
        //下面的 4 条语句是不正确的，为什么？
        s.id = "180000";          s.name = "李四";          s.age = "20";        s.sex = "女";
        System.out.println(s.getID());        //输出为“000000”
        //使用 Student 类的带有 3 个参数的构造方法创建类对象
        s = new Student("180001", "张三", "女", 20);
        System.out.println(s.getSex());       //调用继承来的 getSex()方法，输出为“女”
        s.showInfo();              //输出为“180001  张三  女  20”
    }
}
```

4.1.3 方法的重写与父类字段的隐藏

方法的重写也称为覆盖（Override），它与前面介绍过的方法重载十分相似，二者都是Java 多态的具体表现。方法的重写用于在子类中修改从父类继承来的方法的具体实现，重写虽然修改了方法的具体实现，但它严格保留了继承来的方法头声明（返回值类型、方法名和参数）。

子类可以从父类继承所有开放的字段成员，也可以对这些字段进行重新定义，这种重新定义称为父类字段的隐藏。

1．方法重写的实现

子类可以重新定义从父类继承来的方法，但要求重写的方法的返回值类型、方法名、参数类型和顺序与父类中的方法完全相同。否则，重新定义的方法只能算是子类中定义的、与父类方法同名的新方法，相当于方法的重载。

例如，一所学校中多数学生的学期平均成绩需要用算数平均值来表示，只有艺术类学生的平均成绩需要用加权平均值表示。此时，可以将学生类（Student）作为父类，在其中声明一个用算数平均值计算平均成绩的方法；将艺术生类（ArtStudent）作为学生类的子类，并在艺术生类中重写计算平均成绩的方法，使之表现为加权平均值。下列代码的执行结果如图 4-3 所示。

```
class Student{              //父类
    int score1, score1, score3;     //分别表示 3 门课程成绩的字段（使用了缺省修饰符）
    Student(int s1, int s2, int s3){  //带有 3 个参数的构造方法
        score1 = s1;              //为各字段赋值
        score2 = s2;
        score3 = s3;
    }
    String showInfo(){//计算算数平均值，并返回其字符串形式
        return ((double)( score1 + score2 + score3) / 3) + "";
    }
}
class ArtStudent extends Student{   //子类，继承于 Student 类
    private String id;          //扩展一个私有 id 字段（学号）
    ArtStudent(String id, int s1, int s2, int s3){ //带有 4 个参数的构造方法
        super(s1, s2, s3);   //调用父类的构造方法
        this.id = id;   //为 id 字段赋值
    }
    @Override  //这是一个标识符，表示下面的方法是一个被重写的方法（不是必需的）
    String showInfo(){//重写从父类中继承来的 showInfo()方法，方法头不能有任何改变
        //在子类中访问父类的字段，计算并返回加权平均值（改变方法的实现）
        return id + " " + (double)(score1 * 0.5 + score 2 * 0.3 + score3 * 0.2);
    }
}
class Test { //主类（测试类）
    public static void main(String[] args) {              //主方法
        Student stu = new Student(89, 92, 76);            //创建 Student 类（父类）对象
        System.out.println(stu.showAvg());                //调用 Student 类的 showAvg()方法
```

```
控制台 ☒
&lt;已终止&gt; TestQE [Java 应用程序]
85.66666666666667
18001 87.3
```

图 4-3　程序运行结果

```
        ArtStudent art = new ArtStudent("18001", 89, 92, 76);    //创建 ArtStudent 类（子类）对象
        System.out.println(art.showAvg());            //调用 ArtStudent 重写后的 showAvg()方法
    }
}
```

2．方法重写的约束及其与方法重载的不同点

方法的重写除了要求子类方法的名称、返回值类型和参数必须与父类方法相同外，还必须满足以下两点约束。

1）子类方法可以扩大但不能缩小父类方法的访问权限。例如，父类方法使用了缺省修饰符，则子类方法将其改为 public 是可以的，但若改成 private 就会出现错误。

2）子类中不能重写父类中声明为 final 或 static 的方法。

方法重写与重载的不同点主要有以下几个方面。

1）重载意味着使用相同的方法名、不同的返回值类型或参数来定义多个方法；重写意味着在子类中提供一个使用原方法名的新实现。

2）方法重写发生在通过继承而相关的不同类中；方法重载可以发生在同一个类，也可以发生在由于继承而相关的不同类中。

3）方法重写中子类不能抛出父类异常以外的其他异常。也就是说子类不能抛出比父类更多的异常，而方法重载中没有这样的限制。

3．父类字段的隐藏

字段隐藏与方法重写十分相似，其实质也是一种覆盖。只要子类中定义的成员字段与父类成员字段名称相同时，子类就隐藏了从父类继承来的字段。例如：

```
class Father{
    String id;
}
class Son extends Father{
    int id; //子类的 id 字段将隐藏（覆盖）父类的同名字段
}
```

4.1.4 Object 类

Object 类是 java.lang 类库中的一个类，Java 中所有类都是 Object 类直接或间接的子类。也就是说如果定义一个类时没有使用 extends 关键字指定其父类，则该类默认继承于 java.lang.Object 类。Object 类的常用方法及说明见表 4-3。由于 Object 是 Java 中所有类的顶级父类，所以这些方法对所有类都适用。

表 4-3 Object 类的常用方法及说明

方 法 名	说 明
+equals(Object obj) : boolean	判断两个对象变量所指向的是否为同一个对象
+toString() : String	将调用者（对象）转换成字符串
+getClass() : Class	返回调用者（对象）所属的类
#clone() : Object	返回调用者（对象）的一个副本

1．equals()方法

equals()方法的返回值为 boolean 类型，调用 equals()方法的语法格式如下：

```
对象 1.equals(对象 2);
```

需要注意的是 equals()方法在 Object 类中的默认实现如下：

```
public boolean equals(Object obj){
    return (this == obj);       //比较两个对象是否相等
}
```

显然在这种默认的，使用“==”比较运算符的方式下并不能满足所有 Object 的子类对判断对象是否相等的需要，所以 equals()方法在 Java API 的许多类中都被重新定义了（重写）。例如，前面使用较多的 String 类中对 equals()方法进行了重写，使之从比较两个对象是否相等变成了比较两个字符串内容是否相等。例如，下列代码中 s1 和 s2 是两个不同的 String 类对象，但它们的内容都是“abc”，是相等的。分别使用 s1.equals(s2)和 s1 == s2 进行比较得到的结果却是不同的。

```
s1 = new String("abc");
s2 = new String("abc");
System.out.println("s1.equals(s2) ： " + s1.equals(s2));      //显示“s1.equals(s2) ： true”，内容相等
System.out.println("s1 == s2 ： " + (s1 == s2));              //“s1 == s2 ： false”，不是同一个对象
```

对于字符串的操作，Java 程序在执行时会维护一个字符串池，被双引号括起来的字符串会被放入该字符串池。当需要再次使用该字符串对象时，Java 会首先在字符串池中查找是否有相同的字符串，如果有则不再创建新的，直接返回现有字符串，以减少内存的占用。

2．toString()方法

调用类对象的 toString()方法可以返回该对象的字符串表示形式。在默认情况下，它返回一个由对象所属包名、类名、@符号以及对象十六进制形式的内存地址组成的字符串（程序在不同的计算机中运行时这个值可能会有不同）。例如：

```
package sky.test;
class Students{
    public String id;
}
Students stu = new Students();
System.out.println(stu.toString());          //返回 sky.test.Students@6d06d69c
System.out.println(stu);                     //toString()可以省略，该语句与上一语句等效
```

由于 toString()方法的返回值内容在实际应用中意义不大，所以多数情况下需要在子类中重写该方法以获得更有价值的信息。

3．getClass()方法

该方法用于返回当前对象所属的类。例如，在上述代码的最后一行添加如下所示的语句，将得到“class sky.test.Students”的输出结果。

```
System.out.println(stu.getClass()); //输出“class sky.test.Students”表示对象 stu 隶属于 Students 类
```

与 getClass()方法相关的是 java.lang.Class 类，该类的实例用来封装对象运行时的状态。当一个类被加载且创建对象时，与该类相关的一个类型为 Class 的对象就会被自动创建。Class 类本身没有构造方法，所以不能使用 new 关键字创建其对象。但任何对象调用自己的 getClass()方法都可以获得一个与对象相关的 Class 类对象（首字母要大写，不要与 class 关键字混淆），进而通过它提供的方法获取创建对象的类的相关信息。例如：

```
Students stu = new Students();
Class c = stu.getClass();
System.out.println(c.getName());    //getName()用于返回对象 c 所属的类名
System.out.println(c.isInterface()); //isInterface()用于返回对象 c 是否为一个接口
System.out.println(c.isArray());     //isInterface()用于返回对象 c 是否为一个数组
```

4．对象类型转换和 instanceof 运算符

Java 允许有继承关系的对象进行类型之间的转换。对象的类型转换分为向上转型和向下转型两种方式：向上转型表示从子类转换为父类类型；向下转型表示从父类转换到子类类型。与基本数据类型的转换相似，向上转型可以自动进行，向下转型则必须强制显式转换。例如，已知 Person 类是 Student 类的父类，下列代码可以理解成将一个匿名子类对象 new Student()赋值给其父类 Person 的对象 p。

```
Person p = new Student();          //向上转型，从子类转换到父类
```

向上转型之所以可以自动进行，是因为子类一定是父类的一个特例。例如，“学生是人的一个特例，所以学生一定是人类”。反之，如果是向下转型，则“学生是人的一个特例，所以人一定是学生”，这种推理是行不通的。

所以向下转型要求必须是显式的强制转型，并且要求父类对象是子类的一个实例。强制向下转型的语法格式如下：

子类 子类对象名 =(子类)父类对象名;

例如：

```
Person p = new Student();     //声明一个父类对象 p 并使之成为一个子类的实例（向上转型）
//Person p = new Person();    //这样声明父类对象，向下转型时将导致 ClassCastException 异常
Student stu1 = (Student)p;    //强制向下转型
```

为了保证向下转型能够顺利进行，通常会使用 instanceof 运算符进行类型判断。instanceof 运算符用于测试一个对象是否为某类或其子类的一个实例，其语法格式如下：

boolean 变量 = 对象名 instanceof 类名;

例如：

```
if(p instanceof Student)
    System.out.println(p.id);
else
    System.out.println("对象不是 Student 类的实例");
```

5．动态绑定和静态绑定

已知 Son 类是 Father 类的一个子类，而且前面讲过 Java 中所有类都是 Object 类的子

类。所以，Son 类和 Father 类中都有一个从 Object 类继承来的 toString()方法。如果在 Son 和 Father 类中都重写了这个 toString()方法，使之在 Father 类和 Son 类中又有了不同的实现。

下列语句执行时 JVM 会沿着继承链自下向上查找，并执行第一个匹配的 toString()方法。也就是说类加载时并不能确定要执行哪个 toString()方法，只有当方法被调用时 JVM 才开始进行查找，执行匹配的方法，这种方式称为动态绑定。

```
Object obj = new Son();          //向上转型
//调用 Son 类的 toString()方法，而不是 Object 或 Father 的 toString()方法
System.out.println(obj.toString());
```

如果访问或调用的是实例字段、静态字段或静态方法，则在编译时就会将类对象和这些方法、字段的关系确定下来，这种方式称为静态绑定。

【演练 4-2】 动态绑定和静态绑定示例。

```
class Father{      //父类
    String var = "fatherVar";      //父类的字段成员 var
    static String staticVar = "fatherStaticVar";      //父类的静态字段成员 staticVar
    public void func() {          //父类的实例方法
        System.out.println("fatherFunc");
    }
    public static void staticFunc() {      //父类的静态方法
        System.out.println("fatherStaticFunc");
    }
}
class Son extends Father{                //Son 类继承于 Father 类
    String var = "sonVar";               //隐藏父类的同名字段
    static String staticVar = "sonStaticVar";   //隐藏父类的同名静态字段
    String specVar = "sonSpecVar";       //子类中扩展出来的字段
    public void func() {                 //重写父类的方法
        System.out.println("sonFunc");
    }
    public static void staticFunc() {    //重写父类的静态方法
        System.out.println("sonStaticFunc");
    }
    public void specFunc() {        //子类中扩展出来的方法
        System.out.println("sonSpecFunc");
    }
}
```

在主类的主方法中编写如下所示的测试代码，将得到图 4-4 所示的运行结果。

```
public class Test {       //主类
    public static void main(String[] args) {    //主方法
        Father f = new Son();   //向上转型，f 为父类对象，声明类型为 Father，实际类型为 Son
        //静态绑定，输出“fatherVar   fatherStaticVal”
        System.out.println(f.var + "   " + f.staticVar);
        f.func();     //动态绑定，输出结果为“sonFunc”
```

```
            f.staticFunc();     //静态绑定，输出 fatherStaticFunc
            System.out.println(f.specVar);      //出错，转型后的父类对象不能访问子类字段
            f.specFunc();           //出错，转型后的父类对象不能访问子类新增的方法
        }
    }
```

从运行结果可以看出，实例字段、静态字段、静态方法在编译期间就实行了静态绑定，而实例方法则实行的是动态绑定，只有当调用方法时才会根据实际创建的对象类型去调用相应的方法。

```
控制台
<已终止> YL4_2 [Java 应用程序]
fatherVar fatherStaticVar
sonFunc
fatherStaticFunc
```

图4-4　测试代码运行结果

4.1.5　继承的利弊与使用原则

继承的最大优点在于类的阶梯式设计方式使创建新类更加容易，子类可以从父类中继承大多数的通用成员，仅需要进行一些简单的扩充或重写即可。继承体现了代码重用的原则。

继承最大的缺点在于它打破了封装规则，为了实现继承父类必须向子类暴露出实现的细节。类的封装要求每个类都应该封装自己的属性以及实现细节。这样，当这个类的实现细节发生变化时，不会对其他依赖它的类造成影响。而在继承关系中，子类能够访问父类的属性和方法，也就是说，子类会访问父类的实现细节，子类与父类之间是紧密耦合关系。当父类的实现发生变化时，子类的实现也不得不随之变化，这就削弱了子类的独立性。

由此可见，使用类的组合关系要比继承具有更大的灵活性和更稳定的结构，在一般情况下应当优先考虑使用类的组合关系。只有当下列条件满足时才考虑使用继承。

1）子类是一种特殊类型，而不只是父类的一个角色。

2）子类的实例不需要变成另一个类的对象。

3）子类需要的是扩展，而不是重写或者其他使父类功能失效的做法。

4）继承树的层次不太多（保持在 2～3 层）。过多的层次会使结构复杂化，增加了设计和开发的难度。

4.2　抽象类和接口

在现实环境中常会遇到一些不能完全确定的类。例如，几何体可能包括长方体、正方体、圆柱体、圆锥体等，它们计算面积、体积、周长的方式也不同。在面向对象的程序设计中通常将这种类称为“抽象类”。抽象类只能作为父类存在，其唯一的作用就是让子类继承并重写。也正因为如此，抽象类的所有成员均不能使用 private 访问修饰符。

接口是一系列抽象方法的集合，它只定义方法的特征，没有明确方法的具体实现。这些方法的具体实现由继承者来完成。与抽象类相同，接口的唯一作用也是用于继承，它与类的继承最明显的不同在于一个类只能有一个父类，但可以有多个父接口。也就是说接口可以实现多重继承。

4.2.1　抽象类

使用 abstract 关键字声明的类或方法称为抽象类或抽象方法。抽象方法也称为“空方法”，其中不包含任何实现具体功能的代码，方法的实现需要由继承者来完成。声明抽象类

的语法格式如下：

```
[修饰符] abstract class 类名{
    类字段成员;
    构造方法成员;
    方法成员;
    [修饰符] abstract 返回值类型 方法名(参数列表);        //抽象方法成员
}
```

例如，下列代码声明了一个几何形状抽象类，该类具有一个表示颜色的私有字段 color，一个能为 color 字段赋值的构造方法和一个用于获取 color 值的 getColor()方法。由于不同的几何形状（如圆、三角形、矩形等）的面积和周长计算方法不同，所以在抽象类中将用于计算面积和周长的方法设计成抽象方法，仅定义了方法的返回值类型、方法名、是否接收参数，而没有具体的实现代码。具体怎样计算面积和周长由抽象类的子类来实现，也就是“谁继承，谁实现”。

在继承于 Geometric 抽象类的 Circle 类中，扩展了一个用于表示半径的私有 radius 字段，一个用于为 radius 赋值的构造方法，并具体地实现了面积和周长的计算方法。此外，Circle 类中还重写了从 Object 类（顶级父类）中继承来的 toString()方法，使之能返回圆对象的所有信息。

```
public abstract class Geometric{    //使用 abstract 关键字声明的几何形状抽象类（父类）
    private String color;            //声明表示几何形状颜色的 color 字段
    protected Geometric(String color, boolean filled){          //抽象类的构造方法
        this.color = color;
    }
    public String getColor(){                    //用于获取颜色值的实例方法
        return color;
    }
    public abstract double getArea();            //用于获取面积的抽象方法
    public abstract double getPerimeter();       //用户获取周长的抽象方法
}
public class Circle extends Geometric{           //继承于抽象类的 Circle 类（子类）
    private double radius;                       //子类中扩展的、表示半径的私有字段
    public Circle(String color, double r){       //可以为 color 和 radius 字段赋值的构造方法
        super(color)                             //调用父类的构造方法
        radius = r;
    }
    @Override
    public double getArea(){              //实现继承来的抽象方法 getArea()（计算面积）
        return Math.PI * radius * radius;
    }
    @Override
    public double getPerimeter(){         //实现继承来的抽象方法 getPerimeter()（计算周长）
        return 2 * Math.PI * radius;
    }
```

```
        @Override
        public String toString(){          //重写 Object 类的 toString()方法
            return "圆的颜色是：" + getColor() + "，面积为：" + getArea() +
                                                    "，周长为：" + getPerimeter();
        }
    }
```

需要注意以下几点：

1）抽象类中可以没有抽象方法，但包含抽象方法的类一定是抽象类。

2）抽象类的子类必须实现抽象类的抽象方法，除非该子类也是一个使用 abstract 关键字声明的抽象类。

3）抽象类存在的唯一目的是用于继承，它不能使用 new 关键字创建子类。所以，抽象类的构造方法一般需要使用 protected 修饰符。

4）abstract 不能与 final 同时修饰同一个类。

5）abstract 不能与 private、static、final 或 native 同时修饰一个方法。

【演练 4-3】 通过抽象类、抽象方法实现算数四则运算。具体要求如下。

1）设计一个名为 Arithmetic（四则运算）的抽象类，该类具有 operA（操作数 A）和 operB（操作数 B）两个 double 类型的私有字段；一个可以为两个字段赋值的构造方法；两个用于读取两个字段的 get()方法和一个用于返回 String 类型计算结果的 result()抽象方法。

2）声明 4 个继承于 Arithmetic 类的子类：NumAdd（加）、NumSub（减）、NumMulit（乘）、NumDivi（除）。这些类能从其父类中继承 get()方法，并根据自己的实际实现父类的 result()抽象方法。类结构及关系如图 4-5 所示（在 UML 类图中抽象类和抽象方法要使用斜体字表示）。

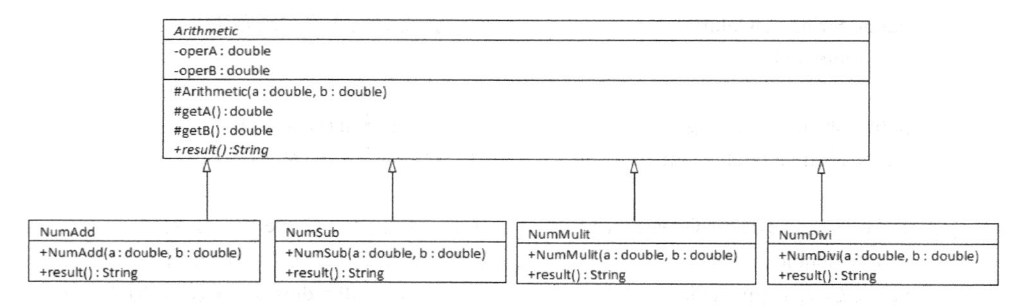

图 4-5　UML 类关系图

3）在主类中编写测试代码检验设计的正确性，程序运行结果如图 4-6 所示。

程序设计步骤如下。

1）在 Eclipse 环境中新建一个 Java 应用程序项目 YL4_3，并创建主类和主方法。

2）在 YL4_3.java 文件中创建使用缺省修饰符的 Arithmetic 抽象类和继承于该类的 NumAdd、NumSub、NumMulit 和 NumDivi 类，并按如下所示编写类代码。

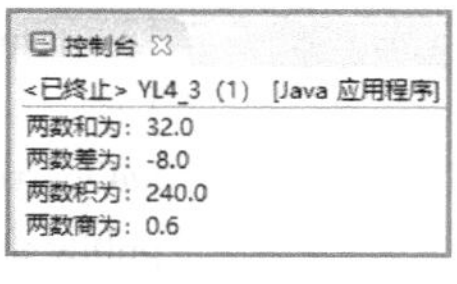

```
控制台 ⊠
&lt;已终止&gt; YL4_3 (1) [Java 应用程序]
两数和为：32.0
两数差为：-8.0
两数积为：240.0
两数商为：0.6
```

图4-6　程序运行结果

定义 Arithmetic 抽象类：

```
abstract class Arithmetic{
    private double operA, operB;                   //私有字段，用于存储两个操作数
    protected Arithmetic(double a, double b){//构造方法
        operA = a;
        operB = b;
    }
    protected double getA() {                      //读取操作数字段的 get()实例方法
        return operA;
    }
    protected double getB() {
        return operB;
    }
    public abstract String result();               //用于返回两个操作数计算结果的抽象方法
}
```

定义继承于 Arithmetic 抽象类的 4 个子类：

```
class NumAdd extends Arithmetic{                   //继承于 Arithmetic 类的子类（加）
    public NumAdd(double a, double b) {            //构造方法
        super(a, b);
    }
    public String result() {                       //实现抽象方法
        return "两数和为：" + (getA() + getB()); //getA()、getB()由父类继承而来
    }
}
class NumSub extends Arithmetic{                   //继承于 Arithmetic 类的子类（减）
    public NumSub(double a, double b) {            //构造方法
        super(a, b);
    }
    public String result() {                       //实现抽象方法
        return "两数差为：" + (getA() - getB());
    }
}
class NumMulit extends Arithmetic{                 //继承于 Arithmetic 类的子类（乘）
    public NumMulit(double a, double b) {          //构造方法
        super(a, b);
    }
    public String result() {                       //实现抽象方法
        return "两数积为：" + (getA() * getB());
    }
}
class NumDivi extends Arithmetic{                  //继承于 Arithmetic 类的子类（除）
    public NumDivi(double a, double b) {           //构造方法
        super(a, b);
    }
    public String result() {                       //实现抽象方法
        if(getB() != 0)                            //除数不能为 0
```

```
            return "两数商为：" + (getA() / getB());
        else
            return "除数不能为零";
    }
}
```

在主类中编写测试代码：

```
public class YL4_3 {   //主类
    public static void main(String[] args) {    //主方法
        NumAdd add = new NumAdd(12, 20);    //创建子类对象
        System.out.println(add.result());    //调用子类实现的 result()方法

        NumSub sub = new NumSub(12, 20);
        System.out.println(sub.result());

        NumMulit mulit = new NumMulit(12, 20);
        System.out.println(mulit.result());

        NumDivi divi = new NumDivi(12, 20);
        System.out.println(divi.result());
    }
}
```

4.2.2 接口

Java 中接口是一系列方法声明的集合，其本质上是一种行为模板。接口中定义的只是方法的返回值类型、名称、参数类型及数量等特征，不包含方法的具体实现。也就是说，接口主要由一系列抽象方法组成。这些抽象方法需要由继承于接口的类来实现。

1．接口在面向对象程序设计中的用途

在面向对象的程序设计中接口的用途主要有以下两个方面。

1）在面向对象的程序设计中通常会遇到众多的类，这些类又往往会有一些相同的方法。如图 4-7 所示，鸟类和昆虫类都具有飞的方法。若通过类的继承来处理问题，则在每个类中都需要声明飞的方法。此时，可以按图 4-8 所示的方式设计一个飞行动物接口，将飞的方法提取出来，让鸽子、大雁、蚊子和蜜蜂在继承其父类（鸟和昆虫）的同时实现飞行动物接口，从而使类的设计变得更加简洁。

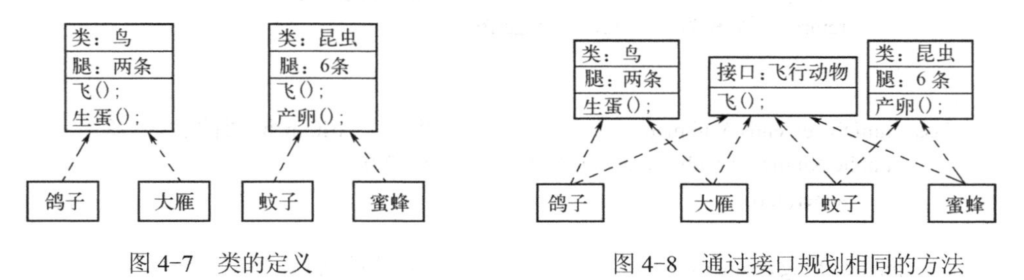

图 4-7　类的定义　　　　图 4-8　通过接口规划相同的方法

2）Java 出于安全的考虑不允许类的多重继承，也就是说任何一个类只能有一个父类。但有时会出现一个对象同时具有多个类的某些行为特征的情况。例如，一辆自行车从不同的角度看，可以认为它是交通工具的子类，应当具有启动、调速、停止等行为；可以认为它是机械装置的子类，应当有性能检测、保养等行为；也可以认为它是健身器材的子类，应当有计算有效运动时间、计算消耗热量等行为。如图 4-9 所示，使用接口可以解决这种多重继承的问题。一个类虽然只能有一个父类，但是可以实现多个接口。

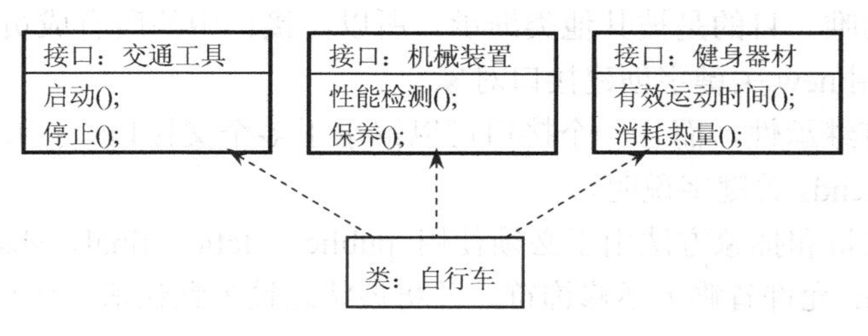

图4-9　通过接口实现多重继承

2．创建接口

定义接口的语法格式如下：

```
[修饰符] interface 接口名 [extends 父接口 1, 父接口 2, ……, 父接口 n] {
    [常量列表;]
    [抽象方法 1();]
    [抽象方法 2();]
    ……
    [抽象方法 n();]
    [default 返回值类型 方法名 1(参数列表){            //默认方法 1
        默认方法体语句;
    }]
    [default 返回值类型 方法名 2(参数列表){            //默认方法 2
        默认方法体语句;
    }]
    ……
    [default 返回值类型 方法名 n(参数列表){            //默认方法 n
        默认方法体语句;
    }]
}
```

例如，下列语句创建了一个名为 Geometric（几何体）的接口，其中包含有一个常量 X 和两个分别用于计算面积和体积的 getArea()和 getVolume()抽象方法。

```
public interface Geometric{
    public static final int X = 6;    //常量的名称要求使用大写，表示底面的宽为固定值
    public abstract double getArea();             //抽象方法
    public abstract double getVolume(); //抽象方法
    public default void method(){        //默认方法
        System.out.println("这是一个默认方法");
    }
}
```

需要说明以下几点：

1）接口中只能有常量、抽象方法和默认方法 3 种成员（最常用的是接口中的抽象方法），不能有普通字段、构造方法和普通方法等成员。

2）从 Java 8 开始允许接口中存在有若干个使用 default 关键字修饰的、带有方法体语句的默认方法（也称为缺省方法），该方法可以通过接口实现类的对象来调用。关于默认方法的用途将在后面详细介绍。

3）接口存在的唯一目的是被其他类继承。所以，接口中的所有成员都不能使用 private 修饰符，也不能使用 new 关键字创建接口对象。

4）接口也具有继承性，而且一个接口可以继承于多个父接口。接口的继承与类的继承相同也需要使用 extends 关键字说明。

5）接口中的常量和抽象方法由于必须使用 public、static、final、abstract 等修饰符，为简化代码书写，Java 允许省略上述修饰符，并将该状态设为默认值。例如，前面的示例代码可以简化为：

```
public interface Geometric{
    int X = 6;
    double getArea();
    double getVolume();
}
```

3．实现接口

接口需要通过使用 implements 说明的类来实现，而实现接口的主要任务就是实现接口中定义的抽象方法，其语法格式如下：

```
[修饰符] class 类名 implements 接口名 1[, 接口名 2, ……, 接口名 n]{
    类成员定义;
    实现接口中的抽象方法;
}
```

需要说明以下几点：

1）使用 implements 说明的类称为接口的实现类，Java 允许在一个实现类中同时实现多个接口，利用这种特性可以实现类的多重继承。

2）接口的实现类必须实现接口中所有的抽象方法，否则该实现类必须使用 abstract 关键字声明为抽象类。

3）实现接口中抽象方法时必须使用 public 修饰符，否则将出现访问范围被缩小的错误。

4）在 UML 图中可以用写在接口名称上方的 <<interface>>标记该名称对应的是一个接口。例如，前面创建的 Cuboid 接口的 UML 表示如图 4-10 所示。

<<interface>> Cuboid
+X : int
+getArea() : double *+getVolume() : double*

图 4-10　接口的 UML 表示方

下列代码通过 Cuboid（长方体）类实现了 Geometric 接口。

```
class Cuboid implements Geometric{      //implements 表示这是一个接口的实现类
    private int y, h;                   //私有字段，表示长方体底面的长和长方体的高
```

```
        Cuboid(int y, int h){               //构造方法
            this.y = y;
            this.h = h;
        }
        //实现接口中抽象方法时必须使用 public 修饰符，否则会出现访问范围被缩小的错误
        public double getArea(){            //实现接口的抽象方法 getArea()
            return X * y;                   //X 为从 Cuboid 接口中继承来的常量（宽）
        }
        public double getVolume(){          //实现接口的抽象方法 getVolume()
            return X * y * h;
        }
    }
```

接口的实现类创建完毕后，可在程序中像使用普通类一样使用实现类。例如，如下所示的测试代码通过 Geometric 接口的实现类 Cuboid，完成了创建长方体对象、计算长方体底面积和体积的任务。

```
    public class Test {         //主类（测试类）
        public static void main(String[] args) {        //主方法
            Cuboid c = new Cuboid(2, 4);                //创建类对象，指定长方体的长为 2，高为 4
            System.out.println(c.getArea());            //调用 getArea()方法，输出 12.0
            System.out.println(c.getVolume());          //调用 getVolume()方法，输出 48.0
        }
    }
```

4．接口中默认方法的用途

默认方法的主要优势是提供一种拓展接口的途径，而不需要修改现有接口实现类的任何代码。在 Java 8 以前的版本中接口只能包含抽象方法，如果要为一个正在使用的接口增加一个新方法，则必须在所有该接口的实现类中添加新方法的实现，否则就会出现编译错误。如果该接口的实现类比较多或者没有实现类源代码的修改权限，就会导致新增方法的编程困难。而默认方法则可以很好地解决这个问题，只需要将新增的方法以默认方法的形式添加到接口定义中，接口的实现类就会自动继承这个新增的方法，而且不需要更改实现类的任何代码。

默认方法的另一个优势是它在接口定义中已经完成了具体实现，在接口的实现类中无须编写任何代码就可以被无条件继承。于是在定义接口时可以将一些通用、普适的功能以默认方法的形式表现，以避免在众多实现类中重复编写用于实现抽象方法的代码。对于那些少量的特殊要求可以在接口的实现类中通过方法重写（Override）对现有默认方法进行修改来实现。例如，定义一个数据集接口，其中有增、删、改、查等操作。如果操作对象绝大多数都是数组，就可以专门针对数组以默认方法的形式在接口定义中编写出增、删、改、查的具体实现。而对于那些少量的、不常用的非数组操作对象，则可以在实现类中通过有选择地重写相应默认方法的方式来满足程序需求。

4.2.3　接口的引用

接口不能使用 new 关键字创建其对象，但可以将其作为一种类型来引用，接口的任何实

现类实例都可以存储在该接口类型的变量中，通过这些变量就可以访问实现类中字段或方法成员。也就是说，在程序中可以声明接口类型的变量，并通过该变量访问接口实现类的对象。例如，下列代码定义了一个名为 Shape 的接口，并创建了其实现类 Circle。在测试类中可以使用 Shape 作为类型声明一个变量 s，并将一个 Circle 类对象存储在其中。这样就可以通过变量 s 调用 Circle 类的方法了。

```
interface Shape{                    //定义接口
    double getArea();               //计算面积的抽象方法
    double getPerimeter();          //计算体积的抽象方法
}
class Circle implements Shape{      //Shape 接口的实现类 Circle
    private double r;               //表示半径的私有字段
    Circle(double r){               //构造方法
        this.r = r;
    }
    public double getArea(){        //实现 getArea()抽象方法（计算面积）
        return Math.PI * r * r;
    }
    public double getPerimeter(){ //实现 getPerimeter()抽象方法（计算周长）
        return 2 * Math.PI * r;
    }
}
public class Test { //测试类
    public static void main(String[] args) {     //主方法
       //将一个半径为 3 的圆对象赋值给 Shape 类型变量 s
       Shape s = new Circle(3);                  //实际上是一个向上转型
       System.out.println(s.getArea());          //通过变量 s 调用 Circle 类的方法
       System.out.println(s.getPerimeter());
    }
}
```

4.2.4 接口与抽象类的比较

接口和抽象类的定义和使用方式十分相似，但它们又有很大的区别。

1．相同点

接口和抽象类有以下 3 个主要的相同点。

1）它们的目的都是定义出最基本的成员，供它们的子类继承。接口成员与抽象类的抽象成员声明过程和使用过程也基本一致，两者都不能被实例化。

2）接口和抽象类中都可以包含抽象方法，并且这些抽象方法必须由接口的实现类或抽象类的子类来实现。

3）接口和抽象类都具有多态性。

2．不同点

接口与抽象类的不同主要体现在二者的设计目的上。接口是对类的局部，也就是行为部分的抽象。而抽象类却是对事物，也就是整个类的抽象，包括类的字段和方法。接口与抽象类的本质区别也导致它们在程序设计中展现出以下一些不同点。

（1）语法层次的不同

1）抽象类可以包含所有类的成员（字段、构造方法、方法、抽象方法等），而且它所定义的成员也可以有多种可访问性。而接口只能定义公有（public）的成员，而且不能定义常量以外的字段和构造方法。

2）一个子类只能继承于一个父类，但任何一个类却都可以是多个接口的实现类。所以说接口是 Java 中实现多重继承的唯一途径。

（2）设计层次的不同

1）跨域不同。抽象类所跨域的是具有相似特点的类，而接口却可以跨域不同的类。抽象类是从子类中发现公共部分，然后泛化成抽象类，由子类继承该父类即可。但是接口不同，实现它的类可以不存在任何关系。例如，猫、狗可以抽象成一个动物类，具备叫的方法。鸟、飞机可以实现飞接口，具备飞的行为。显然，不可能将鸟、飞机共用一个父类。所以说抽象类所体现的是一种继承关系，要想使得继承关系合理，父类和子类之间必须存在“is-a”关系，即父类和子类在概念本质上应该是相同的。对于接口则不然，并不要求接口的实现者和接口定义在概念本质上是一致的，仅仅是实现了接口定义的契约而已，接口体现的是一种“can-do”（可以做）关系。

2）设计方式不同。对于抽象类而言，要先知道子类才能抽象出父类。而接口则不同，它根本就不需要知道子类的存在，只需要定义一个规则即可，至于什么子类，什么时候，怎么实现它一概不知。它只是为今后会出现的各种行为进行了一个整体的规划。所以说抽象类是自底向上抽象而来的，而接口是自上而下设计出来的。

4.3 内部类和匿名内部类

内部类是指在一个类的内部再定义一个类，将其作为所在类的一个成员，该类依附于所在类的存在而存在。

匿名内部类是一种特殊的内部类。顾名思义，匿名内部类没有类名，定义类时会自动生成一个类的实例。与前面介绍过的匿名对象类似，匿名内部类主要适用于仅一次或少数几次使用的情况。

4.3.1 内部类

内部类是包含在某个类中的类，所以也称为嵌套类。从结构上看内部类实际上是外部类的一个成员，所以内部类也称为成员内部类。

1．创建和使用内部类

例如，下列代码中类 A 中包含了类 B，则称 A 为 B 的外部类（也称为宿主类），B 为 A 的内部类。

```
class A {    //外部类
    …;
    class B {    //内部类（嵌套类、成员内部类）
        …;
```

```
        }
        …
    }
```

内部类具有类的一般特征，同样可以拥有自己的字段、构造方法和方法。可以通过 new 关键字建立内部类的对象，并通过该对象访问其字段成员或调用其方法。

需要注意以下几点：

1）内部类不能与其他外部类同名，否则将导致编译错误。

2）内部类还可以包含内部类，也就是说内部类可以实现多重嵌套。

3）Java 将内部类作为类的一个成员，就如同字段成员和方法成员一样。内部类也可以被声明为 private、protected 或缺省的。

4）在外部类以外的地方使用内部类时应当在内部类名称前面加上所属外部类的名称，并且在 new 关键字的前面也要加上一个外部类的匿名对象。

例如，下列代码中定义了一个外部类 OutClass，在其中定义了一个内部类 InClass。OutClass 和 InClass 中均带有一个私有字段和一个公有方法。在外部类之外的 Test 类（主类）的主方法中通过内部类对象实现类对内部类中方法的调用。

```
class OutClass{                    //外部类
    private String strOut = "外部类的字段";            //外部类的字段
    class InClass{                 //成员内部类
        private String strIn = "内部类的字段";          //内部类的字段
        public void output(){              //内部类的方法
            System.out.println("内部类变量：" + strIn);
            //尽管外部类字段 strOut 是私有的，但在本类所有地方都是可以被直接访问的
            System.out.println("外部类变量：" + strOut);
        }
    }
    public void callInMethod(){            //声明一个外部类的方法
        InClass in = new InClass();        //在外部类的方法中声明一个内部类对象 in
        in.output();             //调用内部类中的方法
    }
}
public class Test {                 //外部类以外的主类
    public static void main(String[] args) {        //主方法
        //在外部类以外的地方声明一个内部类对象 inClass
        //外部类名.内部类名  内部类对象名 = 外部类匿名对象.new  内部类名();
       OutClass.InClass in = new OutClass().new InClass();
       in.output();              //通过内部类对象调用内部类的方法
       OutClass out = new OutClass();        //声明一个外部类对象
       out.callInMethod();           //通过外部类对象间接调用内部类的方法
    }
}
```

运行主类中的主方法时，系统会首先对当前项目中所有类进行编译，并生成相应的.class 文件。Java 规定所有内部类生成的.class 文件均以“外部类名$内部类名.class”的规则命名。

2．内部类的主要特征

（1）使用内部类的原因

在 Java 应用程序中使用内部类的原因主要有以下两个方面。

1）每个内部类都可以独立地继承于某个类或实现某个接口，而无论它所在的外部类是否已经继承了该类或接口。因此，内部类使多重继承的解决方案变得更加完善。

2）使用内部类可以方便地将一些相互关联的类组织到一起，并且可以在内部类中隐藏一些具体的实现细节，内部类体现了面向对象程序设计中的重要特性——封装。

（2）内部类的特征

内部类具有如下一些特征。

1）内部类可以使用 abstract、final 修饰符将自己设置为抽象类或不可继承的类，也可以使用 extends 关键字将自己设置为某个类的子类。

2）内部类可以是一个仅包含常量或抽象方法的接口，该接口必须有另一个内部类来实现。

3）内部类不但可以在某个类中定义，也可以在某个程序块中定义。例如，可以将内部类定义在某个方法中或将其定义在某个选择结构或循环结构语句块中，这样的内部类称为局部内部类。但定义在方法中的内部类只能访问方法中使用 final 修饰符的局部变量。

4）使用 static 修饰符的内部类将自动转化为一个顶层类，即它没有父类，也不能引用外部类或其他内部类的成员，这样的内部类称为静态内部类。

4.3.2 匿名内部类

匿名内部类是一个没有类名的内部类，它的主要作用是进行代码简化。使用匿名内部类的一个重要前提是，它必须继承于某个父类或实现某个接口，其语法格式如下：

```
new 父类或接口名(){          //匿名内部类
    方法名(){               //匿名内部类的方法
        方法体语句;
    }
};    //这个分号不能少
```

例如，下列代码定义了一个抽象的父类 Father 和一个继承于 Father 的 Child 子类，并在 Child 中实现类 Father 类的抽象方法 m()。

```
abstract class Father {          //抽象类（父类）
    public abstract void m(); //抽象方法
}
class Child extends Father {  //继承于父类的子类
    public void m() {          //实现父类的抽象方法
        System.out.println("内部类中实现抽象方法");
    }
}
```

下列代码在测试类 Test 的主方法中通过向上转型定义了一个父类对象 f，而后通过 f 调用了 m()方法。

```
public class Test {        //测试类（主类）
    public static void main(String[] args) {     //主方法
```

```
            Father f = new Child();                    //向上转型，定义一个父类的对象 f
            f.m();          //调用 m()方法
        }
    }
```

如下所示的是使用内部匿名类重新编写上述代码，首先仍然需要定义父类。

```
    abstract class Father {                    //抽象类（父类）
        public abstract void eat();            //抽象方法
    }
```

由于子类仅在程序中使用一次，故可以使用内部匿名类代替。

```
    public class Test {
        public static void main(String[] args) {
            Father f = new Father() {
                public void m() {
                    System.out.println("内部类中实现抽象方法");
                }
            };//这个分号不能少
            f.m();
        }
    }
```

上述代码的斜体字部分表示的就是一个匿名内部类，它被存储在父类对象 f 中，最后通过 f 调用 m()方法。上述代码还可以进一步按如下所示来简化。

```
    class Test {
        public static void main(String[] args) {
            (new Father(){
                public void m(){
                    System.out.println("内部类中实现抽象方法");
                }
            }).m();          //斜体字部分等效于上述代码中的 f 对象
        }
    }
```

需要注意以下几点：

1）由于匿名内部类没有名称，所以定义时不能使用 public、private、protected 和 static 修饰符，不能在其中定义构造方法，也不能在其中定义任何静态字段、方法或类。

2）匿名内部类的定义一定是以 new 开始的，它隐含继承于某个类或实现了某个接口。

3）匿名内部类被编译后所产生的文件名以“外部类名$编号.class”的规则命名。例如，设外部类为 OutClass，则 OutClass$1.class 表示 OutClass 中的第一个匿名内部类；依此类推，OutClass$n.class 表示 OutClass 中的第 n 个匿名内部类。

4.4 多态

多态是指定义的引用变量所指向的具体类型和通过该引用变量发出的方法调用，在编程时不能确定，而是在程序运行期间才被确定的情况。即一个引用变量究竟会指向哪个类的实例对象，该引用变量发出的方法调用究竟是针对哪个类中实现的方法，只能在程序运行期间才能决定。实现不修改程序代码就可以改变程序运行时所绑定的具体代码，让程序可以选择多个运行状态，这就是多态性。

4.4.1 通过重载和重写实现多态

方法的重载是在同一个类中的若干个同名方法拥有不同的参数类型、顺序、数量和不同的返回值类型。程序运行时系统会根据调用语句指定的参数情况自动匹配，运行适合的方法。方法的重写发生在继承中，指在子类中重新改写从父类中继承来的某些方法，使之具有的功能更加符合实际需要。这就导致同一个方法在不同的子类中可能会有不同的表现。

无论是重载还是重写都体现了多态的特征，它们都可以使同一个方法在不同的条件下表现出不同的功能。

需要说明的是，方法的重载在行为上非常符合多态的定义，即同一消息可以根据发送对象的不同而采用多种不同的行为方式。但重载实际上仍然属于一种静态的绑定，程序在编译时就会将类对象和这些方法的对应关系确定下来，形成了一种一对一的关系。也就是说，这些修改了参数列表、返回值类型的方法在本质上已经不再是同一个方法了，只是仍具有相同的名称而已。因此，许多教材或资料中认为真正的多态应该是动态绑定的，重载不属于多态的范畴也是有其道理的。

4.4.2 通过动态绑定实现多态

首先通过下面的一个举例回顾一下动态绑定的概念。

笔记本电脑可以通过交流电+适配器供电，也可以通过电池供电。所以可以定义一个Power（电源）类作为父类，ACPower（交流电+适配器）类和Battery（电池）类作为Power的子类。在实际使用时，如果接交流电就传入ACPower类的对象，否则就传入Battery类的对象。而笔记本电脑可以根据传入对象的不同，动态地决定使用哪一种供电方式，这就是动态绑定的含义。

Java中的动态绑定通常与父类和子类的向上或向下转型关联在一起，例如：

```
Power p = new ACPower();          //向上转型
```

可以将代码中 new ACPower()理解成子类的一个匿名对象，将 p 理解成父类的一个变量，这种转型称为向上转型。

对于变量 p，编译时 Java 会按照其声明的类型来处理。也就是说，p 虽然是子类的对象，但它只能调用从父类继承来的方法，无法调用子类中新增的方法。运行时 Java 又将 p 按照其实际引用的对象来处理，也就意味着调用的方法的具体实现是从子类中获取的，如果子类重写了父类的方法，则此时表现出来的就是子类的行为。如果存在有多级继承，并且各级子类都重写了从父类继承来的方法，则运行时系统将从下至上逐一匹配，并执行第一个符合条件的子类中定义的方法。

显然，动态绑定本身就直接体现出了多态性，并且只有在运行时才能确定具体要执行哪个方法，表现出怎样的功能。这样的特征在抽象类和接口中同样可以实现，由于篇幅所限这里不再展开介绍，读者可自行参阅相关资料。综上所述，可以看出多态具有继承、重写和向上转型 3 个必要条件。

4.5 实训 创建和使用抽象类

4.5.1 实训目的

通过本实训进一步理解抽象类的创建及使用方法，熟练掌握定义和使用抽象类的基本编程步骤，理解抽象类在面向对象程序设计中的作用。

4.5.2 实训要求

设学校员工分为教师和职工两大类，使用抽象类和抽象方法实现如下所示的要求。

1）声明一个名为 Employee 的抽象类，其中包含有 name（姓名）和 sex（性别）两个 String 类型的私有属性；包含一个能为 name 和 sex 字段赋值的构造方法；重写从 Object 类继承来的 toString()方法，使之能返回姓名和性别组成的字符串；包含一个名为 subSidy()用于计算员工津贴值的抽象方法（返回值为 double）和一个用于判断是否为骨干员工的 important()抽象方法（返回值为 boolean）。

2）声明两个继承于 Employee 抽象类的子类 Teacher 和 Worker。在 Teacher 类中新增一个用于表示教师职称的 title 私有字段（String 类型），在 Worker 类中新增一个用于表示工龄的 workingAge 私有字段（int 类型）。在这两个子类中分别重写继承于 Employee 抽象类的 subSidy()和 important()方法。Employee、Teacher 和 Worker 的类关系如图 4-11 所示。在 UML 类图中抽象类和抽象方法使用斜体字表示。

教师津贴按职称计算：教授 1200，副教授 800，讲师 500，其他 300。

职工津贴按工龄计算：津贴 = 工龄 * 50。

骨干员工指职称为教授或副教授的教师，或者工龄为 10 年及以上的职工。

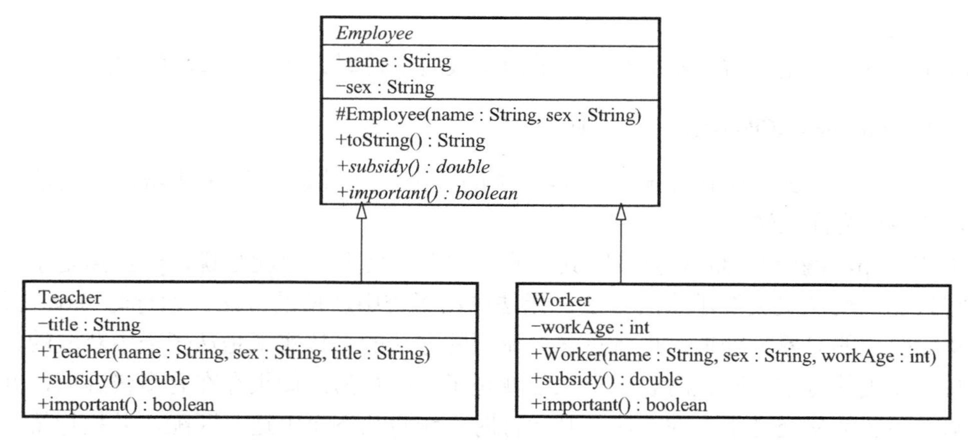

图 4-11 类关系 UML 图

3）在主方法中编写测试程序，当程序运行时显示“输入姓名、性别、职称/工龄（用空格分隔）：”，用户输入数据后能根据第 3 段数据是否为数字分别使用 Teacher 或 Worker 类中的构造方法创建对象，并调用 subSidy()和 important()方法显示姓名、性别、津贴值和是否为骨干员工。程序运行结果如图 4-12 所示。

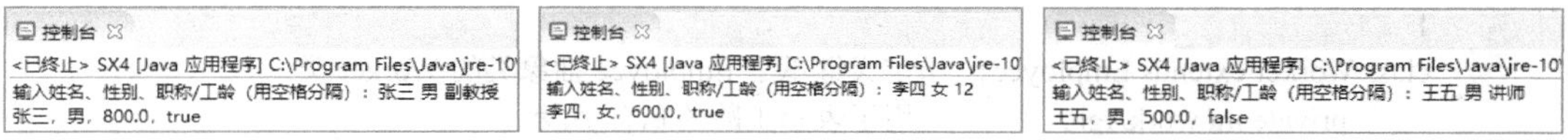

```
控制台
<已终止> SX4 [Java 应用程序] C:\Program Files\Java\jre-10
输入姓名、性别、职称/工龄（用空格分隔）：张三 男 副教授
张三，男，800.0，true
```

```
控制台
<已终止> SX4 [Java 应用程序] C:\Program Files\Java\jre-10
输入姓名、性别、职称/工龄（用空格分隔）：李四 女 12
李四，女，600.0，true
```

```
控制台
<已终止> SX4 [Java 应用程序] C:\Program Files\Java\jre-10
输入姓名、性别、职称/工龄（用空格分隔）：王五 男 讲师
王五，男，500.0，false
```

图 4-12　程序运行结果

4.5.3　实训步骤

程序设计步骤如下。

1）在 Eclipse 环境中新建一个 Java 应用程序项目 SX4，并创建主类和主方法。

2）在 SX4.java 文件中创建使用缺省修饰符的 Employee 抽象类和继承于 Employee 类的 Teacher 类和 Worker 类，并按如下所示编写类代码。

```
abstract class Employee{                          //定义 Employee 抽象类
    private String name, sex;                     //声明私有字段
    protected Employee(String name, String sex){          //受保护的构造方法
        this.name = name;
        this.sex = sex;
    }
    public String toString() {                    //重写从 Object 类继承来的 toString()方法
        return name + "，" + sex;
    }
    abstract public double subsidy();             //声明用于计算津贴的抽象方法
    abstract public boolean important();          //声明用于判断是否是骨干员工的抽象方法
}
class Teacher extends Employee{                   //定义继承于 Employee 抽象类的 Teacher 类
    private String title;                         //表示职称的私有字段
    public Teacher(String name, String sex, String title) {       //构造方法
        super(name, sex);
        this.title = title;
    }
    public double subsidy() {                     //实现 subsidy()抽象方法
        switch(title) {
            case "教授":
                return 1000;
            case "副教授":
                return 800;
            case "讲师":
                return 500;
            default:
                return 300;
        }
```

```
		}
		public boolean important() {  //实现 important()抽象方法
			return title.equals("教授") || title.equals("副教授");
		}
	}
	class Worker extends Employee{	//定义继承于 Employee 抽象类的 Worker 类
		private int workAge;		//用于表示工龄的私有字段
		protected Worker(String name, String sex, int workAge) {		//构造方法
			super(name, sex);
			this.workAge = workAge;
		}
		public double subsidy() {	//实现 subsidy()抽象方法
			return workAge * 50;
		}
		public boolean important() {  //实现 important()抽象方法
			return workAge >= 10;
		}
	}
```

3）在主类中编写如下所示的测试代码。

```
	import java.util.Scanner;
	public class YL4_3 {	//主类
		public static void main(String[] args) {	//主方法
			Scanner val = new Scanner(System.in);
			System.out.print("输入姓名、性别、职称/工龄（用空格分隔）：");
			String n = val.next();	//读取用户的键盘输入（姓名）
			String s = val.next();	//读取用户的键盘输入（性别）
			Teacher t;			//声明一个 Teacher 类变量
			Worker w;			//声明一个 Worker 类变量
			if(val.hasNextInt()) {	//如果第 3 部分数据是整型
				w = new Worker(n, s, val.nextInt());//创建 Worker 类对象
				//调用从父类继承的 toString()方法和自己实现的 subsidy()、important()方法
				System.out.println(w.toString() + "，" + w.subsidy() + "，" + w.important());
			}
			else {	//如果第 3 部分不是整型
				t = new Teacher(n, s, val.next());	//创建 Teacher 类对象
				System.out.println(t.toString() + "，" + t.subsidy() + "，" + t.important());
			}
			val.close();
		}
	}
```

第 5 章　数组与集合

在前面章节中使用的数据类型都属于基本数据类型（数值类型、字符型、布尔型等），主要用来处理简单且相对独立的数据。实际应用中常会遇到一些存在一定的联系、相互关联的一系列数据。对于这些数据当然也可以用基本数据类型进行处理，但在变量较多的时候会增加编程的工作量，降低程序运行效率。因此，除基本数据类型外，Java 还提供了数组、集合等引用数据类型，利用这些类型可以更有效地组织和使用存在一定关系的系列数据。

5.1　数组的概念

数组是一些具有相同类型的、按一定顺序组成的数据序列。组成数组的每一个数据都被称为数组元素，数组元素可以通过数组名及从零开始的索引号（下标）来存取。可以把一个数组对象理解成若干相同类型，按一定顺序排列的变量集合。

数组与基本类型变量相同，需要“先声明后使用”。因为数组是引用类型的变量，所以声明数组的语句与声明类对象相似需要使用 new 关键字。声明语句包括使用 new 关键字声明数组和实例化数组两个部分。

5.1.1　一维数组

如果只用一个下标就能确定一个数组元素在数组中的位置，则称该数组为一维数组。也可以说，由具有一个下标的下标变量所组成的数组称为一维数组，它是一个线性数据序列集合。

1．声明一维数组

声明一维数组包含声明和实例化两个部分，其语法格式如下：

```
类型名称[ ] 数组名;  //声明一维数组
数组名 = new 类型名称[整型数值];   //数组的实例化
```

上述两个语句也可以合并成如下所示的一个语句。

```
类型名称[] 数组名 = new 类型名称[整型数值];
```

说明：

1）“类型名称”用于指定数组元素的数据类型，如 String、int、double 等。

2）“数组名”应遵循 Java 对对象的变量命名规则（使用全部小写字母命名，若名称存在有多个单词则第一个单词首字母小写，后续单词首字母大写）。

例如，下列语句声明并实例化了一个名为 myArray 的 int 类型一维数组：

```
int [] myArray;                  //声明了一个名称为 myArray 的整型数组
myArray = new int[5];            //实例化数组，指明该数组包含有 5 个元素
```

上述语句也可合并成如下所示的一条语句。

```
int[] myArray = new int[5];  //数组元素最大下标为 4
```

需要说明以下两点：

1）数组的下标是从零开始的，所以最大下标值为元素个数减一。例如，5 个元素的一维数组的最大下标是 4。

2）数组一旦实例化，其元素即被初始化为相应的默认值。常用基本数据类型的默认值见表 5-1。

表 5-1　常用数据类型初始化后的默认值

类型	默认值	类型	默认值
数值类型（int、float、double 等）	0	字符串类型（String）	null（空值）
字符类型（char）	空格	布尔类型（boolean）	false

数组实例化后需要为各个元素赋值，也就是将数据存储到指定的数组元素中。例如：

```
int [] myArray = new int[5];        //声明并实例化数组
myArray[0] = 1;                     //为各元素赋值
myArray[1] = 2;
myArray[2] = 3;
myArray[3] = 4;
myArray[4] = 5;
```

Java 允许将上述语句简化为如下所示的一条语句：

```
int[] myArray = new int[5]{1, 2, 3, 4, 5};
```

或者：

```
int[] myArray = {1, 2, 3, 4, 5};        //数组元素的个数由值的个数决定
```

2．访问一维数组

访问一维数组指的是对数组元素的读写操作。写操作是指通过赋值表达式为数组元素赋值，这与普通变量的赋值方法完全相同。读取数组元素值的方法与读取普通变量值的方法也是完全一致的。例如：

```
int a = myArray[3];                      //读取 myArray 数组第 4 个元素的值赋给 int 变量 a
System.out.println(myArray[4] + 7)//读取 myArray 数组第 5 个元素的值加 7 后输出到控制台
```

如果希望遍历数组中的所有元素，可通过 for 循环来实现。例如，下列语句通过循环为 int 类型一维数组的每个元素赋予了一个 20 以内的随机正整数（包括 20），再通过循环将各元素的值显示到控制台窗格。

```
int[] a = new int[8];
```

```
for(int i = 0; i <= 7; i++){                //填充数组
    a[i] = (int)(Math.random() * 21);       //通过循环为一维数组各元素赋值为 0～20 的随机正整数
}
for(int i = 0; i <= 7; i++){                //输出数组元素值
    System.out.print(a[i] + "\t");          //通过循环输出各元素的值到控制台窗格
}
```

【演练 5-1】 在 Java 应用程序的主类中创建 getArray()和 getMax()方法。其中：

1）getArray()方法可根据调用语句传递过来的数组元素个数，返回一个 int 类型的、各元素为一个随机正整数（1～100）的一维数组。

2）getMax()方法可根据调用语句传递过来的一维 int 类型的数组，返回其最大值。

3）主方法负责接收用户输入的一维数组元素个数，并将 getArray()方法返回的数组和 getMax()方法返回的最大值显示到控制台窗格。程序运行结果如图 5-1 所示。

程序设计步骤如下。

1）首先在 Eclipse 中新建一个 Java 应用程序项目 YL5_1，并创建主类和主方法。

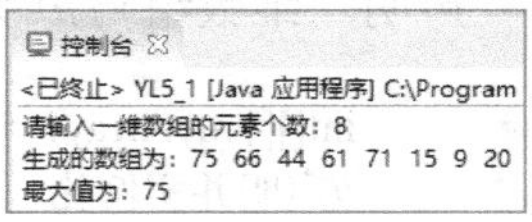

控制台 ☒
<已终止> YL5_1 [Java 应用程序] C:\Program
请输入一维数组的元素个数：8
生成的数组为：75 66 44 61 71 15 9 20
最大值为：75

图5-1 程序运行结果

2）编写如下所示的程序代码。

```
import java.util.Scanner;      //导入 Scanner 类
public class YL5_1 {           //主类
    public static void main(String[] args) {    //主方法
        Scanner val = new Scanner(System.in);
        System.out.print("请输入一维数组的元素个数：");
        int num = val.nextInt();                //读取用户输入的数组元素个数值
        val.close();                            //关闭 Scanner 对象
        int[] myArray = new int[num];           //声明并实例化 int 类型的一维数组 myArray
        myArray = getArray(num);                //调用 getArray()方法为数组赋值
        System.out.print("生成的数组为：");
        for(int i = 0; i < num; i++ ) {
            System.out.print(myArray[i] + "   ");     //通过循环输出 myArray 的各元素值
        }
        System.out.println();                   //产生一个换行
        System.out.println("最大值为：" + getMax(myArray)); //调用 getMax()方法获取最大值
    }
    //用于为数组各元素赋值的 getArray()方法，返回值为一个 int 类型的数组
    public static int[] getArray(int n) {
        int[] a = new int[n];
        for(int i = 0; i < n; i++) {
            a[i] = 1 + (int)(Math.random() * 100);     //各元素值为 1～100 的随机整数
        }
        return a;    //将赋值完成的数组返回给调用语句
    }
    //用于返回 int 一维数组中最大值的 getMax()方法
    public static int getMax(int[] array) {     //接收调用语句传递过来的、已赋值的数组
        int max = 0;        //max 用于存储最大值
```

```
        //数组的 length 属性表示数组的长度，也就是数组元素的个数
        for(int i = 0; i < array.length; i++ ) {
            if(array[i] > max)
                max = array[i];
        }
        return max;        //返回元素最大值给调用语句
    }
}
```

5.1.2 二维数组

下标数量大于等于 2 的数组称为多维数组。多维数组中比较常用的是二维数组，其数据组织形式与常见的二维表格十分相似。

1．声明和使用二维数组

声明二维数组与声明一维数组的语法格式类似，例如：

```
int[][] myArray1 = new int[4][2];   //声明一个 5 行 3 列的二维数组
//声明并实例化、初始化一个 2 行 2 列的二维数组
int [][] myArray2 = new int[2][2]{{1, 2},{3, 4}};
```

声明多维数组时用类型名后面成对的方括号表示其维数。两对方括号表示二维数组，如 a[][]。3 对方括号表示三维数组，如 b[][][]。以此类推。

访问二维数组时需要使用两个下标才能唯一地确定数组中的某个元素，例如：

```
int [][] myArray = new int[7][3];         //声明一个 7 行 3 列的二维数组
myArray[1][2] = 15;                       //为第 2 行第 3 列的数组元素赋值 15
int a = myArray[1][2];                    //用第 2 行第 3 列的数组元素为其他变量赋值
```

要访问二维数组中的所有元素可以通过双重循环来实现，通常外循环控制行，内循环控制列。例如，下列代码可以将二维数组中所有元素按照二维表格的排列形式显示到标签控件中。

```
public static void main(String[] args) {    //主方法
    int[][] a = new int[7][5];              //声明一个 7 行 5 列的二维数组
    for (int i = 0; i < 7; i++) {           //通过双循环为二维数组赋值，外循环控制行
        for (int j = 0; j < 5; j++) {       //内循环控制列
            a[i][j] = 1 + (int)(Math.random() * 100);   //为每个元素赋一个 100 以内的随机整数值
        }
    }
    for (int i = 0; i < 7; i++) {           //输出二维数组各元素的值，外循环控制行
        for (int j = 0; j < 5; j++) {       //内循环控制列
            System.out.print(a[i][j]) + "\t";
        }
        System.out.println();               //每行结束时输出一个换行符
    }
}
```

2．二维数组的数据组织形式

二维数组实际上是一个每个元素都是一维数组的一维数组。如图 5-2 所示，二维数组 x 可以看成一个包含有 3 个元素 x[0]、x[1]和 x[2]的一维数组。其中，x[0]由一个包含 4 个元素的一维维数组 a 组成，x[1]由包含 4 个元素的一维数组 b 组成，x[2]由包含 4 个元素的一维数组 c 组成。实际上 x[0]、x[1]和 x[2]中存储的分别是一维数组 a、b、c 的首地址。

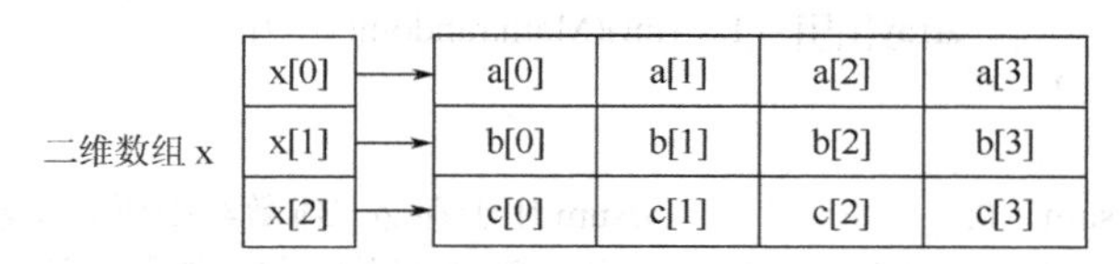

图 5-2　二维数组的数据组织形式

需要说明的是，Java 允许组成二维数组的各一维数组具有不同的长度，这一点与其他一些计算机编程语言中的规定是不同的。例如，图 5-3 所示的组成二维数组 x 的一维数组 a、b、c 就具有不同的长度，通常将这样的二维数组称为“锯齿数组”。

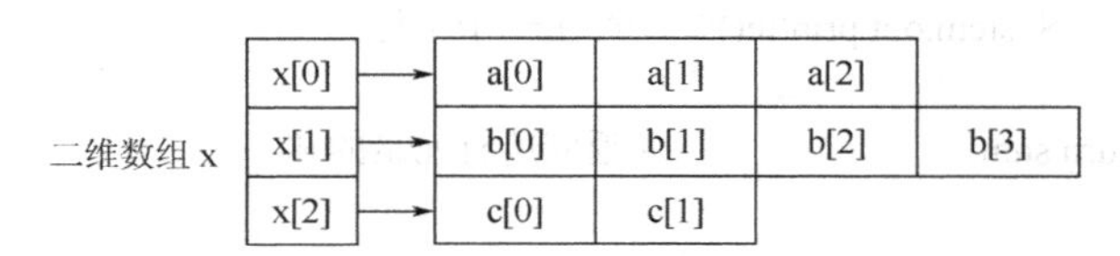

图 5-3　锯齿数组

锯齿数组的声明和实例化代码如下所示。

```
int[] a = new int[3];        //声明 3 个长度不同的一维数组
int[] b = new int[4];
int[] c = new int[2];
int[][] x = new int[3][];    //声明二维数组 x 由 3 个一维数组组成（仅指定了行数，未指定列数）
x[0] = a;
x[1] = b;
x[2] = c;
```

【演练 5-2】 设计一个能生成 4×4 矩阵，并计算所有元素和的应用程序。矩阵中每个元素均为 1～9 的随机正整数。要求生成和显示矩阵并计算元素和的功能由 dispose()方法完成，并将计算结果返回给主方法中的调用语句，由主方法将其显示到控制台窗格中。程序运行结果如图 5-4 所示。

程序设计步骤如下。

1）首先在 Eclipse 中新建一个 Java 应用程序项目 YL5_2，并创建主类和主方法。

2）编写如下所示的程序代码。

```
public class YL5_2 {    //主类
    public static void main(String[] args) {    //主方法
        //调用 dispose()方法生成和显示矩阵并返回所有元素的
        //和，然后输出到控制台窗格
        System.out.println("矩阵所有元素的和为：" + dispose());
```

```
控制台
<已终止> YL5_2 [Java 应用程序]
7 2 9 7

2 6 2 4

3 7 6 5

1 4 8 1

矩阵所有元素的和为：74
```

图 5-4　程序运行结果

```
        }
        //用于生成和显示矩阵并返回所有元素和的 dispose()方法
        public static int dispose() {
            int[][] array = new int[4][4];  //声明并实例化一个 4 行 4 列的二维数组
            for(int i = 0; i < 4; i++) {    //通过 for 循环嵌套为二维数组赋值
                for(int j = 0; j < 4; j++) {
                    array[i][j] = 1 + (int)(Math.random() * 9);
                }
            }
            int sum = 0;                    //sum 用于存储二维数组中所有元素的和
            for(int i = 0; i < 4; i++) {    //通过 for 循环嵌套显示矩阵并计算所有元素的和
                for(int j = 0; j < 4; j++) {
                    sum = sum + array[i][j];
                    System.out.print(array[i][j] + "\t");
                }
                System.out.println();       //换行
                System.out.println();       //产生一个空行
            }
            return sum;                     //返回所有元素的和
        }
    }
```

【演练 5-3】 设计一个能根据学号查询学生成绩的应用程序，具体要求如下。

1）要求将学生成绩数据保存到一个二维数组中。

2）主方法负责从键盘接收用户输入的学号值，并将其作为参数传递给 query()方法。若用户输入的数据不是一个整数则提示出错。

3）query()方法能根据学号值查询对应的各科成绩值，计算总分，并以字符串形式返回给调用语句，若未找到匹配的数据则返回“查无此人!”。

4）主方法负责将查询结果（query()方法的返回值）显示到控制台窗格。

程序运行结果如图 5-5 和图 5-6 所示，学生成绩数据见表 5-2。

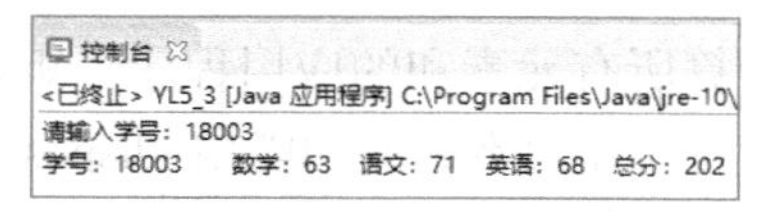

图 5-5 显示查询结果

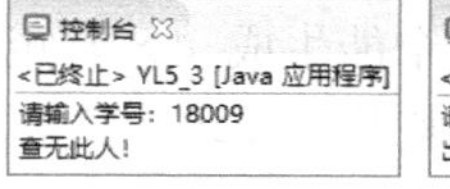

图 5-6 未找到匹配的数据或数据格式错误

表 5-2 学生成绩表数据

学号	数学	语文	英语
17001	89	76	92
17002	77	82	65
17003	63	71	68
17004	79	66	90
17005	82	93	96
17006	71	87	68

程序设计步骤如下。

1）首先在 Eclipse 中新建一个 Java 应用程序项目 YL5_3，并创建主类和主方法。

2）编写如下所示的程序代码。

```
import java.util.Scanner;              //导入 Scanner 类
public class YL5_3 {                   //主类
    public static void main(String[] args) {    //主方法
        Scanner val = new Scanner(System.in);
        System.out.print("请输入学号：");
        if(!val.hasNextInt()) {  //如果用户输入的不是一个整数
            System.out.println("出错，学号输入不正确");//显示出错提示
            val.close();          //关闭 Scanner 对象
            return;               //退出主方法，程序运行结束
        }
        String info = query(val.nextInt());  //调用 query()方法，并将用户输入的学号传递给方法
        val.close();
        System.out.println(info);            //将 query()方法的返回结果显示到控制台窗格
    }
    //query()方法负责查询相关数据，计算总分，并将结果以字符串的形式返回给调用语句
    public static String query(int num) {
        //将学生成绩数据存入二维数组 grade，可以看出二维数组非常适合处理二维关系表
        int[][] grade = {
            {17001, 89, 76, 92}, {17002, 77, 82, 65},
            {17003, 63, 71, 68}, {17004, 79, 66, 90},
            {17005, 82, 93, 96}, {17006, 71, 87, 68}
        };
        String result = "";                  //用于存储返回结果
        for(int i = 0; i < 6; i++) {          //通过循环查找匹配的学号值
            if(grade[i][0] == num) {          //找到了匹配的学号，提取查询的数据，计算总分
                // "\t" 表示一个 Tab 制表符，为的是使各数据分开显示
                result = "学号：" + num + "\t 数学：" + grade[i][1] + "\t 语文：" +
                         grade[i][2] + "\t 英语：" + grade[i][3] + "\t 总分：" +
                         (grade[i][1] + grade[i][2] + grade[i][3]);
                break;                        //退出循环
            }
        }
        //循环结束后 result 中存储的仍是初始值，表示未找到匹配的学号
        if(result.length()== 0)              //字符串长度等于 0，表示是一个空字符串
            return "查无此人！";
        else
            return result;
    }
}
```

5.2 数组的操作

数组的操作是指数组的复制、比较、排序、查找等。Java 提供了许多关于数组操作的方法，使用这些方法可以高效地完成常用的数组操作任务。

5.2.1 数组的复制

数组的复制是指将数组 a 的每个元素的值逐一复制到数组 b 的对应位置。由于数组是一种引用类型数据，所以语句“b = a”的执行结果是将数组 a 的引用值（内存地址）复制给了数组 b，导致数组 a 和数组 b 都指向同一个数组。例如：

```
int[] a = {1, 2, 3, 4, 5};          //创建一个 int 数组 a 并赋予初始值
int[] b = new int[5];               //创建一个 int 数组 b 并实例化
b = a;                              //将数组 a 的引用值（地址）赋给数组 b，导致二者指向同一数组
b[2] = 10;                          //改变数组 b 的第 3 个元素值为 10
System.out.println(a[2]);           //输出结果为 10，表示数组 a 的第 3 个元素值也被上面的语句修改了
```

要实现真正意义上的数组复制最基本的方法是，使用常规的循环逐一复制法。首先创建类型和长度相同的目标数组，而后通过循环逐一复制源数组中各个元素到目标数组。此外，还可以使用 Java 提供的 arraycopy()方法和 clone()方法更高效地实现数组的复制。

1．使用 arraycopy()方法复制数组

使用 System 类中的 arraycopy()静态方法复制数组的语法格式如下：

```
System.arraycopy(源数组, 源数组的起始位置, 目标数组, 目标数组的起始位置, 长度);
```

例如：

```
int[] list1 = {1, 2, 3, 4, 5};
int[] list2 = {10, 20, 30, 40, 50, 60, 70, 80, 90};
//将 list1 从索引 0（第 1 位）开始的 4 个元素，复制到 list2 从索引 3（第 4 位）开始的位置
System.arraycopy(list1, 0, list2, 3, 4);
for(int i = 0; i < 9; i++) {
    System.out.print(list2[i] + "\t");       //输出结果为“10   20   30   1   2   3   4   80   90”
}
```

2．使用 clone()方法复制数组

clone()方法的语法格式如下：

```
目标数组 = 源数组.clone();
```

例如：

```
int[] list1 = {1, 2, 3, 4, 5};
int[] list2 = list1.clone();
for(inti = 0; i < 5; i++) {
    System.out.print(list2[i] + "\t");       //输出结果为“1   2   3   4   5”，表示复制成功
}
```

5.2.2 使用 foreach 循环

foreach 循环是专门针对数组、集合等数据序列对象的一种特殊格式的 for 循环结构。foreach 循环特别适合在数据序列长度不能确定的情况下，进行遍历所有元素的操作需求，其语法格式如下：

```
for(循环变量 : 数组){
    //循环体语句
}
```

其中，循环变量的类型必须与数组的类型相同。foreach 循环在执行时会依次取出数组元素赋给循环变量，循环体语句负责通过循环变量处理数组中的数据（如求和、查询、求最大最小值、排序等）。例如，下列 getMax()方法通过 foreach 循环实现了返回正整数一维数组最大值的功能。

```
int getMax(int[] array){          //getMax()方法从调用语句接收一个 int 类型的数组参数
    int max = 0;                  //用于存储最大值
    for(int temp : array){        //通过 foreach 循环遍历数组 array
        if(max < temp)
            max = temp;
    }
    return max;
}
```

上述 getMax()方法若不使用 foreach 循环，而使用普通 for 实现返回最大值功能，就需要使用数组对象的 length 属性获取数组的长度，从而确定循环的次数。实现代码如下所示：

```
int getMax(int[] array){
    int max = 0;
    for(int i = 0; i < array.lenght; i++){  //使用普通 for 循环，需要通过 array.length 获取数组的长度
        if(max < temp)
            max = temp;
    }
    return max;
}
```

如果使用 foreach 循环处理二维数组时，需要注意理解二维数组实际上是一个每个元素都是一个一维数组的一维数组，所以处理二维数组也需要使用 foreach 循环的嵌套。下列所示的 forMax()方法表示了使用 foreach 循环返回正整数二维数组中最大值的编程方法。

```
int forMax(int[][] array){        //从调用语句接收一个二维数组参数
    int max = 0;
    for(int[] a : array){         //依次取出二维数组的各元素（一维数组）
        for(int temp : a) {       //依次从二维数组的元素（一维数组）中取出某一个整型值
            if(max < temp)
                max = temp;
        }
```

```
        }
        return max;
    }
```

5.2.3 数组的排序、查找和比较

数组的排序、查找和比较是较为常用的数组操作。

1．数组的排序

排序是程序设计中使用非常普遍的一种编程技术，经典的排序算法也有许多，如冒泡法排序、选择法排序等。由于篇幅所限本节仅介绍使用选择法对数组进行排序的算法，其他排序算法请读者自行查阅相关资料。

选择法排序是依次将数组中最小（升序）或最大（降序）的数交换到未被交换过的首位，直到序列中只剩下一个数据。例如，一维数组中有 7、9、5、3 四个数据，执行升序排序的交换过程如下：

第 1 次交换：7 9 5 3 最小值 3 与 7 交换得到 3 9 5 7。

第 2 次交换：3 9 5 7 最小值 5 与 9 交换得到 3 5 9 7（首位的 3 不参与此次比较交换）。

第 3 次交换：3 5 9 7 最小值 7 与 9 交换，得到 3 5 7 9，（3 和 5 不参与比较交换）此时剩下一个数字，排序结束。

下列代码是选择排序法在 Java 中具体实现的一个示例。

```java
    public static void main(String[] args) {
        int[] a = {7, 9, 5, 3};     //创建一个 int 类型的数组
        for(int i = 0; i < a.length - 1; i++) {
            int min = a[i];      //设当前元素的值为最小值
            int indexMin = i; //保存当前元素（假设的最小值）的索引值
            //通过循环逐个比较，找出当前序列中真正的最小值及最小值所在的索引值
            for(int j = i + 1; j < a.length; j++) {
                if(min > a[j]) {   //如果希望实现降序排序，只需将语句中大于改成小于即可
                    min = a[j];
                    indexMin = j;
                }
            }
            if(indexMin != i) {              //如果当前最小值索引不在当前的首位
                a[indexMin] = a[i];        //交换
                a[i] = min;
            }
        }
        for(int val : a) {  //使用 foreach 循环输出升序排序后的数组 a 的所有元素，检验排序结果
            System.out.print(val + "\t");
        }
    }
```

2．查找数组元素

查找数组元素是指在数组中搜索特定元素的过程。例如，查找某个学号值是否存在于当前学生成绩表中。常用的查找算法有线性查找法和二分查找法。

（1）线性查找法

线性查找法是指通过 for 循环逐个比较需要查找的内容，若找到则返回该内容在数组中的索引值，否则返回一个特别的标记值（如-1）。下列代码是使用线性查找法查找指定元素值 key 的一个示例。search()方法从调用语句接收一个要查找的值 key 和一个 int 类型的一维数组，若找到则返回该值所在的索引，否则返回-1。

```
public int search(int key, int[] a){
    for(int i = 0; i < a.lenght; i++) {
        if(a[i] == key)      //如果找到匹配的值
            return i;        //返回该值所在的索引，并退出方法
    }
    return -1;               //程序能执行到此处表示前面未找到匹配的值，此时返回-1
}
```

（2）二分查找法

二分查找法是另一种常见的对数组进行查找的算法。使用二分查找法要求事先已对数组进行了升序或降序的排序，而后将要查找的内容与数组的中间元素比较。

1）如果要查找的内容小于中间元素，则只需要在前一半元素中继续查找。

2）如果要查找的内容大于中间元素，则只需要在后一半元素中继续查找。

3）如果要查找的内容等于中间元素，则匹配成功，查找结束。

4）每次比较后向前或向后移动一位查找范围的终点或起点，重新与新中间元素比较，直到查找范围为零。

显然，由于二分查找法每次仅查找一半的数组元素，故对于已排序的数组它具有更高的效率。

下列代码是使用二分查找法查找指定元素值 key 的一个示例。halfSearch()方法从调用语句接收一个要查找的值 key 和一个 int 类型的，已按升序排序的一维数组，若找到则返回该值所在的索引，否则返回-1。

```
public int halfSearch(int key, int[] a) {
    int low = 0, high = a.length - 1;    //low 和 high 保存查找范围的最小和最大索引
    while(high >= low) {                 //high >= low 表示查找范围不为零
        int mid = (high + low) / 2;      //mid 为查找范围的中间点取整值
        if(key < a[mid])                 //如果要查找的内容小于中间元素
            high = mid - 1;              //设置查找范围从 low 到中间点前移一位
        else if(key > a[mid])            //如果要查找的内容大于中间元素
            low = mid + 1;               //设置查找范围从中间点后一位到 high
        else  //如果要查找的内容等于中间元素（不大于也不小于，一定是等于）
            return mid;                  //中间点即为要查找内容的索引
    }
    return - 1;  //此时 low > high，表示未找到要查找的内容，返回-1
}
```

思考：上述 halfSearch()方法可以实现已按升序排序的、一维整型数组的内容查找。如果数组是降序排序的应怎样修改代码？

5.2.4　使用 Arrays 类操作数组

Arrays 类隶属于 java.util 包，使用前应使用 import 语句将其导入到当前 Java 应用程序项目中。Arrays 类提供了一些用于数组操作的实用方法，通过这些调用方法可以轻松地实现数组的排序、查找、比较、填充等操作。

1．sort()和 parallelSort()方法

sort()和 parallelSort()方法用于对数组进行全部元素或部分元素的升序排序。二者的语法格式和功能都相同，不同的是 sort()方法采用串行方式执行排序，而 parallelSort()方法采用并行方式执行排序。显然，对于多核心计算机而言 parallelSort()方法具有更高的效率，其语法格式如下：

```
Arrays.sort(数组名);                    //排序所有元素
Arrays.sort(数组名, start, end);   //对数组中索引 start 到索引 end – 1 范围内的元素排序
Arrays.parallelSort(数组名);
Arrays.parallelSort(数组名, start, end);
```

例如：

```
int[] list = {7, 2, 3, 8, 5, 4, 1};         //声明一个整型一维数组 list
java.util.Arrays.sort(list, 0, 3)          //对 list 的 0～2 范围的元素升序排序（只排前 3 位）
showArray(list)   ;              //调用 showArray()方法显示前 3 位排序后的 list，得到：2 3 7 8 4 5 1
java.util.Arrays.sort(list);         //调用 sort()方法对 list 所有元素重新按升序排序
showArray(list);                     //调用 showArray()方法显示排序后的数组内容，得到：1 2 3 4 5 7 8
void showArray(int[] a){             //无返回值的 showArray()方法，用于显示数组内容
    for(int e : a){                  //foreach 循环
        System.out.print(e + "\t");
    }
    System.out.println();      //换行
}
```

Java 没有提供用于数组降序排序的预定义方法，若需要降序排序可通过以下两种途径实现。

1）首先使用 sort()方法升序排序，而后通过循环反向输出各元素。这种方式源数组中的序列并未被改变，只是给出了一个降序排列的输出结果。例如：

```
for(int i = list.length - 1; i >= 0; i--){      //循环变量由大到小变化
    System.out.print(list[i] + "\t");         //从最后一个元素到第一个元素反向输出
}
```

2）自行编写一个用于数组反转的 reversal()方法，在使用 sort()方法排序后调用该方法实现数组的真正降序排序。reversal()方法的设计指导思想是，对已升序排列的数组通过循环进行元素互换。第 1 个与倒数第 1 个互换，第 2 个与倒数第 2 个互换……第 n 个与倒数第 n 个互换。互换的次数（循环的次数）应当等于数组元素个数除 2 的取整值。下列代码表现了对整型数组的反转。

```
public void reversal(int[] list){                    //实现对整型数组的反转
```

```
        int temp;
        for(int i = 0; i < list.length / 2; i++){
            temp = list[list.length - (i + 1)];      //首次进入循环时，将最后一个元素存储到临时变量中
            list[list.length - (i + 1)] = list[i];   //将第一个元素存储到最后一个元素中
            list[i] = temp;                          //将保存在临时变量中的最后一个元素存储到第一个元素中
        }
    }
```

需要说明以下两点：

1）由于数组是引用数据类型，所以在 reversal()方法中无须使用 return 语句将反转后的结果返回给调用语句。在方法中对引用类型形参的修改会导致实参的同步变化。

2）若需要实现对其他数据类型（double、float、char、String 等）数组的反转，只需要编写若干个 reversal()方法的重载即可。

2．binarySearch()方法

binarySearch()方法用于使用二分法查找数组中的指定元素值，使用该方法的前提是数组已按升序进行了排序。若数组中存在该值，则方法返回其所在的索引，否则返回一个负数。负数的绝对值为查找内容的插入点下标+1。即

负数返回值的绝对值 – 1 = 查找内容应当插入到的索引值

binarySearch()方法的语法格式如下：

Arrays.binarySearch(升序数组名, 要查找的值);

例如：

```
int[] list = {7, 2, 3, 8, 5, 4, 1};//声明一个整型一维数组 list
Arrays.sort(list);                  //按升序排序，得到 1 2 3 4 5 7 8
System.out.println(Arrays.binarySearch(list, 8));    //查找 8 在升序 list 中的位置，返回 6
System.out.println(Arrays.binarySearch(list, -1));   //查找-1 在升序 list 中的位置，返回-1
System.out.println(Arrays.binarySearch(list, 6));    //查找 6 在升序 list 中的位置，返回-6
```

3．equals()方法

equals()方法用于判断两个数组是否相等，返回值为 true 或 false。若数组所有元素均一一对应相等，则数组是相等的。equals()方法的语法格式如下：

Arrays.equals(数组 1, 数组 2);

例如：

```
int[] list1 = {2, 4, 7, 10};
int[] list2 = {2, 4, 7, 10};
int[] list3 = {4, 2, 7, 10};
System.out.println(Arrays.equals(list1, list2));  //判断 list1 是否等于 list2，返回 true
System.out.println(Arrays.equals(list1, list3));  //判断 list1 是否等于 list3，返回 false
```

4．toString()方法

toString()方法用于将一个数组转换成一个字符串，是一种简单地显示数组内容的途

径。转换后的字符串格式为“[元素 0, 元素 1, 元素 2, …, 元素 n]”。toString()方法的语法格式如下：

Arrays.toString(数组名);

例如：

```
int[] list = new int[6];                          //声明一个包含 6 个元素的 int 数组
for(int i = 0; i < 6; i++) {
    list[i] = 1 + (int)(Math.random() * 9);       //用随机整数为 int 数组赋值
}
System.out.println(Arrays.toString(list));        //使用 toString()方法显示数组内容
```

5. fill()方法

fill()方法用于将指定的数据填充到数组所有元素或部分元素，即为数组所有元素或部分元素赋一个指定的值。fill()方法的语法格式如下：

```
Arrays.fill(数组名, 值);                  //填充所有数组元素
Arrays.fill(数组名, start, end, 值);      //对数组中索引 start 到索引 end－1 范围内的元素填充值
```

例如：

```
int[] list = {2, 4, 7, 10};
Arrays.fill(list, 0, 3, 5);                     //填充前 3 个元素为 5
System.out.println(Array.toString(list));       //显示“[5, 5, 5, 10]”
Arrays.fill(list, 6);                           //填充所有元素为 6
System.out.println(Array.toString(list));       //显示“[6, 6, 6, 6]”
```

6. copyOf()方法

copyOf()方法用于将一个数组复制成一个长度为指定值的新数组。当需要对数组执行类似于排序、修改元素值等操作，又希望保留数组的原有状态时可使用该方法创建数组的副本。其语法格式如下：

目标数组 = ArrayscopyOf(源数组, 长度值);

例如：

```
int[] a={1, 2, 3};
int[] b=Arrays.copyOf(a, a.length);          //数组 a 和数组 b 具有不同的内存地址
System.out.println(Arrays.toString(b));
```

5.3 将字符串转换成数组

由于数组中所有元素都是通过其索引值表示其所在位置的，故可以使用循环来方便地操作各数组元素。将字符串转换成数组后，就可以利用数组的特性高效地实现对字符串的分析和处理。

5.3.1 将字符串转换成字符数组

使用 Java 提供的 toCharArray()方法可以将字符串转换成 char 类型的数组，toCharArray()方法会依次提取字符串中的每个字符按顺序存储到 char 类型数组的各元素中。toCharArray()方法的语法格式如下：

```
char[] 数组名 = 字符串变量.toCharArray();
```

例如：

```
String s = "Java";
char[] cArray = s.toCharArray();                  //将字符串转换成字符数组
System.out.println(cArray.length);                //显示字符数组的长度，得到 4
System.out.println(Arrays.toSting(cArray));       //显示字符数组的内容，得到[J, a, v, a]
```

【演练 5-4】 设计一个用于检测用户输入的密码等级的应用程序。具体要求如下。

1）程序的主方法负责接收用户通过键盘输入的一个字符串密码。若密码的长度小于 6 位要求重新输入，输入次数最多 3 次。

2）主方法将接收到的密码传递给 chkPwd()方法，该方法负责分析密码的组成。若密码由字母、数字和符号 3 种类型组成，则返回字符串“高”，表示高强度密码；若密码由任意两种类型组成，则返回“中”，表示中等强度密码；若密码仅由一种类型组成，则返回“弱”，表示弱强度密码。

3）主方法负责将 chkPwd()方法的返回值显示到控制台窗格。程序运行结果如图 5-7 所示。

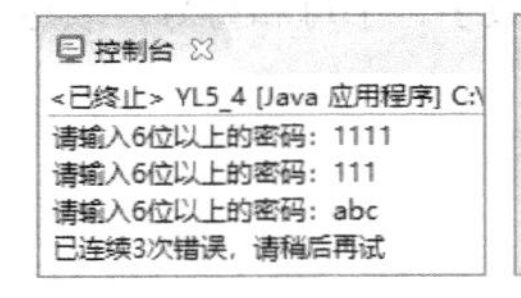

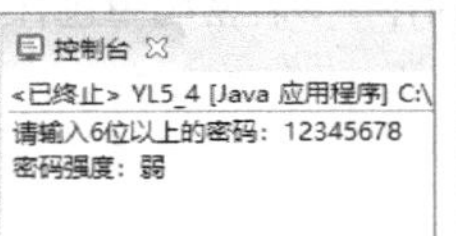

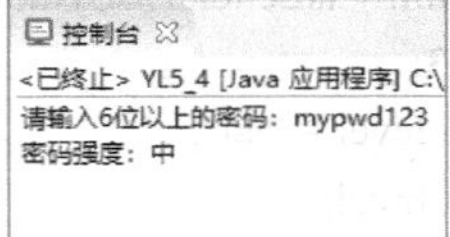

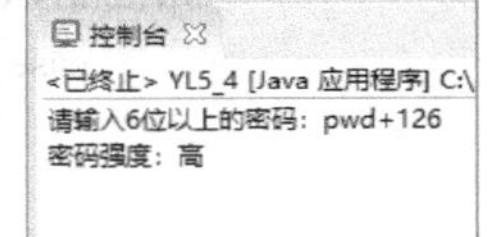

图 5-7 程序运行结果

程序设计步骤如下。

1）首先在 Eclipse 中新建一个 Java 应用程序项目 YL5_4，并创建主类和主方法。

2）编写如下所示的程序代码。

```
import java.util.Scanner;
public class YL5_4 {                                  //主类
    public static void main(String[] args) {          //主方法
        Scanner val = new Scanner(System.in);
        String pwd = "";                              //用于存储用户输入的密码
        for(int i = 0; i < 3; i++) {                  //最多允许输入 3 次
            System.out.print("请输入 6 位以上的密码：");
            pwd = val.nextLine();
            if(pwd.length() >= 6) {
                break;
            }
```

```
            else if(i == 2) {   //已出现 3 次输入错误
                System.out.println("已连续 3 次错误，请稍后再试");
                return;
            }
        }
        val.close();              //关闭 Scanner 对象
        System.out.println("密码强度：" + chkPwd(pwd));          //调用 chkPwd()方法
    }
    //用于判断密码强弱的 chkPwd()方法
    public static String chkPwd(String p) {
        char[] cArray = p.toCharArray();   //将密码字符串 p 转换成 char[]
        int isNum = 0, isLetter = 0, isSymbol = 0;//用于记录是否包含数字、字母和符号
        for(char c : cArray) {                 //foreach 循环遍历 char[]的所有元素
            if(Character.isDigit(c)) {         //Character.isDigit()方法用于判断是否为数字
                isNum = 1;                     //isNum 为 1 表示密码中包含数字
            }
            else if(Character.isLetter(c)) {//Character.isLetter()方法用于判断是否为字母
                isLetter = 1;                  //isLetter 为 1 表示密码中包含字母
            }
            else {
                isSymbol = 1;                  //isSymbol 为 1 表示密码中包含符号
            }
        }
        String level = "";                     //用于存储密码的等级
        switch(isNum + isLetter + isSymbol){   //若密码中包含数字、字母和符号，表达式为 3
            case 3:
                level = "高";
                break;
            case 2:
                level = "中";
                break;
            case 1:
                level = "弱";
                break;
        }
        return level;      //返回判断结果
    }
}
```

5.3.2 将有分隔符的字符串转换成数组

有分隔符的字符串是指字符串中包含有多个数据，且每个数据之间使用了一个特殊的分隔符。例如，字符串“18001,78,86,92”表示了用逗号分隔的 4 个数据；又如，“18001 78 86 92”表示了用空格分隔的 4 个数据。

String 类的 split()方法可以将字符串中使用特定分隔符分隔的数据提取到一个字符串数

组中。split()方法的语法格式如下：

String[] 数组名 = 字符串变量.split(分隔符);

例如：

```
String[] s = "张三,男,18001,78,82,94".split(",");          //以逗号为分隔符
//显示："总分：254"
System.out.println("总分：" + (Integer.parseInt(s[3]) + Integer.parseInt(s[4]) + Integer.parseInt(s[5])));
```

【演练 5-5】 用户通过键盘输入 4 组用逗号分隔的学生数据（学号,数学,语文,英语），将这些数据存储到一个二维数组中，并计算出各科平均成绩。程序运行结果如图 5-8 所示。

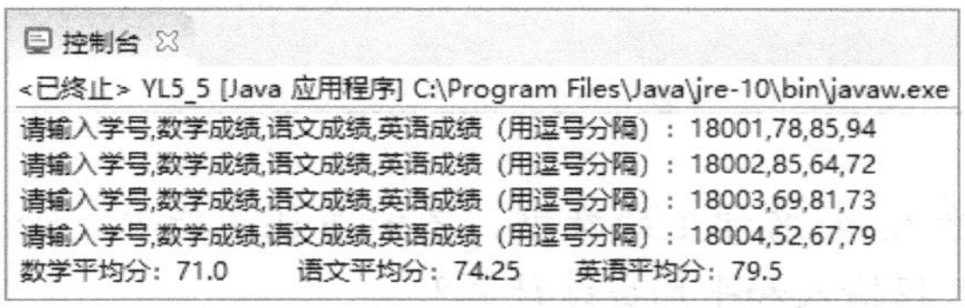

```
控制台
<已终止> YL5_5 [Java 应用程序] C:\Program Files\Java\jre-10\bin\javaw.exe
请输入学号,数学成绩,语文成绩,英语成绩（用逗号分隔）：18001,78,85,94
请输入学号,数学成绩,语文成绩,英语成绩（用逗号分隔）：18002,85,64,72
请输入学号,数学成绩,语文成绩,英语成绩（用逗号分隔）：18003,69,81,73
请输入学号,数学成绩,语文成绩,英语成绩（用逗号分隔）：18004,52,67,79
数学平均分：71.0     语文平均分：74.25     英语平均分：79.5
```

图 5-8 程序运行结果

程序设计步骤如下。

1）首先在 Eclipse 中新建一个 Java 应用程序项目 YL5_5，并创建主类和主方法。在主类的上方添加用于导入 Scanner 类的 import 语句。

```
import java.util.Scanner;
```

2）编写如下所示的主方法代码。

```
public static void main(String[] args) {
    Scanner val = new Scanner(System.in);
    String[][] stuInfo = new String[4][];
    for(int i = 0; i < 4; i++) {
        System.out.print("请输入学号,数学成绩,语文成绩,英语成绩（用逗号分隔）：");
        String info = val.nextLine();
        String[] data = info.split(",");
        stuInfo[i] = data;
    }
    val.close();
    double agvMath = 0, agvChs = 0, agvEn = 0, sum = 0;
    //纵向循环嵌套
    for(int i = 1; i < 4; i++) {            //控制列(课程)顺序，首列为学号故从 1 开始循环
        for(int j = 0; j < 4; j++) {        //控制行(学生)顺序
            sum = sum + Double.parseDouble(stuInfo[j][i]); //将所有人的同一门课的成绩累加
        }
        switch(i){
            case 1:                          //数学成绩
```

```
                agvMath = sum / stuInfo.length;     //length 返回二维数组的行数
                break;
            case 2:     //语文成绩
                agvChs = sum / stuInfo.length;
                break;
            case 3:     //英语成绩
                agvEn = sum / stuInfo.length;
                break;
        }
        sum = 0;           //每门课程统计完毕后 sum 清零
    }
    System.out.println("数学平均分：" + agvMath + "\t 语文平均分：" +
                                        agvChs + "\t 英语平均分：" + agvEn);
}
```

思考：

1）本例中只允许输入 4 名学生的数据，不能多也不能少。如何修改程序使之能支持 100 以内任意学生数的数据输入和平均成绩计算？

2）习惯上处理二维数组的 for 循环嵌套都是“先从左到右，再从上到下”，本例中 for 循环嵌套使用了“先从上到下，再从左到右”的方式，请认真阅读、理解相关代码编写技巧。

5.4 集合

集合（Collection）是 Java 以库的形式提供给开发人员的各类数据结构。所谓数据结构是指以某种方式将数据组织在一起，并存储在计算机中。数据结构不仅可以存储数据，还支持通过集合类的方法访问和处理数据。在面向对象的程序设计思想中，一种数据结构就是一个容器。前面介绍过的数组就是一种简单的数据结构。除了数组外，Java 还提供了类型众多的数据结构，这些数据结构统称为集合类或容器类。

由于篇幅所限本节仅介绍集合类中继承于 List 接口的 ArrayList 和 LinkedList 类和间接继承于 Map 接口的 Hashtable 类的概念和使用方法，关于集合的其他内容请读者自行查阅相关资料。

5.4.1 ArrayList 类

在数据个数确定的情况下，可以采用数组来存储、处理这些数据。在实际应用中，很多时候数据的个数是不能确定的，此时采用数组处理问题就显得有些麻烦了。ArrayList 可以在程序运行时动态地改变存储长度，并通过 ArrayList 类提供的众多方法来实现对数据的添加、删除、查询、排序等操作。可以将 ArrayList 理解为一个动态数组，它包含于 java.util 工具包中，使用前需要使用 import 语句将其导入到当前 Java 项目中（一般可使用 import java.util.*导入工具包中所有类）。

1．声明 ArrayList 对象

不指定大小，使用按需设置的方式来初始化对象的容量，语法格式如下：

ArrayList[<引用数据类型>] 对象名 = new ArrayList[<引用数据类型>]([长度值]);

其中：

1）引用数据类型（可选）用于说明 ArrayList 中各元素的数据类型。注意，此处只能使用引用数据类型（Integer、Double、String、数组等），不能是基本数据类型（如 int、double、float 等）

2）如果希望在 ArrayList 中存储多种类型的数据，可将引用数据类型设置为 Object。Object 是 Java 中所有数据类型的根类型，其他所有类型均是由 Object 派生出来的。省略引用数据类型时，默认为 Object 类型。

3）长度值（可选）用来说明 ArrayList 容量的大小，取值为大于零的整数。省略长度值时，ArrayList 的长度将根据需要自动扩展。

例如：

```
ArrayList list1 = new ArrayList();  //声明一个 ArrayList 对象 list1
ArrayList<Integer> list 2 = new ArrayList<Integer>();        //声明一个整型的 ArrayList 对象 list2
//声明一个包含 10 个元素的 String 类型 ArrayList 对象 list3
ArrayList<String> list3 = new ArrayList<String>(10);
```

说明：声明 ArrayList 对象时，若省略了引用数据类型项，在 Eclipse 环境中编辑器会给出一个不影响程序运行的警告（NetBeans 环境中没有此警告），建议最好能明确要使用的数据类型。

2．为 ArrayList 对象赋值

为 ArrayList 对象赋值时需要使用 add()方法，该方法可以向 ArrayList 对象的结尾或指定索引处插入一个新元素并赋以指定值。其语法格式如下：

ArrayList 对象名.add([索引值,] 值);　　//省略索引值则表示将新元素添加到对象的结尾

例如：

```
ArrayList<Integer> list = new ArrayList<Integer>();        //声明一个 ArrayList 对象 list
boolean isOK = list.add(7);   //向 list 尾部添加一个新元素并赋以整数值 7，方法返回值为 boolean 型
list.add(0, 9)       //在索引值为 0 处插入一个新元素并赋值 9，原有元素依次后移，方法无返回值
```

3．访问 ArrayList 对象

可以通过 ArrayList 对象的 get(index)方法访问 ArrayList 对象元素，也可以使用 for、do 循环或使用 foreach 语句实现对 ArrayList 对象元素的遍历。例如：

```
ArrayList<String> list = new ArrayList<String>();    //声明 ArrayList 对象 MyList
list.add("张三");                          //为 list 对象的各元素赋值
list.add("东方大学");
list.add("12345678");
list.add("zhangs@dfu.edu.cn");
System.out.println(list.get(1));           //输出 list 中索引值为 1 的元素值（输出"东方大学"）
for(String e : list) {                     //使用 foreach 循环遍历 list 所有元素
    System.out.print( e + "\t");           //将各元素值依次显示到控制台窗格（用 Tab 制表符分隔）
}
```

4．ArrayList 的常用方法

除了前面介绍过的 add()和 get()方法，ArrayList 还提供了一系列实用方法，其常用方法见表 5-3。

表 5-3　ArrayList 对象常用方法

方　法	说　明
clear()	从 ArrayList 中移除所有元素
size()	返回 ArrayList 中现有已赋值的元素个数（不包括空元素）
set(index, value)	用指定的 value 替换 index 表示的索引位置的现有元素值，返回原有元素值
remove(index | value)	从 ArrayList 中移除索引 index 处或值等于 value 的元素。按索引移除时返回被移除的元素值，按值移除时返回一个 boolean 值表示操作成功或失败
toString()	用于将 ArrayList 对象以字符串的形式输出，输出格式与 Arrays 的同名方法相同
contains(value)	确定值为 value 的元素是否存在于 ArrayList 中，返回值为一个 boolean 值，表示存在或不存在
indexOf(value)、lastIndexOf(value)	返回 ArrayList 值为 value 的第一个或最后一个匹配项的索引，若 value 不存在则返回-1
Collections.sort(list)	通过调用 Collections 类的 sort()方法实现 ArrayList 对象 list 的升序排序
Collections.reverse(list)	通过调用 Collections 类的 reverse()方法实现 ArrayList 对象 list 的元素反转

5.4.2　LinkedList 类

LinkedList 与 ArrayList 的声明、支持的方法基本上相同，也是一个继承于 List 接口的线性数据集合类。声明 LinkedList 对象的语法格式如下：

LinkedList[<引用数据类型>] 对象名 = new LinkedList[<引用数据类型>]();

需要注意以下两点：

1）声明 LinkedList 对象时不能指定集合的初始长度。

2）ArrayList 是用数组实现的，而 LinkedList 是用双链表实现的；所以，Arraylist 查找效率较高，添加或删除元素的效率较低；而 LinkedList 则正好相反，添加或删除元素的效率高，查找的效率较低。开发人员可根据二者上述特点，有选择地使用 ArrayList 或 LinkedList。

【演练 5-6】 设计一个使用 LinkedList 管理线性数据集的应用程序。具体要求如下。

1）项目主类中包含一个主方法 main()和 4 个自定义方法 getList()、delElement()、listSort()和 listCount()。

2）getList()方法从主方法中的调用语句接收一个表示元素个数的 int 数据 n，创建一个包含 n 个元素的 LinkedList 对象，并使用 10～99 的随机数为各元素赋值。调用 delElement()方法删除对象中值小于 60 的所有元素后将其返回给调用语句。

3）delElement()方法被 getList()方法调用，用于删除由 getList()方法产生的 LinkedList 对象中值小于 60 的所有元素。

4）listSort()方法用于实现 LinkedList 对象的排序。listSort()方法从主方法中的调用语句接收一个未排序的 LinkedList 对象，对其按降序排序。

5）listCount()方法用于统计位于 90～99、80～89、70～79、60～69 四段的元素个数。listCount()方法从主方法中的调用语句接收一个 LinkedList 对象，返回一个 4 个元素的 int 类型的数组，数组各元素值依次表示位于各段的元素个数。

6）程序运行后，主方法要求用户输入一个整数 n，将 n 传递给 getList()方法得到返回的包含 n 个元素的、已完成赋值的 LinkedList 对象 list1，并在控制台窗格中显示出来；将 list1 传递给 listSort()方法，得到返回的已按降序排序的 LinkedList 对象 list2，并在控制台窗格中显示出来；将 list1 传递给 listCount()方法，返回一个包含 9 个元素的 int 数组（其中各元素的值为位于不同数据段的随机数个数），并在控制台窗格中显示出来。程序运行结果如图 5-9 所示。

```
控制台
<已终止> YL5_6 [Java 应用程序] C:\Program Files\Java\jre-10\bin\javaw.exe（2018年5月20日 下午5:39:14）
输入一个正整数：20
getList()产生的数据：[97, 55, 11, 13, 42, 10, 94, 83, 92, 71, 59, 17, 47, 29, 10, 11, 20, 41, 69, 57]
delElement()处理的结果：[97, 94, 83, 92, 71, 69]
listSort()的处理结果：[97, 94, 92, 83, 71, 69]
listCount()的统计结果：[3, 1, 1, 1]
```

图 5-9　程序运行结果

程序设计步骤如下。

1）首先在 Eclipse 中新建一个 Java 应用程序项目 YL5_6，并创建主类和主方法。

2）编写如下所示的程序代码。

```
//导入 java.util 包中所有工具类。本例需要使用 java.util.Scanner 和 java.util.Collections
import java.util.*;
public class YL5_6 {    //主类
    //声明一个类级别的 LinkedList 类对象 list，对象的作用域为整个类，在各方法中均可访问
    static LinkedList<Integer> list = new LinkedList<Integer>(); //在类中所有方法之外声明对象
    public static void main(String[] args) {    //主方法
        Scanner val = new Scanner(System.in);
        System.out.print("输入一个正整数：");
        if(!val.hasNextInt()) {
            System.out.println("输入错误！");
            return;
        }
        getList(val.nextInt());  //调用 getList()方法，并将用户输入的整数作为参数传递给方法
        val.close();             //关闭 Scanner 对象
        listSort();              //调用 listSort()方法
        System.out.println("listSort()的处理结果：" + list.toString());    //显示排序结果
        //调用 listCount()方法，并显示排序结果
        System.out.println("listCount()的统计结果：" + Arrays.toString(listCount()));
    }
    //getList()方法生成 20 个整数填充到 LinkedList 集合，再调用 delElement()方法删除部分元素
    public static void getList(int n) {
        for(int i = 0; i < n; i++) {    //向 list 中添加 n 个元素，并赋值
            list.add(10 + (int)(Math.random() * 90)); //生成 10～99 的随机整数
        }
        delElement();                   //调用 delElement()方法
    }
    //delElement()方法用于删除 LinkedList 集合中所有小于 60 的元素
```

```
    public static void delElement(){
        System.out.println("getList()产生的数据：" + list.toString());     //显示删除前的情况
        for(int i = 0; i < list.size(); i++) {   //删除小于 60 的元素
            if(list.get(i) < 60) {
                list.remove(i);
                i = i - 1;    //移除元素后 list 的长度会变化，现有元素的索引值也会变化
            }
        }
        System.out.println("delElement()处理的结果：" + list.toString());    //显示删除后的情况
    }
    public static void listSort() {  //listSort()方法实现降序排序
        Collections.sort(list);          //按升序排序
        Collections.reverse(list);       //反转
    }
    public static int[] listCount() {        //listCount()方法用于统计各段元素个数
        int[] count = new int[4];
        for(int e : list) {
            if(e > 89 && e < 100)
                count[0] = count[0] + 1;        //第 1 个元素存储 90 段的元素个数
            if(e > 79 && e < 90)
                count[1] = count[1] + 1;        //第 2 个元素存储 80 段的元素个数
            if(e > 69 && e < 80)
                count[2] = count[2] + 1;        //第 3 个元素存储 70 段的元素个数
            if(e > 59 && e < 70)
                count[3] = count[3] + 1;        //第 4 个元素存储 60 段的元素个数
        }
        return count;      //将保存有个数统计值的 int 数组返回给调用语句
    }
}
```

需要注意的是，本例将保存有供各个方法使用的 LinkedList 对象 list 声明为类级别的全局静态对象，使其对所有方法都可见，从而避免了不断地接收方法的返回值，简化了代码编写。但这种方式下 list 中的数据是不安全的，在多用户状态下更是不可取。

5.4.3 使用 Hashtable 类

Hashtable 也称为哈希表，用于存储和处理类似 key/value 的键值对关系的数据序列。Hashtable 中每个元素都有键和值两个数据组成。例如，电话号码本中姓名和电话号码就是一个键值对数据序列。其中，姓名是元素的键（key），而电话号码是元素的值（value）。

1．声明 Hashtable 对象

声明一个 Hashtable 对象类对象的语法格式如下：

```
Hashtable[<引用类型 1, 引用类型 2>] 对象名 =
                        new Hashtable[<引用类型 1, 引用类型 2>]([元素个数]);
```

说明：

1）引用类型 1 表示元素键的引用数据类型，引用类型 2 表示元素值的引用数据类型。若省略了引用类型 1 和引用类型 2，则键和值默认为 Object 类型。

2）元素的键（key）区分大小写、不能为空且具有唯一性，通常可用来实现快速查找。值（value）用于存储对应于键的值可以为空。例如：

```
//键的类型为 String，值的类型为 double
Hashtable<String, double> ht1 = new Hashtable<String, double>();
Hashtable ht2 = new Hashtable(10);        //键和值的类型都是 Object，ht 包含 10 个元素
```

2．为 HashTable 对象赋值

为 Hashtable 对象的各元素赋值时需要使用 put()方法，其语法格式如下：

HashTable 对象名.put(键, 值);

例如，将一个电话本中的数据保存到 Hashtable 中，具体数据见表 5-4。

表 5-4　电话本中的数据

键（String）	张三	李四	王五	赵六	陈七
值（String）	13911111111	13922222222	13933333333	13944444444	13955555555

程序代码如下：

```
Hashtable ht = new Hashtable();               //声明 HashTable 对象 ht
ht.put("张三", "13911111111");                //为 ht 对象的各元素赋值
ht.put("李四", "13922222222");
ht.put("王五", "13933333333");
ht.put("赵六", "13944444444");
ht.put("陈七", "13955555555");
```

3．访问 Hashtable 对象中的数据

（1）通过 get()方法获取键对应的值

get()方法的语法格式如下：

Hashtable 对象.get(键值);

例如，将学号和学生对象作为键值对保存到 Hashtable 中，而后通过指定的键值获取该键对应的值。

```
public class MyDemo { //主类
    public static void main(String[] args) {    //主方法
        //创建 3 个 Student 对象
        Student stu1 = new Student("18001", "张三", "软件 1801", "上海");
        Student stu2 = new Student("18002", "李四", "网络 1801", "西安");
        Student stu3 = new Student("18003", "王五", "计算机 1801", "北京");
        //Hashtable 对象 ht 的键类型为 String，值类型为 Student
        Hashtable<String, Student> ht = new Hashtable<String, Student>();
```

```
            //将学号作为键，将包含若干数据的学生对象作为值存入 Hashtable
            ht.put(stu1.stuID, stu1);
            ht.put(stu2.stuID, stu2);
            ht.put(stu3.stuID, stu3);
            //调用 get()方法，通过 key 读取 value。注意，value 是一个 Student 对象
            //语句执行后在控制台窗格中将显示："张三    软件 1801"
            System.out.print(ht.get("18001").stuName + "\t" + ht.get("18001").stuClass);
        }
    }
    class Student{      //自定义 Student 类
        public String stuID, stuName, stuClass, stuHome;        //声明字段变量
        //类的构造方法
        public Student(String id, String n, String c, String h) {
            stuID = id;
            stuName = n;
            stuClass = c;
            stuHome = h;
        }
    }
```

（2）遍历 Hashtable 对象

遍历 Hashtable 对象时需要用到 java.util.Enumeration 枚举类，它可以从一个数据结构（如 Hashtable）中得到一组连续数据。如获取 Hashtable 中所有 key 的数据集合。

为了能方便地操作获取的数据集，Enumeration 提供了两个重要的方法。

1）nextElement()方法，它用来从含有多个元素的连续数据集中得到下一个元素。

2）hasMoreElemerts()方法，它用来判断 Enumeration 对象中是否还含有后续的元素，如果返回 true，则表示后面至少还含有一个元素。

下列代码演示了如何通过枚举遍历 Hashtable 对象的编程步骤。

```
//声明一个 Enumeration 对象 ids
//<String>表示枚举中元素的数据类型，若省略则将数据以 Object 类型存储到 ids 中
//通过 Hashtable 对象的 keys()方法获取 Hashtable 中所有键的集合赋给 ids
Enumeration<String> ids = ht.keys();
while (ids.hasMoreElements()) {    //通过 hasMoreElements()方法判断是否还有后续元素来控制循环
    String key = ids.nextElement();      //读取一个存储在 ids 中的键值赋给 String 变量 key
    //根据键值通过 Hashtable 对象的 get()方法获取对应的值。
    //本例中，key 对应的是一个 Student 类对象，
    //通过该对象可以获取学生相关信息（如姓名、班级、家庭住址等）
    System.out.println(key + "\t" + ht.get(key).stuName + "\t" +
                        ht.get(key).stuClass +   "\t" + ht.get(key).stuHome);
}
```

4．Hashtable 对象的常用方法

与其他对象一样 Hashtable 也拥有一些用于操作对象的方法。例如，前面已经使用过的 put()、get()、ksys()。Hashtable 常用的一些方法及其说明见表 5-5。

表 5-5　Hashtable 的常用方法及说明

方　法	说　明
put(key, value)	将一个键值对存储到 Hashtable 对象的一个元素中
get(key)	根据键的值获取对应的值
keys()	返回 Hashtable 对象中所有键的集合
remove(key)	从 Hashtable 对象中删除键值为 key 的元素
contains(value)	测试 Hashtable 对象中是否存在与指定值关联的键。若存在则返回 true
containsKey()	测试指定的 key 是否为此 Hashtable 对象中的键。若是则返回 true
containsValue(value)	如果此 Hashtable 对象中有一个或多个键对应到 value，则返回 true。与 contains()方法相似
size()	返回当前 Hashtable 对象中包含的元素个数
clear()	删除当前 Hashtable 对象中的所有元素
isEmpty()	若当前 Hashtable 对象中不存在任何元素则返回 true
toString()	返回 Hashtable 对象的字符串表示形式

【演练 5-7】 Hashtable 集合应用示例。通过 Hashtable 实现简易电话本的维护和查询。具体要求如下。

1）电话本包含用户姓名和电话号码两个字段，用户记录通过 Hashtable 对象保存。

2）创建一个 Users 类，包含的类成员见表 5-6。

3）主程序循环显示操作（添加、删除、查询、退出等）供选菜单，并根据用户的选择调用 Users 类提供的各方法实现具体的功能。

4）执行添加、删除、查询、修改操作前要求调用 check()方法判断该键值对应的记录是否已存在。若不存在，不能执行删除、查询、修改操作；若已存在，则不能执行添加操作。

表 5-6　Users 类成员及说明

类型	成员	说　明
数据字段	String name	用于保存用户姓名，对应于 Hashtable 对象的键
	long phone	用于保存用户电话号码，对应于 Hashtable 对象的值
方法	check()	返回一个 boolean 值表示指定的姓名（键）是否已存在于 Hashtable，若已存在返回 true
	add()	无返回值，用于向 Hashtable 中添加一个元素
	del()	无返回值，用于删除 Hashtable 中指定键值对应的元素
	edit()	无返回值，用于修改 Hashtable 中指定元素
	query()	返回一个 String 类型值，用于根据用户姓名返回对应电话号码或查询出错信息
	showAll()	无返回值，用于在控制台窗格中显示当前 Hashtable 所有元素

图 5-10 和图 5-11 所示的是“添加”和“显示全部”功能的执行结果。

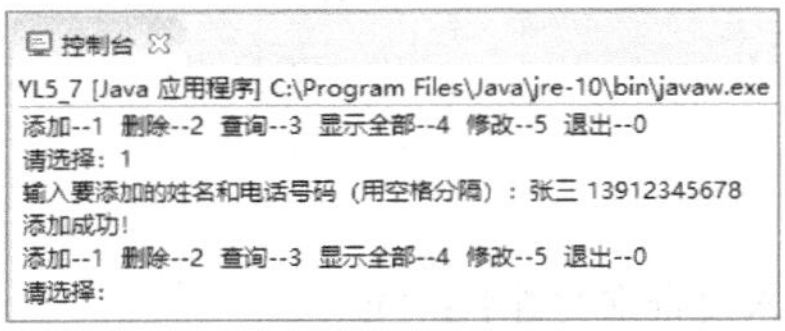

```
控制台
YL5_7 [Java 应用程序] C:\Program Files\Java\jre-10\bin\javaw.exe
添加--1  删除--2  查询--3  显示全部--4  修改--5  退出--0
请选择：1
输入要添加的姓名和电话号码（用空格分隔）：张三 13912345678
添加成功!
添加--1  删除--2  查询--3  显示全部--4  修改--5  退出--0
请选择:
```

图 5-10　添加记录

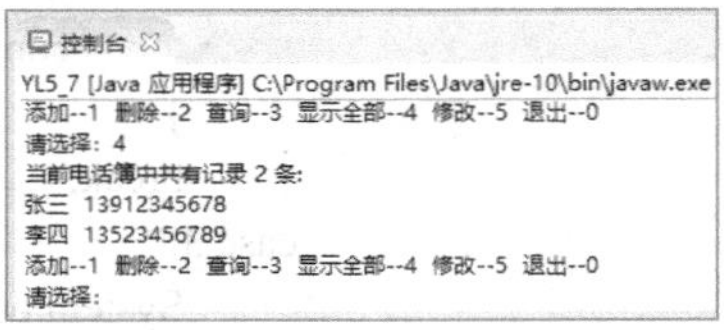

```
控制台
YL5_7 [Java 应用程序] C:\Program Files\Java\jre-10\bin\javaw.exe
添加--1  删除--2  查询--3  显示全部--4  修改--5  退出--0
请选择：4
当前电话簿中共有记录 2 条:
张三  13912345678
李四  13523456789
添加--1  删除--2  查询--3  显示全部--4  修改--5  退出--0
请选择:
```

图 5-11　显示当前全部记录

程序设计步骤如下。

1）首先在 Eclipse 中新建一个 Java 应用程序项目 YL5_7，并创建主类和主方法。

2）编写如下所示的程序代码。

```
import java.util.*;        //导入 java.util 工具包中的所有类
public class YL5_7 {    //主类
    public static void main(String[] args) {    //主方法
        Scanner val = new Scanner(System.in);
        while(true) {                    //死循环，用户输入“0”方可退出
            System.out.println("添加--1   删除--2   查询--3   显示全部--4   修改--5   退出--0");
            System.out.print("请选择：");
            if(!val.hasNextInt()) {  //如果用户输入的不是一个整数
                System.out.println("输入错误！");
                return;
            }
            switch(val.nextInt()) {  //根据用户输入的数字选择执行的功能
                case 0:             //退出
                    val.close();
                    System.out.println("bye!");
                    return;         //退出主方法，结束程序运行
                case 1:             //添加
                    System.out.print("输入要添加的姓名和电话号码（用空格分隔）：");
                    //声明一个 Users 类对象 user，并通过构造方法为两个数据字段赋值
                    Users user = new Users(val.next(), (Long.parseLong(val.next())));
                    if(!user.check()) {       //若用户输入的姓名值不存在
                        user.add();           //调用 add()方法添加记录
                        System.out.println("添加成功！");
                    }
                    else {          //若姓名已存在
                        System.out.println("输入的姓名已存在！");
                        continue;   //返回循环开始，执行下一次循环
                    }
                    break;
                case 2:             //删除
                    System.out.print("输入要删除的姓名：");
                    user = new Users(val.next());
                    if(user.check()) {
                        user.del();
                        System.out.println("删除成功！");
                    }
                    else {
                        System.out.println("要删除的记录不存在！");
                        continue;
                    }
                    break;
                case 3:
                    System.out.print("输入要查询的姓名：");
                    user = new Users(val.next());
```

```
                if(!user.check()) {
                    System.out.println("要查询的记录不存在！");
                    continue;
                }
                else {
                    System.out.println("电话：" + user.query());
                }
                break;
            case 4:
                user = new Users();
                user.showAll();
                break;
            case 5:
                System.out.print("输入要修改的姓名和新电话号码（用空格分隔）：");
                user = new Users(val.next(), (Long.parseLong(val.next())));
                if(!user.check()) {
                    System.out.println("要修改的记录不存在！");
                    continue;
                }
                else {
                    user.edit();
                    System.out.println("修改成功！");
                }
                break;
            default:
                System.out.print("请输入一个 0～5 之间的整数！");
            }
        }
    }
}
class Users{                                    //创建 Users 类
    private String name;                        //数据字段
    private long phone;
    static Hashtable<String, Long> ht = new Hashtable<String, Long>();    //声明一个 Hashtable 对象
    public Users() {}                           //默认构造方法
    public Users(String name, long phone) {  //构造方法的重载，为两个字段赋值
        this.name = name;
        this.phone = phone;
    }
    public Users(String name) {              //构造方法的重载，仅为姓名字段赋值
        this.name = name;
    }
    public boolean check() {                 //检查姓名是否已存在
        return ht.containsKey(name);
    }
    public void add() {     //添加新记录
        ht.put(name, phone);
    }
```

```
        public void del() {        //根据姓名值删除记录
            ht.remove(name);
        }
        public void edit() {       //根据姓名和新电话号码值修改记录
            ht.put(name, phone);
        }
        public String query() { //根据姓名值查询对应的电话号码
            return ht.get(name).toString();
        }
        public void showAll() {//显示当前 Hashtable 对象中的所有记录
            if(ht.size()== 0) {        //size()方法返回 0，表示对象中没有任何元素
                System.out.println("电话簿中尚无数据");
                return;
            }
            System.out.println("当前电话簿中共有记录 " + ht.size() + " 条:");
            Enumeration<String> ids = ht.keys();      //将所有键值提取到枚举对象 ids 中
            while (ids.hasMoreElements()) {   //通过枚举遍历对象中所有元素，并显示到控制台窗格
                String key = ids.nextElement();

                System.out.println(key + "\t" + ht.get(key));     //显示姓名和对应的电话号码
            }
        }
    }
```

5.5 实训　设计一个简单图书管理程序

5.5.1 实训目的

加深对 ArrayList 集合的理解，掌握向 ArrayList 集合中添加、删除和修改数据的方法，掌握查询 ArrayList 集合元素的方法，巩固创建类、添加类数据字段和方法的编程技巧以及如何在应用程序中使用类。

5.5.2 实训要求

设计一个简单的图书管理程序，要求程序中所有数据存储在一个 ArrayList 集合中，并通过 ArrayList 提供的各种方法实现对图书数据的增、删、改、查。程序运行结果如图 5-12 所示。

```
控制台
<已终止> SX5 [Java 应用程序] C:\Program Files\Java\jre-10\bin\javaw.exe（2018年
1--添加 2--删除 3--查询 4--显示全部 5--退出，请选择：1
输入编号，书名，作者，数量（用空格分隔）：A12345 Java程序设计 张三 3
添加成功
1--添加 2--删除 3--查询 4--显示全部 5--退出，请选择：1
输入编号，书名，作者，数量（用空格分隔）：A12345 Java程序设计 张三 2
要添加的图书已存在，仅更新库存
1--添加 2--删除 3--查询 4--显示全部 5--退出，请选择：3
输入要查询的编号：A12345
编号：A12345，书名：Java程序设计，作者：张三，库存：5
1--添加 2--删除 3--查询 4--显示全部 5--退出，请选择：5
bye
```

图 5-12　程序运行结果

具体要求如下。

1）新建一个 Java 应用程序项目，并向其中添加主类 SX5 和主方法。

2）在包资源管理器中右击项目名称，在弹出的快捷菜单中执行“新建”→“类”命令，向项目中再添加一个公有的、名为 Books 并隶属于 sky.books 包的类。

3）创建一个使用缺省修饰符名为 Data，同样隶属于 sky.books 包的类。该类可以直接创建在前面的 Books.java 文件中。Books 类和 Data 类成员及说明见表 5-7 和表 5-8。

表 5-7　**Books 类成员及说明**

类成员	说　明
+id : String、+ name : String +author : String、+num : int	Books 类的 4 个字段，分别表示编号、书名、作者和库存数量
+chkID() : boolean	规定 id 只能是一个字母+5 位数字组成的，chkID()方法用于检查用户输入的 id 格式是否正确
+add() : String	该方法用户向 ArrayList 中添加一个图书信息，若该图书不存在返回“添加成功”，若已存在则仅更改库存数量，返回“库存已更新”
+show(String id) : void	该方法根据指定的图书 id 在控制台显示图书信息（编号、书名、作者、库存数量）
+showAll() : void	该方法显示 ArrayList 中现存所有图书的信息（下划线表示这是一个静态方法）
+del(String id) : String	该方法用于按指定 id 从 ArrayList 中删除对应的图书记录
+toString() : String	重写 Object 类的 toString()方法，用于在控制台中显示当前 Books 对象的信息

表 5-8　**Data 类成员及说明**

类成员	说　明
-list : ArrayList<Books>	静态字段，用于存储 Books 类对象数据，每个对象表示一种图书
query(String id) : int	静态方法，用于根据 id 查询图书是否存在。若存在返回索引，否则返回-1
add(Books b) : String	静态方法，用于将接收到的 Books 类对象添加到 ArrayList。返回值为“添加成功”
editNum(String id, int num) : String	静态方法，用于修改指定 id 的图书的库存数量为：原数量 + num。返回值为“要添加的图书已存在，仅更新库存”
del(String id) : String	静态方法，用于根据指定 id，从 ArrayList 中删除图书对象。返回值为“删除成功”
show(String id) : void	静态方法，用于根据 id 显示指定图书信息到控制台
showAll() :void	静态方法，用于显示 ArrayList 中所有 Books 对象的信息到控制台

4）在主类中编写通过菜单实现与用户交互的代码，并根据用户的选择通过 Books 类间接调用 Data 类的方法实现对 ArrayList 中数据的增、删、改、查。程序结构如图 5-13 所示。由于主类 SX5 位于缺省包，Books 和 Data 类位于同一个 sky.books 包，并且 Books 类中成员均为 public，而 Data 类中成员则使用了 private 或缺省修饰符，这就导致所有 Data 类的所有成员对主类来说是不可见的（主类不能直接访问 Data 类成员），具有 private 属性的 ArrayList 对象 list 则只能在本类 Data 中被访问。

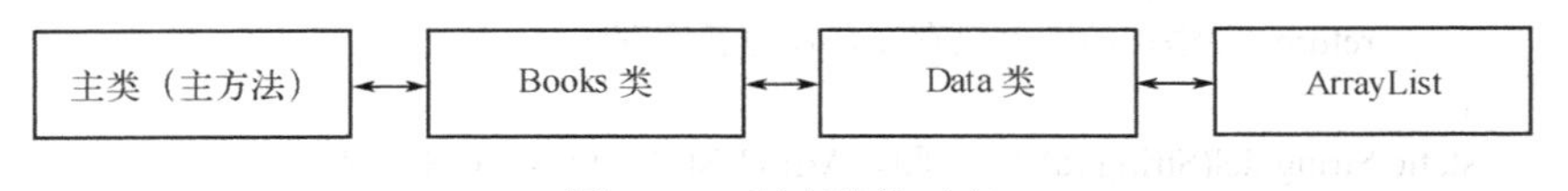

图 5-13　程序结构示意

5）程序中主类通过主方法实现与用户的交互，并将用户请求（增、删、改、查）传递给 Books 类。Books 类根据传递来的用户请求进行分析处理，并将需要操作 ArrayList 中数据的请求传递给 Data 类。Data 类的职责就是根据 Books 类传递来的请求实现对 ArrayList 的数据操作并将操作结果返回给调用者。总而言之，主类用于提供用户界面；Books 类用于创建业务逻辑；Data 类用于完成数据操作，这是一种典型的三层架构（表示层 UI、业务逻辑层 BLL 和数据层 DLL）应用程序设计模式。

5.5.3　实训步骤

在前面新建项目时已向 Java 项目中添加了主类 SX5，创建了主方法，并向项目中添加了一个独立的类文件 Books.java，Books 类隶属于 sky.books 包。

1．编写 Data 类代码

首先需要在 Books.java 中导入对 ArrayList 的支持。

```
package sky.books;
import java.util.ArrayList;
```

在 Books.java 文件中创建 Data 类，并编写如下所示的代码。

```
class Data{        //使用缺省修饰符的 Data 类，实现了对主类的隐藏（封装）
    //私有字段 list，不允许本类以外的任何类访问（封装）
    private static ArrayList<Books> list = new ArrayList<Books>();
    static int query(String id) {    //查询指定 id 所在的索引值，返回值为-1 表示不存在
        int i = 0, index = -1;
        for(Books b : list) {    //遍历 list 集合
            if(id.equals(b.id)) {
                index = i;
                break;
            }
            i++;
        }
        return index;
    }
    static String add(Books b) {  //添加图书对象
        list.add(b);
        return "添加成功";

    }
    static String editNum(String id, int num) {       //更改库存数量
        Books b = list.get(query(id));
        b.num = b.num + num;
        list.set(query(id), b);
        return "要添加的图书已存在，仅更新库存";
    }
    static String del(String id) {  //删除 ArrayList 中的元素（图书对象）
        list.remove(query(id));
        return "删除成功";
    }
    static void show(String id) {  //按指定 id 显示图书对象信息
        Books b = list.get(query(id));
        System.out.println(b.toString());
    }
    static void showAll() {         //显示 ArrayList 中所有数据
        if(list.size()== 0) {       //如果 ArrayList 中没有任何元素
            System.out.println("库中没有任何数据");
            return;       //后续代码不再执行
        }
```

```
            for(Books b : list) {      //遍历 list
                System.out.println(b.toString());
            }
        }
    }
```

2. 编写 Books 类代码

在 Books.java 文件中按如下所示编写 Books 类的代码。

```
public class Books{    //公有的 Books 类
    public String id, name, author;      //声明 Books 类的字段
    public int num;
    public boolean chkID(String id) {  //用于检查 id 格式是否为合法的 chkID()方法
        char first = id.charAt(0);      //取出 id 中第一个字符
        //第一位是一个字母并且长度为 6，则返回 true（通过），否则返回 false（未通过）
        return Character.isLetter(first) && id.length()== 6;
    }
    public String add() {        //用于添加图书对象的方法
        //访问静态方法时无须创建类的对象，可以通过类名直接访问
        //调用 Data 类的静态方法 query()检查该图书是否已存在，返回-1 表示不存在
        if(Data.query(id) == -1)
            return Data.add(this);   //若不存在，则调用 Data.add()
        else
            return Data.editNum(id, num);      //否则调用 Data.editNum()方法修改库存
    }
    public static void show(String id) {
        if(Data.query(id) ==-1)      //调用 Data.query()判断要查询 id 是否存在
            System.out.println("要查询的编号不存在");
        else
            Data.show(id);   //若存在，则调用 Data.show()显示图书信息
    }
    public static void showAll() {
        Data.showAll();          //调用 Data.showAll()显示所有图书信息
    }
    public static String del(String id) {
        if(Data.query(id) == -1)      //调用 Data.query()查询要删除的图书是否存在
            return "要删除的数据不存在";
        else
            return Data.del(id);     //若存在，则调用 Data.del()方法删除对象
    }
    public String toString() {     //重写 toString()方法显示图书详细数据
        return "编号：" + id + "，书名：" + name + "，作者：" + author + "，库存：" + num;
    }
}
```

3. 编写主类中主方法的代码

按如下所示在 SX5.java 中编写主方法的代码。

```
import java.util.Scanner;
```

```
import sky.books.*;
public class SX5 {
	public static void main(String[] args) {
		// TODO 自动生成的方法存根
		Scanner val = new Scanner(System.in);
		boolean t = true;
		while(t) {
			System.out.print("1—添加  2—删除  3—查询  4--显示全部  5—退出，请选择：");
			switch(val.nextInt()) {
				case 1:
					System.out.print("输入编号，书名，作者，数量（用空格分隔）：");
					Books book = new Books();
					String id = val.next();
					if(book.chkID(id)) {    //若 id 格式合法，则创建 book 对象
						book.id = id;
						book.name = val.next();
						book.author = val.next();
						book.num = val.nextInt();
					}
					else {
						System.out.println("编号输入错误");
						val.next();  //读取后面的数据，避免对下一次读取造成影响
						val.next();
						val.next();
						continue;   //返回 while 语句，开始下一次循环
					}
					System.out.println(book.add()); //添加图书对象，并显示操作结果
					break;
				case 2:
					System.out.print("输入要删除的编号：");
					System.out.println(Books.del(val.next()));
					break;
				case 3:
					System.out.print("输入要查询的编号：");
					Books.show(val.next());
					break;
				case 4:
					Books.showAll();
					break;
				case 5:
					t = false;    //修改循环条件，结束循环
					System.out.println("bye");
					break;
			}
		}
		val.close();          //关闭 Scanner 对象
	}
}
```

第 6 章　异常和异常处理

在任何情况下程序都不可能是完美无缺，毫无错误的。此外，由于系统的原因或由于用户在使用程序时输入了错误的数据也会引发错误，导致程序非正常终止。所以，任何一个优秀的程序都必须具有强大的错误处理能力。通过 Java 提供的异常类 Exception 可以为每种错误提供一个定制的处理方式，并能把识别错误的代码和处理错误的代码分离开来。

6.1　异常的概念

异常是指在程序执行期间发生的错误或意外情况。例如，当代码导致除数为零、无法实现的数据类型转换等错误时就会产生一个异常。如果使用的开发语言不支持异常处理，则需要开发人员手工编写各种判断代码，以保证在出现上述意外时不至于使程序停止执行。Java 提供了完善的异常处理机制，可以使开发人员轻松地处理各种可能出现的异常，以提高程序的健壮性。

6.1.1　错误与异常

应用程序在开发及运行过程中出现各类错误是不可避免的，这些错误按不同的性质可以分为语法错误、运行时错误和逻辑错误 3 种类型。Java 将上述 3 种类型的错误按其严重性的不同分为异常和错误，也就是说异常本质上就是一种非致命性的、可预见和可修复的错误，Java 的异常处理机制也是针对它而言的。

1．语法错误

语法错误应该是最容易发现，也是最容易解决的一类错误。它是指在程序设计过程中出现不符合 Java 语法规则的程序代码。例如，单词的拼写错误、不合法的书写格式、缺少分号、括号不匹配等。这类错误 Java 代码编辑器能够自动指出，并会用红色波浪下划线在错误代码的下方标记出来。只要将鼠标停留在带有此标记的代码上，系统就会显示出相关提示信息。图 6-1 所示的是显示在代码编辑窗口中的提示信息。

2．运行时错误

有些代码在编写时没有错误，程序也能通过正常的编译，但在程序运行过程中由于从外部获取了不正确的输入数据也将导致出错，这类错误称为“运行时错误”。例如，用户为 int 类型的 age 变量传递了非数字字符串导致数据类型转换错误或者出现了数组下标越界等情况。出现运行时错误将导致程序非正常终止，在控制台窗格中会显示出错误的相关提示信息。图 6-2 所示的是下列代码运行时，若用户输入了一个手机号码，而导致的错误提示信息（11 位整数超出了 int 类型的数据范围）。其中，“java.util.InputMismatchException”表示发生了输入不匹配异常。

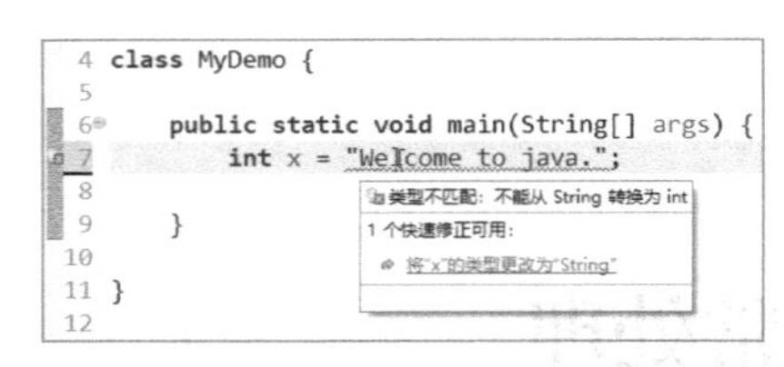

图 6-1　语法错误提示

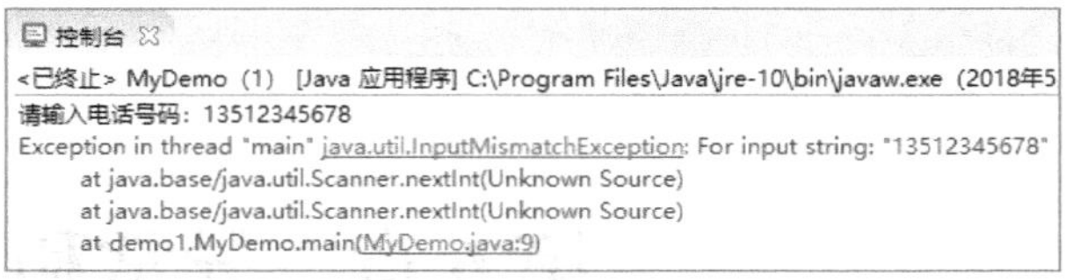

```
控制台
<已终止> MyDemo (1) [Java 应用程序] C:\Program Files\Java\jre-10\bin\javaw.exe (2018年5
请输入电话号码：13512345678
Exception in thread "main" java.util.InputMismatchException: For input string: "13512345678"
	at java.base/java.util.Scanner.nextInt(Unknown Source)
	at java.base/java.util.Scanner.nextInt(Unknown Source)
	at demo1.MyDemo.main(MyDemo.java:9)
```

图 6-2　运行时错误提示

图中异常信息的首行表示在哪个方法中产生了怎样的异常及其原因。以“at”开头的行表示程序运行时调用的方法序列及触发异常的语句所在的行号，如本例中的“9”。

```
Scanner val = new Scanner(System.in);
System.out.print("请输入电话号码：");
int x = val.nextInt();      //将用户输入的数据作为 int 类型赋值给变量 x
val.close();
```

3．逻辑错误

逻辑错误是人为因素导致的错误，这种错误会导致程序代码产生错误结果，但一般都不会引起程序的非正常终止。例如，希望返回 a + b 的值，但由于疏忽返回了 a − b 的值，此时程序是不会引发错误的，但显然不可能得到正确的计算结果。

逻辑错误是最不容易发现，也是最难解决的。这种错误通常是由于推理和设计算法本身错误造成的。对于这种错误的处理，必须认真检查程序的流程是否正确，以及算法是否与要求相符，有时可能需要逐步地调试分析，甚至还要适当地添加专门的调试分析代码来查找其出错的原因和位置。

4．异常与错误的区别

错误是指程序执行时遇到的硬件或操作系统错误。如内存溢出、不能读取硬盘分区、硬件驱动错误、找不到要运行的.class 文件或.class 文件中没有 main()方法等。错误对于程序而言是致命的，也就是说程序自身不能处理这些错误，只能依靠外界的干预。

异常是指在运行环境正常的情况下遇到的运行时错误。如执行了不可能实现的数据类型转换、数据范围溢出、数组下标越界、除数为零等。异常也会导致程序的非正常终止，但它对程序而言是非致命的。Java 的异常处理机制可以捕获和处理异常，并调整程序的运行方向，以避免出现非正常终止的情况。

6.1.2　Java 的异常处理机制

一些传统的编程语言（如 C 语言）中没有提供异常处理的机制，为保证程序的健壮性，开发人员就必须自行编写出一系列用于检测和处理异常的方法。这种处理方式可以部分地处理一些异常，但其处理能力和范围有限，不适合在大型可维护应用程序中使用。Java 按照面向对象的思想提供了一套完整的异常处理机制，使程序具有良好的可维护性。

1．异常类

Java 内置了大量异常类，每个类都代表一种异常。如图 6-3 所示，这些类包含在 java.lang 包中，其顶级父类为 java.lang.Throwable，分为 Exception（异常）和 Error（错误）两大分支。异常类主要指的是继承于 Exception 类的各个子类。Error 类由系统保留，其中定义了应用程序无法捕捉和处理的错误，即程序运行时产生的系统内部错误，如内存溢出、栈溢出、动态链接错误等。若程序运行时出现了上述错误，JVM 将自动生成 Error 类或其子类的对象并抛出给操作系统，Java 程序本身一般不会去处理此类错误。也就是说错误是由 JVM 进行捕获和处理的，无须在应用程序中考虑这些问题。

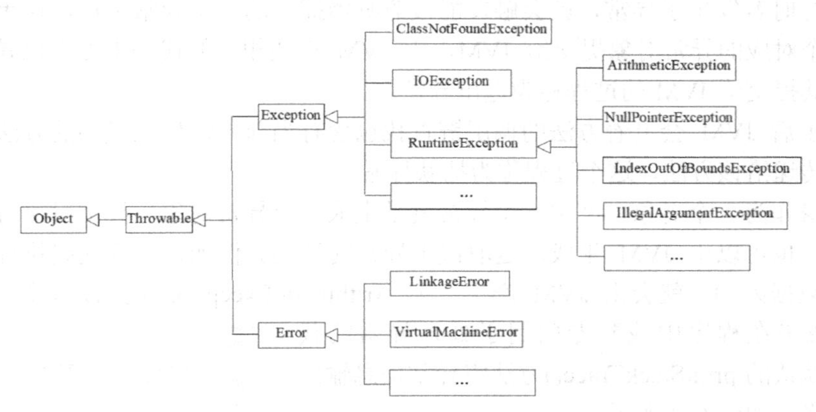

图 6-3 Java 内置的异常类

由于 java.lang 包是由系统自动加载的，所以当程序运行时 Exception 类及其所有子类都会处于待命状态，并且 Java 会监听程序的运行情况，一旦发生异常，系统将自动生成 Exception 类或其子类的对象并抛出给程序。Exception 类从 Throwable 继承了一些方法，其中最为常用的是 toString()方法和 printStackTrace()。

toString()：该方法用于返回描述当前异常信息的字符串。

printStackTrace()：该方法没有返回值，用于在默认输出设备上输出当前异常对象的堆栈使用轨迹，也就是程序先后调用并执行了哪些类或对象的哪些方法，以及哪一条语句出错产生了怎样的异常。如果程序没有定义专用的异常处理代码，则 Java 会默认调用 printStackTrace()方法在输出窗口输出当前异常相关的信息。图 6-2 所示的实际上就是 printStackTrace()方法的输出结果。Java 常用内置异常类见表 6-1。

表 6-1 Java 常用内置异常类及说明

异常类名	说　明
ArithmeticExecption	算术异常类。进行算数运算出错时抛出的异常。如计算分母为零的除法
ArrayIndexOutOfBoundsException	数组下标越界时抛出的异常。如试图访问一个不存在的数组下标变量
ClassCastException	类型强制转换异常。执行了一个无法实现的强制转换时抛出的异常
NullPointerException	空指针异常类。试图在要求使用对象的地方使用了 null 时抛出该异常。如调用 null 对象的实例方法、访问 null 对象的属性、计算 null 对象的长度等
IllegalArgumentException	非法的参数异常。向方法传递了一个不合法或不正确的参数时抛出该异常
NumberFormatException	字符串转换为数字异常。试图将一个非数字字符串转换成一个数值时抛出该异常。如语句 int x = Integer.parseInt("abc");试图将字符串“abc”转换成一个整型数时会抛出该异常
IOException	输入输出异常。经常出现在文件的读写操作中。如试图向一个不存在的文件中写入数据
IllegalAccessError	违法访问异常。要访问或修改某个类的字段或者调用其方法，但是又违反字段或方法的可见性声明，则抛出该异常
InstantiationError	实例化错误异常。试图通过 Java 的 new 关键字创建一个抽象类或者接口时抛出该异常
ClassNotFoundException	找不到类异常。按照指定路径试图加载某个类时，找不到对应的 class 文件则抛出该异常
FileNotFoundException	文件未找到异常。如试图读取一个不存在文件中的数据时会抛出该异常

需要说明的是，除了可以使用 Java 内置的各种异常类外，开发人员也可以根据实际需要自定义一些具有特殊用途的异常类。

2．抛出和捕获异常的概念

程序运行时若发生了异常，就会触发能被监听器捕获的一个异常事件，该事件的处理程序将生成一个对应的异常对象提交给 JVM，由 JVM 查找相应的代码来处理该异常。生成异常对象并将其提交给 JVM 的过程称为抛出异常。

异常抛出后 JVM 会沿着方法的调用链查找包含有当前异常处理代码的方法，并把产生的异常对象传递给该方法，这个过程称为捕获异常。

异常本身作为一个对象，产生一个异常就是生成一个异常对象。异常对象可以由应用程序本身生成，也可以由 JVM 生成，这取决于异常的种类。例如，下列代码执行时若用户输入的第二个数据为 0，就会由 JVM 产生一个 ArithmeticException（算数运算）异常对象，JVM 经查找未在程序中找到专门用于处理异常的代码，则调用默认的 printStackTrace()方法将异常信息输出到控制台窗格，如图 6-4 所示。

```
控制台
<已终止> MyDemo (1)  [Java 应用程序] C:\Program Files\Java\jre-10
除数和被除数（用空格分隔）：5 0
Exception in thread "main" java.lang.ArithmeticException: / by zero
	at demo1.MyDemo.main(MyDemo.java:12)
```

图6-4　输出异常信息

```
Scanner val = new Scanner(System.in);
System.out.print("除数和被除数（用空格分隔）：");
int a = val.nextInt();          //将用户输入的第一个数据赋值给变量 a
double b = val.nextInt();       //将用户输出的第二个数据赋值给变量 b
val.close();
int result = a / b;  //若 b 等于 0，则本语句将导致一个 ArithmeticException 异常被抛出
// ArithmeticException 异常被抛出后，程序终止运行。后面的语句不会被执行
System.out.println("两数的商为：" + result);
```

抛出异常可以由系统自动抛出，也可以由程序代码在某个方法中抛出。所有系统内置的异常都可以由系统自动抛出或在代码中通过 throw、throws 语句抛出，而在方法中抛出的异常则只能使用 throw 或 throws 语句来实现。

3．Java 的异常处理过程

程序运行时 JVM 通过方法调用栈来跟踪一系列方法的调用过程，将其组成一个方法调用链。该栈中保存了每个被调用方法的本地信息（如方法名、方法中的局部变量等）。当一个新方法被调用时，JVM 会将描述该方法的栈结构置于栈的顶部，也就是说位于栈顶的方法就是正在执行的方法。

如图 6-5 所示，图中表示的是 main()方法调用了 methodA()方法，methodA()方法又调用了 methodB()方法，当前正在执行的方法是 methodB()。当位于栈顶端的 methodB()方法正常执行完毕后，JVM 会将其从调用栈中弹出，而后返回继续执行方法 methodA()，以此类推，直至程序运行结束。

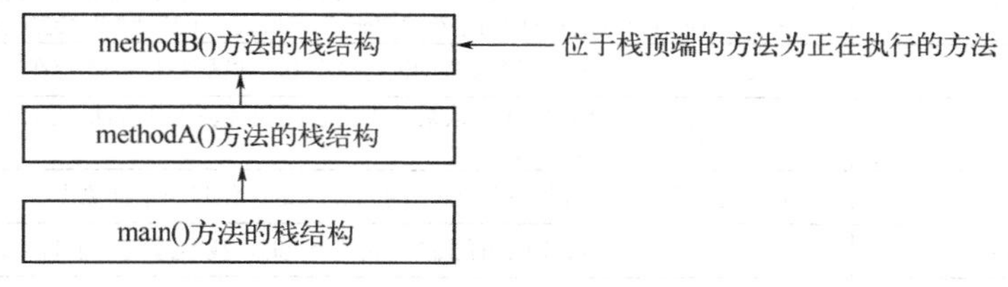

图 6-5　JVM 的方法调用栈示意

当 methodB()方法被调用时，若其中的代码可能由系统或自身抛出异常，则处理方式有以下两种情况。

1）如果 methodB()有能力处理该异常，则可以在 methodB()中通过 try…catch…finally 语句捕获并处理异常。

2）如果 methodB()不能或不便于处理该异常，则应当在方法声明语句（方法头语句）的后面添加 throws 语句将该异常抛出给调用者 methodA()方法。

同样的道理，在 methodA()中可以使用 try…catch…finally 语句捕获并处理该异常，异常被捕获并处理之后，系统将返回到 methodB()继续执行后面的代码。

总而言之，当一个异常被抛出后 JVM 会沿着方法的调用链，逐个查找能捕获并处理该异常的方法，如果方法调用链中所有的方法都不能捕获并处理该异常，那么最后的接收者就只能是 JVM 了。此时，JVM 将调用该异常类的 printStackTrace()方法输出异常相关信息，并终止程序的运行。

6.2 异常处理

Java 中异常处理是在异常捕获的基础上，通过 try、catch、finally、throw 和 throws 语句来实现的。异常处理的目的是通过编写相应的代码使异常对程序运行的影响降至最低，尽可能地避免程序的非正常终止。

6.2.1 try…catch…finally 语句

如果程序中没有编写专门用于处理异常的代码，则在发生异常时系统会自动调用异常类的 printStackTrace()方法将相关信息输出到控制台，而后终止程序的运行。Java 提供的 try…catch…finally 语句专门用于创建捕获和处理异常的程序段，使用该语句可以避免因发生异常而导致程序非正常终止。其语法格式如下：

```
try{
    可能发生异常的代码;
}
[catch(异常类  异常类对象){
    处理异常的代码;
}]
[finally{
    无论是否发生异常都要执行的代码;
}]
```

需要说明以下几点：

1）try 语句块中的代码引发异常时，将自动跳转到 catch 语句块执行其中的代码。也就是说 catch 语句块中的代码只有发生异常时才可能被执行。

2）try 语句后面至少要配有一个 catch 语句块或一个 finally 语句块，也就是说 try 语句不能单独使用。若代码中省略了 catch 语句块，则 try 中的代码引发异常时，将跳转去执行 finally 语句块中的代码。

3）finally 语句块中的代码无论是否发生异常都会被执行。通常会将关闭文件、关闭数据库连接、清除临时数据等“打扫战场”的工作放在 finally 语句块中。如果在 catch 语句块中执行了 break、continue、return 语句时，这些语句执行后还要执行了 finally 语句块中的代码后才会退出循环、继续循环或结束方法的运行。只有在 catch 语句块中执行了 System.exit(0)语句时才会放弃 finally 语句块的执行。

4）catch 语句块中的异常类参数用于在发生异常时接收由系统抛出的异常类对象，并通过该对象判断产生了怎样的异常，从而决定应当如何处理。

5）在一个 try 结构中可以包含多个 catch 语句块，使每个 catch 语句块用于处理某种特定的异常，以提高异常处理的精准性，降低代码编写的难度。如果 try 结构中存在有多个 catch 语句块，则发生异常时系统会逐一比较并将抛出的异常对象传递给最匹配的一个。如果所有的 catch 语句块都不能与系统抛出的异常类匹配，则说明当前异常不能被程序处理，系统将按照默认的方式调用 printStackTrace()方法输出异常信息后终止程序的运行。

【演练 6-1】 设有一个包含 6 个元素的整型数组 a，要求设计一个具有异常捕获和处理能力的数组元素值查询程序，当发生异常时能给出提示，但不会导致程序的非正常终止，只有当用户输入的索引值为一个负数时程序才会正常终止运行。程序运行结果如图 6-6 所示。从图中可以看出当用户输入的索引值为 6 时，由于数组的最大索引为 5，所以发生了 ArrayIndexOutOfBoundsException（数组下标越界）异常；当用户输入的索引值为字母 a 时，发生了 InputMismatchException（输入类型不匹配）异常。但这些异常发生后程序能进行处理、提示，且不会导致非正常终止。

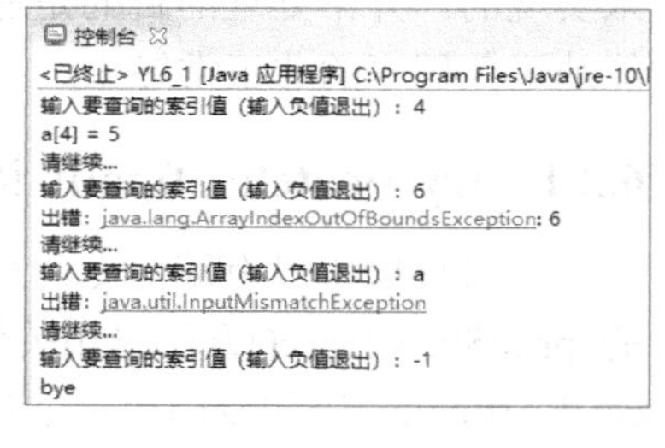

图 6-6　程序运行结果

程序设计步骤如下。

1）首先在 Eclipse 中新建一个 Java 应用程序项目 YL6_1，并创建主类和主方法。

2）编写如下所示的程序代码。

```
import java.util.Scanner;                    //导入 Scanner 类
public class YL6_1 {   //主类
    public static void main(String[] args) {     //主方法
        int[] a = {1, 2, 3, 4, 5, 6};            //声明并初始化数组 a，6 个元素，最大下标为 5
        int x = 0;      //声明并初始化一个整型变量 x，用于存储用户输入的值
        Scanner val;  //声明一个 Scanner 类变量。思考：val 为何一定要在这里声明？
        while(true){  //创建一个死循环，只有当用户输入的索引值为负数时才退出循环
            //为 val 赋值。思考：为何一定要在这里赋值？放在循环外面可以吗？
            val = new Scanner(System.in);
            System.out.print("输入要查询的索引值（输入负值退出）：");
            try{       //将可能出现异常的代码放在 try 语句块中
                x = val.nextInt();             //若用户输入了非整型数据，该语句会导致异常发生
                if(x < 0)
                    //由于 break 在 try 语句块中，故要执行了 finally 语句块后才会退出循环
                    break;
                //若用户输入的值大于 5，下列语句会导致异常发生
                System.out.println("a[" + x + "] = " + a[x]);
```

```
            }
            //捕获和处理异常。声明一个 Exception 类对象 ex 用于存储系统提交来的异常对象
            //由于 Exception 是所有异常的顶级父类，所以任何异常均可向上转型为 ex 对象
            catch(Exception ex){        //也就是说系统提交的任何异常对象都可以用 ex 来接收
                //通过 ex 对象的 toString()方法获取异常信息
                System.out.println("出错：" + ex.toString());
            }
            finally{                //无论是否发生异常都要执行的代码
                if(x >= 0)          //若用户输入的值大于或等于零
                    System.out.println("请继续...");
                else                //若用户输入的值为负值
                    System.out.println("bye");
            }
        }
        val.close();                //关闭 Scanner 对象
    }
}
```

需要说明的是：本例为了说明概念，使用的异常例子都是很简单的，处理所有异常的方式也相同，只是简单地输出异常信息即可。在实际应用中这种情况并不多见，通常需要有针对性地设计多个 catch 语句块用于捕获不同类型的异常，使之能按不同的方式进行处理。也就是说，尽量不要使用 catch(Exception ex)的方式捕获异常，要分为多个 catch 语句；在 catch 语句块中尽可能地使异常能得到实际的处理，而不是简单地将异常信息显示出来。

6.2.2 throw 和 throws 语句

所有由系统定义的异常都可以自动抛出，而 Java 提供的 throw 和 throws 语句则用于在必要的时候由方法将产生的异常抛出给调用者。有了 throw 和 throws 语句，就多了一种异常的处理途径。使用 try…catch…finally 语句可以在某个方法内捕获和处理异常，返回给调用者的是异常的处理结果。使用 throw 和 throws 语句可以使方法不去处理出现的异常而是将其抛出给调用者，在调用语句所在的方法中使用 try…catch…finally 语句捕获并处理异常。

1．throw 语句

在通常情况下，产生异常的语句会存在于某个方法中，而这个方法又需要其他方法调用才能开始执行。此时，若方法中检测到了自己无法进行处理或不便处理的异常时，可以使用 throw 语句抛出一个异常给调用本方法的语句。若调用语句所在的方法也没有提供处理该异常的代码，则系统会沿着调用链逐级查找匹配的处理方法，直至最后调用 printStackTrace()方法输出异常信息并终止程序运行。

throw 语句的语法格式如下：

```
throw 异常类对象;
```

例如，下列代码中的 Test 类包含主方法和一个静态无返回值的、用于计算并输出两数商的 calculate()方法，该方法从调用语句接收两个 int 类型参数。calculate()方法在计算两数商之前对除数进行了判断，若除数为零则使用 throw 语句抛出一个 ArithmeticException 异常类对象，在主方法中将 calculate()方法的调用语句放在 try 结构中，若捕获到 calculate()方法抛出

的异常则由 catch 语句进行处理。

```
class Test {
    public static void main(String[] args) {
        int a = 5;
        int b = 0;
        try{
            calculate(a, b);        //调用 calculate()方法计算两数的商
        }
        catch(Exception ex){        //捕获和处理调用 calculate()方法时可能出现的异常
            //calculate()方法中出现异常时的处理代码
            System.out.println("出错：" + ex.toString());
        }
    }
    public static void calculate(int n1, int n2){        //用于计算两数商的 calculate()方法
        if(n2 == 0){ //如果除数为 0，则抛出一个 ArithmeticException 异常给调用语句
            throw new ArithmeticException();        //抛出一个 ArithmeticException 类的匿名对象
        }
        else
            System.out.println("两数的商为：" + (n1 / n2));
    }
}
```

2．throws 语句

throws 语句用于将某方法执行时可能会抛出的异常罗列出来，一旦发生这些异常就会自动抛出给调用语句或逐级向上查找直至交给 JVM。throws 语句的语法格式如下：

```
[修饰符] 返回值类型 方法名(参数列表) throws 用逗号分隔的异常类列表 {
    方法体语句;        //可能会出现异常的语句
}
```

例如，前面的例子中的 calculate()方法可以按如下所示改写。

```
public static void calculate(int n1, int n2) throws ArithmeticException{
    System.out.println("两数的商为：" + (n1 / n2));    //n2 为零时将抛出 ArithmeticException 异常
}
```

3．通过代码抛出异常的两种方式

在抛出异常时，除了可以由系统自动抛出异常外，Java 还提供了以下两种通过程序代码由开发人员决定抛出异常的方式。

1）throw 语句与 throws 语句配合抛出异常。throw 语句只能出现在方法内，用于在特定的条件下抛出某个特定的异常。而 throws 语句则只能跟在方法声明语句的后面，表示当前方法可能会抛出某种异常。需要注意的是，throws 说明的是一种可能或一种倾向，并不一定会发生。

2）throw 语句与 try…catch…finally 语句配合抛出异常。在这种方式中 throw 语句要书写在 catch 语句块中，表示 catch 语句捕获到了异常，但它遇到了自己不能或不便处理该异常的情况，此时需要使用 throw 语句将异常继续抛出给调用者。

通过上述介绍可以看出 throw 语句是抛出异常的具体执行语句，但它不能单独使用，只能与 throws 语句或 try…catch…finally 语句配合使用。

4．Java 对异常的强制检查要求

Java 的 Exception 类中的异常可分为受检查型异常（Checked Exception）和非检查型异常（Unchecked Exception）两大类。所有非检查异常都是 RuntimeException 类的子类，如常用的 IndexOutOfBoundsException、ArithmeticException、NullPointerException（空指针引用）等。

对于程序运行中可能出现的非检查型异常，Java 编译器不要求必须进行异常捕获和处理或者通过 throw、throws 语句抛出。也就是说当程序中可能出现这些异常时，即使没有任何 try…catch…finally 语句，也没有 throw 或 throws 语句，编译也能通过。

在 Java 中所有不是 RuntimeException 类子类的异常都是受检查型异常，如常用的 ClassNotFoundException、IOException 及其子类等。当某方法中存在抛出受检查型异常的操作时，该方法的声明中必须包含 throws 语句。调用语句所在的方法也应对该异常进行处理，否则必须在调用语句所在方法的声明中使用 throws 语句将该异常继续抛出。

6.3 自定义异常

除了使用内置的大量异常类外，对于一些特殊的情况 Java 还允许开发人员自定义专用的异常类。例如，圆的半径为负数、学生的成绩大于 100 或员工的工龄值大于 60 等不合理数据出现时，就可以使用自定义异常类来处理。

6.3.1 定义和使用自定义异常

自定义异常类时，一般需要完成如下工作。

1）声明一个继承于 Exception 类或其子类的自定义异常类。自定义异常类也可以继承于其他已声明的自定义异常类。

2）为自定义异常类声明字段成员、方法成员或重写父类的字段和方法，使之能够体现该类所对应的异常信息。通常是在自定义异常类中添加一个无参数的默认构造方法和一个含有字符串参数的构造方法。需要说明的是，自定义异常类中的字段、构造方法不是必需的，可根据实际需要进行设置。但是，用于处理异常的方法成员则原则上不可缺少，否则就违背了异常类的设计初衷。

3）由于自定义异常不能像前面介绍过的异常那样由系统抛出，它只能由 throw 语句抛出。所以在程序中必须通过代码来决定，在什么样的情况下应当触发自定义异常。例如，可以设定当圆的半径值小于零时应当通过 throw 语句抛出异常给调用语句。

【演练 6-2】 自定义异常示例。设计一个自定义异常类 RadiusException，当用户试图使用一个小于零的半径创建一个 Circle 类对象时抛出该异常。

程序设计步骤如下。

1）在 Eclipse 中新建一个 Java 应用程序项目 YL6_2，并创建主类和主方法。

2）在 YL6_2.java 中创建一个 Circle 类，该类具有一个表示半径的私有 radius 字段；一个可以为 radius 字段赋值的、带有一个 double 型参数的构造方法和一个用于返回 double 型圆面积的无参数 getArea()方法。要求当用户通过构造方法为 radius 字段赋以一个负值时能抛出自定义的 RadiusException 异常。

Circle 类代码如下所示。

```
class Circel{                                      //定义 Circle 类
    private double radius;                         //定义 radius 私有字段
    Circel(double r) throws RadiusException{       //由构造方法抛出异常
    if(r > 0)                                      //设置抛出异常的条件
        radius = r;
    else
        throw new RadiusException(r);              //若半径小于零，则抛出异常
    double getArea() {                             //计算圆面积的 getArea()方法
        return Math.PI * radius * radius;
    }
}
```

3）定义一个名为 RadiusException 的异常类，该类包含一个私有的 double 类型字段 radius，还有一个可以为 radius 字段赋值的、带有一个 double 类型参数的构造方法。该类重写了继承来的 toString()方法用于显示异常信息。自定义异常类 RadiusException 的代码如下所示。

```
class RadiusException extends Exception{      //自定义异常类，继承于 Exception 类
    private double radius;
    RadiusException(double r){
        radius = r;
    }
    public String toString() {                //重写继承来的 toString()方法
        return "出错：半径值 " + radius + " 非法";
    }
}
```

4）按如下所示编写主类中主方法的代码。

```
public class YL6_2 {    //主类
    public static void main(String[] args) {    //主方法
        java.util.Scanner val = new java.util.Scanner(System.in);    //声明一个 Scanner 类对象 val
        System.out.print("请输入圆的半径：");
        try {    //所有自定义异常都是受检查类型的异常，故必须使用 try 结构捕获和处理
            Circel c = new Circel(val.nextDouble());    //该语句是可能触发异常的语句
            System.out.println("圆面积为：" + String.format("%.2f", c.getArea()));
        }
        catch(Exception ex) {    //捕获异常
            System.out.println(ex.toString());    //显示异常信息
        }
        finally {
            val.close();    //在 finally 语句块中关闭 Scanner 对象
        }
    }
}
```

6.3.2 异常使用的注意事项

使用 Java 的异常处理机制可以有效减少程序出现非正常终止的情况。但在程序中不规范的使用异常，甚至滥用异常将会降低程序的运行效率，这就违背了异常设计的初衷。在使用异常时应注意如下几个方面的问题。

1）异常只能用于非正常情况。由于异常处理需要初始化新的异常类对象，需要从调用栈返回，还需要沿着方法的调用链查找、匹配用于处理异常的代码。所以，异常处理通常需要更多的时间和系统资源。正是出于这样的原因，在程序中要尽可能地减少异常捕获和处理，更不要将异常用来改变程序流程（如跳出循环、结束运行等）。

2）尽可能避免异常。应尽可能地通过代码优化来避免出现异常，特别是运行时异常。因为多数运行时异常都是由代码中的不严谨或错误引发的，只要修改了代码或改进了程序的实现逻辑，就可以避免这些异常的发生，也就达到了减少使用异常的目的。

3）避免过于复杂的 try 代码块。初学者容易出现的一个问题是喜欢将大段的代码写入 try 语句块中，这看起来很省事，代码中出现任何异常都能被 catch 语句块捕获，似乎是一种用一个 try…catch…finally 语句块就能解决众多异常的捷径。实际上，try 语句块中的代码越多，出现异常的可能就越多，要分析发生异常的原因就越困难。好的做法是分隔各个可能出现异常的代码段，把它们分别放在单独的 try 语句块中进行更精准的捕获。

4）在 catch 语句块尽量不要使用 Exception 顶级异常类。许多初学者喜欢使用 catch(Exception ex)语句来捕获异常。的确，这样做使用一个 catch 语句块就可以捕获所有的异常，看起来是一种简便的方法。但这样做会导致将所有的异常都按相同的方式进行处理，这在很多情况下是不现实的。此外，这样做还会将本应抛出给调用者的异常拦截（捕获）下来，使调用者不能收到抛出的异常，掩盖了程序中的错误。所以，在 try…catch…finally 语句中应尽可能针对可能出现的异常，设计若干个对应的 catch 语句分别捕获，分别处理。除非对所有的异常可以采用相同的处理方式。例如，在前面的示例中为了说明概念，使用的异常都是很简单的，并且对不同的异常处理方式也相同（都只是输出异常信息），在这样的情况下可以使用 catch(Exception ex)语句。但这在实际开发过程中并不是常见的情况。

5）不要在 catch 语句块忽略异常。只要发生了异常就意味着程序中某处出现了问题，catch 语句块既然捕获到了异常就应该进行处理或继续抛出给调用者。在 catch 语句块中调用异常类对象的 printStackTrace()方法对调试程序很有帮助，但在程序调试完毕后，该方法就不应该再在程序中充当主要角色了，因为仅是输出异常信息并不能解决任何实际存在的问题，它只是一种调试手段。

6.4 实训 使用自定义异常

6.4.1 实训目的

加深对 Java 异常处理机制的理解，掌握创建和使用自定义异常类的编程技巧，熟练掌握 try…catch…finally、throw 和 throws 语句的语法格式及使用方法。

6.4.2 实训要求

创建一个使用 3 条边长表示一个三角形的 Triangle 类。类成员及说明见表 6-2。

表 6-2 Triangle 类成员及说明

类 成 员	说 明
-a : double，-b : double，-c : double	Triangle 类的 3 个字段，分别表示三角形的 3 条边长
+Triangle(double a, double b, double c) throws IllegalTriangleException	Triangle 类的构造方法，当不符合任意两边之和大于第三边条件时抛出 IllegalTrangleException 自定义异常
+getArea() : double	用于根据 3 条边长获取三角形面积的方法

要求当用户通过 Triangle 类的构造方法创建三角形对象时，若不符合“任意两边之和大于第三边”条件时抛出 IllegalTrangleException 自定义异常。IllegalTrangleException 类成员见表 6-3。

表 6-3 IllegalTriangleException 类成员及说明

类 成 员	说 明
-a : double，-b : double，-c : double	类的 3 个字段，分别表示三角形的 3 条边长
+IllegalTriangleException(int a, int b, int c)	可以为 3 条边长字段赋值的、类的构造方法
+toString : String	重写从 Object 类继承来的 toString()方法，用于返回具体的异常信息

在主方法中编写代码，接收用户输入的 3 条边长值，通过 try…catch 语句捕获并处理 IllegalTriangle Exception 异常，在控制台窗格显示异常信息，未发生异常时则在控制台窗格中显示该三角形的面积值。程序运行结果如图 6-7 所示。

```
控制台 ☒
<已终止> SX6 [Java 应用程序] C:\Program Files\Java\
请输入三角形的3条边长（用空格分隔）：1 5 7
边长 1.0，5.0，7.0无法组成有效的三角形
请重新输入：3 4 5
三角形面积为：6.0
```

图 6-7 程序运行结果

6.4.3 实训步骤

在 Eclipse 环境中创建一个 Java 应用程序项目 SX6，向项目中添加主类 SX6 并创建主方法。

1．定义 IllegalTriangleException 类

在主类文件 SX6.java 中编写如下所示的 IllegalTriangleException 类代码。

```
//继承于 Exception 类的 IllegalTriangleException 类
class IllegalTriangleException extends Exception{
    private double a, b, c;    //表示 3 条边长的字段
    public IllegalTriangleException(double a, double b, double c) {    //构造方法
        this.a = a;
        this.b = b;
        this.c = c;
    }
    public String toString() {        //重写 toString()方法
        return "边长 " + a + "，" + b + "，" + c + "无法组成有效的三角形";
    }
}
```

2．定义 Triangle 类

在主类文件 SX6.java 中编写如下所示的 Triangle 类代码。

```
class Triangle{
    private double a, b, c;   //构造方法
    //在构造方法声明语句中声明可能会抛出的异常类 IllegalTriangleException
    public Triangle(double a, double b, double c) throws IllegalTriangleException{
    if(a + b > c && b + c > a && c + a > b) {  //如果任意两边和大于第三边
        this.a = a;
        this.b = b;
        this.c = c;
    }
    else   //否则抛出 IllegalTriangleException 异常
        throw new IllegalTriangleException(a, b, c);
    }
    public double getArea() {      //用于计算三角形面积的 getArea()方法
        double p = (a + b + c) / 2.0;
        double s = Math.sqrt(p * (p - a) * (p - b) * (p - c));
        return s;
    }
}
```

3．编写主方法代码

编写如下所示的主方法代码。

```
import java.util.Scanner;       //导入 Scanner 类
public class SX6 {              //主类
    public static void main(String[] args) {          //主方法
        Scanner val = new Scanner(System.in);         //声明一个 Scanner 对象
        System.out.print("请输入三角形的 3 条边长（用空格分隔）：");
        while(true){          //建立一个死循环，只有正确输出了三角形面积后才能退出
            double a = val.nextDouble();              //读取用户输入的 3 条边长值
            double b = val.nextDouble();
            double c = val.nextDouble();
            try {     //创建 Triangle 类对象时可能会发生异常，故要将其放在 try 语句块中
                Triangle t = new Triangle(a, b, c);
                //调用计算面积的 getArea()方法
                System.out.println("三角形面积为：" + t.getArea());
                break;            //结束应用程序的运行
            }
            catch(IllegaTriangleException ex) {   //捕获并处理 IllegaTriangleException 异常
                System.out.println(ex.toString()); //显示异常信息
                System.out.print("请重新输入：");
            }
        }
        val.close();          //关闭 Scanner 对象
    }
}
```

第7章　输入/输出与文件管理

任何一个应用程序都离不开数据的输入（Input）和输出（Output）。输入的是原始数据，输出的是加工、处理后的数据。也就是说，应用程序实际上就是一个数据加工厂。原始数据可以来自键盘输入、文件、网络或其他数据源，这些数据以二进制数据流的形式被应用程序读取（接收），经加工处理后再以二进制数据流的形式传送到屏幕、文件、网络或其他输出设备。

文件管理指的是对文件、文件夹的各种操作，如创建、读写、复制、移动、删除以及获取文件或文件夹的相关信息等。

7.1　Java的I/O系统

Java 提供了大量用于实现输入/输出的类，这些类包含在 java.io 包中。使用这些类可以方便地实现各类输入/输出操作和对文件及文件夹的管理。

7.1.1　流的概念

通常将计算机各部件之间的数据传输形象地比作“流”（Stream），按照数据的流动方向可以将流分为输入流和输出流，按照数据的内容可将流分为字节流和字符流。由于计算机中所有数据都是以二进制的形式表示的，所以无论是字节流还是字符流中的数据都是二进制的，只是字符流中的数据多出了一个字符的编码和解码环节。

1．输入/输出流

Java 将不同类型的输入/输出源（如键盘、屏幕、文件、网络等）向应用程序传送数据或将数据由应用程序传递给各类终端的过程称为输入流或输出流，它是应用程序接收或发送数据的一个通道。输入流用于从数据源中读取数据，输出流用于向终端写入数据。

采用数据流来处理数据的输入/输出可以使程序的输入/输出操作独立于相关设备，每个设备的实现细节由系统执行完成，在程序中不需要关心这些具体的过程，实现了对任何设备的输入/输出只要针对流做相应的处理即可，大大地增强了程序的可移植性。

2．缓冲流

数据流的传输过程中可能会遇到发送和接收方处理数据的速度不匹配的情况。例如，将数据写入文件时发送文件的速度用高于写数据到磁盘文件的速度，这就使得高速一方必须等待，造成系统资源的浪费。为了解决这一问题，Java 在每一个流作业的发送方和接收方之间建立一个内存缓冲区（Buffer），发送方将数据发送到该缓冲区，当缓冲区满时再将数据传送给接收方。缓冲区的概念被引用后，数据传输的过程变成了“将数据写入缓冲流”和“从缓冲流中读取数据”两种类型的操作。

3．字节流与字符流的区别

字节流与字符流的主要区别在于两者处理信息的基本单位不同。字节流也称为二进制字节流，它将数据以一个字节（Byte）为单位进行分组，每次可以读写 8 位二进制数。但这些数据对字节流来说，只是纯粹的二进制数，不代表任何含义。也就是说字节流只能按照二进制原始的方式对数据进行读写，不能分解、重组或理解这些数据。

字符流是针对字符数据的特点进行过优化的，每次可以读写一个字符。由于字符流的读写对象是一个有确定意义的字符，所以它包含了一些面向字符的有用特征。字符流的源或目标端通常是文本文件。Eclipse 中默认使用 GBK 编码方案处理应用程序中的字符，每个字符用两个字节（16 位）二进制数表示。

7.1.2 Java 的输入/输出类库

如图 7-1 所示，Java 的 I/O 体系由字节输入流（InputStream 类）、字节输出流（Output Stream 类）、字符输入流（Reader 类）、字符输出流（Writer 类）以及非流式文件操作（File 类和 RandomAccessFile 类）等部分组成。这些类包含在 java.io 包中，且各个类下面大都又包含了若干个用于实现不同功能的子类。

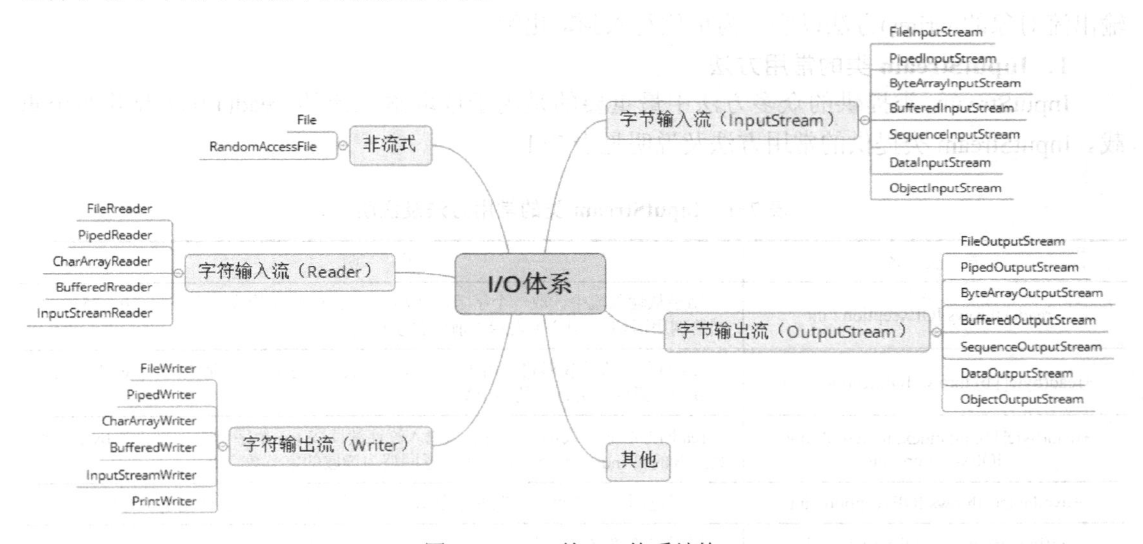

图 7-1　Java 的 I/O 体系结构

Java 的 I/O 体系中 InputStream、OutputStream、Reader 和 Writer 是最基本的 4 个抽象类，使用时应注意以下几个问题。

1）InputStream 和 OutputStream 类可以用来处理文件，但它们更适合用来处理图片、音频、视频、经过编译的可执行文件等二进制数据。

2）由于字节流的所有相关类中的所有方法都声明为抛出 java.io.IOException 异常或其子类，而且该异常又是必须处理的受检查型异常，所以在使用字节流相关类的方法中应使用 try…catch…finally 语句捕获并处理异常，或将该异常通过 throws 语句继续抛出。

3）Reader、Writer 是用来处理字符流的，其操作对象主要是文本文件。

由于上述 4 个基本类都是抽象类，所以它们都不能直接被使用，对不同类型的数据处理通常需要使用它们的子类。如 FileInputStream 和 FileReader 以及 FileOutputStream 和 FileWriter 等。

7.2 字节流

InputStream 类和 OutputStream 类是处理字节流的输入/输出顶级抽象类。它们各自都有一些用于特定场合的子类，通过这些子类及其提供的各种方法可以实现对二进制数据的读写操作。

7.2.1 InputStream 和 OutputStream 类

当应用程序需要从外部（如键盘、磁盘文件等）读取数据时，应当创建一个适当类型的输入流对象（InputStream 类的某个子类对象）来完成与外部的连接，而后通过输入流对象的 Read()方法从数据源中按字节读取数据。

当应用程序需要将某些数据写入外部设备（如磁盘文件、屏幕、网络等）时，应当创建一个适当的输出流对象（OutputStream 类的某个子类对象）来完成与外部的连接，而后通过输出流对象的 write()方法以字节为单位写入到输出流。

1．InputStream 类的常用方法

InputStream 类提供的众多方法中最重要的是用于读取输入流的 read()方法及其两个重载。InputStream 类提供的常用方法及说明见表 7-1。

表 7-1 InputStream 类的常用方法及说明

方 法 名	说 明
+read() throws IOException : int	用于从输入流中读取一个字节，在高位添加 8 个 0 构成一个整数（0～255）返回给调用语句。返回-1 表示当前位置没有数据
+read(byte[] b) throws IOException : int	read()方法的重载形式。用于从输入流读取一个字段，并存储在 byte 类型的数组 b 中。返回值为读取的字节数
+read(byte[] b, int index, int len) throws IOException : int	read()方法的重载形式。用于从输入流连续读取 len 个字节，并存储在 byte 类型数组 b 的第 index+1 个元素位置。返回值为读取的字节数
+available() throws IOException : int	用于返回输入流可以读取的字节数。通常用来判断是否已读完了所有数据
+skip(long n) throws IOException : long	用于将读取位置指针向后移动 n 个字节。返回值为实际跳过的字节数
+mark(int readlimit) throws : void	用于标记当前指针的位置。从输入流中读取了 readlimit 个字节后该标记失效
+reset() throws IOException : void	用于使位置指针返回到 mark()方法指定的标记处
+close() throws IOException : void	关闭输入流与外部数据源的连接，并释放占用的系统资源

需要注意的是，InputStream 类提供的所有方法都声明了抛出 IOException 受检查类型的异常，所以在使用该类对象时应当捕获和处理该异常或将异常继续抛出。

2．OutputStream 类的常用方法

OutputStream 类提供的众多方法中最常用的是用于将数据以字节为单位写入输出流的 write()方法及其两个重载。OutputStream 类提供的常用方法及说明见表 7-2。

表 7-2　OutputStream 类的常用方法及说明

方 法 名	说 明
+write(int b) throws IOException : void	用于将参数 b 的低位字节写入输出流
+write(byte[] b) throws IOException : void	用于将 byte 类型数组 b 的全部字节依次写入输出流
+write(byte[] b, int index, int len) throws IOException : void	用于将从 byte 类型数组 b 的第 index+1 个元素开始的 len 个元素依次写入输出流
+flush() throws IOException : void	用于强制清空缓冲区，将所有数据写入外部设备或文件
+close() throws IOException: void	用于关闭输出流，并释放占用的系统资源

与 InputStream 类提供的方法相同，OutputStream 类提供的所有方法也都声明了抛出 IOException 异常。所以，在使用 OutputStream 类对象的方法中应当使用 try…catch…finally 语句捕获并处理该异常或者将异常继续抛出。

7.2.2　输入/输出流的应用

由于 InputStream 类和 OutputStream 类都是抽象类，故它们不能在程序中通过 new 关键字创建其实例对象。通常需要根据实际数据源类型和输出设备类型，通过 InputStream 类和 OutputStream 类的不同子类来实现字节流的输入和输出操作。

1．文件输入/输出流

FileInputStream 类和 FileOutputStream 类是 InputStream 类最常用的两个子类，通过两者配合可以实现对本地磁盘文件的顺序输入和输出操作。

（1）FileInputStream 的构造方法

FileInputStream 类的构造方法及说明见表 7-3。

表 7-3　FileInputStream 类的构造方法及说明

构 造 方 法	说 明
+FileInputStream(String fname) throws FileNotFoundException	以 fname 表示的文件路径为数据源建立文件输入数据流
+FileInputStream(File f) throws FileNotFoundException	以 File 类对象 f 为数据源建立文件输入流
+FileInputStream(FileDescriptor fObj) throws FileNotFoundException	以 FileDescriptor 类对象 fObj 表示的文件描述符为数据源建立文件输入流

【演练 7-1】 通过 FileInputStream 类读取文本文件中的数据，并将 read()方法的返回值显示到控制台窗格。设文本文件 test.txt 存储在 D 盘根目录下，其内容如图 7-2 所示。程序运行结果如图 7-3 所示。

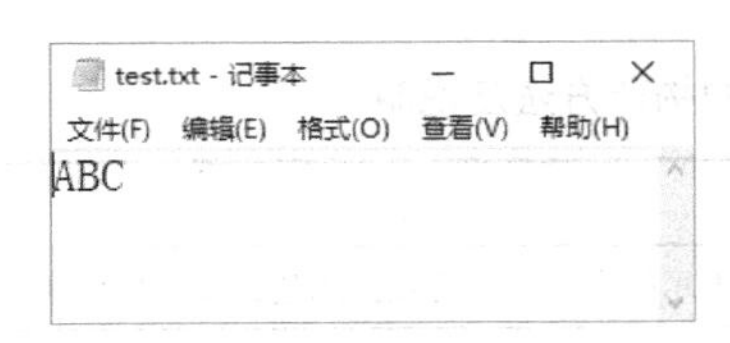

图 7-2　text.txt 的内容

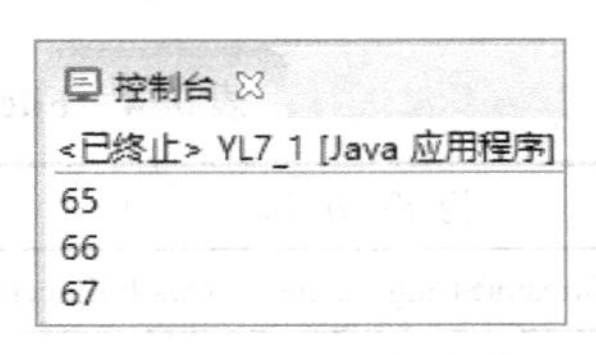

图 7-3　程序运行结果

程序设计步骤如下。

1）在 Eclipse 环境中创建一个 Java 应用程序项目 YL7_1，向项目中添加主类和主方法。

2）按如下所示编写程序代码。

```
import java.io.*;                              //导入 java.io 包
public class YL7_1 {                           //主类
    public static void main(String[] args) {   //主方法
        FileInputStream fin = null;            //创建一个 FileInputStream 类对象 fin，并初始化
        try{
            //由于 FileInputStream 类的构造方法声明了抛出 FileNotFoundException 异常
            //故创建 FileInputStream 类对象的语句应当放置在 try 语句中
            fin = new FileInputStream("d:\\test.txt");    // “\” 为转义符
            while(fin.available() != 0){             //available()方法用于返回还有多少可读字节
                //read()方法从数据源中读取一个字节的二进制数，并在高位补 8 个 0
                //再转换成一个十进制整数后返回给调用语句
                System.out.println(fin.read());      //依次输出的是 ABC 三个字母的 ASCII 值
            }
        }
        catch(FileNotFoundException ex){             //捕获异常
            System.out.println(ex.toString());       //显示异常信息
        }
        finally {
            try {
                fin.close();     //close()方法也声明了抛出异常，故也需要放置在 try 结构中
            }
            catch(IOException ex) {
                System.out.println(ex.toStrng());
            }
        }
    }
}
```

测试和思考：若将 test.txt 文件的内容改为“AB 我”，则再次运行程序时输出结果如图 7-4 所示。为什么？要求通过这个测试和思考，进一步理解计算机编码的概念。

控制台
<已终止> YL7_1 [Java 应用程序]
65
66
206
210

图 7-4　test.txt 内容为“AB 我”时的输出结果

（2）FileOutputStream 类的构造方法

FileOutputStream 类的构造方法及说明见表 7-4。

表 7-4　FileOutputStream 类的构造方法及说明

构造方法	说明
+FileOutputStream(String fname) throws IOException	以 fname 表示的文件路径为数据源建立文件输出数据流
+FileOutputStream(String fname, boolean append) throws IOException	以 fname 表示的文件路径为数据源建立文件输出数据流。若 append 参数为 true 则表示写入采用追加方式，否则采用覆盖方式
+FileOutputStream(File f) throws IOException	以 File 类对象 f 为数据源建立文件输出流

（续）

构 造 方 法	说　　明
+FileOutputStream(FileDescriptor fObj) throws IOException	以 FileDescriptor 类对象 fObj 表示的文件描述符为数据源建立文件输出流

可以看出 FileInputStream 和 FileOutputStream 类的所有方法都声明了抛出受检查类型的异常（FileNotFoundException，表示指定的文件没有找到，它是 IOException 异常类的一个子类），在使用 FileInputStream 或 FileOutputStream 类的方法中应当捕获并处理这些异常，或通过 throws 语句将异常继续抛出。

【演练 7-2】 使用 FileInputStream 和 FileOutputStream 类实现 JPG 格式图片文件的复制。图片文件实际上就是一种二进制格式的文件，可以通过 FileInputStream 类提供的 read()方法依次将源文件中的所有字节读取出来，并通过 FileOutputStream 类提供的 write()方法依次将这些字节写入目标文件即可实现图片文件的复制。在这个字节流的读写过程中，程序完全不用关心读到的二进制数据代表的是什么，仅需要严格按顺序执行一读一写即可。

程序设计步骤如下。

1）在 Eclipse 环境中新建一个 Java 应用程序项目 YL7_2，向项目中添加主类和主方法。

2）按如下所示编写主方法的代码。

```
import java.io.*;           //导入 java.io 包
public class YL7_2 {    //主类
    public static void main(String[] args) {    //主方法
        FileInputStream fin = null;              //创建文件输入流对象
        FileOutputStream fout = null;            //创建文件输出流对象
        //由于 FileInputStream 和 FileOutputStream 的所有方法均声明了抛出异常，
        //故调用这些方法时要将调用语句放在 try 语句块中，否则将出现编译错误
        try {
            fin = new FileInputStream("d:\\1.jpg");          //将输入流与源图片关联
            //将输出流与目标图片关联，此时目标文件尚不存在
            fout = new FileOutputStream("d:\\2.jpg");
            byte [] b = new byte[1024];              //创建 byte 类型的数组 b，包含 1024 个元素
            int len = 0;
            while((len = fin.read(b)) != -1) {
                fout.write(b, 0, len);               //参阅 write()方法的说明
            }
            System.out.println("图片复制成功");
        }
        catch (IOException ex) {
            System.out.println(ex.toString());
        }
        finally {
            try {
                if(fin != null)              //若 fin 对象尚未关闭
                    fin.close();
            }
```

```
                catch (IOException ex) {
                    System.out.println(ex.toString());
                }
                try {
                    if(fout != null)                //若 fout 对象尚未关闭
                        fout.close();
                }
                catch (IOException ex) {
                    System.out.println(ex.toString());
                }
            }
        }
    }
```

需要说明的是，FileInputStream 和 FileOutputStream 类的主要处理对象是二进制文件，一般不要用于处理文本文件。例如，在实际应用中通常会使用字节流相关类实现对二进制文件（如.exe 文件或.dll 文件等）的扫描，以判断文件中是否包含有某个特征码（按某种特定顺序组成的二进制编码），进而得出结论即该文件是否包含有某种病毒。

2．过滤输入/输出流

过滤输入/输出流 FilterInputStream 和 FilterOutputStream 抽象类分别实现了在二进制数据进行读写操作的同时进行类型转换。FilterInputStream 和 FilterOutputStream 是 InputStream 和 OutStream 类的两个直接子类。此外，FilterInputStream 和 FilterOutputStream 类还拥有 DataInputStream、DataOutputStream 等子类。

过滤输入/输出流的主要特点是，它建立在 InputStream 和 OutputStream 基本输入/输出流的基础上，并在输入/输出数据的同时对所传输的数据按指定类型或格式进行转换。例如，某二进制文件中存储有一系列的 int 类型数据（4 个字节），若按基本输入/输出流方式进行读写，则每次只能处理一个字节，很不方便。这种情况下可以考虑使用 DataInputStream 和 DataOutputStream 类进行数据的读写。图 7-5 所示的是使用 DataInputStream 类实现 int 类型数据读取操作的示意。

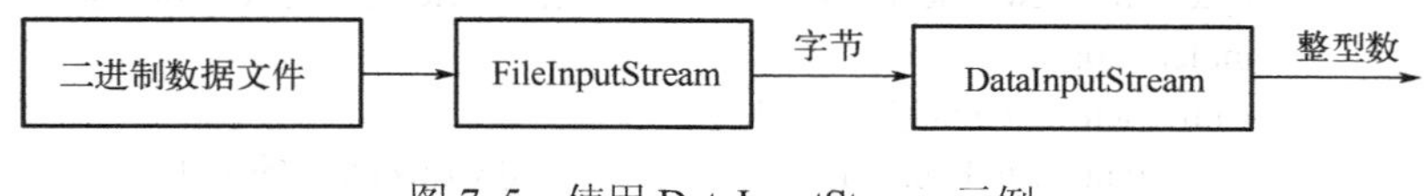

图 7-5　使用 DataInputStream 示例

DataInputStream 和 DataOutputStream 类的构造方法格式如下所示。

```
DataInputStream 对象名 = new DataInputStream(输入流类对象);
DataOutputStream 对象名 = new DataOutputStream(输出流对象);
```

DataInputStream 和 DataOutputStream 类的常用方法及说明见表 7-5 和表 7-6。需要注意的是 DataInputStream 和 DataOutputStream 类提供的所有方法都声明了抛出受检查型的 IOException 异常，所以调用这些方法时需要将语句写在 try…catch 结构中，或继续抛出该异常交由上一级的方法进行异常处理。

表 7-5 DataInputStream 类的常用方法及说明

方 法 名	说 明
+readByte() throws IOException: byte	从流中读取一个字节，返回该字节的值
+readChar() throws IOException : char	从流中读取两个字节，并转换成对应 Unicode 编码的字符，返回值为该字符
+readUTF() throws IOException : String	从流中读取一个 UTF-8 格式的字符串
+readInt() throws IOExceptio : intn	从流中读取一个 4 字节整型数
+readDouble() throws IOException : double	从流中读取一个 8 字节的 double 类型数据
+readFloat() throws IOException : float	从流中读取一个 4 字节的 float 类型数据

表 7-6 DataOutputStream 类的常用方法及说明

方 法 名	说 明
+writeByte(int val) throws IOException : void	向流中写入一个字节，写入 val 的低 8 位，其余部分丢弃
+writeChar(int val) throws IOException : void	向流中写入两个字节，写入 val 的最低两个字节，其余部分丢弃
+writeUTF(String s) throws IOException : void	向流中写入一个 UTF-8 格式的字符串
+writeInt(int val) throws IOException : void	向流中写入 val 值的二进制编码（4 个字节）
+writeDouble(double val) throws IOException : void	向流中写入 val 值的二进制编码（8 个字节）
+writeFloat(float val) throws IOException : void	向流中写入 val 值的二进制编码（4 个字节）

【演练 7-3】 过滤字节流应用示例。具体要求如下。

1）使用 DataOutputStream 类设计一个 filterOut(int x, double y, String z)方法，该方法能将一组不同类型的数据（int、double、String）写入二进制文件 test.dat 中。方法的返回值为“数据写入成功”或出现异常的相关信息。

2）使用 DataInputStream 类设计一个无参数，无返回值的 filterIn()方法，该方法能将上述二进制文件 test.dat 中的数据读取并显示到控制台窗格中。

3）编写测试代码检验上述两个方法设计的正确性，程序运行结果如图 7-6 和图 7-7 所示。由于 test.dat 文件是二进制格式的，其中的数据无论是 int、double 还是 String 类型的都是以二进制编码的形式保存的，所以在记事本中以文本文件的方式打开文件后，看到的 int 和 double 数据是一些乱码（被当成字符按 UTF-8 编码进行了转换）。

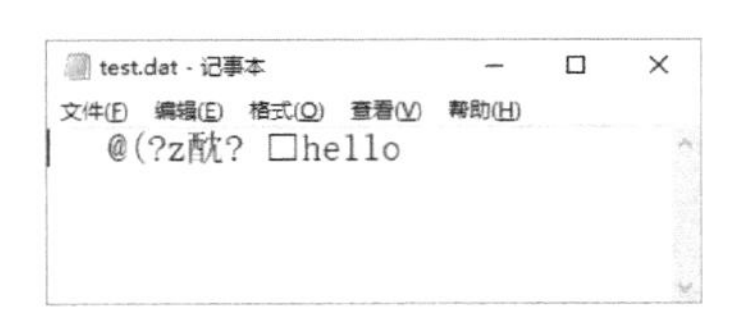

图 7-6 test.dat 文件的内容

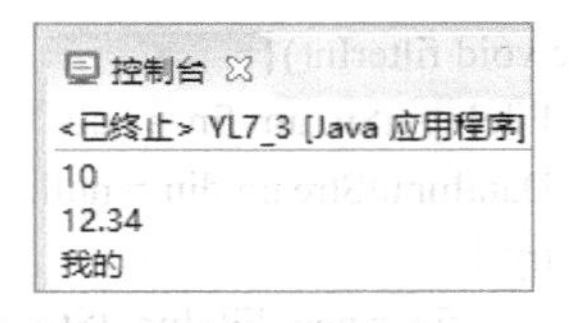

图 7-7 从 test.dat 中读出的内容

程序设计步骤如下。

1）在 Eclipse 环境中创建一个 Java 应用程序项目 YL7_3，向项目中添加主类和主方法。在主类之外添加对外部类的引用。

```
import java.io.*    //引入 java.io 包中所有类
```

2）按要求在主类中创建可以在主方法中被调用的、静态的、用于向二进制文件 test.dat 写入数据的 filterOut()方法和用于读取 test.dat 文件的 filterIn()方法。

filterOut()方法的代码如下所示。

```
static String filterOut(int x, double y, String z) {        //方法从调用语句接收 3 个不同类型的参数
    FileOutputStream fout = null;                           //声明一个文件输出流对象 fout
    DataOutputStream dout = null;                           //声明一个数据输出流对象 dout
    //由于文件输出流和数据输出流均声明了抛出 IOException 异常，故语句应当放在 try 结构中
    try {
        fout = new FileOutputStream("d:\\test.dat");            //指定要操作的目标文件
        dout = new DataOutputStream(fout);                      //以 fout 对象为基础创建 dout 对象
        dout.writeInt(x);               //向输出流中写入一个 int 类型的数据
        dout.writeDouble(y);            //向输出流中写入一个 double 类型的数据
        dout.writeUTF(z);               //向输出流中写入一个字符串（UTF 编码）
        return "数据写入成功";
    }
    catch(IOException ex) {             //捕获并处理异常
        return ex.toString();
    }
    finally {
        //由于 FileOutputStream 类的 close()方法声明了 IOException 异常故语句要写在 try 结构中
        try {
            if(fout != null)            //如果 fout 对象尚未关闭
                fout.close();           //关闭 fout 对象
            if(dout != null)
                dout.close();
        }
        catch(IOException ex) {
            System.out.println(ex.toString());
        }
    }
}
```

filterIn()方法的代码如下所示。

```
static void filterIn(){
    FileInputStream fin = null;
    DataInputStream din = null;
    try {
        fin = new FileInputStream("d:\\test.dat");
        din = new DataInputStream(fin);
        System.out.println(din.readInt());
        System.out.println(din.readDouble());
        System.out.println(din.readUTF());
    }
    catch(IOException ex) {
        System.out.println(ex.toString());
```

```
        }
        finally {
            try {
                if(fin != null)
                    fin.close();
                if(din != null)
                    din.close();
            }
            catch(IOException ex) {
                System.out.println(ex.toString());
            }
        }
    }
```

主方法中的两条语句可以分开执行。首先执行写入语句，观察运行结果后将写入语句注释掉，再执行读取语句。用于测试方法正确性的主方法的代码如下所示。

```
public static void main(String[] args) {
    //调用 filterOut()方法，将 3 个不同类型的数据写入 test.dat 文件
    System.out.println(filterOut(10, 12.34, "我的"));
    filterIn();    //调用 filterIn()方法，读取 test.dat 文件中的数据并显示到控制台窗格

}
```

3．标准输入/输出流

为了方便程序对键盘输入和屏幕输出进行操作，Java 在 java.lang.System 包中提供了 System.in、System.out 和 System.err 三个静态流对象。其中 System.in（静态输入流对象）和 System.out（静态输出流对象），已多次在前面的演练中使用过。System.err 对应于标准错误输出设备（通常指显示器），它指定了程序运行时产生的错误信息的输出位置。

7.3 字符流

前面介绍的 InputStream 和 OutputStream 类主要用来对二进制字节流进行读写操作，是针对二进制文件的。针对文本文件的字符流读写则需要使用本节介绍的 Reader 和 Writer 抽象类。Reader 和 Writer 抽象类分别用于读取字符流和将字符流写入文本文件，由于这两个类是抽象的，所以在实际应用中不能直接被使用，而需要通过它们的子类来创建相应的对象，进而实现对文本文件的读写操作。

Reader 抽象类的常用直接子类有 InputStreamReader、BufferedReader、CharArrayReader、FilterReader、PipedReader 和 StringReader 等。

Writer 抽象类的常用直接子类有 OutputStreamWriter、BufferedWriter、CharArrayWriter、FilterWriter、PipedWriter 和 StringWriter 等。

7.3.1 使用 FileReader 和 FileWriter 类

FileReader 和 FileWriter 类分别是继承于 Reader 和 Writer 抽象类的 InputStreamReader 和

OutputStreamWriter 类的子类。

1．FileReader 类

创建一个 FileReader 类对象的语法格式如下：

FileReader 对象名 = new FileReader(文件名);

例如，下列语句，创建了一个与文本文件 d:\1.txt 关联的 FileReader 类对象 fr。

```
FileReader fr = new FileReader("d:\\1.txt");
```

需要注意的是，FileReader 类的构造方法抛出有 FileNotFoundException 异常，所以在使用 new 关键字创建 FileReader 类对象时，应当将语句置于 try…catch 结构中或使用 throw、throws 语句将异常继续抛出。

FileReader 类的常用方法见表 7-7。

表 7-7 FileReader 类的常用方法及说明

方 法 名	说 明
+read() throws IOException : int	从输入流中读取一个字符。read()方法的返回值为读取的字符数
+read(char[] c) throws IOException : int	从输入流中读取最多 c.lengh 个字符存入字符数组 c 中
+read(char[] c, int index, int len) throws IOException : int	从输入流中读取最多 len 个字符，存入字符数组 c 从 index 开始的位置
+skip(long n) throws IOException : long	将当前指针位置向后移动 n 个字符
+reset() throws IOException : void	将当前指针复位到流的开始处
+close() throws IOException : void	关闭字符输入流

2．FileWriter 类

创建一个 FileWriter 类对象的语法格式如下：

FileWriter 对象名 = new FileWriter(文件名[, 布尔型变量]);

其中，可选项布尔型变量为 true 时，表示将要写入的内容追加到文件的尾部，也就是以追加方式向文件中写入新内容。省略该项表示以改写方式向文件中写入新内容。

FileWriter 类的常用方法见表 7-8。

表 7-8 FileWriter 类的常用方法及说明

方 法 名	说 明
+writer(int code) throws IOException : void	将使用 ASCII 码 code 表示的字符写入流
+writer(String s) throws IOException : void	将字符串 s 写入到流
+writer(char[] c) throws IOException : void	将一个字符数组 c 写入到流
+writer(char[] c, int index, int len) throws IOException : void	将字符数组 c 从 index 开始的 len 个字符写入到流
+flush() throws IOException : void	将缓冲区中的数据写入到流
+close() throws IOException : void	关闭字符输出流

【演练 7-4】创建一个 String copy(String s, String t)方法，该方法从调用语句接收一个表

示源文件路径及名称的 String 类型参数 s 和一个表示目标文件路径及名称的 String 类型参数 t。方法执行后，可将源文件中所有内容复制到目标文件中，返回值为一个表示复制了多少个段落的数字字符串或出现的异常信息。文件的读写操作要求通过 FileReader 和 FileWriter 类来实现。程序运行结果如图 7-8 所示。

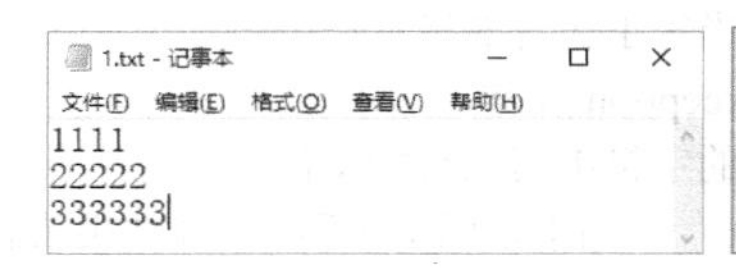

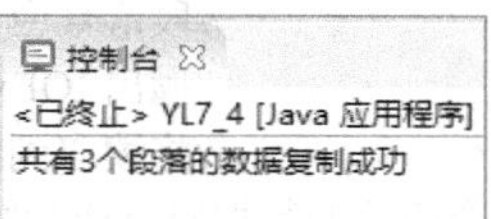

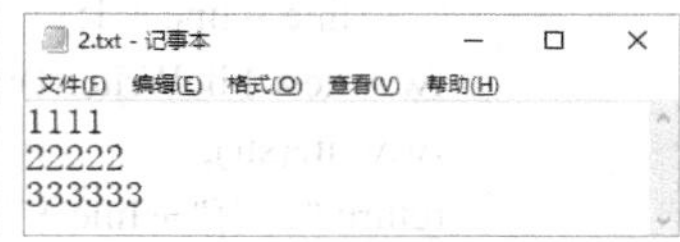

图 7-8　程序运行结果

程序设计步骤如下。

1）文件内容复制的实现。分别创建与源文件和目标文件关联的 FileReader 对象 fr 和 FileWriter 对象 fw。调用 fr 对象的 Read()方法读取源文件中的数据到一个 String 类型的变量中，而后调用 fw 对象的 writer()方法将数据写入到目标文件即可。

2）源文件中段落数统计的实现。文本文件中段落的关键标志是'\r\n'（一个 ASCII 为 13 的回车符跟随一个 ASCII 为 10 的换行符），所以在一般情况下判断文件中包含有多少个段落，只需要统计一下有多少个'\n'（换行符）即可。但有一种特殊的情况，也就是文件中最后一个段落结尾处没有回车符和换行符。对于这种情况可以通过判断最后一个换行符是否出现在文件结尾来确定。总而言之，若最后一个换行符出现在文件的结尾（通过最后一个换行符的位置与文件中包含的字符数进行比较来判断），则包含换行符的个数就是段落数；否则，段落数应当是换行符个数加 1。

3）在 Eclipse 环境中新建一个 Java 应用程序项目 YL7_4，向项目中添加主类和主方法。首先需要在主类代码的上方使用下列语句向项目中添加对 FileReader 和 FileWriter 类的引用。

```
import java.io.FileReader;
import java.io.FileWriter;
```

在主类中按如下所示编写 copy()方法的代码。

```
//copy()方法需要在主方法中被调用测试，故需要使用 static 修饰符
static String copy(String s, String t) {
    FileReader fr = null;
    FileWriter fw = null;
    char[] c = new char[500];              //用于存储从源文件中读取的字符（最多 500 个字符）
    try {
        fr = new FileReader(s);            //抛出 FileNotFoundException 异常
        //调用 read()方法读取源文件，并将读取的数据存储在字符数组 c 中
        int num = fr.read(c);              //抛出 IOException 异常，num 中得到读取的字符数
        int line = 0;                      //用于存储包含的段落数
        for(int code : c){                 //遍历字符数组，code 中存储的是对应字符的 ASCII 码
            if(code = = 0)                 //code 为 0，表示是一个未使用的数组元素
                break;                     //退出循环
```

```
            if(code == 10)                  //字符的 ASCII 码为 10，表示换行符'\n'
                line = line + 1;            //统计有多少个换行符
        }
        String str = new String(c, 0, num);    //将字符数组转换成字符串
        if(num != str.lastIndexOf('\n') + 1)   //如果最后一个换行符不在文件的结尾处
            line = line + 1;                   //段落数应当等于包含的换行符个数加 1
        fw = new FileWriter(t);                //抛出 IOException 异常
        fw.write(str);                         //将读取到的字符串写入目标文件
        return "共有" + line + "个段落的数据复制成功";     //向调用语句返回处理结果信息
    }
    catch(Exception ex){                       //捕获和处理异常
        return ex.toString();                  //若出现异常，则返回相关的异常信息
    }
    finally{
        //fr 和 fw 对象的 close()方法抛出 IOException 异常，故要将语句写在 try…catch 结构中
        try{
            fr.close();
            fw.close();
        }
        catch(IOException ex){
            System.out.println(ex.toString());
        }
    }
}
```

4）按如下所示编写测试代码。

在主方法框架中编写如下所示的测试代码。

```
public static void main(String[] args) {
    //调用 copy()方法。运行测试代码前应保证 1.txt 中已写入了一些用于测试的内容
    String msg = copy("d:\\1.txt", "d:\\2.txt");
    System.out.println(msg);       //将 copy()方法的返回值显示到控制台窗格
}
```

需要注意的是，FileReader 和 FileWriter 类对象的 read()、writer()、close()方法以及 FileReader 和 FileWriter 类的构造方法分别抛出 IOException 和 FileNotFoundException 异常，所以必须将相关语句放置在 try…catch 结构中。

7.3.2 BufferedReader 和 BufferedWriter 类

由于计算机内存的运行速度远高于磁盘的读写速度，导致从文件到计算机的输入流和从计算机到磁盘的输出流存在较明显的效率问题。为了解决这一问题，Java 使用了一种称为“缓冲区”的解决方案。所谓缓冲区实际上是计算机内存中开辟的一块区域，无论是输入还是输出流都不直接与源文件或目标文件建立关系。输入数据从源文件中被读取到缓冲区，而后再由缓冲区读取到计算机内存。输出数据同样是被写入到缓冲区，当缓冲区填满或接到清空缓冲区的命令时，再将这些数据写入目标文件。BufferedReader 和 BufferedWriter 类就是通

过缓冲区实现字符流读写操作的两个类。

1．BufferedReader 类

创建一个 BufferedReader 类对象的语法格式如下：

```
BufferedReader 对象名 = new BufferedReader(字符输入流对象[, 缓冲区大小]);
```

例如，下列语句创建了一个与 d:\1.txt 关联的 BufferedReader 类对象 bfr，缓冲区大小取默认值。

```
FileReader fr = new FileReader("d:\\1.txt");      //通过 FileReader 类创建一个字符输入流对象 fr
BufferedReader bfr = new BufferedReader(fr);  //通过 fr 对象创建 BufferedReader 对象 bfr
```

也可以通过匿名 FileReader 类对象创建 BufferedReader 类对象，例如：

```
BufferedReader bfr = new BufferedReader(new FileReader("d:\\1.txt"));
```

BufferedReader 类与前面介绍过的 FileReader 类都继承于 Reader 类，所以它们所拥有的方法也基本相同。只是 BufferedReader 类拥有一个更为方便的无参数 ReadLine()方法。该方法用于读取当前指针所在行的内容，并将其作为 String 类型的返回值返回给调用语句。

2．BufferedWriter 类

创建一个 BufferedWriter 类对象的语法格式为：

```
BufferedWriter 对象名 = new BufferedWriter(字符输出流对象[, 缓冲区大小]);
```

例如，下列语句创建了一个与 d:\2.txt 关联的 BufferedWriter 类对象 bfw，缓冲区大小取默认值。

```
FileWriter fw = new FileWriter("d:\\2.txt");
BufferedWriter bfw = new BufferedWriter(fw);
```

下列语句通过匿名 FileWriter 类对象创建了一个 BufferedWriter 类对象。

```
BufferedWriter bfw = new BufferedWriter(new FileWriter("d:\\2.txt"));
```

BufferedWriter 类与 FileWriter 类相同，都继承于 Writer 类。它也是通过 writer()方法将数据写入缓冲区。此外，BufferedWriter 类提供一个用于向缓冲区写入一个回车符的 newLine()方法，调用该方法表示要开始一个新的段落。

【演练 7-5】 如图 7-9 所示，teacher.txt 中保存有某学校所有教师的工号和姓名数据（共 20 人）。现要求编写一个 Java 应用程序，能根据用户输入的人数从 d:\teacher.txt 中随机抽取监考教师，并将抽取结果保存到 d:\invigilator.txt 中，效果如图 7-10 所示。文件的读写操作要求使用 BufferedReader 类和 BufferedWriter 类来实现。

程序设计步骤如下。

1）设计思路分析：要实现设计目标可按如下所示的 3 个步骤进行程序设计。

① 读取 teacher.txt 中所有数据到一个 ArrayList 对象 list 中。

② 调用 Collections 类的 shuffle()方法对 list 进行随机排序。

③ 将随机排序后的 list 对象的前 n 个元素输出到控制台窗格和目标文件 d:\invigilator.txt。

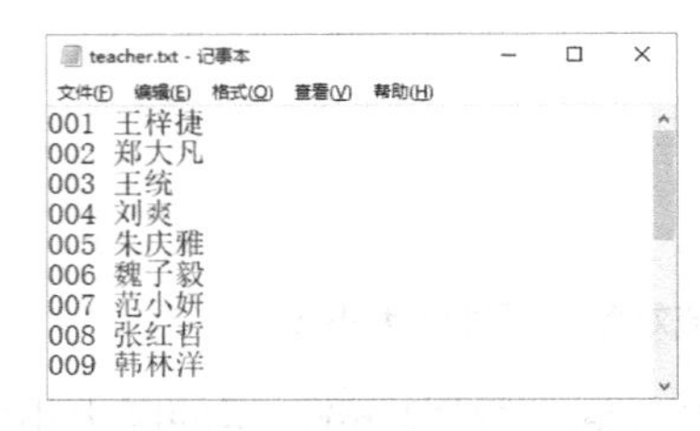

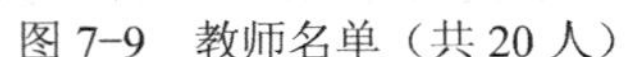
图 7-9 教师名单（共 20 人）

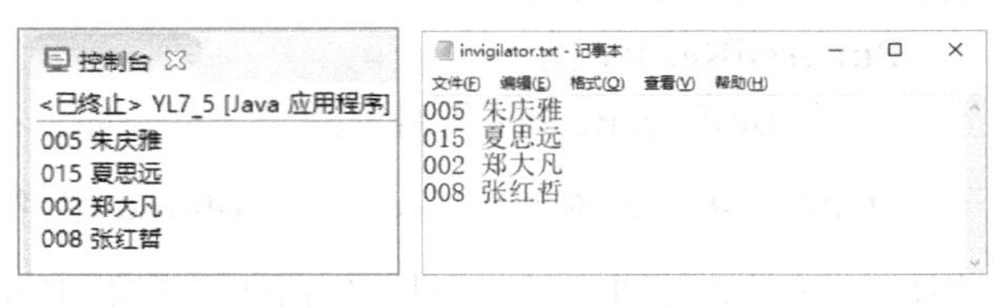

图 7-10 将随机抽取的监考教师名单输出到控制台和文件中

2）在 Eclipse 环境中新建一个 Java 应用程序项目 YL7_5，并向项目中添加主类和主方法。首先需要在主类代码的上方使用下列语句向项目中添加对 java.io 包中所有类的引用。

```
import java.io.*;
```

3) 在主类中编写用于按指定人数从教师名单文件 teacher.txt 中随机抽取监考人员，并将抽取结果同时输出到控制台窗格和目标文件 d:\invigilator.txt 的 getName()方法。

```
static void getName(int n){                        //形参 n 为从调用语句传递来的所需监考教师人数值
    ArrayList<String> list = new ArrayList<String>();       //创建一个 ArrayList 对象 list
    FileReader fr = null;
    FileWriter fw = null;
    BufferedReader bfr = null;
    BufferedWriter bfw = null;
    try {
        fr = new FileReader("d:\\teacher.txt");        //实例化一个文件输入流对象 fr
        bfr = new BufferedReader(fr);                  //通过 fr 创建 BufferedReader 类对象 bfr
        String thisLine;                               //用于存储教师数据的临时变量
        //读取 teacher.txt 文件中的一行存入变量 thisLine，并判断是否为 null
        while((thisLine = bfr.readLine()) != null){    //循环读取每一行直至文件尾
            list.add(thisLine);                        //将读取到的数据存入 ArrayList 泛型集合
        }
        //Collections 是位于 java.util 包中的一个静态类
        java.util.Collections.shuffle(list);        //shuffle()方法用于对一个集合对象进行随机排序
        fw = new FileWriter("d:\\invigilator.txt");   //创建文件输出流对象 fw
        bfw = new BufferedWriter(fw);               //通过 fw 创建 BufferedWriter 类对象 bfw
        for(int i = 0; i < n; i++) {                //按调用语句指定的人数值输出 list 的前 n 项
            System.out.println(list.get(i));        //输出到控制台窗格
            bfw.write(list.get(i) + "\r\n");        //输出到目标文件 d:\invigilator.txt
        }
        bfw.flush();   //将缓冲区中的数据写入文件（漏掉了这一句，只能得到一个空文件）
    }
    catch(Exception ex) {                           //捕获和处理异常
        System.out.println(ex.toString());
    }
    finally {                                       //无论是否发生异常都会执行的语句
        try {
            fr.close();
```

```
                fw.close();
                bfr.close();
                bfw.close();
            }
            catch(Exception ex) {
                System.out.println(ex.toString());
            }
        }
    }
```

7.4 文件的非流式操作

除了使用前面介绍过的以流的方式对文件进行读写操作外，Java 还提供了一个用于获取文件或文件夹各种属性以及创建或删除文件或文件夹的非流式文件操作类 File。

7.4.1 File 类

File 类包含于 java.io 包中，它提供了若干用于文件或文件夹操作的方法。如删除、新建文件或文件夹、判断文件或文件夹是否存在以及获取文件或文件夹的各种属性等。

1．创建 File 类对象

File 类对象代表了一个实际存在的磁盘文件或文件夹。File 类提供了如下所示的 3 种用于创建一个文件或文件夹对象的构造方法。

```
File 对象名 = new File(文件或文件夹的完整路径名);                    //构造方法 1
File 对象名 = new File(文件或文件夹的路径，文件夹或文件夹名);         //构造方法 2
File 对象名 = new File(表示文件夹的 File 对象名，文件或文件夹名);     //构造方法 3
```

例如：

```
File f1 = new File("d:\\aaa\\1.txt");        //使用构造方法 1 创建指向文件的 File 对象
File f2 = new File("d:\\aaa", "2.txt");      //使用构造方法 2 创建指向文件的 File 对象
File f = new File("d:\\aaa");                //创建一个指向文件夹的 File 对象，表示 d:\aaa 文件夹
File f3 = new File(f, "bbb");  //使用构造方法 3 创建指向文件夹的 File 对象，表示 d:\aaa\bbb 文件夹
```

2．File 类的常用方法

使用 File 类的构造方法创建了一个文件或文件夹对象后，可以通过该对象调用 File 类提供的各种方法来实现对文件或文件夹的各种操作。File 类的常用方法及说明见表 7-9。

表 7-9 File 类的常用方法及说明

方 法 名	说 明
+exists() : boolean	返回一个 boolean 值，用于判断文件或文件夹是否存在
+delete() : boolean	用于删除 File 类对象对应的文件或文件夹，返回 true 表示删除成功
+renameTo(File dest) : boolean	用于将 File 类对象重命名为 File 类对象 dest 描述的名称，返回 true 表示更改成功
+length() : long	返回一个 long 值，用于获取文件的长度（字节数）

（续）

方 法 名	说 明
+mkdir() : boolean	用于创建 File 类对象指定的文件夹，若返回 true 表示创建成功
+isFile() : boolean，+isDirectory() : boolean	返回一个 boolean 值，用于判断 File 类对象是否是一个文件或一个文件夹
+getName() : String，+getPath() : String	返回一个 String 值，用于获取 File 类对象的文件名或路径
+canRead() : boolean，+canWrite() : boolean	返回一个 boolean 值，用于判断文件是否可读或可写
+list() : String[]	返回一个 String 类型的数组，用于获取文件夹中所有文件名列表
+equals(File f) : boolean	返回一个 boolean 值，用于判断是否与 File 类对象 f 相等

例如，下列代码表示若 d 盘根目录下存在一个名为 1.txt 的文件就删除它，并在控制台窗格中显示是否删除成功。否则在控制台窗格中显示“文件不存在”提示信息。

```
File f = new File("d:\\1.txt");          //创建 File 类对象 f，指向 d:\1.txt
if(f.exists()){                           //若指向的文件存在
    if(f.delete())                        //delete()方法的返回值若为 true 表示删除成功
        System.out.println("删除成功");
}
else{
    System.out.println("文件不存在");
}
```

又如，下列代码实现了将 d 盘根目录下名为 1.txt 的文件重命名为 2.txt，并将操作是否成功及文件大小的相关信息显示到控制台窗格。

```
File f1 = new File("d:\\1.txt");
File f2 = new File("d:\\2.txt");
if(f1.exists()){                                                //若 d:\1.txt 存在
    System.out.println("文件大小：" + f1.length() + "字节");      //显示文件的大小（字节数）
    f1.renameTo(f2);                                            //将 1.txt 重命名为 2.txt
    System.out.println("文件重命名成功");
}
else{
    System.out.println("文件不存在");
}
```

7.4.2 使用 Scanner 和 PrintWriter 类实现文件的读写

在本教材第 2 章中介绍了使用隶属于 java.util 包的 Scanner 类对象实现在程序运行时接收用户键盘输入的编程方法，实际上 Scanner 类对象不仅可用于读取用户的键盘输入，也可用于读取文本文件中的数据。在实际应用中通常会使用 Scanner 类对象配合 PrintWriter 类对象实现文本文件的读写操作。

1. 使用 Scanner 类对象读取文本文件

使用 Scanner 类创建可用于读取文本文件的对象时，需要使用一个指向某文件的 File 类对象作为其构造方法的参数，语法格式如下所示。

```
Scanner 对象名 = new Scanner(File 类对象, [编码方案]);
```

说明：

1）通过 File 类对象创建 Scanner 对象时构造方法抛出 FileNotFoundException 受检查型异常，故语句通常需要放置在 try…catch 结构中。

2）String 类型的可选参数“编码方案”用于执行以何种格式读取 File 类对象指定的文件，省略该选项将按默认编码方案读取文件。例如：

```
File f = new File("d:\\1.txt");               //创建一个指向文件 d:\1.txt 的 File 类对象 f
Scanner input1 = new Scanner(f);             //创建用于读取文件 d:\1.txt 的 Scanner 类对象 input
Scanner input2 = new Scanner(f, "GBK");      //以 GBK 编码方案读取文件
```

Scanner 类提供的用于读取文件中数据的方法与用于读取用户键盘输入的方法基本相同，主要有用于读取数据的 next()、nextLine()、nextInt()、nextLong()、nextDouble()、nextFloat()等方法，以及用于检测读取到的数据类型的 hasNextInt()、hasNextDouble()和 hasNextFloat()等方法。此外，Scanner 类提供的 hasNext()方法可以返回一个 boolean 值，用于表示是否已读取到了文件尾。

2．使用 PrintWriter 类对象将数据写入文本文件

隶属于 java.io 包的 PrintWriter 类可用来创建一个文件并向其中写入数据。PrintWriter 类的构造方法有以下 3 种形式。

```
PrintWriter 对象名 = new PrintWriter(File 类对象);
PrintWriter 对象名 = new PrintWriter(包含完整路径的文件名字符串);
//使用 FileWriter 类对象创建 PrintWriter 类对象，可选参数 true 表示采用追加方式
PrintWriter 对象名 = new PrintWriter(FileWriter 类对象, [true]);
```

说明：使用 PrintWriter 对象将数据写入指定文件时，若文件不存在则先创建后写入。若文件已存在，则删除原有的内容后再写入新内容。若要实现将新内容追加到文件，则要借助于 FileWriter 类。例如：

```
FileWriter fw = new FileWriter(文件名, true);      //true 表示追加方式，默认为 false
PrintWriter pw = new PrintWriter(fw);             //使用 FileWriter 对象创建 PrintWriter 类对象
pw.println(要写入的内容);                          //将新内容追加到文件的结尾
```

PrintWriter 类提供的常用方法及说明见表 7-10。

表 7-10　PrintWriter 类的常用方法及说明

方法名	说明
+print(参数) : void	方法的参数为希望写入到文件的内容，可以是 String、char、char[]、int、double、boolean 等类型。方法执行后数据被暂存到缓冲区，并未真正写入到文件中
+println(参数) : void	该方法与 print()方法唯一的不同是写入到文件的内容要独占一行
+close() : void	该方法用于关闭 PrintWriter 类对象，并将缓冲区中的数据写入文件。若关联的文件已存在，则原有内容将被删除

【演练 7-6】 如图 7-11 所示，d:\grade.txt 中存放有某班级学生的三门课程的成绩数据（学号、课程 1 成绩、课程 2 成绩和课程 3 成绩）。要求编写一个无返回值的 getFail()方法，

能通过 Scanner 和 PrintWriter 类对象从文件中筛选出有补考任务的学生名单保存到 d:\fail.txt 文件，并同时显示到控制台窗格中。程序运行结果如图 7-12 所示。

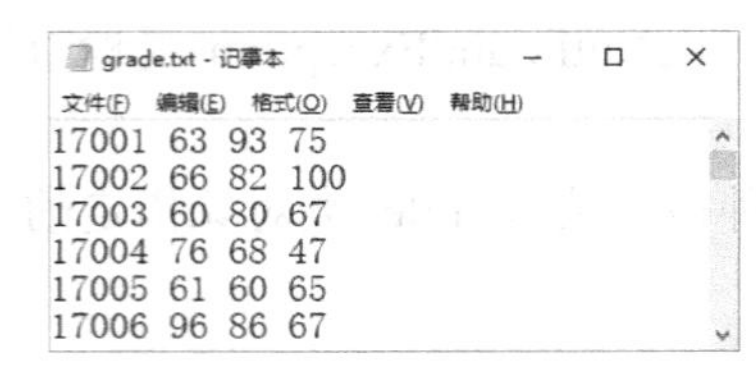

图 7-11　学生成绩数据

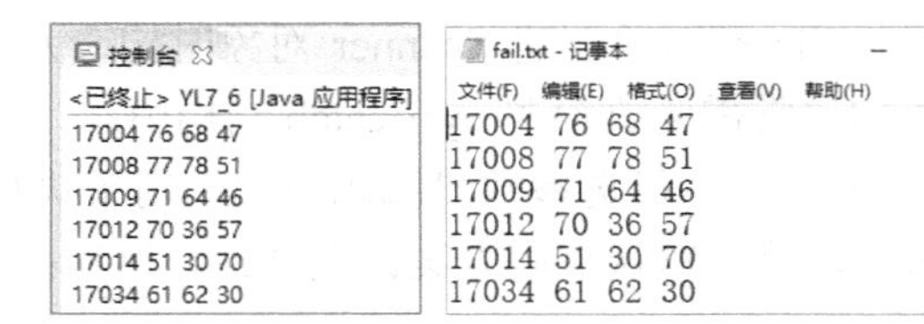

图 7-12　程序输出结果

程序设计步骤如下。

1）在 Eclipse 环境中新建一个 Java 应用程序项目 YL7_6，并创建主类 YL7_6 和主方法。

2）由于程序中需要使用 File 和 Scanner 类，所以需要在主类代码的上方添加对这两个类的引用。

```
import java.io.*;
import java.util.*;
```

3）在主类中按如下所示编写 getFail()方法的代码，而后在主方法中调用该方法进行测试。

```
static void getFail() {                //由于方法需要在主方法中被测试调用，故需要声明为静态方法
    Scanner input = null;              //声明一个 Scanner 类型的变量 input
    PrintWriter pw = null;             //声明一个 PrintWriter 类型的变量 pw
    try {
        //使用匿名 File 类对象为 Scanner 类对象 input 赋值
        input = new Scanner(new File("d:\\grade.txt"));
        pw = new PrintWriter("d:\\fail.txt");          //创建 PrintWriter 类对象
        while(input.hasNext()) {
            String line = input.nextLine();            //读取文件中的一行数据
            //split()方法的参数表示使用的分隔符，如 split(",")表示一组使用逗号分隔的数据
            //以空格为分隔符将数据分解为多个 String 值并依次保存到 String 类型的数组 s 中
            String[] s = line.split(" ");
            if(Integer.parseInt(s[1]) < 60 || Integer.parseInt(s[2]) < 60 || Integer.parseInt(s[3]) < 60){
                System.out.println(line);              //输出到控制台窗格
                pw.println(line);                      //输出到文件
            }
        }
    catch(Exception ex) {
        System.out.println(ex.toString());
    }
    finally {
        input.close();
        pw.close();
    }
}
```

7.4.3 读取 Web 上的文件

与从本地计算机中的文件中读取数据一样，通过 Scanner 类对象也可以从 Web 服务器中读取其中存储的文件内容，实现步骤如下。

1）首先需要为 Web 文件的 URL（统一资源定位器）创建一个 java.net.URL 类对象 url，该对象提供一个 openStream()方法，调用该方法可获取一个输入流对象。

2）创建一个 Scanner 类对象并以 url.openStream()为其输入流。

3）参照上一节中介绍过的内容通过 Scanner 类对象实现对 Web 文件的读操作。

【演练 7-7】 读取 Web 上的文件示例，从 Web 上的文件中查询符合条件的数据记录。程序设计步骤如下。

1）安装和配置 Web 服务器。首先需要在 Windows 7 或 Windows 10 环境中配置 Windows 自带的 Web 服务器组件 IIS（Internet Information Service，Internet 信息服务）并创建一个 Web 站点（网站），将在【演练 7-6】中使用的、保存有若干学生成绩数据的 grade.txt 文件复制到网站的根目录下。IIS 的安装及网站的相关设置方法由于篇幅所限这里不再详细介绍，读者可通过 Internet 搜索引擎查阅相关资料，自行完成相关操作。

2）测试 Web 服务器设置是否正确。IIS 设置完毕并将 grade.txt 文件复制完成后，可通过 Web 浏览器进行测试。若设置正确，在浏览器地址栏中输入“http://localhost/grade.txt”并按〈Enter〉键后，可在浏览器中看到图 7-13 所示的内容（localhost 表示本计算机）。

3）在 Eclipse 环境中新建一个 Java 应用程序项目，并向项目添加主类 YL7_7 和主方法。按如下所示编写程序代码，图 7-14 所示的是程序的运行结果（从 Web 文件中查询学号值为“17006”的学生成绩数据）。

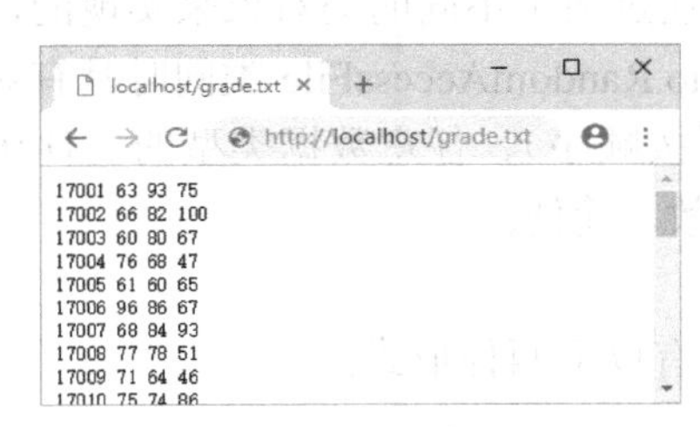

图 7-13 通过浏览器访问 Web 中的文件

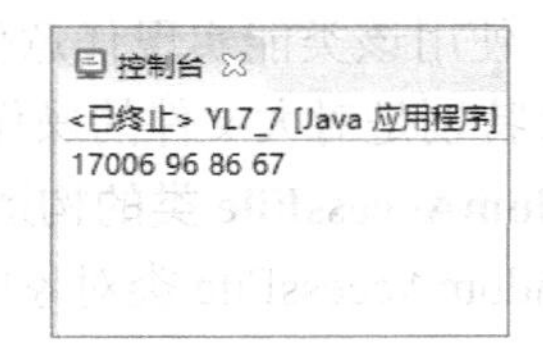

图 7-14 查询结果

```
public class YL7_7 {                                    //主类
    public static void main(String[] args) {            //主方法
        System.out.println(query("17006"));             //在主方法中调用 query()方法查询相关记录
    }
    static String query(String id) {                    //用于查询 id 指定的学生成绩记录的 query()方法
        //变量 result 用于存储查询结果，设置初始值为“未找到”，temp 用于存储临时数据
        String result = "未找到符合条件的记录", temp;
        Scanner line = null;
        //java.net.URL 类的构造方法抛出 MalformedURLException 受检查类型的异常
        //url.openStream()方法抛出 IOException 受检查类型的异常
        try {
            //以 grade.txt 文件的 URL 值为参数，创建一个 URL 类对象 url
```

```
            java.net.URL url = new java.net.URL("http://localhost/grade.txt");
            //以 url.openStream()为输入流创建一个 Scanner 类对象 line
            line = new Scanner(url.openStream());
            while(line.hasNext()) {
                //循环读取 Web 文件中的每一行，并保存到临时变量 temp 中
                temp = line.nextLine();
                if(temp.contains(id)) {      //如果读取到的数据中包含要查询的 id 值
                    result = temp;           //将数据保存到变量 result 中
                    break;                   //退出循环
                }
            }
            return result;                   //将查询结果返回给调用语句
        }
        catch(Exception ex) {                //捕获和处理所有异常
            return ex.toString();
        }
        finally {
            line.close();                    //无论是否出现异常都要关闭 Scanner 类对象
        }
    }
}
```

7.4.4 随机文件访问

前面介绍过的对文件的读写操作都是分别通过两个不同的类对象来实现的，而且数据的读取或写入只能按顺序进行。Java 提供的 java.io.RandomAccessFile 类同时具有对文件的读取和写入功能，使用该类能实现任意位置（无须按顺序）、任意数据类型的文件访问。使文件的读写操作（特别是对大文件的操作）更加高效、简便。

1．RandomAccessFile 类的构造方法

创建 RandomAccessFile 类对象的语法格式有以下两种形式。

```
RandomAccessFile 对象名 = new RandomAccessFile(文件名, 访问方式);
RandomAccessFile 对象名 = new RandomAccessFile(File 类对象, 访问方式);
```

说明：

1）String 类型的“访问方式”参数的取值常用的有 r（只读）和 rw（读写）两种。

2）RandomAccessFile 类的构造方法抛出 FileNotFoundException 受检查型异常，所以在使用时应当将语句放置在 try…catch 语句中。

例如，下列语句创建了一个可用于文件读写操作的 RandomAccessFile 类对象 raf。

```
RandomAccessFile raf = null;
try {
    raf = new RandomAccessFile("d:\\1.txt", "rw");      //创建 RandomAccessFile 类对象 raf
}
catch(FileNotFoundException ex1) {      //捕获和处理异常
    System.out.println(ex1.toString());
```

```
    }
    finally {
        try {
            raf.close();    //RandomAccessFile 类的所有方法都抛出有 IOException 异常
        }
        catch(IOException ex2) {
            System.out.println(ex2.toString());
        }
    }
```

2．RandomAccessFile 类的常用方法

RandomAccessFile 类提供的用于读取文件的常用方法及说明见表 7-11。

表 7-11　RandomAccessFile 类用于读取文件的常用方法及说明

方　法　名	说　　明
+close() : void	关闭随机访问文件类对象
+final readByte() : byte	从当前文件指针位置处读取并返回一个字节的数据
+final readInt() : int	从当前文件指针位置处读取并返回一个 int 类型的值
+final readDouble : double	从当前文件指针位置处读取并返回一个 double 类型的值
+final readLine() : String	以 String 类型返回当前文件指针所在行的内容
+length() : long	返回 long 类型表示的文件长度（字节数）
+getFilePointer() : long	返回 long 类型表示的文件指针当前位置
+seek(long pos) : void	将文件指针移动到 long 类型数据 pos 表示的位置（第多少个字节后面）

RandomAccessFile 类提供的用于将数据写入文件的常用方法及说明见表 7-12。

表 7-12　RandomAccessFile 类用于将数据写入文件的常用方法及说明

方　法　名	说　　明
+write(int x) : void	将一个 int 类型的值写入当前文件指针位置
+writeBoolean(boolean b) : void	将一个 boolean 类型的值写入当前文件指针位置
+writeBytes(String s) : void	以字节形式写一个字符串到当前文件指针位置
+writeChars(String s) : void	以字符形式写一个字符串到当前文件指针位置
+writeDouble(double d) : void	将一个 double 类型的值（8 字节）写入当前文件指针位置
+writeInt(int x) : void	将一个 int 类型的值（4 字节）写入当前文件指针位置
+writeUTF(String s) : void	以 UTF 格式写一个字符串到当前文件指针位置

说明：

1）RandomAccessFile 类提供的所有方法均抛出 IOException 受检查型异常，在使用时应当将相关语句放置在 try…catch 结构中。

2）使用 final 修饰符的方法为最终方法，表示该方法不能在其子类中被重写。

使用 RandomAccessFile 类实现文件读写操作的一般步骤如下。

1）创建 RandomAccessFile 类对象。

2）使用 seek()方法定位到需要进行读写操作的位置。

3）通过 read()或 write()方法执行读或写操作。

4）调用 RandomAccessFile 类对象的 close()方法关闭对象。

【演练 7-8】 RandomAccessFile 类应用示例。要求在 Eclipse 环境中创建一个 Java 应用程序项目 YL7_8，在主类中创建一个名为 randomFile 的静态方法。该方法无返回值，接收一个用于表示完整文件名的字符串参数 filename。方法被调用后能创建 filename 指定的文件，并向其中以二进制方式写入 10 个 double 类型的、0～10（不包括 10）的随机数据。数据写入后读取其中第 6 个显示到控制台窗格，同时显示所有数据列表。程序运行结果如图 7-15 所示。

```
控制台
<已终止> YL7_7 [Java 应用程序] C:\Program
第6个double值为：8.422464878066657
所有数据列表如下：
1：0.16183483480495253
2：3.7461014512967763
3：4.27754634631401
4：7.035555831253709
5：6.381286097635534
6：8.422464878066657
7：3.882367876937592
8：1.8490812204884977
9：6.04595647914668
10：6.123720908590143
```

图 7-15　程序运行结果

程序设计步骤如下。

1）在 Eclipse 环境中新建一个 Java 应用程序项目 YL7_8，并创建主类 YL7_8 和主方法。

2）由于程序中需要使用 RandomAccessFile 类、FileNotFoundException 类和 IOException 类，并且它们均位于 java.io 包中，所以需要在主类代码的上方添加如下所示的语句实现对这几个类的引用。

```
import java.io.*;
```

3）在主类中按如下所示编写 randomFile()方法的代码，而后在主方法中调用该方法进行测试。

```
static void randomFile(String filename) {          //randomFile()方法的代码
    RandomAccessFile raf = null;
    //RandomAccessFile 类的构造方法抛出 FileNotFoundException 异常
    //故需要将其放置在 try…catch 语句结构中
    try {
        raf = new RandomAccessFile(filename, "rw");
        for(int i = 0; i < 10; i++) {
            raf.writeDouble(Math.random() * 10); //将 double 类型的随机数写入当前指针位置
        }
        raf.seek(0);                //将文件指针移至起始位置
        raf.seek(5 * 8);            //将文件指针移至第 6 个 double 数据开始位置
        //读取并输出一个 double 数值
        System.out.println("第 6 个 double 值为：" + raf.readDouble());
        System.out.println("所有数据列表如下：");
        raf.seek(0);
        int i = 1;
        while(raf.getFilePointer() < raf.length()) {  //当前指针位置未到达文件尾
            //从当前指针位置处读取一个 double 类型数据（8 个字节）并输出到控制台窗格
            System.out.println(i + "：" + raf.readDouble());
            i++;
```

```
            }
        }
        catch(Exception ex1) {
            System.out.println(ex1.toString());
        }
        finally {                                    //无论是否发生异常都会被执行的代码
            try {
                raf.close();
            }
            catch(IOException ex2) {
                System.out.println(ex2.toString());
            }
        }
    }
    public static void main(String[] args) {    //在主方法中调用、测试 randomFile()方法
        randomFile("d:\\rtest.data");
    }
```

思考:

1）若要求将第 3 个 double 数据的值更改为 Math.PI 的值应如何修改代码?

2）虽然程序向文件中写入的都是一些 double 类型的数值，但使用 Windows 记事本程序打开文件时只能看到一些乱码，这是为什么?

7.5 对象的序列化与反序列化

当一个类的构造方法通过 new 关键字被调用时就在内存中创建了一个该类的对象，程序执行完毕后该对象将被 Java 的垃圾回收机制清除。若希望将对象在一定的周期内保存下来，使其不会因程序运行结束、系统意外断电等情况被清除，就需要将其定期地以文件的形式保存到外部存储器中，这种处理方式称为对象的持久化。

要将内存中的对象保存到文件，首先需要将对象转换成字节序列，也就是二进制字节流，这个过程称为对象的序列化。而后，通过 IO 技术将其写入文件。反之，可以将保存到文件中的表示对象的字节序列通过 IO 技术读取到内存中，并恢复成对象，这个过程称为对象的反序列化。

7.5.1 Serializable 接口和 transient 关键字

要实现对象的序列化，则对象所在的类必须实现 java.io.Serializable 接口。若在应用中不需要将对象的所有属性都序列化，可以使用 transient 关键字标记那些不需要序列化的属性。

Serializable 接口中并不包含任何方法。也就是说，Serializable 接口实际上是一个标识接口，仅用来表示一个类具有序列化的能力。例如，下列代码中创建的 Person 类实现了 Serializable 接口，所以它的对象就是一个可以被序列化的对象。

```
public class Person implements Serializable{    //创建实现了 Serializable 接口的 Person 类
    //类的私有字段
```

```
        private transient String name;        //使用了 transient 关键字表示该字段在序列化时将被忽略
        private int age;
        public Person(String n, int a){        //类的构造方法
            name = n;
            age = a;
        }
        public String toString() {            //重写 toString()方法
            return "姓名：" + name + "，年龄：" + age;
        }
    }
```

7.5.2 对象输入/输出流

ObjectOutputStream（对象输出流）和 ObjectInputStream（对象输入流）用于将对象序列化得到的二进制字节序列写入输出设备（序列化）或读入计算机内存（反序列化）。

1．ObjectOutputStream

位于 java.io 包中的 ObjectOutputStream 类是 OutputStream 类的子类，创建其对象的语法格式如下所示。

ObjectOutputStream 对象名 = new ObjectOutputStream(OutputStream out);

由于 ObjectOutputStream 类的构造方法抛出 IOException 受检查类型的异常，所以调用其构造方法创建 ObjectOutputStream 类对象的语句需要写在 try…catch 语句中或继续将异常抛出。

ObjectOutputStream 类提供一个抛出 IOException 异常的 writeObject(Object obj)方法，该方法使用了 final 修饰符（不能在子类中被重写），没有返回值，并接收一个 Object 类型的参数 obj，用于将 obj 以二进制字节序列的形式保存到与 ObjectOutputStream 对象关联的文件中，实现对象的序列化。此外，ObjectOutputStream 还提供一个 close()方法，用于在使用后关闭对象输出流。

2．ObjectInputStream

ObjectInputStream 类也属于 java.io 包，是 InputStream 类的子类。创建该类对象的语法格式如下所示。

ObjectInputStream 对象名 = new ObjectInputStream(InputStream in);

与对象输出流相似，ObjectInputStream 类的构造方法也抛出 IOException 受检查类型的异常，创建其对象时同样需要将语句写在 try…catch 语句中或继续抛出异常。

ObjectInputStream 类提供一个抛出 IOException 异常的 readObject()方法，该方法使用了 final 修饰符，返回值为 Object 类型的对象，不接收任何参数，用于将保存在文件中的对象恢复到计算机内存中，实现对象的反序列化。此外，ObjectInputStream 也提供一个 close()方法，用于使用结束后关闭对象输入流。

7.5.3 序列化与反序列化

对象的序列化分为以下几个步骤。

1）创建一个与某个文件关联的 FileOutputStream 对象。

2）创建一个以上述 FileOutputStream 对象为参数的 ObjectOutputStream 对象。

3）调用 ObjectOutputStream 对象的 writeObject()方法将指定的对象写入与 FileOutputStream 关联的文件。

4）调用 ObjectOutputStream 对象的 close()方法关闭对象输出流。

对象的反序列化分为以下几个步骤。

1）创建一个与某个文件关联的 FileInputStream 对象。

2）创建一个以上述 FileInputStream 对象为参数的 ObjectInputStream 对象。

3）调用 ObjectInputStream 对象的 readObject()方法从文件中读取保存的对象恢复到计算机内存中。

4）调用 ObjectInputStream 对象的 close()方法关闭对象输入流。

【演练 7-9】 对象的序列化和反序列化示例，具体要求如下。

1）创建一个 Person 类，该类包含有 name 和 age 两个私有字段和一个可以为上述两字段赋值的构造方法。还包含一个重写的 toString()方法，使之能返回一个包含有 name 和 age 字段信息的字符串。

2）在主类中创建一个能被主方法调用的 serialize()和 unserialize()方法，用于实现对象的序列化和反序列化并将反序列化的结果输出到控制台窗格。图 7-16 所示的是对象序列化后（serialize()方法被调用后）保存到文件中的对象二进制数据（在记事本中显示为一些乱码）。unserialize()方法被调用后的输出结果如图 7-17 所示。

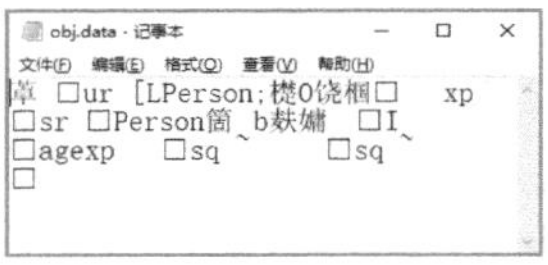

图 7-16 保存到文件中的对象数据

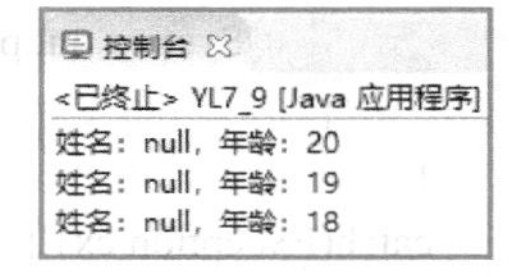

图 7-17 unserialize()方法的执行结果

程序设计步骤如下。

1）在 Eclipse 环境中新建一个 Java 应用程序项目 YL7_9，向项目中添加主类并创建主方法。

2）在包资源管理器窗格中右击“default package”（默认包），在弹出的快捷菜单中执行“新建”→“类”命令，向默认包中添加一个名为 Person 的类。

3）按如下所示编写 Person 类的代码。

```
import java.io.*;
//“serial”是序列化警告，当实现了序列化接口的类上缺少 serialVersionUID 属性的定义时，
//代码中会出现黄色警告标记，可以使用@SuppressWarnings 标记符将警告关闭
@SuppressWarnings("serial")
public class Person implements Serializable {
    //类的私有字段
    private transient String name;          //使用了 transient 关键字表示该字段在序列化时将被忽略
    private int age;
    public Person(String n, int a){         //类的构造方法
```

```
            name = n;
            age = a;
        }
        public String toString() {                //重写 toString()方法
            return "姓名：" + name + "，年龄：" + age;
        }
    }
```

4）按如下所示编写主类文件 YL7_9.java 中的代码。

```
import java.io.*;
public class YL7_9 {    //主类
    static File f = new File("d:\\obj.data");            //创建一个文件对象 f
    public static void main(String[] args) {             //主方法
        Person[] p = {new Person("zhang", 20), new Person("wang", 19), new Person("li", 18)};
        try {
            serialize(p);          //调用 serialize()方法，并向方法传递存储有 3 个对象的数组 p
        }
        catch(Exception ex) {
            System.out.println(ex.toString());
        }
        try {
            Object[] o = unserialize();                  //调用 unserialize()方法获取保存的对象数组
            for(int i = 0; i < o.length; i++) {          //输出保存的对象的内容
                System.out.println(o[i]);
            }
        }
        catch(Exception ex) {
            System.out.println(ex.toString());
        }
    }
    //用于实现对象序列化的 serialize()方法
    public static void serialize(Object[] obj) throws Exception{
        FileOutputStream out = new FileOutputStream(f);                //创建一个文件输出流对象 out
        ObjectOutputStream oos = new ObjectOutputStream(out);      //创建对象输出流对象 oos
        oos.writeObject(obj);              //方法的参数使用了一个 Person 类的匿名对象
        oos.close();                       //关闭对象输出流
    }
    //用于实现对象反序列化的 unserialize()方法
    public static Object[] unserialize() throws Exception {
        FileInputStream in = new FileInputStream(f);
        ObjectInputStream ois = new ObjectInputStream(in);
        Object[] obj = (Object[])ois.readObject();
        ois.close();
        return obj;
    }
}
```

7.6 实训　简单网络爬虫的实现

网络爬虫是指能够自动获取 Web 网站中网页数据的程序。也是 Internet 搜索引擎中使用的一种基本技术。一个 Web 网站是由一系列网页（html 文档）组成的，页面之间通过超链接（Hyperlink）技术进行关联。当用户在浏览器中单击包含超链接的热点（包含超链接的文字、图片等对象）时，可实现页面的跳转。Web 网站的组织结构如图 7-18 所示。

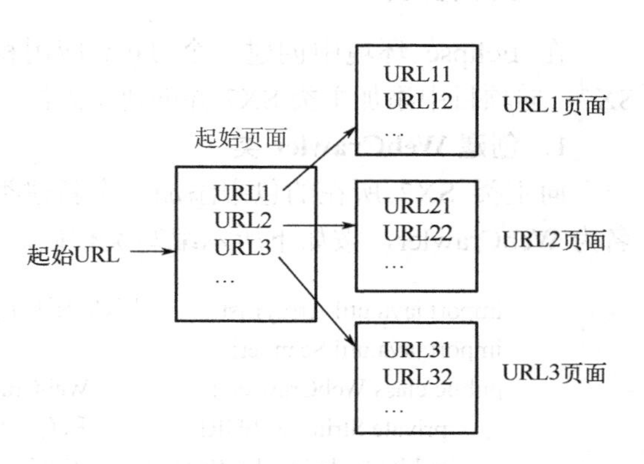

图 7-18　Web 网站的组织结构示意

本实训要求编写一个 Java 程序能从 Web 网站的起始 URL 逐级爬取各页面中包含的超链接地址 URL，并将爬取到的信息显示到控制台窗格中。

在实际应用中只要能获取页面中包含的 URL 就可以进一步获取页面中包含的全部信息（参见本教材【演练 7-7】），从而可以判断页面中是否包含有某个关键词。若将所有包含有某个关键词的页面重新组织起来，就形成了搜索结果集。

7.6.1 实训目的

理解网络爬虫程序的设计原理，熟练掌握通过 Scanner 类读取 Web 中文件的程序设计方法。

7.6.2 实训要求

在 Eclipse 开发环境中创建一个 Java 应用程序项目，向其中添加主类 SX7 和主方法，添加用于实现网络爬虫的 WebCrawler 类，其成员及说明见表 7-13。

表 7-13　WebCrawler 类成员及说明

类　成　员	说　　明
-webURL : String	类的私有字段，分别为 Web 网站的起始 URL（网站地址）
+WebCrawler(String u)	可以为 webURL 字段赋值的、类的构造方法
+getURL : void	本方法从起始 URL 开始向下逐个处理、输出页面中包含的 URL 数据，下级 URL 数据通过调用 getSubURL()方法来获取
-getSubURL(String urlString) : ArrayList<String>	参数 urlString 表示一个待爬取的页面，本方法用于获取并以 ArrayList<String>集合的形式返回该页面中包含的所有 URL 数据。方法使用了 private 修饰符，只能在本类中被调用，也就是只能被 getURL()方法调用

本实训要求编写一个 Java 程序，能从 Web 网站的起始 URL 逐级爬取各页面中包含的超链接地址 URL，并将爬取到的信息显示到控制台窗格中。程序启动后要求用户输入一个网站的起始 URL，按〈Enter〉键后，爬虫程序开始逐级向下爬取页面中包含的 URL 信息并输出到控制台窗格，作为演示仅要求输出 20 条 URL 信息，20 条信息输出完毕后运行结束。程序

运行结果如图 7-19 所示。

```
控制台
<已终止> SX7 [Java 应用程序] C:\Program Files\Java\jre-10\bin\javaw.exe
输入一个Web网站的URL：http://cs.henu.edu.cn/
发现URL：http://cs.henu.edu.cn/
发现URL：http://www.w3.org/TR/xhtml1/DTD/xhtml1-transitional.dtd
发现URL：http://www.w3.org/1999/xhtml
发现URL：http://cs.henu.edu.cn/en
发现URL：http://cs.henu.edu.cn/former/index
发现URL：http://cs.henu.edu.cn/former/one_article/3
发现URL：http://cs.henu.edu.cn/former/one_article/4
发现URL：http://cs.henu.edu.cn/former/one_article/5
发现URL：http://cs.henu.edu.cn/former/article_list/6
发现URL：http://cs.henu.edu.cn/former/article_list/8
发现URL：http://cs.henu.edu.cn/former/article_list/9
发现URL：http://cs.henu.edu.cn/former/article_list/10
发现URL：http://cs.henu.edu.cn/former/download_list/11
发现URL：http://cs.henu.edu.cn/former/article_list/13
发现URL：http://cs.henu.edu.cn/former/article_list/14
发现URL：http://cs.henu.edu.cn/former/one_article/16
发现URL：http://cs.henu.edu.cn/former/teacher_list/17
发现URL：http://cs.henu.edu.cn/former/teacher_list1/18
发现URL：http://cs.henu.edu.cn/former/article_list/20
发现URL：http://cs.henu.edu.cn/former/article_list/22
发现URL：http://cs.henu.edu.cn/former/article_list/23
运行结束
```

图7-19　程序运行结果

7.6.3　实训步骤

在 Eclipse 环境中创建一个 Java 应用程序项目 SX7，向项目中添加主类 SX7 并创建主方法。

1．创建 WebCrawler 类

向主类 SX7 所在的包中添加一个新建类，并命名为 WebCrawler，按如下所示编写类代码。

```
import java.util.ArrayList;     //导入需要使用的类
import java.util.Scanner;
public class WebCrawler {             //WebCrawler 类
    private String webURL;            //私有字段
    public WebCrawler(String u) {//WebCrawler 类的构造方法
        webURL = u;
    }
    public void getURL() {            //getURL()方法
        ArrayList<String> list1 = new ArrayList<>();     //存储待处理的 URL
        ArrayList<String> list2 = new ArrayList<>();     //存储处理过的 URL
        list1.add(webURL);//将首地址添加到集合
        while (!list1.isEmpty() && list2.size() <= 20) {  //循环处理 list1 中的每个 URL
            String urlString = list1.remove(0);           //将第一个 URL 赋值给 urlString,
                                                          //而后从集合中移除
            //若 urlString 中存储的 URL 没有包含在 list2 中（这是一个新的 URL）
            if (!list2.contains(urlString)) {
                list2.add(urlString);     //添加 urlString 中的 URL 值到 list2
                System.out.println("发现 URL：" + urlString);//输出爬取到的 urlString
                //以 urlString 为参数调用 getSubURL()方法
                for (String s: getSubURL(urlString)) {        //遍历 getSubURL()方法返回的集合
                    if (!list2.contains(s))   //如果 list2 中不包含该 URL 值
                        list1.add(s);         //将其添加到 list1 集合中
                }
            }
        }
        System.out.println("运行结束");
    }
    //私有的 getSubURL()方法，用于爬取页面中包含的 URL 数据
    private ArrayList<String> getSubURL(String urlString) {
        ArrayList<String> list = new ArrayList<>();                //用于存储爬取到的 URL 数据
        try {
            java.net.URL url = new java.net.URL(urlString);        //创建 java.net.URL 类对象
            Scanner val = new Scanner(url.openStream());           //读取某个页面的所有数据
            int current = 0;
            while (val.hasNext()) {                                //每次读取一行直到文件尾
                String line = val.nextLine();
```

```
                //获取读到的一行中字符串“http:”所处的位置（从索引值 0 开始查找）
                current = line.indexOf("http://", current);
                while (current > 0) {
                    //获取读到的一行中最后一个双引号出现的位置（\为转义符）
                    int endIndex = line.indexOf("\"", current);
                    if (endIndex > 0) {            //endIndex 若为负值表示没有找到双引号
                        //取出"http://xxx/xxx"表示的 URL 值
                        list.add(line.substring(current, endIndex));
                        //从 endIndex 开始查找字符串“http://”所处的位置
                        current = line.indexOf("http://", endIndex);
                    }
                    else
                        current = -1;      //没有找到双引号，设置 current 为-1（小于零）
                }
            }
            val.close();                    //关闭 Scanner 对象
        }
        catch (Exception ex) {
            System.out.println(ex.getMessage());
        }
        return list;                        //返回爬取的结果集
    }
}
```

2．编写主方法代码

按如下所示编写主类中主方法的代码。

```
public class SX7 {                          //主类
    public static void main(String[] args) {    //主方法
        java.util.Scanner val = new java.util.Scanner(System.in);    //创建一个 Scanner 类对象 val
        System.out.print("输入一个 Web 网站的 URL：");
        String url = val.nextLine();          //读取用户输入的起始 URL 数据
        val.close();                          //关闭 Scanner 类对象
        WebCrawler crawler = new WebCrawler(url);      //创建一个 WebCrawler 类对象 crawler
        crawler.getURL();  //调用 crawler 对象的 getURL()方法
    }
}
```

第 8 章　数据库编程

几乎所有有实用价值的应用程序都离不开数据库的支持，所以理解数据库相关概念，掌握基本的数据库编程技术是从基础学习逐步过渡到实际开发必不可少的环节。

8.1　数据库基础知识

随着计算机软硬件技术的提高，数据管理技术也从原来的文件系统阶段，发展到了现在的数据库系统阶段。提供数据库访问方法已成为所有应用程序开发平台的一种事实标准。

8.1.1　数据库概述

数据库系统是由计算机硬件、操作系统、数据库管理系统以及在其他对象支持下建立起来的数据库、数据库应用程序、用户和维护人员等组成的一个整体。

数据库是存储各类数据的文件，而数据库应用程序则是管理和使用这些数据的用户接口。也就是说用户是通过数据库应用程序来添加、删除、修改和查询保存在数据库中的数据的。

数据库的种类有很多，但最常用的是关系型数据库，例如，MySQL、Microsoft SQL Server、Oracle 等。在关系型数据库中是根据表、记录和字段之间的关系进行数据组织和访问的。它通过若干个表（Table）来存储数据，并通过关系（Relation）将这些表联系在一起。

在一个关系型数据库中可以包含若干张表，每张表由若干条记录（行）组成，每条记录又由若干字段（列）组成。表与表之间通过关系连接。这种结构与 Excel 工作簿十分相似。

表 8-1 表示了一个用于存储学生基本信息的数据表 student，表 8-2 表示了一个用于存储学生各科成绩的数据表 grade。这两个数据表都隶属于同一个数据库 students。表中每列的标题称为数据表的字段名，是该列数据表示的数据含义，这些数据具有相同的数据类型。数据表中能唯一地表示一条记录的字段称为“主键”，例如，student 表和 grade 表中的“学号”字段。

表 8-1　student 表（学生基本信息表）

sNo（学号，主键）	sName（学生姓名）	sSex（性别）	sId（身份证号）	sClass（班级）	sTel（电话）
001	张三	男	123456789012345618	网络 1801	12345678901
002	李四	女	123456789012345629	网络 1802	12345678902
003	王五	男	123456789012345630	软件 1801	12345678903

表 8-2 grade 表（学生成绩表）

gNo（学号，主键）	course1（课程 1）	course2（课程 2）	course3（课程 3）	course4（课程 4）	course5（课程 5）
003	78	90	68	85	90
001	95	84	91	76	84
002	62	82	77	64	83

表中的每一行表示了一个具体学生的相关数据集合，称为一条数据记录。在实际应用中通常会将一张数据表对应于一个实体类，表中包含的各字段则对应于实体类的一个字段。

为避免一个数据表中包含的字段数过多，关系型数据库通常会将这些字段分门别类地安排在多个表中，而后通过表间的关系进行关联以达到不同表间数据重组的目的。例如，可以按照 student 表和 grade 表中“学号”字段值相等的关系组成表 8-3 所示的新表，前 4 个字段的值来自于 student 表，后面的各科成绩字段值来自 grade 表，数据重组的依据为 sNo 等于 cNo，即学号字段值相等。由于 sNo 字段和 cNo 字段分别是 student 表和 grade 表的主键字段，所以学号字段相等表达的是一种“一对一”的关系，也就是说 student 表中的 sNo 值只能唯一地对应于 grade 表中的一条记录。

表 8-3 通过关系组成的新数据表

sNo	sName	sSex	sClass	course1	course2	course3	course4	course5
001	张三	男	网络 1801	95	84	91	76	84
002	李四	女	网络 1802	62	82	77	64	83
003	王五	男	软件 1801	78	90	68	85	90

8.1.2 安装 MySQL 数据库

Java 支持的数据库产品有许多，本教材由于篇幅所限仅介绍 Oracle 公司推出的、开源且免费的 MySQL 数据库，MySQL 社区版数据库软件的安装和基本操作方法如下。

1．下载 MySQL 数据库安装包

在浏览器中输入 MySQL 数据库下载页面的地址“https://dev.mysql.com/downloads/mysql/”后按〈Enter〉键，在图 8-1 所示的页面中单击希望使用的软件版本链接（当前最新运行于 Windows 环境的版本为 MySQL Community Server 5.7，MySQL 社区服务器 5.7 版），然后按提示完成下载即可。

2．在 Windows 10 环境中安装 MySQL 数据库

MySQL 安装文件下载后，双击 mysql-installer-community-5.7.xx.mis 文件（xx 表示版本尾号）启动数据库软件的安装程序。需要注意的是安装程序需要 Microsoft .NET Framework 4.0 的支持，必要时应预先安装。

在首先出现的安装界面中选择“I accept the license terms”复选框接受软件使用许可协议后单击“Next”按钮。在图 8-2 所示的“Choosing a Setup Type”页面中选择安装类型，一般可选择安装程序推荐的“Developer Default”（用于开发的默认安装），或“Full”（完全安装），对于有经验的用户也可选择“Custom”（定制安装）方式。安装方式选择完毕后，单击页面中“Next”按钮。在“Check Requirements”页面中提供了MySQL与其他软件相关的一些组件，如MySQL for Excel、MySQL for Visual Studio、Connector/Python等。若需要安装这些组件可在选择后单击“Execute”按钮，若无须安装则可直接单击“Next”按钮。

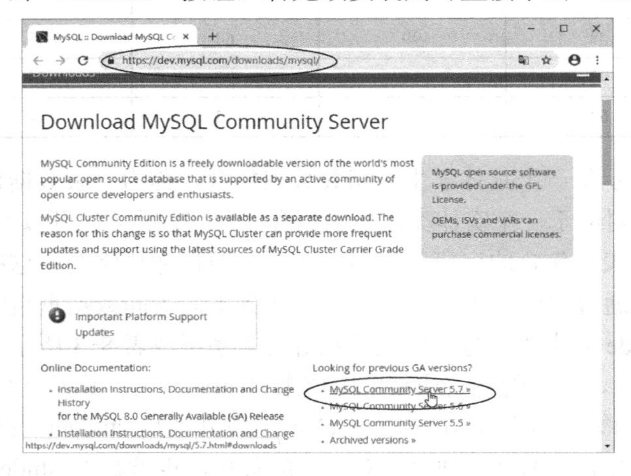

图 8-1　下载 MySQL 数据库安装包

在图8-3所示的界面中安装程序列出了将要安装的所有组件，可单击“Execute”按钮开始 MySQL 数据库的安装。安装过程中若计算机中安装的木马防护软件、杀毒软件给出警告时应当选择信任安装程序，并允许安装程序对系统的所有操作。

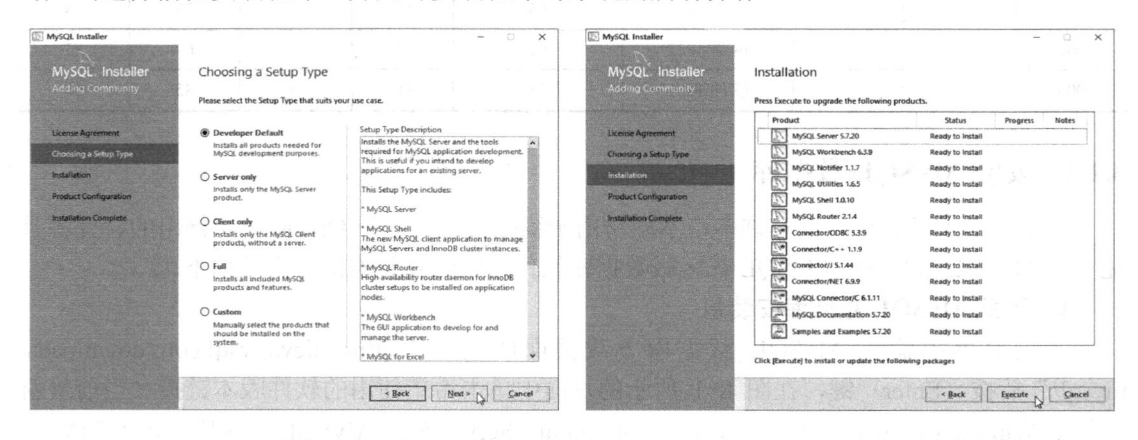

图 8-2　选择安装方式　　　　图 8-3　将要安装的组件列表

安装程序将所选组件安装完毕后将进入对 MySQL 数据库的配置阶段，一般接受安装程序推荐的默认方式，直接单击“Next”按钮继续即可。在“Accounts and Roles”对话框中需要为 MySQL 数据库设置一个 root（默认的最高级别用户）密码。配置完成后，单击“Finish”按钮结束安装。此后，还需要进行一些产品配置操作，当出现相关对话框时按照屏幕提示连续单击“Next”按钮即可。

8.1.3　使用 Navicat for MySQL 客户端工具

对 MySQL 数据库的管理可以通过系统自带的命令行工具，也可以通过可视化的专用工具来实现。安装有数据库软件的计算机称为数据库服务器，管理工具可以安装在数据库服务器中，也可以安装在可通过网络访问到服务器的其他计算机中。

1．通过命令行工具管理 MySQL 数据库

MySQL 数据库安装完毕后可以通过执行 Windows“开始”菜单中“MySQL Command Line Client”命令，打开 MySQL 客户端管理工具窗口或在 Windows 命令提示符窗口中启动 MySQL 客户端管理工具对数据库进行创建、管理等操作。但这种方式需要在字符方式下进行，而且要求用户记忆大量的 MySQL 数据库操作命令。

例如，希望查看当前 MySQL 数据库的状态时，需要在 Windows 命令提示符窗口中，按图 8-4 所示在 MySQL 的安装路径下执行“mysql –uroot –p”命令，请求以 root 用户身份登录。在正确地输入了 root 密码后，窗口中显示“mysql>”提示符，表示登录成功。然后，需要在“mysql>”提示符下输入“status”命令并按〈Enter〉键，才能看到图 8-5 所示的数据库状态描述信息。这里特别需要读者注意的是 MySQL 数据库对外开放连接的 TCP 端口号为 3306，这一数值在后面的介绍中还会用到。

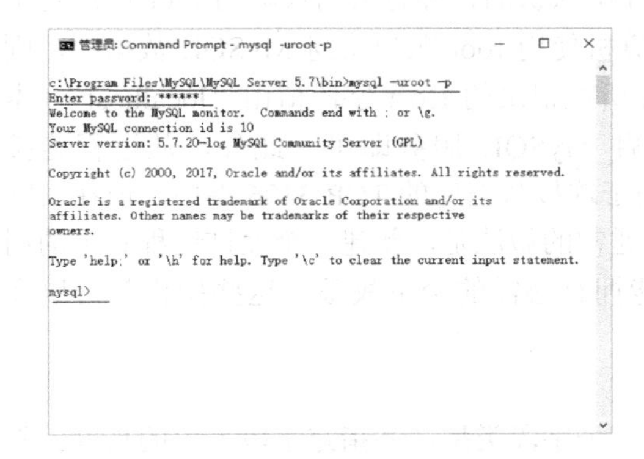

图 8-4　登录 MySQL Shell

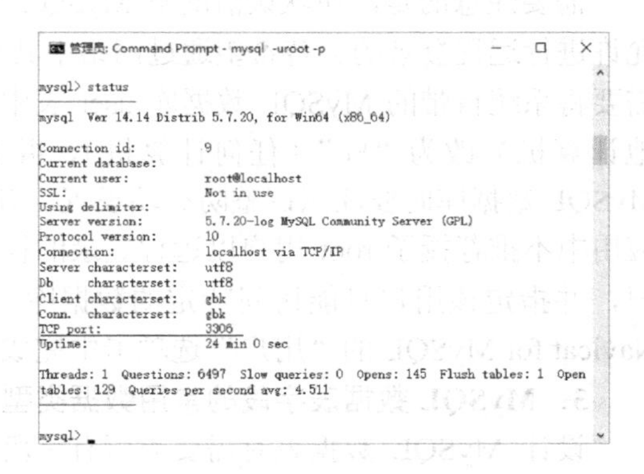

图 8-5　查看数据库状态

2．通过 Navicat for MySQL 管理数据库

为方便用户对数据库的操作，许多第三方软件商推出了一些图形界面的 MySQL 数据库管理客户端程序，Navicat for MySQL（MySQL 版导航猫）就是其中应用较为广泛的一个。

Navicat for MySQL 启动后显示图 8-6 所示的界面，单击工具栏中“连接”按钮，在打开的“新建连接”对话框中输入“连接名”以及 root 用户的密码后单击“确定”按钮。对话框中主机名或 IP 地址用于说明连接到哪个数据库服务器，localhost 表示本地计算机。

与数据库建立连接后，可在 Navicat 窗口左侧的连接列表窗格中右击，在弹出的快捷菜单中执行“新建数据库”命令，在打开的对话框中为数据库指定名称和使用的字符集（一般可选择“utf8--UTF8 Unicode”）后单击“确定”按钮，如图 8-7 所示。

数据库创建完毕后，可在连接列表窗格中选择新建的数据库后单击工作区窗格上方的“新建表”按钮新建表，按照屏幕提示为数据表的各字段指定名称、数据类型、长度、是否为主键、是否允许为 null 后，单击工作区窗格上方的“保存”按钮保存，在打开的对话框中为新建的数据表指定名称后结束操作。

若需要向新建的数据表中输入数据，可在连接列表窗格中找到数据库下面需要输入数据的表，双击将其打开到工作区窗格直接输入相应的数据即可。总而言之，创建一个数据库的基本步骤分为创建数据库、设计表结构和录入表数据 3 个环节。

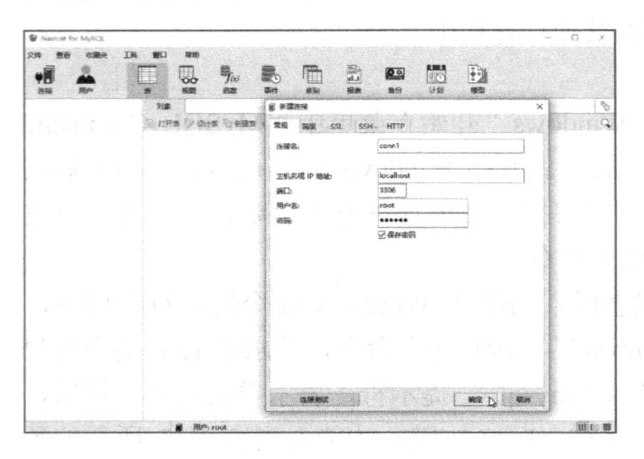

图 8-6　新建连接

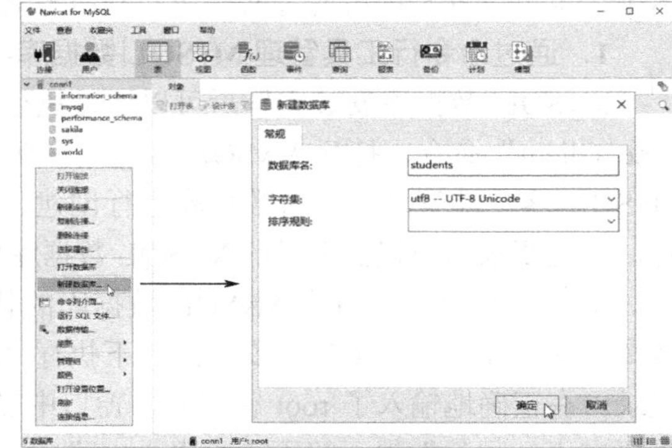

图 8-7　新建数据库

需要注意的是，在默认情况下 MySQL 数据库中默认的、拥有最高权限的 root 用户是不允许进行远程登录的。若希望通过网络中其他计算机使用 root 账户访问 MySQL 数据库，则需要将系统自带的 MySQL 数据库 user 表中 root 所在记录的 Host 字段值由“localhost”（本地计算机）改为“%”（任何计算机），并且重启 MySQL 服务即可。此外，从远程连接 MySQL 数据库时要注意调整防火墙设置，开放用于连接数据库的 TCP 3306 端口。但在实际应用中不推荐授予 root 用户以远程登录的权限。通常的做法是，新建一个允许远程登录的用户，并指定该用户只能访问特定的数据库，只能拥有必需的少量权限。这些操作都可以在 Navicat for MySQL 的“用户”选项卡中完成。

3. MySQL 数据表字段的常用数据类型

设计 MySQL 数据表时需要为所有字段指定一个字段类型，并指定字段占用的长度。常用字段类型及说明见表 8-4。

表 8-4　MySQL 常用字段类型及说明

字 段 类 型	说　明
int	用于存储整型数值，占用 4 个字节
float	用于存储单精度数值，占用 4 个字节
double	用于存储双精度数值，占用 8 个字节
decimal	用于精度要求较高的计算中，这种类型允许指定数值的精度和计数方法作为选择参数
char	用于存储定长字符串。若实际存储的字符串长度小于预设长度，则使用空格补齐
varchar	用于存储不定长字符串。实际存储的字符串长度小于预设值时不会补空格，超过时会自动截断
text	用于存储超长文本数据，占用 0～65535 字节
date	用于存储日期数据，占用 3 个字节。数据格式为：YYYY-MM-DD；范围：1000-01-01～9999-12-31
time	用于存储时间值或持续时间，占用 3 个字节。数据格式为：HH-MM-SS；范围：-838:59:59～838:59:59
year	用于存储年份值，占用 1 个字节。数据格式为：YYYY；范围：1901～2155
datetime	用于存储日期时间值，占用 8 个字节。数据格式为：YYYY-MM-DD HH-MM-SS；范围：1000-01-01 00:00:00 ～ 9999-12-31 23:59:59

4．数据库的导入和导出

若需要将 MySQL 数据库服务器 A 中的某数据库迁移到服务器 B 中，可以按如下步骤进行。

1）在 Navicat for MySQL 中选择源服务器 A 所在的连接，右击要迁移的数据库，在弹出的快捷菜单中执行“转储 SQL 文件”→“结构和数据”或“仅结构”命令，将要迁移的数据库转存为一个.sql 文件。

2）在目标服务器 B 中通过 Navicat for MySQL 新建一个以源数据库名相同的空数据库。右击该数据库，在弹出的快捷菜单中执行“运行 SQL 文件”命令，在打开的对话框中选择上一步骤中得到的.sql 文件，单击“开始”按钮即可完成导入操作。导入操作完成后需要刷新或断开再打开一次 Navicat for MySQL 与数据库连接，方可看到新导入的数据。

如果希望将外部数据文件（如 Excel 表）中的数据导入到 MySQL 数据库中，可按如下步骤进行。

1）在 Navicat for MySQL 中新建一个空数据库（名称可根据需要自行指定），右击新建的数据库下的“表”项，在弹出的快捷菜单中执行“导入向导”命令。

2）在打开的对话框中按提示选择数据源类型（如 Excel 表、XML 文件、Microsoft Access 数据库等），为要导入的数据指定一个新表名称，然后按屏幕提示操作即可将所需的数据导入到指定表中。

8.2　常用 SQL 语句

SQL（Structured Query Language，结构化查询语言）是专为数据库而建立的操作命令集，它是一种功能齐全的数据库操作语言。SQL 语言由一系列可以被数据库系统识别并执行的语句组成，SQL 语句主要分为用于管理数据库、数据表的语句和用于操作数据记录的语句两大类。

8.2.1　管理数据库和数据表的 SQL 语句

对数据库或数据表的操作主要是指对数据库或数据表执行创建、修改、删除等操作。

1．数据库操作

1）创建数据库：通过 SQL 语句可以在数据库系统中创建一个数据库，其语句格式如下：

CREATE DATABASE 数据库名

需要说明的是：在书写 SQL 语句时不区分大小写。但习惯上要求将语句中的命令字、关键字写成大写，将对象名、变量名等写成小写。例如，下列语句表示要在当前数据库系统中创建一个名为“mydb”的数据库。

```
CREATE DATABASE mydb
```

2）删除数据库：从当前数据库系统中删除一个已有数据库的语法格式如下：

DROP DATABASE 数据库名

在使用 CREATE DATABASE 语句创建或使用 DROP DATABASE 语句删除数据库时，

可以配合 IF EXISTS（如果存在）或 IF NOT EXISTS（如果不存在）子句，在创建或删除数据库前进行判断。例如，下列语句表示如果当前数据库系统中不存在一个名为“mydb”的数据库则创建它。

```
CREATE DATABASE IF NOT EXISTS mydb
```

2．数据表操作

1）创建表：在当前数据库中创建一个数据表的 SQL 语句的语法格式如下：

```
CREATE TABLE 表名称 (
    字段名称 1 字段类型[(参数)],
    字段名称 2 字段类型[(参数)],
    字段名称 3 字段类型[(参数)],
    ...
)
```

其中，参数可选项可以是用于表示数值型字段的长度值或日期时间型字段的格式说明符等。例如，要创建一个名为 student 的数据表，该表结构要求见表 8-5。

表 8-5 student 表结构及说明

字段名	字段类型	说明
sId	CHAR	用于存储学生学号，长度为 4，主键，不允许为空
sName	CHAR	用于存储学生姓名，长度为 10
sSex	CHAR	用于存储学生性别，长度为 1
sBirthday	DATE	用于存储学生出生日期，格式为 yyyy-mm-dd
sTel	CHAR	用于存储学生联系电话，长度为 11
sScore	INT	用于存储学生的入学成绩

创建 student 表的 SQL 语句如下所示。

```
CREATE TABLE student(
    sNo CHAR(4) NOT NULL PRIMARY KEY,
    sName CHAR(10),
    sSex CHAR(1),
    sBirthday DATE,
    sScore INT
)
```

2）删除表：用于从当前数据库中删除指定数据表的 SQL 语句的语法格式如下：

```
DROP TABLE 表名称
```

例如，下列语句表示从 students 数据库中删除 student 表。

```
DROP TABLE student
```

在创建表或删除表时，同样可以使用 IF EXISTS 或 IF NOT EXISTS 子句在判断了要创建或删除的表是否存在后再执行相应的操作。

3）修改表结构：对于一个已创建的数据表，可以使用 ALTER TABLE 语句对其现有结构进行修改（添加字段、删除字段、修改字段类型等）。ALTER TABLE 语句的语法格式如下：

```
ALTER TABLE 表名称
[ADD 字段名 类型,]
[DROP COLUMN 字段名,]
[MODIFY COLUMN 字段名 类型]
```

其中，ADD 子句用于向表中添加一个指定类型的新字段；DROP COLUMN 子句用于删除一个现有字段；MODIFY COLUMN 子句用于修改指定字段的现有类型。例如，下列语句用于向 student 表中添加两个字段 aAge 和 sClass；删除 sScore 字段；将 SBirthday 字段的类型修改为 CHAR，长度为 12。

```
ALTER TABLE student ADD sAge INT, ADD sClass CHAR(10), DROP COLUMN sScore,
MODIFY COLUMN sBirthday CHAR(12)
```

8.2.2 操作数据记录的 SQL 语句

用于操作数据记录的 SQL 语句主要有 INSERT（插入）、DELETE（删除）、UPDATE（修改）、SELECT（查询）等。使用这些语句可以向数据表中添加、删除和修改记录的某些字段的值以及实现对数据表的查询等。

1．插入记录

INSERT INTO 语句用于向现有数据中添加一条新记录，其语法格式如下：

```
INSERT INTO 表名称(字段名列表) VALUE(字段值列表)
```

例如，下列语句表示向 student 表中插入一条记录，并填写 sNo 字段值为“0009”，sName 字段值为“张三”，sSex 字段值为“男”，sBirthday 字段值为 2000-3-16，sTel 字段值为“12345678901”，sScore 字段值为 521。

```
INSERT INTO student(sNo, sName, sSex, SBirthday, sTel, sScore)
                    VALUES('0009', '张三', '男', '2000-3-16', '12345678901', 521)
```

需要注意的是，字段名列表中的字段个数与顺序可以与数据表中的不同，但字段名列表中所有字段必须是数据表中存在的字段。字段值列表中的值顺序必须与字段名列表中的字段顺序相同，且数量相等。也就是说，字段名列表中有几个字段，字段值列表中就应该有几个值。

2．删除记录

使用 DELETE 语句可以删除数据表中一条或多条记录，该语句的语法格式如下：

```
DELETE FROM 表名称 WHERE 条件
```

例如，下列语句执行后将删除 student 表中网络 1801 班所有女生的记录。

```
DELETE FROM student WHERE sClass = '网络 1801' AND sSex = '女'
```

3．修改记录

使用 Update 语句可更新（修改）表中的数据，该语句的语法格式为：

UPDATE 表名称 SET 字段名 1 = 值 1，字段名 2 = 值 2，… WHERE 条件

例如，将 student 表中学号为“0009”的学生的 sClass 字段值修改为“软工 1802”，sScore 字段值修改为 486。

```
UPDATE student SET sClass='软工 1802', sScore=486 WHERE 学号='0009'
```

4．查询记录

从数据表中查询符合某条件的记录时，需要使用 SELECT 语句。该语句主要用于从数据库中返回需要的数据集，其语法格式如下：

```
SELECT select_list
  [INTO new_table_name]
  FROM table_list
  [WHERE search_conditions]
  [GROUP BY group_by_list]
  [HAVING search_conditions]
  [ORDER BY order_list [ASC|DESC]]
```

各参数的说明如下。

1）select_list：选择列表用来描述数据集的列，它是一个用逗号分隔的表达式列表。每个表达式定义了数据类型和大小及数据集列的数据来源。在选择列表中可以使用“*”号指定返回源表中所有的列（字段）。

2）INTO new_table_name：使用该子句可以通过数据集创建新表，new_table_name 表示新建表的名称。

3）FROM table_list：在每条要从表或视图中检索数据的 SELECT 语句中，都必须包含一个 FROM 子句。使用该语句指定要包含在查询中的所有列及 WHERE 所引用的列所在的表或视图。用户可以使用 As 子句为表和视图指定别名。

4）WHERE：这是一个筛选子句，它定义了源表中的行必须要满足 SELECT 语句要求达到的条件。只有符合条件的行才会被包含在数据集中。WHERE 子句还用在 DELETE 和 UPDATE 语句中，指定需要删除或更新记录的条件。

5）GROUP BY：该语句根据 group_by_list 中的定义，将返回的记录集结果分成若干组。

6）HAVING：该语句是应用于数据集的附加筛选。HAVING 子句从中间数据集对行进行筛选，这些中间数据集是用 SELECT 语句中的 FROM、WHERE 或 GROUP BY 子句创建的。该语句通常与 GROUP BY 语句一起使用。

7）ORDER BY：该语句定义了数据集中的行排列顺序（排序）。order_list 表示排序逻辑列表。可以使用 ASC 或 DESC 指定排序是按升序还是降序，默认为 ASC（升序）。

例如，下列语句用于返回 student 表中的所有记录。

```
SELECT * FROM student            //通配符“*”表示包括记录中所有字段
```

下列语句从 student 表中查询“软工 1801”班的所有学生的学号、姓名和班级信息。

```
SELECT sNo, sName, sClass FROM student WHERE sClass = '软工 1801'
```

设 grade 表中包含 gNo（学号）、math（数学）、chs（语文）和 en（英语）4 个字段。要求从 grade 表中返回总分大于 260 的所有记录，返回值中仅包含学号和总分两个字段的信息。显然，grade 表中并不存在表示总分的字段。此时，可以使用 AS 子句将表中 math + chs + en 的值虚拟成一个表示总分的 total 字段。

```
SELECT gNo, math + chs + en AS total FROM grade WHERE math + chs + en > 240
```

下列语句从“学生成绩”表中返回姓名字段中含有“张”的所有记录。这是在实现“模糊”查询时常用的手段。语句中“%”为通配符，表示任意字符串。若将语句中 '%张%' 改为 '张%' 则表示查找所有姓“张”的所有记录。

```
SELECT * FROM student WHERE sName LIKE '%张%'
```

【演练 8-1】 使用表 8-6 和表 8-7 所示的数据，通过 Navicat for MySQL 客户端软件，在 MySQL 数据库中使用 SQL 语句完成下列各项操作。

1）创建一个 students 数据库，在该数据库中创建 student 和 grade 表。

2）使用 SELECT 语句返回一个包含学号、姓名、班级、各科成绩、总分数据，并按总分来降序排序的查询结果集。

表 8-6　student（学生信息表）

sId（学号）	sName（姓名）	sClass（班级）
0001	张三	软工 1801
0002	李四	网络 1801
0003	王五	软工 1801
0004	赵六	网络 1801

表 8-7　grade（成绩表）

gId（学号）	Math（数学）	chs（语文）	en（英语）
0001	92	78	65
0002	86	68	74
0003	74	92	80
0004	87	83	76

操作步骤如下。

1）参照本章前面介绍过的方法创建与数据库服务器的连接。

2）单击 Navicat for MySQL 工具栏中的“查询”按钮，在打开的窗口中单击“新建查询”按钮，然后输入如下所示的 SQL 语句，单击“运行”按钮，执行该语句创建 students 数据库。

```
CREATE DATABASE students
```

数据库创建后，在 Navicat for MySQL 左侧对象列表窗格中，右击空白处，在弹出的快捷菜单中执行“刷新”命令，选中新创建的 students 数据库，再创建一个新查询，输入并执行下列 SQL 语句创建 student 和 grade 表。再次刷新对象列表后，可看到图 8-8 所示的执行结果。

```
CREATE TABLE student(
    sId CHAR(4) NOT NULL PRIMARY KEY,
    sName CHAR(10),
    sClass CHAR(10)
```

```
);
CREATE TABLE grade(
        gId CHAR(4) NOT NULL PRIMARY KEY,
        math INT,
        chs INT,
        en INT
);
```

3）在左侧窗格中双击表名称可将其在工作区打开，参照表 8-6 和表 8-7 向 student 和 grade 表中输入数据。

4）在左侧窗格中选中 students 数据库，新建一个查询，输入如下所示的 SQL 语句后单击“运行”按钮，可得到图 8-9 所示的运行结果。

```
SELECT student.*, grade.math, grade.chs, grade.en,
(grade.math + grade.chs + grade.en) AS total
FROM student INNER JOIN grade ON student.sId = grade.gId
ORDER BY total DESC
```

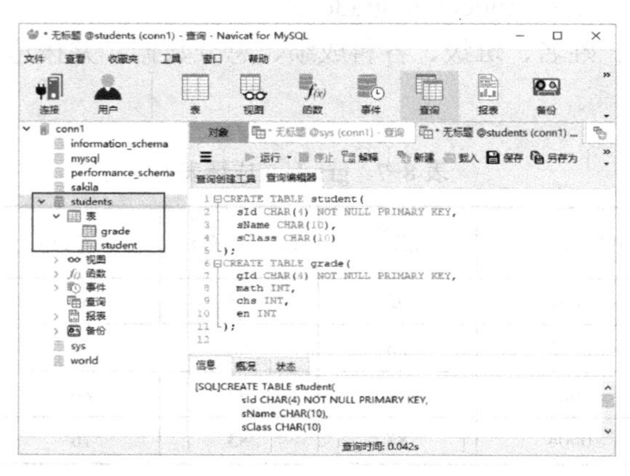

图 8-8　创建表的 SQL 语句

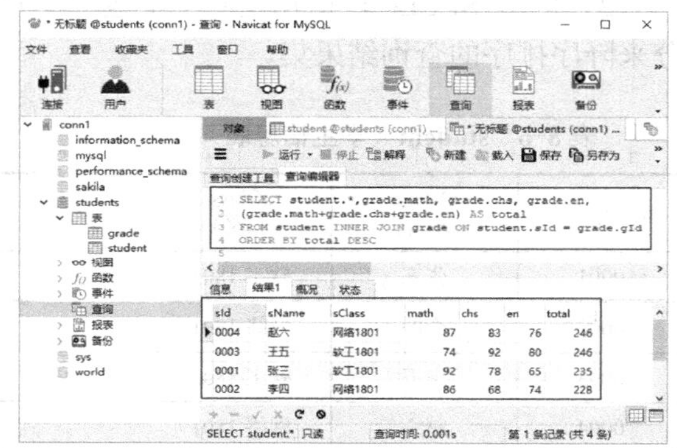

图 8-9　多表查询结果

上述语句的含义是，按照 student 和 grade 表中学号相等的原则，返回指定的字段数据（这些数据有些属于 student 表，有些属于 grade 表），将数学、语文和英语成绩的和虚拟成 total（总分）字段。

SELECT 语句的使用非常灵活，功能强大。由于篇幅所限这里不再展开详细介绍，读者可自行参阅相关资料。

8.3　Java 数据库访问技术

目前提供连接和访问数据库的功能已成为几乎所有程序设计语言的标准配置了，在 Java 中开发人员可以通过 JDBC API 实现对数据库系统的连接和访问。

8.3.1　JDBC 概述

JDBC（Java DataBase Connectivity，Java 数据库连接）是一种用于执行 SQL 语句的 Java

API（Application Program Interface，应用程序接口），可以为多种关系数据库提供统一访问，它由一组用 Java 语言编写的类和接口组成。JDBC 提供了一种标准使 Java 语言编写的应用程序能够执行 SQL 语句并从数据库中获取查询结果集等，从而实现对关系型数据库的访问和操作。图 8-10 表示了 Java 应用程序通过 JDBC 访问和操作各类数据库的方式。

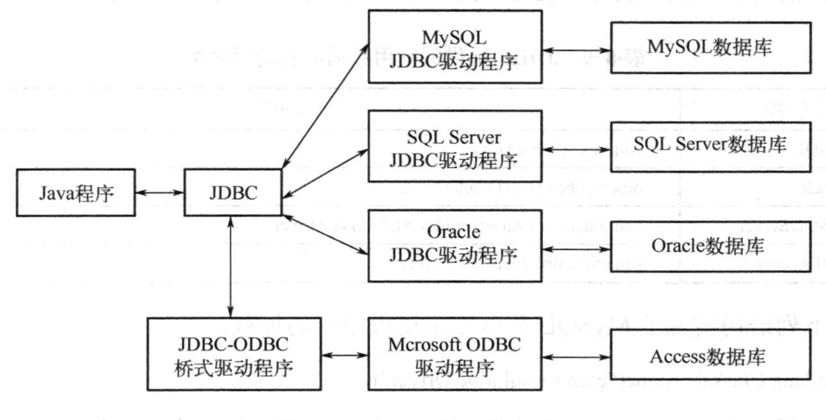

图 8-10　JDBC 的工作方式

从图 8-10 中可以看出 JDBC 并不能直接访问数据库，而是需要通过数据库厂商或第三方提供的 JDBC 驱动程序才能建立与数据库的连接，进而实现对数据库的访问和操作。

8.3.2　访问和操作数据库

JDBC 提供了大量用于访问和操作数据库的接口和类，它们存储于 java.sql 和 javax.sql 包中。

1．JDBC 的常用接口和类

JDBC 中包含的常用接口和类及其说明见表 8-8。

表 8-8　JDBC 中常用接口和类及其说明

名　称	类型	说　明
DriverManager	类	用于管理 JDBC 驱动的服务类，程序中使用该类的主要功能是获取 Connection 接口对象
SQLException	类	与打开或关闭数据库连接或执行 SQL 语句相关的异常类
Connection	接口	创建数据库连接对象，每个 Connection 代表一个物理连接会话。访问数据库，必须先进行数据库连接
Statement	接口	用于执行 SQL 语句的工具接口，该对象用于执行各类 SQL 语句。当执行 SELECT 查询时，能返回相应的结果集。它还包含有 PreparedStatement 和 CallableStatement 两个子接口
ResultSet	接口	用于创建结果集对象，该对象包含访问查询结果的方法，可以通过列索引或列名获得需要的字段数据

2．连接数据库

建立与数据库的连接需要经过加载 JDBC 驱动程序和通过 DriverManager 类创建连接对象两个步骤。

（1）加载 JDBC 驱动程序

在 Java 应用程序中用于加载 JDBC 驱动程序的语法格式如下：

java.lang.Class.forName("驱动程序类");

根据不同的目标数据库类型，JDBC 提供了不同的驱动程序类，见表 8-9。

表 8-9　JDBC 提供的常用数据库驱动程序类

数据库类型	驱动程序类
MySQL	com.mysql.jdbc.Driver
Oracle	oracle.jdbc.driver.OracleDriver
Microsoft SQL Server	com.microsoft.sqlserver.jdbc.SQLServerDriver
Microsoft Access	sun.jdbc.odbc.JdbcOdbcDriver

例如，下列语句实现了 MySQL 数据库驱动程序类的加载。

```
java.lang.Class.forName("com.mysql.jdbc.Driver");
```

在实际编程时由于 java.lang（java 语言包）是默认加载的，所以上述语句可简化为：

```
Class.forName("com.mysql.jdbc.Driver");
```

而且，对于 JDK 6 以上的版本，Java 能自动加载常用数据库（如 MySQL、Oracle、Microsoft SQL Server 等）的驱动程序，上述语句也可以不写。但驱动程序的 JAR 软件包需要提前下载，并参照本教材 3.5.4 介绍的方法将驱动程序软件（.jar）添加到项目中。

（2）创建数据库连接对象

创建数据库连接对象需要用到前面介绍过的 DriverManager 类，表 8-10 所示的两个静态方法，分别用于获取连接对象和返回当前使用的数据库驱动程序。

表 8-10　DriverManager 类的常用方法

方　法	说　明
+static getConnection(String url, String user, String password) : Connection	根据数据库 URL、用户名和密码连接数据库，并返回一个 Connection 类的对象（连接对象）
+static getDriver(url) : Driver	返回 url 所指定的数据库连接驱动程序类对象

其中，数据库 URL 的语法格式如下：

jdbc:子协议://主机名或 IP[:端口号]/数据库名[?serverTimezone=时区码]

子协议的具体内容与连接何种数据库有关。如果使用的是数据库的默认连接端口号（MySQL 为 3306，Oracle 为 1521，SQLServer 为 1433），则端口号可以省略。若使用的是高版本的数据库驱动程序还需要指定对应的时区码（使用 5.1 以下版本数据库驱动时没有时区的问题）。例如，使用 8.0 版的 MySQL 驱动程序时，其 URL 应写成：

```
jdbc:mysql://localhost/students?serverTimezone=GMT%2B8      //表示时区为 GTM+8（北京时间）
```

常用数据库的 URL 表示见表 8-11。

表 8-11　常用数据库的 URL 表示方法

数据库类型	数据库的 URL 表示
MySQL	jdbc:mysql://主机名或 IP[:端口号]/数据库名
Microsoft SQLServer	jdbc:sqlserver://主机名或 IP[:端口号]; DatabaseName = 数据库名
Oracle	jdbc:oracle:thin:@主机名或 IP[:端口号]:数据库名
Access、Excel 或其他桌面数据库	jdbc:odbc:数据源名（首先需要通过控制面板配置 ODBC 数据源）

例如，下列语句表示了不同数据库创建 Connection 对象 conn 的情况。

```
//创建连接 MySQL 数据库的 conn1 对象
Connection conn1 = DriverManager.getConnection("jdbc:mysql://localhost/students",
                   "admin", "123456");
//创建连接 Microsoft SQLServer 的 conn2 对象
Connection conn2 = DriverManager.getConnection("jdbc:sqlserver://192.168.0.16;
                   DatabaseName = students=GTM%2B8", "sa", "123456");
```

3．执行 SQL 语句

创建了与数据库的连接后，首先需要创建 Statement 接口的对象，而后调用该对象的相应方法将 SQL 语句发送到数据库端执行。

创建 Statement 接口对象的语法格式如下：

Statement 对象名 = 连接对象.createStatement();

其中，“连接对象”为前面通过 DriverManager.getConnection()方法创建的 Connection 类型的对象，调用连接对象的 createStatement()方法可以返回一个 Statement 类型的对象，通过调用该对象的方法可以获得一个被封装到 ResultSet 对象中的结果集。Statement 接口的常用方法见表 8-12。

表 8-12　Statement 接口的常用方法

方　法	说　明
+executeQuery(String sql) : ResultSet	执行参数 sql 表示的 SQL 语句，并将返回结果以 ResultSet 对象的形式返回
+executeUpdate(String sql) : int	参数 sql 是一条 INSERT、UPDATE 或 DELETE 语句或其他不返回任何结果的语句，方法执行后返回受影响的记录数
+execute(String sql) : boolean	执行 sql 表示的 SQL 语句。若执行的是 SELECT 语句返回 true，执行后调用 getResult()方法可以获得结果集；若执行的是 INSERT、UPDATE 或 DELETE 语句或其他不返回任何结果的语句返回值为 false，执行后可调用 getUpdateCount()方法获取受影响的记录数
+getResult() : ResultSet	返回 SQL 语句执行后获得的结果集
+getUpdateCount() : int	返回 SQL 语句执行后受影响的记录数
+close() : void	关闭 Statement 对象

细心的读者可能注意到了，Statement 是一个接口，那么其中包含的若干方法又是从何而来的呢？的确，Statement 以及后面将要介绍的 ResultSet 都是只包含了一些抽象方法的接口，这些抽象方法需要由继承了接口的类来实现。在 Java 中是通过 JDBC 驱动程序来实现

Statement、ResultSet 等接口的。

4．处理结果集

在一般情况下执行 SELECT 类型的 SQL 语句将返回一个 ResultSet 接口类型的对象，该对象中存储了查询得到的结果集。通过 ResultSet 接口提供的大量方法可以实现对结果集的处理。ResultSet 接口的常用方法见表 8-13。

表 8-13 ResultSet 接口的常用方法及说明

方　法	说　明
+getString(字段索引值 | 字段名) : String	按从 1 开始的索引值或字段名返回当前记录对应 String 字段的值
+getInt(字段索引值 | 字段名) : int	按从 1 开始的索引值或字段名返回当前记录对应 int 字段的值
+getDouble(字段索引值 | 字段名) : double	按从 1 开始的索引值或字段名返回当前记录对应 double 字段的值
+getDate(字段索引值 | 字段名) : date	按从 1 开始的索引值或字段名返回当前记录对应 date 字段的值
+getRow() : int	返回当前记录从 1 开始的记录号（索引值）
+next() : boolean	当前记录的后面是否还有记录存在，若无记录则返回 false
+last() : boolean	将记录指针移动到最后一行。如果移动后指针在有效行上，则返回 true
+absolute(int n) : boolean	将记录指针移动到第 n 行。若第 n 行为有效行，则返回 true
+close() : void	释放结果集对象的数据库及 JDBC 资源

例如：

```
…                                                  //创建 Connection 对象
Statement stmt = conn.createStatement();           //conn 为 Connection 对象
ResultSet rs = stmt.executeQuery("SELECT * FROM student");
                                                   //执行 SELECT 查询语句，获取结果集
if rs.absolute(3){                                 //指向第 3 条记录
    String id = rs.getString("sId");               //获取当前记录的 sId 字段值，并存储到 id 变量中
}
…
```

需要注意的是，通过查询语句获取的 ResultSet 结果集的记录指针是指向第一条记录之前的，调用一次 next()方法方可指向第一条记录。也就是说获取结果集后，必须调用移动指针的相关方法（如 next()、last()、absolute()）才能读取结果集中的值。

8.3.3 Java 数据库编程的一般步骤

在 Java 中创建数据库应用程序一般要经历创建数据库连接对象、创建 Statement 对象、执行 SQL 语句、处理返回结果集、关闭数据库连接并释放相关对象几个步骤。

1）创建 Java 应用程序项目后，需要通过“构建路径”菜单中的相关命令将事先下载好的数据库驱动程序 JAR 包添加到项目中。

2）创建数据库连接对象需要调用 DriverManager 类的 getConnection()方法，其语法格式如下：

Connection 连接名 = DriverManager.getConnection(url, user, pwd);

3）创建 Statement 对象需要调用数据库连接对象的 createStatement()方法，其语法格式如下：

```
Statement 对象名 = conn.createStatement();
```

4）执行 SQL 语句需要通过前面创建的 Statement 对象来实现，该对象提供了若干用于执行不同类型 SQL 语句的方法。执行 SELECT 查询语句时，通常会返回一个 ResultSet 类型的结果集。例如，下列语句执行后会将 student 表中所有“软工 1801”班的学生记录存储到 ResultSet 对象 rs 中。

```
ResultSet rs = stmt.executeQuery("SELECT * FROM student WHERE sClass ='软工 1801'");
```

5）对返回的结果集，可以通过 ResultSet 接口提供的各种方法进行处理。例如，下列语句可以将当前记录的 sName 字段的值输出到控制台窗格。

```
System.out.println(rs.getString("sName"));
```

6）操作执行完毕后需要调用相关对象的 close()方法将其关闭，释放占用的系统资源。

【演练 8-2】 在 Eclipse 环境中设计一个能对 MySQL 数据库 students 中 student 表执行增、删、改、查的 DBHandle 类，其成员及说明见表 8-14。

表 8-14 DBHandle 类成员及说明

类 成 员	说 明
+conn : Connection	Connection 类型的私有字段
+stmt : Statement	Statement 类型的私有字段
+DBHandle(String dbIP, String db, String user, String pwd)	DBHandle 类的构造方法
close() : void	用于关闭数据库连接，释放 stmt 对象的方法
dml(String sql) : String	用于执行 INSERT、DELETE 或 UPDATE 的 SQL 语句的方法。返回值为“xx 条记录添加/删除/修改成功”或异常信息
query(String sql) : int	用于执行 SELETE 类型的 SQL 语句的方法，返回值为受影响的记录数。若查询失败，则返回-1

设已在 MySQL 数据库服务器中创建了一个名为 students 的数据库，库中有一个名为 student 的数据表，表中现有数据如图 8-11 所示。

程序设计步骤如下。

1）在 Eclipse 环境中创建一个 Java 应用程序项目，向其中添加主类 YL8_2 和主方法。

2）在项目资源管理窗格中右击项目名称，在弹出的快捷菜单中执行“构建路径”→“配置构建路径”命令，在图 8-12 所示的对话框中选择“库”选项卡下的“Classpath”后，单击“添加外部 JAR”按钮，将 MySQL 数据库驱动程序添加完毕后，单击“Apply and Close”按钮关闭对话框。

按如下所示在主类之外编写 DBHandle 类的代码。

```
class DBHandle{
    public Connection conn;         //类的字段
    public Statement stmt;
```

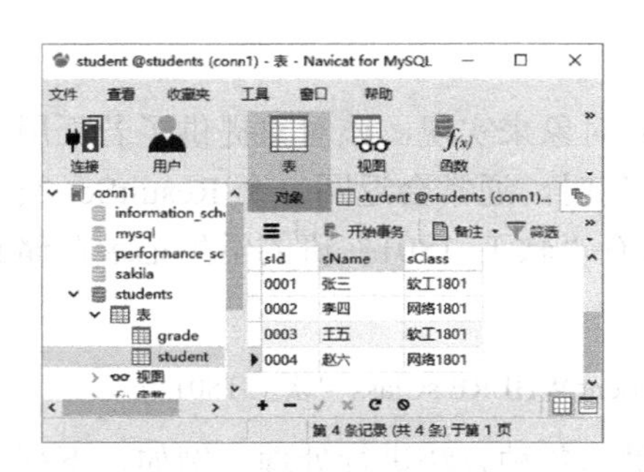

图 8-11　student 表中的现有数据

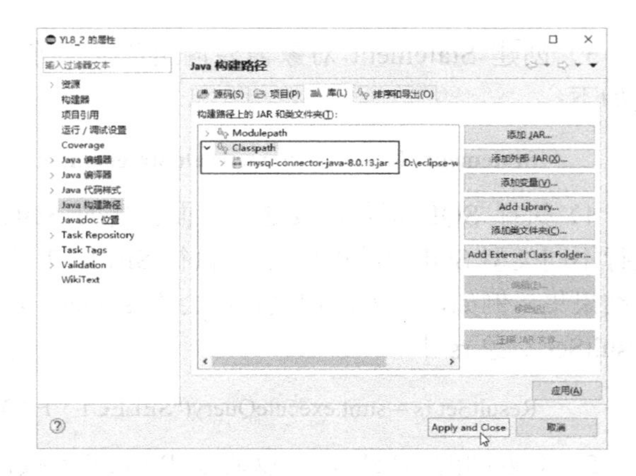

图 8-12　添加 MySQL 数据库驱动程序

```
public DBHandle(String dbIP, String db, String user, String pwd){          //构造方法
    //通过 dbIP（数据库服务器名或 IP 地址）和 db（数据库名）参数创建 url 字符串
    String url = "jdbc:mysql://" + dbIP + "/" + db + "?serverTimezone=GMT%2B8";
    try {
        //通过 url 字符串、user（用户名）和 pwd（密码）为 conn 字段赋值
        conn = DriverManager.getConnection(url, user, pwd);
        stmt = conn.createStatement();            //通过 conn 字段为 stmt 字段赋值
    }
    catch(SQLException ex) {                      //捕获和处理异常
        System.out.println("连接失败：" + ex.toString());
    }
}
void close() {                                    //关闭连接，释放 stmt 对象
    try {
        stmt.close();
        conn.close();
    }
    catch(SQLException ex) {
        System.out.println(ex.toString());
    }
}
String dml(String sql) {                          //添加、删除或修改一条记录
    String type = "";
    if(sql.contains("INSERT"))                    //若果 SQL 语句中包含字符串“INSERT”
        type = "添加";
    if(sql.contains("DELETE"))
        type = "删除";
    if(sql.contains("UPDATE"))
        type = "修改";
    try {
        //executeUpdate()方法的返回值为受影响的记录数
        int num = stmt.executeUpdate(sql);
        return num + "条记录" + type + "成功";
```

```
            }
            catch(Exception ex) {
                return type + "失败：" + ex.toString();
            }
        }
        int query(String sql) {                    //查询并输出查询结果，返回值为结果集中的记录数
            ResultSet rs = null;
            try {
                rs = stmt.executeQuery(sql);
                while(rs.next()) {                 //每行一条记录，输出所有记录的各字段值
                    //依次输出当前记录的第一、第二和第三个字段的值
                    System.out.println(rs.getString(1) + " " +
                                        rs.getString(2) + " " + rs.getString(3));
                }
                rs.last();                         //将记录指针移动最后一条记录
                return rs.getRow();                //返回当前记录的行号，也就是结果集中的记录数
            }
            catch(SQLException ex) {
                System.out.println("查询失败：" + ex.toString());
                return -1;
            }
        }
    }
```

参照如下所示的代码在主方法中编写测试代码，检查实现增、删、改、查的正确性。

```
    import java.sql.*;                             //导入 java.sql 包中的所有类
    public class YL8_2 {
        public static void main(String[] args) {   //主方法
            String dbIP = "localhost";             //数据库服务器名或 IP 地址
            String db = "students";                //数据库名
            String user = "admin";                 //用户名
            String pwd = "123456";                 //用户密码
            DBHandle dbh = new DBHandle(dbIP, db, user, pwd);        //创建数据库操作类
            //查询数据库
            String sql = "SELECT * FROM student";          //显示未执行增、删、改操作前的记录
            System.out.println("符合条件的记录数：" + dbh.query(sql));
            //插入一条新记录
            sql = "INSERT INTO student(sId, sName, sClass) VALUE('0005', '陈琦', '软工 1801')";
            //sql = "UPDATE student SET sClass = '网络 1801' WHERE sId = '0005'";      //修改示例
            //sql = "DELETE FROM student WHERE sID ='0005'";        //删除记录的 SQL 语句示例
            System.out.println(dbh.dml(sql));
            sql = "SELECT * FROM student";                 //显示执行增、删、改操作后的记录变化
            System.out.println("符合条件的记录数：" + dbh.query(sql));
            dbh.close();
        }
    }
```

8.4 实训　数据库编程练习

8.4.1 实训目的

理解编写 Java 数据库应用程序的一般步骤。进一步理解数据库 DriverManager 类、URL、Connection 接口、Statement 接口、ResultSet 接口和结果集的处理等概念及常用方法的使用。加深对继承、方法重写等概念的理解，进一步理解在子类中调用父类的构造方法和实例方法的编程步骤，加深理解代码重用在面向对象程序设计中的重要地位。

8.4.2 实训要求

在【演练 8-2】中已创建了一个可以对指定数据库进行增、删、改、查等操作的 DBHandle 类。本实训要求创建一个继承于 DBHandle 类的 MyDBHandle 子类，用于扩展 DBHandle 类的功能。如向指定数据库中添加数据表（createTab()方法）；将文本文件中的数据导入数据库（txtToDB()方法）；重写父类中 query()方法，使之可以仅返回符合条件的记录数统计，而不需要将结果输出。设文本文件存储在 d:\users.txt，其中存储的用户数据如图 8-13 所示。第一列为用户名，第二列为用户密码，第三列为表示用户级别的数字（0 表示普通用户，1 表示管理员）。图 8-14 所示的是程序执行后在数据库中创建的表及导入表中的数据。

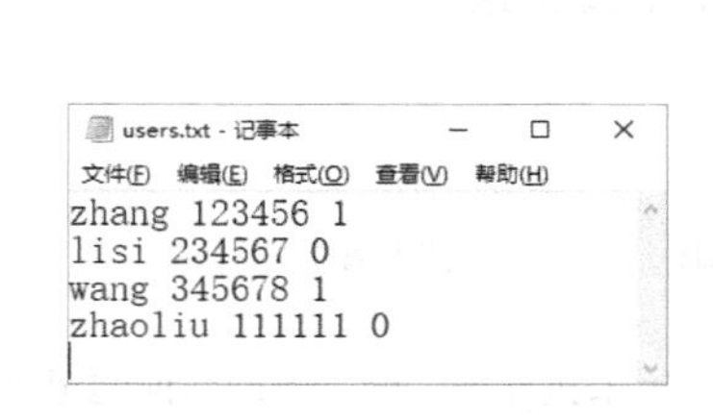

图 8-13　文本文件中存储的用户数据

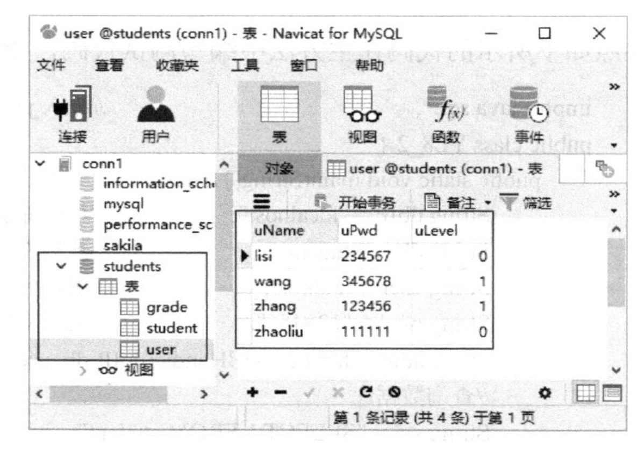

图 8-14　导入到数据库中的数据

具体要求如下。

1）新建一个 Java 应用程序项目，并将【演练 8-2】中生成的 DBHandle.class 文件添加到当前项目中。

2）在 SX8.java 中创建继承于 DBHandle 类的 MyDBHandle 类，其新增类成员及说明见表 8-15。

需要注意的是，MyDBHandle 类创建后不但拥有自己的 createTab()和 txtToDB()方法以及通过重写得到的新的 query()方法，还通过继承拥有了其父类 DBHandle 中所有非 private 修饰的其他方法和字段成员。

表 8-15　MyDBHandle 类新增成员及说明

类 成 员	说　明
+MyDBHandle(String dbIP, String db, String user, String pwd)	MyDBHandle 类的构造方法
createTab() : void	用于创建数据表的方法
txtToDB() : String	用于将文本文件中数据导入数据库的方法。返回值为“xx 条记录导入成功”
query(String sql) : int	重写父类的 query()方法，使之仅返回符合条件的记录数统计值

3）在主方法中编写测试代码，以验证 MyDBHandle 类代码的正确性。通过 Navicat for MySQL 打开并观察数据库中表和数据记录的变化，以验证程序执行结果的正确性。

8.4.3　实训步骤

1）在 Eclipse 环境中新建一个 Java 应用程序项目，向项目中添加主类 SX8 并创建主方法。

2）在项目所在文件下创建一个名为“DBHandle”的子文件夹，由于【演练 8-2】中的 DBHandle 类创建在默认包中，故无须再继续创建下级子文件夹，直接将文件 DBHandle.class 复制到 DBHandle 文件夹中即可。在包资源管理器中右击 SX8 项目名称，在弹出的快捷菜单中执行“刷新”命令，使新添加进来的 DBHandle.class 文件可见。

在包资源管理器中右击项目名称，在弹出的快捷菜单中执行“构建路径”→“配置构建路径”命令，在打开的对话框中选择“库”选项卡下的“Classpath”后，单击“添加类文件夹”按钮，在打开的对话框中选择包含有 DBHandle.class 类文件的 DBHandle 文件夹后单击“确定”按钮，最后单击“Apply and Close”按钮结束添加外部类文件的操作。

3）参照本章前面介绍过的方法，向项目中添加 MySQL 数据库驱动程序包。

4）按如下所示编写继承于 DBHandle 类的 MyDBHandle 子类代码。

```
class MyDBHandle extends DBHandle{          //继承于 DBHandle 类的 MyDBHandle 子类
    public MyDBHandle(String dbIP, String db, String user, String pwd) {
        super(dbIP, db, user, pwd);          //调用父类的构造方法
    }
    //用于创建数据表的 createTab()方法。表中用户级别用 0（用户）和 1（管理员）表示
    void createTab() {                       //用户名为主键
        String sql = "CREATE TABLE IF NOT EXISTS user(uName CHAR(10)
                        NOT NULL PRIMARY KEY, uPwd CHAR(24), uLevel INT)";
        try {
            super.stmt.execute(sql);         //调用父类 stmt 字段的 execute()方法
            System.out.println("表创建成功");
        }
        catch(SQLException ex) {
            System.out.println("出错：" + ex.toString());
        }
    }
    String txtToDB(String fName) {      //将文本文件中数据导入数据库的 txtToDB()方法
        try {
            File f = new File(fName);
            java.util.Scanner val = new java.util.Scanner(f);
            String name, pwd;
```

```
            int level, num = 0;
            while(val.hasNext()) {          //循环读取文件中的所有数据，每次一行
                name = val.next();          //从文件中读取第一个字段值（String，用户名）
                pwd = val.next();           //从文件中读取第二个字段值（String，密码）
                level = val.nextInt();      //从文件中读取第三个字段值（int，级别）
                String sql = "INSERT INTO user(uName, uPwd, uLevel) VALUE('" +
                        name + "','" + pwd + "','" + level +"')";
                super.dml(sql);             //调用父类中的 dml()方法执行 SQL 语句
                num = num + 1;              //累加添加到数据库的记录数
            }
            val.close();                    //关闭 Scanner 对象
            return num + "条记录导入成功";
        }
        catch(Exception ex) {
            return ex.toString();
        }
    }
    @Override
    int query(String sql) {                 //重写父类的 query()方法
        try {
            ResultSet rs = super.stmt.executeQuery(sql);
            rs.last();                      //将记录指针移动到最后一条记录
            return rs.getRow();             //获取当前记录的行号也就是符合条件的记录数
        }
        catch(SQLException ex) {
            return -1;                      //若查询失败，则返回-1
        }
    }
}
```

5）按如下所示编写主方法中的测试代码。

```
import java.sql.*;
import java.io.File;
public class SX8 {                                      //主类
    public static void main(String[] args) {            //主方法
        //创建 MyDBHandle 类的对象
        MyDBHandle mydb = new MyDBHandle("localhost", "students", "admin", "123456" );
        mydb.createTab();                       //调用 MyDBHandle 类的 createTab()方法创建表
        //调用 MyDBHandle 类的 txtToDB()方法，将文本文件中的数据写入数据库
        String msg = mydb.txtToDB("d:\\users.txt");
        System.out.println(msg);                        //输出 txtToDB()方法的返回值
        //调用 MyDBHandle 类的 query()方法，获取符合条件的记录数
        int total = mydb.query("SELECT * FROM user WHERE uLevel = 1");
        System.out.println("用户级别为 1 的记录有" + total + "条");
        mydb.close();//调用父类中的 close()方法关闭数据库连接，释放对象
    }
}
```

思考：MyDBHandle 类拥有对数据库记录的添加、删除和修改功能吗？若有，请在主方法中编写代码进行测试验证。

第9章 多 线 程

前面章节中编写的程序都是单线程程序。程序从 main()方法开始，依次执行代码，若某行程序遇到问题，则停止执行。但在实际应用场景中，单线程程序的功能非常有限，无法实现多用户、多任务的需求。Java 语言提供了多线程支持，可以用非常简单的方式实现多用户、多任务同时进行的需求。本章将介绍多线程程序设计的相关内容，主要包括线程的概念、创建线程、启动线程、控制线程以及多线程的同步操作等方面的知识和编程技巧。

9.1 线程的基本概念

现代操作系统不仅支持多任务，而且支持多线程。多任务是指在一个系统中可以同时运行多个程序，每一个进程（Process）就是一个正在执行的应用程序，而线程（Thread）则是进程执行过程中产生的更小的分支。每个线程是进程内部一个单一的执行流。在 Windows 操作系统中，通过任务管理器就能查看当前系统的进程，也就是正在运行的程序。进程是线程的容器，一个进程在其执行过程中，可以形成多条相互独立的执行流，这就是多线程。

9.1.1 进程与线程

几乎所有的操作系统都支持进程的概念，所有运行中的任务通常对应一个进程，当一个程序进入内存运行时，即变成一个进程。进程是处于运行过程中的程序，是系统进行资源分配和调度的一个独立单位，是操作系统结构的基础。

1．进程的基本概念

一般而言，进程具有如下 3 个特征。

（1）动态性

进程是程序的一次执行，它有着创建、活动、暂停、终止等过程，具有一定的生存周期，是在动态地产生、变化和消亡的。动态性是进程最基本的特征。

（2）独立性

进程是系统中独立存在的实体，它可以拥有自己独立的资源，每一个进程都拥有自己私有的地址空间。在没有经过进程本身允许的情况下，一个用户进程不可以直接访问其他进程的地址空间。

（3）并发性

并发性是进程的重要特征，也是操作系统的重要特征。引入进程的目的就是为了并发执行以提高系统资源的利用率。多个进程可以在单个处理器上并发执行，多个进程之间不会互相影响。

需要注意的是，并发性（Concurrency）和并行性（Parallel）是两个概念。并行指在同一时刻，有多条指令在多个处理器上同时执行；而并发则是指在同一时刻只能有一条指令执行，但多个进程指令被快速轮换执行，使得在宏观上具有多个进程同时执行的效果。

大部分操作系统都提供了对多进程并发运行的支持。例如，在使用 Word 撰写文档的同时还使用播放软件播放音乐。除此之外，每台计算机运行时还有大量底层的支撑程序在运行。这些进程看上去像是在同时工作。然而对于单 CPU 而言，在某一时刻只能执行一个程序，要实现各进程的平稳运行，CPU 就要不断地在这些程序之间轮换执行。

2. 线程的基本概念

多线程扩展了多进程的概念，使得同一个进程可以同时并发处理多个任务。线程也被称作轻量级进程（Lightweight Process)，线程是进程的执行单元，在一个进程内可以包括多条并发的执行流。对于绝大多数的应用程序来说，通常仅要求一个进程中要拥有一个主线程，但也可以在该进程内创建多条顺序执行流，这些顺序执行流就是其他线程，而且每个线程都是互相独立的。

那线程和进程的关系是怎样的呢？举一个简单的例子，一家三口住在一间漂亮的房子里，房间里有电视、洗衣机、冰箱、书房和厨房等。房子就相当于进程，家里的电视、洗衣机、冰箱等都是进程的资源。当只有妈妈一个人在家时，妈妈就相当于一个线程，妈妈可以独占所有的资源。三个人都在家时，相当于进程中包含三个线程，有时候会发生资源竞争，如当女儿要看动画片时，爸爸就不能看新闻频道了。大部分的时候每个人（线程）都能各司其职，妈妈在厨房为爸爸和女儿准备饭菜，爸爸在辅导女儿写作业等。

3. 线程与进程的区别

操作系统可以同时执行多个任务，每个任务就是进程；进程可以同时执行多个任务，每个任务就是线程。一个程序运行后至少有一个进程，一个进程里可以包含多个线程，但至少要包含一个线程。线程与进程的区别如下。

1）一个进程可以拥有多个线程，一个线程必须有一个父进程，也就是说线程必须隶属于某个进程。

2）线程可以看作是轻量级的进程，但是不拥有系统资源，它与父进程的其他线程共享该进程所拥有的全部资源。线程可以完成一定的任务，可以与其他线程共享父进程中的共享变量及部分环境，相互之间协同来完成进程所要完成的任务。

3）使用线程能提高程序的运行效率。因为线程的划分尺度小于进程，进程在执行过程中拥有独立的内存单元，而多个线程共享内存，同时执行，提高了程序的运行效率。

线程比进程具有更高的性能，这是由于同一个进程中的线程都有共性——多个线程共享同一个进程虚拟空间。线程共享的环境包括进程代码段、进程的公有数据等。利用这些共享的数据，线程很容易实现相互之间的通信。

当操作系统创建一个进程时，必须为该进程分配独立的内存空间，并分配大量的相关资源；但创建一个线程则更为简单一些，因此使用多线程来实现并发比使用多进程实现并发的性能要高很多。

总结起来，使用多线程编程具有如下几个优点。

1）进程之间不能共享内存，但线程之间共享内存非常容易。

2）系统创建进程时需要为该进程重新分配系统资源，但创建线程则代价小得多，因此使用多线程来实现多任务并发比多进程的效率高。

3）Java 语言内置了多线程功能支持，而不是单纯地作为底层操作系统的调度方式，从而降低了 Java 的多线程编程的难度。

在实际应用中，多线程的应用范围是很广泛的。例如，一个浏览器必须能同时下载多种动态信息，如图片、音视频等；一个购物网站必须能同时响应多个用户的购物请求；一个网游必须支持多人同时在线玩游戏；银行网站必须支持多人同时在线转账等。

9.1.2 线程的状态与生命周期

每个 Java 程序都有默认的主线程，其主线程就是 main()方法执行的线程。要想实现多线程，必须在主线程中创建新的线程对象。Java 语言使用 Thread 类及其子类的对象来表示线程。线程在它的一个完整的生命周期内通常要经历 5 种状态：新建、就绪、运行、阻塞和死亡状态。通过线程的控制和调度可使线程在这几种状态间转化，如图 9-1 所示。

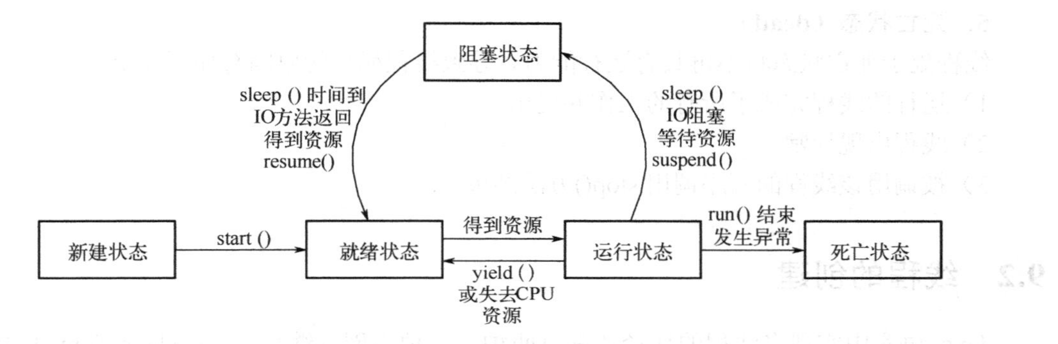

图 9-1 线程的生命周期与线程的状态

1．新建状态（newborn）

当一个 Thread 类或其子类的对象被声明和创建，但还未被执行的这段时间里，处于一种特殊的新建状态中。此时，线程对象已经被分配了内存空间和其他资源，并已被初始化，但是该线程尚未被调度。此时的线程可以被调度，变成就绪状态。

2．就绪状态（runnable）

处于新建状态的线程被启动后，Java 虚拟机将会为其创建方法调用栈和程序计数器，同时进入线程队列排队等待 CPU 时间片；处于这个状态中的线程并没有开始运行，只是具备了可运行的条件。

3．运行状态（running）

如果处于就绪状态的线程获取了 CPU，线程便处于运行状态。如果计算机只有一个 CPU，那么在任何时刻都只有一个线程处于运行状态。当然，在一个多处理器机器上，将会有多个线程并行（parallel）执行。当线程数大于处理器数时，依然会存在多个线程在同一个 CPU 上轮换的现象。

当一个线程开始运行时，在运行的过程中可能会需要中断执行，让其他线程获得执行的机会。对于采用抢占式策略的系统而言，系统会给每个可执行的线程一个或若干个时间片来处理任务。当该段时间用完后，该线程主动让出或者被系统剥夺所占用的资源。当发生如下情况时会进入阻塞状态。

1）线程调用 sleep()方法主动睡眠一段时间。

2）线程调用了阻塞 IO 方法，在方法返回前，线程被阻塞。

3）线程等待某一资源，该资源被其他线程所占用。

4）程序调用线程的 suspend()方法将该线程挂起。

4．阻塞状态（blocked）

当前正在执行的线程被阻塞后，其他线程就可以获得执行的机会。被阻塞的线程在合适的时候重新进入就绪状态，而不是运行状态。也就是说，被阻塞线程阻塞状态解除后，仍需等待被调度。针对上述情况，当发生如下情况时可以唤醒线程，使其进入就绪状态。

1）sleep()睡眠时间结束了。

2）线程调用的阻塞 IO 方法已经返回。

3）线程获得了所需的资源。

4）处于挂起状态的线程被其他线程调用了 resume()方法。

5．死亡状态（dead）

线程处于死亡状态将不再具有运行能力。导致线程死亡的原因有如下几个。

1）运行的线程完成了所有的工作并退出。

2）线程出现异常。

3）被调用该线程的程序调用 stop()方法结束。

9.2 线程的创建

Java 语言中实现多线程的途径通常有两种：一种是创建继承于 java.lang.Thread 类的子类；另一种是创建实现了 Runnable 接口的自定义类。这两种方法都要用到 Java 语言类库中的 Thread 类以及相关的方法。

9.2.1 通过 Thread 类创建线程

创建了继承于 Thread 类的子类后，可以使用 Thread 类提供的方法实现对线程的控制和管理。

1．Thread 类的常用方法

Thread 类提供的众多方法中，最重要的是 run()方法和 start()方法。Thread 类提供的常用方法及说明见表 9-1。

表 9-1 Thread 类的常用方法及说明

方 法 名	说 明
+currentThread(): Thread	静态方法，返回当前运行的线程对象
+getName(): String	返回当前线程的名字
+setName(String name) : void	设置当前线程的名字
+run() : void	线程应执行的任务
+start() : void	JVM 调用 run()方法，开始执行线程。使线程由新建状态变为就绪状态
+isInterrupted () : Boolean	静态方法，测试的是当前线程的中断状态，若是中断状态返回 true，否则返回 false
+getPriority() : int	返回线程的优先级，取值范围为 1～10。最小值为 1，最大值为 10，默认值为 5

（续）

方 法 名	说 明
+setPriority(int newPriority) : void	设置线程的优先级
+join () : void	暂停当前线程的执行，等待调用该方法的线程结束后再继续执行本线程
+isDaemon() : boolean	守护线程是运行在后台的一种特殊进程，该方法测试线程是否为守护线程。若守护线程则返回 true，否则返回 false
+yield() : void	静态方法，暂停当前线程的执行，但该线程仍然处于就绪状态，只给同优先级或更高优先级的线程机会运行
+sleep (long millis) : void	静态方法，为当前执行的线程按照睡眠时间睡眠。参数 millis 单位是毫秒（ms）

需要注意的是，suspend()、resume()和 stop()的作用分别是阻塞线程、唤醒阻塞线程和停止线程。由于这 3 个方法可能会导致运行问题，所以要谨慎使用，尽可能不用。

2．继承 Thread 类的实现

通过继承 Thread 类新建线程，需要重写 Thread 类的 run()方法。因为在默认情况下，Thread 类的 run()方法什么都没做。

【演练 9-1】 通过继承 Thread 类创建线程，重写 run 方法，输出"I am the first Thread,"和当前运行的线程名字。程序运行结果如图 9-2 所示。

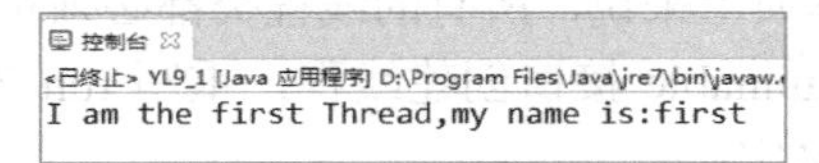

图 9-2　程序运行结果

程序设计步骤如下。

1）在 Eclipse 环境中创建一个 Java 应用程序项目 YL9_1，并创建主类和主方法。

2）按如下所示编写程序代码。

```
class FirstThread extends Thread {          //创建继承 Thread 类的 FirstThread 类
    @Override
    public void run() {                     //重写继承来的 run()方法
        //调用 getName()方法输出当前运行线程的名字
        System.out.println("I am the first Thread , my name is:"+ Thread.currentThread().getName());
    }
}
public class YL9_1 {                                //主类
    public static void main(String[] args){         //主方法
        FirstThread ft = new FirstThread();         //新建线程
        ft.setName("first");                        //设置线程名字为 first
        ft.start();                                 //启动线程，执行 run()方法
    }
}
```

上面程序中，获取当前运行的线程名字需要通过 Thread.currentThread().getName()方法来实现。语句中用到了 Thread 类的两个方法：currentThread()和 getName()。其中，currentThread()方法是 Thread 类的静态方法，该方法能返回当前正在执行的线程对象。getName()方法是

Thread 类的实例方法，该方法返回调用该方法的线程名字。

测试和思考：若将启动线程的 start()方法改为 run()方法，则再次运行程序时输出结果如图 9-3 所示。为什么？要求通过这个测试和思考，进一步理解 start()方法和 run()方法。

```
控制台
<已终止> YL9_1 [Java 应用程序] D:\Program Files\Java\jre7\bin\java
I am the first Thread,my name is:main
```

图 9-3　程序运行结果

需要说明的是，启动线程要使用 start()方法，当在线程中调用 run()方法时，只是将 run()方法当作一个普通的方法调用，并没有启动线程。

另外，在包含主方法的类中，至少会创建一个主线程，名字为 main。主线程的执行顺序不是由 run()方法决定的，而是由 main()方法的方法体语句决定的。

9.2.2　实现 Runnable 接口

实现 Runnable 接口新建线程，需要重写 Runnable 接口的 run()方法。在该接口中只提供一个抽象 run()方法的声明并不包含方法的具体执行语句。Thread 类直接继承了 Object 类，并实现了 Runnable 接口。所以从本质上来说，所有的线程类都必须实现 Runnable 接口。

【演练 9-2】 通过实现 Runnable 接口创建线程，重写 run 方法，输出“I am the second Thread,”和当前运行的线程名字。

程序设计步骤如下。

1）在 Eclipse 环境中创建一个 Java 应用程序项目 YL9_2，并创建主类和主方法。

2）按如下所示编写程序代码。

```
class SecondThread implements Runnable{                    //实现 Runnable 接口
    @Override
    public void run() {                                    //重写 run()方法
        System.out.println("I am the second Thread, my name is:" +
                                                Thread.currentThread().getName());
    }
}
public class YL9_2 {                                       //主类
    public static void main(String[] args){                //主方法
        SecondThread s = new SecondThread();               //新建线程
        Thread st = new Thread(s);              //将实现 Runnable 接口的类作为 Thread 的 target 对象
        st.setName("second");                   //设置线程名字
        st.start();                             //启动线程
    }
}
```

需要注意的是，Runnable 对象仅仅作为 Thread 对象的 target，Runnable 中的 run()方法作为执行体。而实际的线程对象依然是 Thread 实例，只是该实例负责执行其 target 的 run()方法。

9.2.3 创建匿名线程

通过创建匿名线程可以使代码更简洁，也更方便。同样地，它也有以下两种方式。

1）继承 Thread 类，重写 run()方法，启动线程。

2）实现 Runnable 接口，将 Runnable 的子类对象传递给 Thread 的构造方法，重写 run()方法，启动线程。

【演练 9-3】 使用匿名类方式创建线程。

程序设计步骤如下。

1）在 Eclipse 环境中创建一个 Java 应用程序项目 YL9_3，并创建主类和主方法。

2）按如下所示编写程序代码。

```
public class YL9_3 {
    public static void main(String[] args) {
        new Thread() {                                          //新建线程
            @Override
            public void run() {                                 //重写 run()方法
                System.out.println("I am the three thread");    //线程方法体
            }
        }.start();                                              //启动线程
        new Thread(new Runnable() {                             //新建线程
            @Override
            public void run() {                                 //重写 run()方法
                System.out.println("I am the four thread");     //线程方法体
            }
        }).start();                                             //启动线程
    }
}
```

匿名线程因为只能实例化一个 Thread 对象，run()方法只能被调用一次。所以，在 Java 程序中如果在类中某个线程的功能只使用一次或少数的几次，则使用匿名类方式来创建线程就显得更为方便和简洁一些。

通过继承 Thread 类或实现 Runnable 接口都可以实现多线程，但这两种方式之间也存在着如下一些不同点。

1）线程实现 Runnable 接口，可以继承其他类，而继承 Thread 类之后不能再继承其他类。

2）线程实现 Runnable 接口，多个线程可以共享同一个 target 对象，适合多个相同线程来处理同一份资源的情况，从而可以将 CPU、代码和数据分开，充分体现面向对象编程思想。

3）线程实现 Runnable 接口的编程稍稍复杂，如果需要访问当前线程必须使用 Thread.currentThread()方法。而采用继承 Thread 类的方式则较为简单，使用 this 即可直接访问当前线程。

4）通过创建实例对象的方式创建线程，更适合用于多次调用的情况，而匿名方式则适用于单次或少数几次调用的情况。

9.2.4 常用线程方法的示例

1. join()方法

当有多个线程同时执行，若要为线程指定顺序，就需要用到 join()方法。join()方法的功能是暂停当前线程的执行，等到调用该方法的线程执行结束后再继续执行本线程。join()方法的使用示例如下所示。

```
public class JoinTest extends Thread {
    @Override
    public void run() {
        for (int i = 0; i < 100; i++) {
            System.out.println(i);
        }
    }
    public static void main(String[] args) throws Exception {
        JoinTest j = new JoinTest();
        j.start();
        j.join();        //暂停 main 线程的执行，等待 j 线程结束后，再继续执行 main 线程
        System.out.println("main is over");
    }
}
```

上面这段程序总共包含两个线程：一个是主线程 main；另一个是 JoinTest 线程。JoinTest 线程和 main 线程并发执行。当执行到 j.join()时，主线程暂停执行，等到 j 线程的 run()方法执行结束后，main 线程才继续向下执行。

思考：若去掉 j.join()一行语句，执行结果会怎样？

---

2. sleep()方法

如果需要让当前正在执行的线程暂停一段时间，进入阻塞状态。需要调用 Thread 类的静态 sleep()方法。

在当前线程调用 sleep()方法进入阻塞状态后，在睡眠时间段内，该线程不会获得执行的机会。即使系统中没有其他可执行的线程，处于 sleep()中的线程也不会执行，因此 sleep()方法常用来暂停程序的执行。sleep()方法的使用示例如下所示。

```
public class SleepTest {
    public static void main(String[] args) throws Exception {
        for (int i = 0; i < 10; i++) {
            System.out.println("当前时间为："+new Date());
            Thread.sleep(1000);            //设置睡眠时间为 1000ms。
        }
    }
}
```

上面的程序调用 sleep()方法来暂停主线程的执行，因为该程序只有一个主线程，当主线程开始睡眠后，系统没有可执行的线程，所以可以看到程序在 sleep()方法处暂停。程序会输

出 10 条时间。程序中设置睡眠时间为 1000ms，睡眠结束后程序又会继续下次循环。

3．yield()方法

yield()方法是 Thread 类的一个静态方法，实现线程让步功能。会暂停当前线程的执行，但该线程仍处于就绪状态，不会转为阻塞状态。该方法只给同优先级或更高优先级的线程以运行的机会。可能会出现一种情况：当某个线程调用了 yield()方法暂停了之后，因为处于就绪状态，有可能会直接被选中继续执行。

由以上描述可知，yield()方法通常会与 getPriority()和 setPriority(int newPriority)方法联合使用。yield()方法的使用示例如下所示。

```
public class YieldTest extends Thread {
    public void run() {
        for (int i = 0; i < 10; i++) {
            System.out.println(Thread.currentThread().getName() + " " + i);
            if (i = = 5) {
                Thread.yield();     //线程让步
            }
        }
    }
    public static void main(String[] args) {
        YieldTest hlt = new YieldTest();
        YieldTest llt = new YieldTest();
        llt.start();
        hlt.start();
    }
}
```

需要说明的是，在多 CPU 运行环境下，yield()功能会不明显，看不到预期的效果。

9.3 线程同步

当多个线程的执行代码来自同一个类的 run()方法时，多个线程共享这段代码。当出现多个线程共享某些数据时，可能会出现竞争资源的情况。因为线程调度具有随机性，每个线程的执行顺序不固定。当同时执行 run()方法时，同时竞争同一个资源，可能会有意想不到的问题出现。下面通过实例来理解问题是如何产生的。

【演练 9-4】 通过实现 Runnable 接口方式模拟火车售票系统，实现 3 个售票窗口发售某次列车的 10 张火车票，一个售票窗口用一个线程表示。程序运行结果如图 9-4 所示。

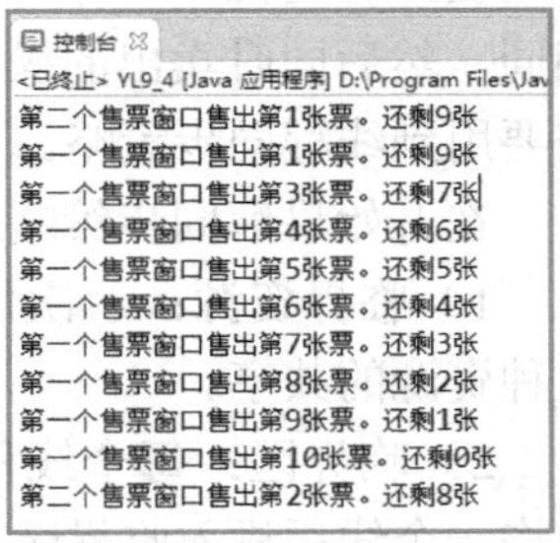

```
控制台
<已终止> YL9_4 [Java 应用程序] D:\Program Files\Jav
第二个售票窗口售出第1张票。还剩9张
第一个售票窗口售出第1张票。还剩9张
第一个售票窗口售出第3张票。还剩7张
第一个售票窗口售出第4张票。还剩6张
第一个售票窗口售出第5张票。还剩5张
第一个售票窗口售出第6张票。还剩4张
第一个售票窗口售出第7张票。还剩3张
第一个售票窗口售出第8张票。还剩2张
第一个售票窗口售出第9张票。还剩1张
第一个售票窗口售出第10张票。还剩0张
第二个售票窗口售出第2张票。还剩8张
```

图 9-4 程序运行结果

程序设计步骤如下。

1）在 Eclipse 环境中新建一个 Java 应用程序项目 YL9_4，向项目中添加主类和主方法。

2）新建 SaleWindowThread 类，重载 run()方法，在 run()方法体中模拟 10 张总票数以及售票过程。

3）在主类中，3 个 SaleWindowThread 作为 target 的线程，模拟 3 个售票窗口。

按如下所示编写程序代码。

```
class SaleWindowThread implements Runnable {            //实现 Runnable 接口
    private static int total_count = 10;                //火车票总数
    @Override
    public void run() {                                 //重写 run()方法
        while (true) {
            if (total_count > 0) {                      //记录售出票和剩余票数
                System.out.println(Thread.currentThread().getName() +
                    "售出第" + (10 - total_count + 1) + "张票，还剩"+ (total_count - 1) + "张");
                total_count --;
            }
            else {
                break;
            }
        }
    }
}
public class YL9_4 {
    public static void main(String[] args) {            //主方法
        SaleWindowThread w1 = new SaleWindowThread();
        Thread t1 = new Thread(w1, "第一个售票窗口");      //模拟 3 个售票窗口
        Thread t2 = new Thread(w1, "第二个售票窗口");
        Thread t3 = new Thread(w1, "第三个售票窗口");
        t1.start();            //启动第一个售票窗口，开始售票
        t2.start();            //启动第二个售票窗口，开始售票
        t3.start();            //启动第三个售票窗口，开始售票
    }
}
```

思考：从运行结果中能发现第 1 张票卖出了不止一次。为什么会出现这种情况？要求通过这个测试，进一步理解多线程的概念。

这是因为创建了 3 个 SaleWindowThread 线程对象，每个对象都可以竞争这 10 张票。线程调度具有随机性，每个线程的执行顺序不固定，当同时执行 run()方法时，可能会出现票数相同，然后同时卖出的操作，所以会有同一张票卖出多次的情况。那如何解决这个问题呢？需要用到线程同步策略。

在开始讲解同步策略之前，先了解线程临界资源、临界区和互斥锁的概念。

1）临界资源：一次仅允许一个线程使用的共享资源。诸线程间采取互斥方式，实现对这种资源的共享。

2）临界区：每个线程中访问临界资源的那段代码称为临界区（criticalsection），每次只允许一个线程进入临界区，多个线程必须互斥地对它进行访问。

3）互斥锁：保证在任一时刻，只能有一个线程访问该资源。在默认情况下，资源是可

以被多个线程共享的，只有启动了互斥锁，才能被线程专用。总而言之，是在访问临界资源的代码前面加上互斥锁，当访问完临界资源后释放互斥锁，让其他线程继续访问。

由以上描述，可以得出 10 张票（临界资源）在 3 个售票窗口（多线程）之间实现一张票只能被一个线程使用，需要在 3 个售票窗口之间加互斥锁，保证每张票在任一时刻，只能有一个售票窗口访问该资源。

在 Java 中，提供了 3 种方式来实现同步互斥访问：同步方法、同步代码块和 ReentrantLock 重入锁。

9.3.1 同步方法

在方法前加 synchronized 关键字来修饰某个方法，该方法称为同步方法。每一个用 synchronized 关键字声明的方法都是临界区。

由于 Java 的每个对象都有一个互斥锁，当用此关键字修饰方法时，内置锁会保护整个方法。在调用该方法前，需要获得互斥锁，否则就处于阻塞状态，直到获得互斥锁。当同步方法执行结束后释放互斥锁，其他等待中的线程方可竞争该互斥锁。

使用 synchronized 关键字的语法格式如下所示。

```
public synchronized 返回值的数据类型 方法名(参数 1, 参数 2, …, 参数 n){
    //方法体语句
}
```

【演练 9-5】 修改演练 9-4。用同步方法实现 3 个售票窗口发售某次列车的 10 张火车票。运行结果如图 9-5 所示。

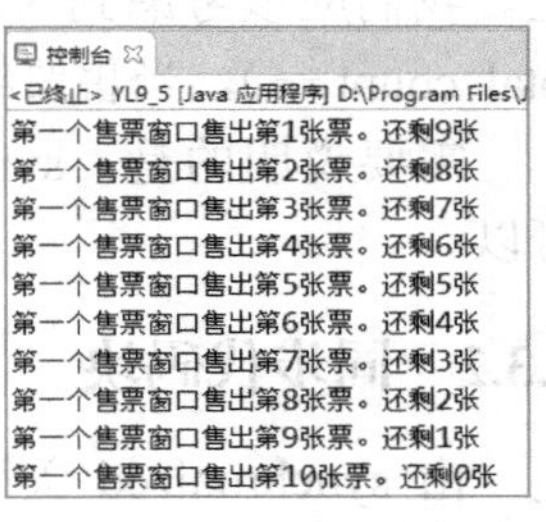

图 9-5　程序运行结果

程序设计步骤如下。

1）在 Eclipse 环境中新建一个 Java 应用程序项目 YL9_5，向项目中添加主类和主方法。

2）按如下所示编写程序的代码。

```
class SaleWindowThread implements Runnable {
    private static int total_count = 10;            //火车票总数
    @Override
    public synchronized void run() {                //在 run()方法前加上 synchronized 关键字，run()方法
体的内容成临界区，同一个时刻只能被一个线程访问
        while (true) {
            if (total_count > 0) {
                System.out.println(Thread.currentThread().getName() + "售出第" +
                        (10 - total_count + 1) + "张票。还剩"+ (total_count - 1) + "张");
                total_count --;

                Thread.yield();
            }
            else {
                break;
            }
        }
```

```
        }
    }
    public class YL9_5 {                                        //主类
        public static void main(String[] args) {                //主方法
            SaleWindowThread w1 = new SaleWindowThread();
            Thread t1 = new Thread(w1, "第一个售票窗口");
            Thread t2 = new Thread(w1, "第二个售票窗口");
            Thread t3 = new Thread(w1, "第三个售票窗口");
            t1.start();
            t2.start();
            t3.start();
        }
    }
```

上面程序中增加了 synchronized 关键字，把 run()方法变成了同步方法。因此对 run()方法体的代码实现了锁定，同一个时刻只能有一个线程访问，每张票只卖出了一次。但是也可以看到结果并不完全是我们想要的，每次都只是获得互斥锁的同一个窗口在售卖，其实这段程序相当于单线程在运行。分析原因是为何？如果想要 3 个窗口都能实现售票呢？以上程序是在 run()方法中加 synchronized 关键字，run()方法的内容就是实现售票，直到没有票了为止。我们应该考虑到 synchronized 关键字不应该加在 run()方法上，而是售票的过程（即 total_count --），当售票结束了，就释放锁。要实现该功能，需要用到同步代码块。

需要说明的是，synchronized 关键字不仅仅可以加在 run()方法上，其他普通方法都可以。

9.3.2 同步代码块

由 synchronized 关键字修饰的语句块称为同步代码块。被该关键字修饰的语句块会自动加上互斥锁，从而实现同步。其语法格式如下所示。

```
synchronized(object){
    //同步代码块语句
}
```

需要说明的是：同步是一种高开销的操作，因此应该尽量减少同步的内容。通常没有必要同步整个方法，使用 synchronized 代码块同步关键代码即可。

【演练 9-6】 修改【演练 9-5】用同步代码块实现 3 个售票窗口发售某次列车的 10 张火车票。运行结果如图 9-6 所示。

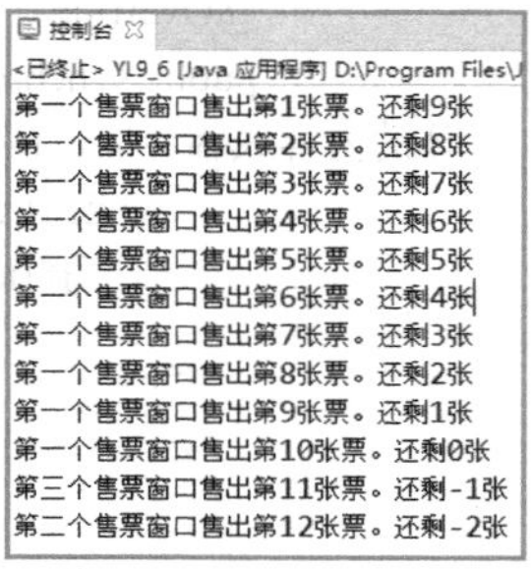

```
控制台
<已终止> YL9_6 [Java 应用程序] D:\Program Files\J
第一个售票窗口售出第1张票。还剩9张
第一个售票窗口售出第2张票。还剩8张
第一个售票窗口售出第3张票。还剩7张
第一个售票窗口售出第4张票。还剩6张
第一个售票窗口售出第5张票。还剩5张
第一个售票窗口售出第6张票。还剩4张
第一个售票窗口售出第7张票。还剩3张
第一个售票窗口售出第8张票。还剩2张
第一个售票窗口售出第9张票。还剩1张
第一个售票窗口售出第10张票。还剩0张
第三个售票窗口售出第11张票。还剩-1张
第二个售票窗口售出第12张票。还剩-2张
```

图 9-6 程序运行结果

程序设计步骤如下。

1）在 Eclipse 环境中新建一个 Java 应用程序项目 YL9_6，向项目中添加主类和主方法。

2）按如下所示编写 run()方法的代码。

```
public void run() {
    while (true) {
```

```
        if (total_count > 0) {
            //加锁，synchronized 关键字修饰同步代码块，某时刻只能被一个线程访问
            synchronized (this) {
                System.out.println(Thread.currentThread().getName() +
                    "售出第" + (10 - total_count + 1) + "张票。还剩" + (total_count - 1) + "张");
                total_count --;
            }
        }
        else {
            break;
        }
    }
}
```

当一个线程发出请求后，会先检查 total_count 是否大于 0，如果不是则直接返回，这样避免了进入 synchronized 块所需要花费的资源。然而，从结果上来看仍然是错误的。下面以 A、B 两个线程为例，分析为什么仍然有问题。

1）A、B 线程同时进入了第一个 if 判断，total_count 大于 0。

2）A、B 同时进入 synchronized 块，假设 A 先获得互斥锁，它执行售票并输出售票结果。

System.out.println(Thread.currentThread().getName() + "售出第" + (10 - total_count + 1) + "张票。还剩" + (total_count - 1) + "张")和 total_count --；执行完后 A 离开了 synchronized 块，释放互斥锁。B 获得互斥锁，也执行售票并输出售票结果。

按如下所示优化上述代码，程序运行结果如图 9-7 所示。

```
控制台 ☒
<已终止> YL9_6 [Java 应用程序] D:\Program Files\
第一个售票窗口售出第1张票。还剩9张
第三个售票窗口售出第2张票。还剩8张
第三个售票窗口售出第3张票。还剩7张
第三个售票窗口售出第4张票。还剩6张
第三个售票窗口售出第5张票。还剩5张
第三个售票窗口售出第6张票。还剩4张
第三个售票窗口售出第7张票。还剩3张
第三个售票窗口售出第8张票。还剩2张
第三个售票窗口售出第9张票。还剩1张
第三个售票窗口售出第10张票。还剩0张
```

图 9-7　优化后的程序运行结果

```
public void run() {
    while (true) {
        if (total_count > 0) { //第一次检查
                //加锁，synchronized 关键字修饰同步代码块，某一时刻只能被一个线程访问
                synchronized (this) {
                    if (total_count > 0) {   //第二次检查
                        System.out.println(Thread.currentThread().getName() + "售出第" +
                                (10 - total_count + 1) + "张票。还剩"+ (total_count - 1) + "张");
                        total_count--;     //模拟售票
                    }
                }
        }
        else {
                break;
        }
    }
}
```

在加锁（synchronized）之前，首先进行一轮检查，在加锁之后，又检查一次。这种方式称为双重检查锁（double checking locking）。使用双重检查锁的原因是：如果多个线程同时通过了第一次检查，只有其中一个线程通过第二次检查，其后进入第二次检查的线程都是互斥地进入。这样就能保证火车票不会在已售完的情况下，还能继续售票。

9.3.3 ReentrantLock 可重入锁

可重入锁（Reentrant Lock）是指允许同一个线程多次对该锁进行获取动作。在 JavaSE 5.0 中新增了一个 java.util.concurrent 包来支持同步，ReentrantLock 类在 java.util.concurrent.locks 包下，是同步开发重要的类。ReentrantLock 类是可重入和互斥、实现了 Lock 接口的锁，它与使用 synchronized 具有相同的基本行为和语义，但是扩展了 synchronized 的能力，提供了更高的处理锁的灵活性。ReentrantLock 类提供的常用方法及说明见表 9-2。

表 9-2 ReentrantLock 类的常用方法及说明

方法名	说明
+ ReentrantLock ()	构造方法，用于创建一个 ReentrantLock 实例
+ lock(): void	获得锁
+ unlock ():void	释放锁
+ tryLock():boolean	尝试获取锁，如果锁没有被别的线程保持，则获取锁，即成功获取返回 true，否则返回 false
+tryLock(long time, TimeUnit unit):boolean	尝试获取锁，如果锁没有被别的线程保持，则获取锁，即成功获取返回 true。如果没有获取锁，则等待指定的时间，能在指定时间内获取锁，返回 true，否则返回 false

定义一个 ReetrantLock 对象 lock，调用 lock.lock()方法加锁，调用 lock.unlock()解锁。其中，lock()方法的使用方式如下：

```
ReentrantLock lock = new ReentrantLock();
lock.lock();
lock.unlock();
```

首先定义 ReentrantLock 的对象 lock，调用 lock.lock()加锁，调用 lock.unlock()释放锁。tryLock()方法的语法格式如下所示。

```
if (lock.tryLock()) {
    try {
        //获得锁之后的内容
    }
    finally {
        lock.unlock();
    }
}
else {
    //要执行的替换行为
}
```

使用 ReentrantLock 可重入锁可实现与同步代码块类似的功能，而且可重入锁可以在临界代码区的任意位置加锁。

【演练 9-7】 ReentrantLock 可重入锁在普通的方法中的使用示例。程序设计步骤如下。

1）在 Eclipse 环境中新建一个 Java 应用程序项目 YL9_7，并向项目中添加主类和主方法。

2）按如下所示编写 run()方法的代码。

```
public class YL9_7 implements Runnable {
    private ReentrantLock lock = new ReentrantLock();     //声明可重入锁
    public void run() {
        if (lock.tryLock()) {                             //尝试获得锁
            try {
                System.out.println("线程" + Thread.currentThread().getName() + "获得锁");
            }
            finally {
                lock.unlock();                            //释放锁
            }
        }
        else {                                            //没有获得锁，要执行的行为
            System.out.println("线程" + Thread.currentThread().getName() + "没有获得锁");
        }
    }
    public static void main(String[] args) {
        YL9_7 y = new YL9_7();
        Thread threadA = new Thread(y);
        Thread threadB = new Thread(y);
        threadA.setName("A");
        threadB.setName("B");
        threadA.start();
        threadB.start();
    }
}
```

程序运行结果为：

```
线程 A 获得锁
线程 B 没有获得锁
```

或者：

```
线程 B 获得锁
线程 A 没有获得锁
```

从上例中可以看出，同时开始两个线程，只有一个线程会获得锁。测试和思考：如果没有释放锁，会怎么样？

需要注意的是，在退出临界区时必须记得释放锁，否则，其他线程就再没有机会访问临界区。而且，lock 必须在 finally 块中释放。因为如果受保护的代码抛出异常，锁就有可能永远得不到释放。

【演练 9-8】 修改【演练 9-6】，用 ReentrantLock 可重入锁实现 3 个售票窗口发售某次列车的 10 张火车票。

程序设计步骤如下。

1）在 Eclipse 环境中新建一个 Java 应用程序项目 YL9_8，向项目中添加主类和主方法。

2）按如下所示编写 run()方法的代码。在类内定义 ReentrantLock，然后使用 ReentrantLock 可重入锁的 lock()方法实现加锁，使用 unlock()方法实现释放锁。

3）SaleWindowThread 的其他部分代码保持不变。

```
ReentrantLock lock = new ReentrantLock();
public void run() {
    while (true) {
        lock.lock();   //加锁
        try {
            if (total_count > 0) {
                //模拟售票
                System.out.println(Thread.currentThread().getName() + "售出第" +
                        (10 - total_count + 1) + "张票。还剩" + (total_count - 1) + "张");
                total_count--;
            }
            else {
                break;
            }
        }
        finally {
            lock.unlock();     //释放锁
        }
    }
}
```

从例子中，可以发现使用 ReentrantLock 实现 synchronized 的功能。同时，使用 ReentrantLock 对于逻辑控制的灵活性远远高于 synchronized，因为 ReentrantLock 可重入锁可以在任意位置加锁。

然而，增加了程序并发性的同时，可能会遇到其他问题。使用多线程经常会遇到的一个问题就是死锁（DeadLock），死锁的原因包含如下情况：一个线程 A 持有锁 a 并且申请获得锁 b，而另一个线程 B 持有锁 b 并且申请获得锁 a，当都持有锁而不是释放锁时，就会导致死锁。下面给出一个使用 lock()产生死锁的例子。程序运行结果如图 9-8 所示。

```
import java.util.concurrent.TimeUnit;
import java.util.concurrent.locks.ReentrantLock;
public class DeadLockTest implements Runnable {
    private static ReentrantLock lock1 = new ReentrantLock();
    private static ReentrantLock lock2 = new ReentrantLock();
    @Override
    public void run() {
        try {
```

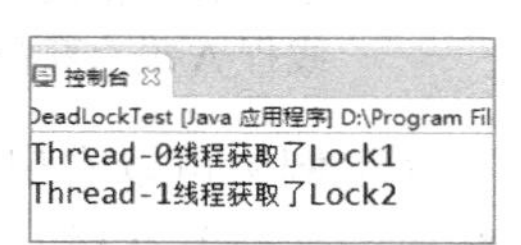

图 9-8 程序运行结果

```
            if (Thread.currentThread().getName().equals("Thread-0")) {   //如果是第一个线程
                lock1.lock();                               //首先获得第一个锁
                System.out.println(Thread.currentThread().getName() + "线程获取了 Lock1");
                TimeUnit.SECONDS.sleep(1);
                lock2.lock();                               //然后获得第二个锁
                System.out.println(Thread.currentThread().getName() + "线程获取了 Lock2");
            }
            else {                                          //如果是另一个线程
                lock2.lock();                               //首先获得第二个锁
                System.out.println(Thread.currentThread().getName() + "线程获取了 Lock2");
                TimeUnit.SECONDS.sleep(1);
                lock1.lock();                               //然后获得第二个锁
                System.out.println(Thread.currentThread().getName() + "线程获取了 Lock1");
            }
        }
        catch (InterruptedException e) {
            e.printStackTrace();
        }
        finally {
            if (lock1.isHeldByCurrentThread() && lock2.isHeldByCurrentThread()) {
                lock1.unlock();                             //释放锁 1
                lock2.unlock();                             //释放锁 2
            }
        }
    }
    public static void main(String[] args) throws InterruptedException {     //主方法
        Thread thread0 = new Thread(new DeadLockTest());
        Thread thread1 = new Thread(new DeadLockTest());
        thread0.start();
        thread1.start();
        thread0.join();
        thread1.join();
        System.out.println("主线程已结束");
    }
}
```

可以看到，第一个线程 Thread-0 获取 Lock1，第二个线程 Thread-1 获取 Lock2，但是它们都没有办法再获取另外一个锁。因为它们都在等待对方先释放锁，这时就是死锁，程序没办法继续向下执行。

ReentrantLock 类提供了一种避免死锁的方式，那就是限时等待。举个例子，跟朋友约好打球，但朋友迟迟不来，又无法联系到他。那么，在等待半个或一个小时后，就不再等了。同样地，对线程来说也是如此。一个线程拿不到锁，我们无法判断原因，但是可以给定一个等待时间，让线程自动放弃。这个方法就是 tryLock(long time, TimeUnit unit)方法。使用方式如下：

```
if (lock.tryLock(10,TimeUnit.SECONDS)) {
```

```
        try {
            …;
        }
        finally {
            lock.unlock();
        }
    }
    else {
        …;
    }
```

tryLock(long time, TimeUnit unit)方法接收两个参数：一个是等待时长；另一个是计时单位。例如，要表示线程在这个请求中，最多等待 10 秒：lock.tryLock(10,TimeUnit.SECONDS)，单位设置为秒，时长为 10。

【演练 9-9】 ReentrantLock 可重入锁的 tryLock()方法解决死锁的使用示例，程序设计步骤如下。

1）在 Eclipse 环境中新建一个 Java 应用程序项目 YL9_9，并向项目中添加主类和主方法。

2）按如下所示编写 run()方法的代码。

```
    public void run() {
        try {
            if (Thread.currentThread().getName().equals("Thread-0")) {
                if (lock1.tryLock()) {
                    System.out.println(Thread.currentThread().getName() + "线程获取了 Lock1");
                    TimeUnit.SECONDS.sleep(1);
                    if (lock2.tryLock()) {
                        System.out.println(Thread.currentThread().getName() + "线程获取了 Lock2");
                    }
                }
            }
            else {
                if (lock2.tryLock()) {
                    System.out.println(Thread.currentThread().getName() + "线程获取了 Lock2");
                    TimeUnit.SECONDS.sleep(1);
                    if (lock1.tryLock()) {
                        System.out.println(Thread.currentThread().getName() + "线程获取了 Lock1");
                    }
                }
            }
        }
        catch (InterruptedException e) {
            e.printStackTrace();
        }
        finally {
            if (lock1.isHeldByCurrentThread() && lock2.isHeldByCurrentThread()) {
```

```
            lock1.unlock();
            lock2.unlock();
        }
    }
```

从运行结果就可以看到，Thread-0 获得一个锁，Thread-1 获得另一个锁，当等待时间内没办法获得另一个锁，线程都结束运行，程序也可以正常结束。

综合同步方法、同步代码块、ReentrantLock 可重入锁 3 种方式，ReentrantLock 可重入锁的性能更全面，可以提供更多的扩展性，而且 ReentrantLock 可重入锁可以尝试获得锁，如果不成功就等下次运行的时候处理，不容易产生死锁。而同步方法和同步代码块方式一旦进入锁请求，要么成功、要么一直等待，更容易发生死锁。

从以上示例中，可以得出一个简单的应用结论：在业务并发简单清晰的情况下推荐 synchronized 修饰的同步方法和同步代码块方式；在业务逻辑并发复杂或对使用锁的扩展性要求较高时，推荐使用 ReentrantLock 锁。

9.4 线程间的通信

多个线程并发执行时，在默认情况下 CPU 是随机切换线程的。当需要多个线程来共同完成一件任务时，我们希望多线程可以有规律地执行，多线程之间需要“对话”通信，以此来实现多线程共同操作一份数据，而不仅仅依靠互斥机制。

9.4.1 线程通信方法

java.lang.Object 类为支持线程间的通信提供了 wait()、notify()和 notifyAll()等方法。Object 类提供的用于线程通信的方法及说明见表 9-3。

表 9-3 Object 类中用于线程通信的方法及说明

方 法 名	说 明
+wait() : void	线程调用 wait()方法，释放该线程对锁的拥有权，然后等待另外的线程来通知它（通知的方式是 notify()或者 notifyAll()方法），这样它才能重新获得锁的拥有权并恢复执行
+notify() : void	唤醒一个等待当前对象的锁的单个线程
+notifyAll() : void	唤醒在此对象监视器上等待的所有线程，被拥有对象的锁的线程调用。如果多个线程在等待，它们中的一个将会选择被唤醒。这种选择是随意的

需要注意的是，要确保调用 wait()方法的时候拥有锁，即 wait()方法的调用必须放在 synchronized 方法或 synchronized 块中。sleep()方法会导致线程进入睡眠，阻塞线程但不会释放互斥锁。而 wait()方法使线程阻塞并且释放互斥锁。

9.4.2 生产者消费者问题

生产者消费者问题是线程同步的经典问题，生产者消费者问题模型如图 9-9 所示。

生产者消费者问题包括一组生产者（Producer）、一组消费者（Consumer）以及生产者消费者共享的数据区。可以用线程模拟生产者消费者问题。其中，生产者线程用于生产数据，消费者线程用于消费数据，生产者生产数据之后直接放置在共享的数据区中，而并不需要关心消费者的行为；同样地，消费者只需要从共享数据区中获取数据，而不需要关心生产者的行为。但是，数据区要实现生产者消费者共享，需要满足以下两个条件。

- 如果数据区已满，阻塞生产者继续生产行为。
- 如果数据区为空，阻塞消费者继续消费行为。

可以借助于 wait()和 notify()方法实现生产者消费者问题。当数据区满时，让生产者线程 wait()实现阻塞；当消费者线程产生消费行为后，notify()唤醒生产者线程。

【演练 9-10】 单生产者和消费者程序，用 wait()和 notify()模拟共享数据区功能。假设每个生产者生产 10 个商品。共享数据区容量为 5，当生产商品超过 5 个时，共享数据区不再处理生产行为。同样地，消费者消费商品，当商品数为 0 时，共享数据区不再处理消费者的消费行为。程序运行结果如图 9-10 所示。

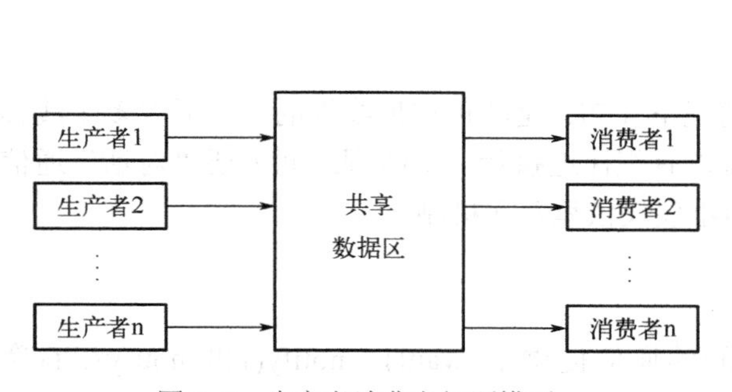

图 9-9 生产者消费者问题模型

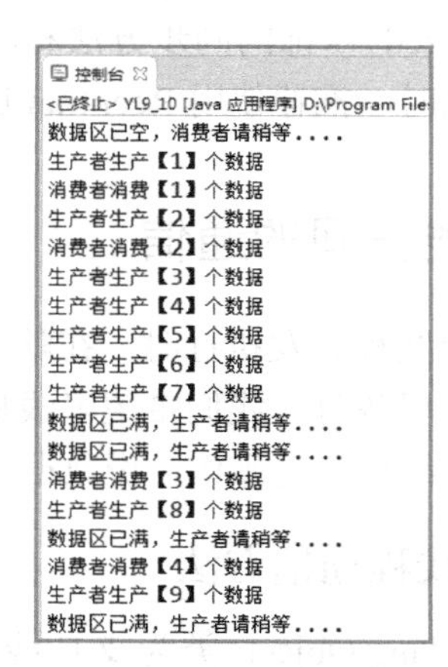

图 9-10 程序运行结果

程序设计步骤如下。

1）定义共享数据区模拟线程（SharedArea），需要包含生产（put）和消费（sell）两个功能，供生产者和消费者调用。按如下所示编写 SharedAread 类。

```
import java.util.Queue;
import java.util.concurrent.LinkedBlockingDeque;
public class SharedArea {
    private Queue<Integer> q = new LinkedBlockingDeque<Integer>();
    private static int i = 0;
    public synchronized void put() {
        while (q.size()= = 5) {
            try {
                System.out.println("数据区已满，生产者请稍等…");
                wait();
            }
            catch (InterruptedException e) {
                e.printStackTrace();
            }
```

```
            }
            q.add(++i);
            System.out.println("生产者生产【"+i+"】个数据");
            notify();
        }
        public synchronized void sell() {
            while (q.size()= = 0) {
                try {
                    System.out.println("数据区已空，消费者请稍等…");
                    wait();
                }
                catch (InterruptedException e) {
                    e.printStackTrace();
                }
            }
            int i = q.poll();
            System.out.println("消费者消费【"+i+"】个数据");
            notify();
        }
    }
```

2）创建生产者线程（Producer），模拟多次生产行为，调用共享数据区线程的 put()方法。按如下所示编写 Producer 类。

```
    public class Producer implements Runnable {
        private SharedArea box;
        public Producer(SharedArea box) {
            this.box = box;
        }
        @Override
        public void run() {
            for (int i = 0; i < 10; i++) {
                box.put();
                try {
                    Thread.sleep(10);
                }
                catch (InterruptedException e) {
                    e.printStackTrace();
                }
            }
        }
    }
```

3）创建消费者线程（Consumer），模拟多次消费行为，调用共享数据区线程的 sell()方法。按如下所示编写 Consumer 类的代码。

```
    public class Consumer implements Runnable {
```

```
        private SharedArea box;
        public Consumer(SharedArea box) {
            this.box = box;
        }
        @Override
        public void run() {
            for (int i = 0; i < 10; i++) {
                box.sell();
                try {
                    Thread.sleep(100);
                }
                catch (InterruptedException e) {
                    e.printStackTrace();
                }
            }
        }
    }
```

4）创建主类，创建多个生产者线程和多个消费者线程。按如下所示编写主类的代码。

```
    public class YL9_10 {
        public static void main(String[] args) {      //主方法
            SharedArea box = new SharedArea();
            Thread t1 = new Thread(new Consumer(box));
            Thread t2 = new Thread(new Producer(box));
            Thread t3 = new Thread(new Consumer(box));
            Thread t4 = new Thread(new Producer(box));
            t1.start();
            t2.start();
            t3.start();
            t4.start();
        }
    }
```

上面程序中使用 wait()和 notify()进行控制。对于生产者 Producer 而言，当程序进入 put()方法后，如果共享区存储的数据数量为 5，则表明共享区已满，程序调用 wait()方法阻塞。否则程序向下执行数据生产操作。同样地，对于消费者 Consumer 而言，当程序进入 sell()方法后，如果共享区存储的数据数量为 0，则表明共享区为空，程序调用 wait()方法阻塞消费者线程，否则向下执行数据消费操作。在代码中，可以看到使用 Queue 队列的出队和入队来模拟生产和消费行为。使用 add()入队方法实现生产者生产行为，poll()出队方法实现消费者消费行为。

需要说明的是，在 Producer 类的代码中使用 for 循环模拟生产次数，在 Consumer 类中使用 for 循环模拟消费次数。每次生产和消费行为之后都会 sleep()一段时间，生产者产生一次生产行为之后睡眠 10ms，消费者产生一次消费之后睡眠 100ms。从程序运行结果中可以看出，会出现共享数据区已满，无法继续生产的情况。可以通过修改睡眠时间，模拟共享区为空时无法消费的情况。

9.5 实训 点餐系统的实现

本实训要求编写一个模拟点餐的 Java 应用程序，它允许多个用户同时通过点餐系统从商家提供的菜品中选取一种或几种菜品。

9.5.1 实训目的

掌握 Java 多线程的设计和使用方法，能通过多线程编程解决实际问题。

9.5.2 实训要求

在 Eclipse 开发环境中创建一个 Java 应用程序项目，用于实现商家菜品类（Dishes）和订单类（Order）。其中，菜品类展示菜品等信息，订单类通过多线程模拟多用户购买功能。菜品类的成员及说明见表 9-4。订单类的成员及说明见表 9-5。

表 9-4 Dishes 类的方法及说明

类 成 员	说 明
+id : int	类的私有字段，唯一标识菜品的标识号
+name : String	类的私有字段，菜品名称
+num : int	类的私有字段，菜品数量
+price : double	类的私有字段，菜品价格
+Dishes(int id, String name,double price,int num,int seller_id)	可以为类的各个私有字段赋值的、类的构造方法

表 9-5 Order 类的方法及说明

类 成 员	说 明
+id : int	类的私有字段，唯一标识订单的标识号
+buyer_id : int	类的私有字段，唯一标识购买者的标识号
+dishes_id : List<Integer>	类的私有字段，用户购买的菜品 id 列表
+Order (int id, int buyer_id,List<Integer> dishes_id)	可以为类的各个私有字段赋值的、类的构造方法
+addOrder() : void	新增用户的订单，从菜品总数中减去购买的数量

本实训要求编写一个能模拟订餐网站的 Java 程序，将菜品信息采用静态代码块实现数据在内存中的存储，用户将内存中的数据读取之后实现修改。程序启动后要求多个用户模拟下单。作为演示仅设定 4 种菜品，每种菜品数量 10 个。

9.5.3 实训步骤

在 Eclipse 环境中创建一个 Java 应用程序项目 SX9，向项目中添加主类 SX9 并创建主方法。

1．创建 Dishes 类

向主类 SX9 所在的包中添加一个新建类，并命名为 Dishes，按如下所示编写类代码。

```
public class Dishes {
    private int id;
    private String name;
    private double price;
    private int num;
    public int getId() {
        return id;
    }
    public void setId(int id) {
        this.id = id;
    }
    public String getName() {
        return name;
    }
    public void setName(String name) {
        this.name = name;
    }
    public double getPrice() {
        return price;
    }
    public void setPrice(double price) {
        this.price = price;
    }
    public int getNum() {
        return num;
    }
    public void setNum(int num) {
        this.num = num;
    }
    public Dishes(int id, String name, double price, int num) {
        super();
        this.id = id;
        this.name = name;
        this.price = price;
        this.num = num;
    }
}
```

2．创建 Order 类

向主类 SX9 所在的包中添加一个新建类，并命名为 Order，按如下所示编写类代码。

```
public class Order {
    ReentrantLock lock = new ReentrantLock(true);
    static List<Dishes> dlist = new ArrayList<Dishes>();
```

```
static {    //模拟菜品
    dlist.add(new Dishes(1, "1 号食品", 10.0, 10));
    dlist.add(new Dishes(2, "2 号食品", 10.0, 10));
    dlist.add(new Dishes(3, "3 号食品", 10.0, 10));
    dlist.add(new Dishes(4, "4 号食品", 10.0, 10));
}
private int id;                                    //订单号
private int buyer_id;                              //用户的 ID
private List<Integer> dishes_id;                   //菜品列表
public int getId() {
    return id;
}
public void setId(int id) {
    this.id = id;
}
public int getBuyerId() {
    return buyer_id;
}
public void setBuyerId(int buyer_id) {
    this.buyer_id = buyer_id;
}
public List<Integer> getDishesId() {
    return dishes_id;
}
public void setDishesId(List<Integer> dishes_id) {
    this.dishes_id = dishes_id;
}
public Order(int id, int buyer_id, List<Integer> dishes_id) {
    super();
    this.id = id;
    this.buyer_id = buyer_id;
    this.dishes_id = dishes_id;
}
/**
 * 新增订单
 *
 * @throws InterruptedException
 */
public void addOrder() throws InterruptedException {
    if (lock.tryLock(3, TimeUnit.SECONDS)) {
        try {
            // 减去已售出的菜品数量
            for (int id : this.getDishesId()) {
                for (Dishes d : dlist) {
                    if (id == d.getId()) {
                        if (d.getNum() > 0) {
```

```
                                        d.setNum(d.getNum() - 1);
                                        System.out.println(Thread.currentThread().getName() +
                                                        " " + d.getId() + " " + d.getName() +
                                                            " " + d.getNum() + " " + d.getPrice());
                                    }
                                }
                            }
                        }
                    }
                    catch (Exception e) {
                        System.ourt.println(ex.toString());
                    }
                    finally {
                        lock.unlock();
                    }
                }
                else {
                    System.out.println(Thread.currentThread().getName() + "没有获得锁");
                }
            }
        }
```

3．编写主类代码

向主类 SX9 所在的包中添加一个主类，并命名为 SX9，按如下所示编写类代码。3 个线程模拟 3 个用户点餐，每个用户点餐都点 1 号和 2 号菜品。

```
public class SX9 {
    public static void main(String[] args) {
        List<Integer> dishes_id = new ArrayList<Integer>();
        dishes_id.add(1);
        dishes_id.add(2);
        final Order o = new Order(1, 1, dishes_id);
        new Thread() {
            public void run() {
                try {
                    o.addOrder();
                }
                catch (InterruptedException e) {
                    e.printStackTrace();
                }
            }
        }.start();
        new Thread() {
            public void run() {
                try {
                    o.addOrder();
                }
```

```
                catch (InterruptedException e) {
                    e.printStackTrace();
                }
            }
        }.start();
        new Thread() {
            public void run() {
                try {
                    o.addOrder();
                }
                catch (InterruptedException e) {
                    e.printStackTrace();
                }
            }
        }.start();
    }
}
```

第 10 章　Java 网络编程

随着计算机网络应用的飞速发展，基于网络的编程技术显得更加重要了。网络应用使 Java 语言的网络编程功能变得非常强大，这也是其久居排行榜高位的原因之一。Java 语言提供的网络类库不仅可以帮助用户开发基于应用层的应用程序，还可以实现网络底层的通信。

10.1　网络编程基础

在真正开始编写网络应用程序之前，有必要先来学习一些关于网络的基础知识。如在后面进行程序设计时经常要用到的 TCP/IP 协议、IP 地址、端口以及 TCP/IP 协议网络的 4 个层次的概念及作用等。

10.1.1　网络的基本概念

计算机网络是利用通信设备和通信线路将地理位置分散的、具有独立功能的多台计算机系统连接起来，由功能完善的网络软件按照某种协议进行数据通信，以实现资源共享的信息系统。

计算机网络涉及以下 3 个方面的问题：至少两台计算机互联且互联计算机具有自主功能；需要通信设备和传输介质；需要网络软件、通信协议和网络操作系统。

从程序设计的角度来看，对于构成网络的物理设备不需要有太深的理解，就像打电话时不需要对电话机的硬件组成有深刻认识一样。但是当深入到网络编程的底层时，关于计算机网络的基础知识就是必须要掌握的，掌握这些知识有助于解决编程中需要的自定义数据传输协议问题，以及基于应用层上的数据可靠性、网络安全性等问题。

10.1.2　TCP/IP

计算机网络是一个庞大的计算机互联系统，在网络中每时每刻都有各种不同类型的数据在传输。为了避免冲突有必要为计算机间的连接、数据传输等所有网络行为制定一个统一的标准，这个标准就是“网络协议”。Internet 中的网络协议有许多，其中最为重要的是 TCP（传输控制协议）和 IP（互联网协议）。通常用 TCP/IP 表示 Internet 中的所有协议，也就是说 TCP/IP 实际上是 Internet 的“协议集”。

TCP 用于从应用程序到网络的数据传输控制。而 IP 要负责计算机之间的通信，也就是要负责在 Internet 上发送和接收数据包。

从现有的网络数据传输方式上看，主要的传输方式有两种：一种是基于 TCP 的 TCP 方式；另一种是基于 UDP 的 UDP 方式。

TCP 方式就类似于打电话，使用该方式进行网络通信时，需要先建立专门的虚拟连接，然后再进行可靠的数据传输。所谓“可靠”是指如果出现了发送失败、部分数据丢失等情况，会自动要求发送端重新发送，以保证接收到的数据是完整的和准确的。

UDP 与 TCP 都是传输层协议，它与 TCP 不同的是 UDP 提供的数据传输服务是不可靠的。简单来说，UDP 方式就像发送短信，使用这种方式进行网络通信时，不需要建立专门的虚拟连接，也不具有出错重发机制。但正是由于 UDP 缺少了对丢包、流控等问题的检测和纠正，使得它的执行效率提高了不少，使用起来也非常简便。对于一些不需要高精度、高质量的网络应用程序（如一般情况下的音视频传输）而言，UDP 方式显然是一种很好的选择。

10.1.3 IP 地址和端口

要在计算机网络中实现计算机间的通信，如何找到对方显然是一个十分关键的问题。当用户与网上其他用户或计算机进行通信或访问 Internet 的各种资源时，必须知道对方的地址。

1．IP 地址

计算机在网络中的地址是指接入网络的计算机地址编号，与电话号码的作用类似。计算机在网络中的身份编号需要用 IP 地址来表示，它可以在网络中唯一地标识一台计算机。

IP 地址有两种表示形式：一种是计算机可以直接识别的数字地址，即由 32 位二进制数构成的 IP 地址。为了便于记忆和理解 IP 地址，通常将其分为 4 个段，每段用 8 位二进制数表示，最后再将这 8 位二进制数表示成 0～255 的一个十进制数，如“202.112.0.36”。另一种是更加便于记忆的字符地址形式，称为域名，如 cernet.edu.cn、www.baidu.com 等。使用域名表示的计算机地址在计算机内部是不能被识别的，为此还需要专门配备一台“域名服务器”（DNS）充当域名与数字 IP 之间的翻译。其工作方式为：用户使用域名→DNS 将其转换成 IP→最后交由计算机内部使用。

2．端口和端口号

为了在一台计算机上运行多个程序或同时与多个外部计算机建立连接，就出现了端口（Port）的概念。如果把 IP 地址比作一间房子，那么端口就好比这座房子的门，享用不同的服务，办理不同的事务只要从不同的门进入即可。一个 IP 最多可以拥有 65536 个端口，每个端口使用一个 0～65535 的整数标识，这个数字称为端口号。一个端口可以对应一个唯一的程序或外部连接。

使用端口号，可以找到计算机上唯一的一个程序。所以如果需要和某台计算机建立连接，只需要知道 IP 地址或域名即可。但是，如果想和该台计算机上的某个程序进行通信，除了要知道对方的 IP 地址，还必须知道该程序使用的端口号。

需要注意的是，在编写程序时端口号不能随意使用，特别是编号在 1024 以下的部分（该部分也称为“周知端口”）。因为其中有一些已被分配给了常用服务。例如，Web 服务器运行在 TCP 80 端口，FTP 服务器运行在 TCP 21 端口，Telnet 服务器运行在 TCP 23 端口，DNS 服务器运行在 TCP 和 UDP 的 53 端口，POP 服务器运行在 TCP 110 端口，SMTP 服务器运行在 TCP 25 端口等。

10.2 URL 类及其应用

URL（Uniform Resource Locator，统一资源定位器）也称为网上资源的“网址”，它最初是由英国计算机科学家、万维网的发明者蒂姆·伯纳斯·李作为万维网的地址来发明的，现在 URL 已被万维网联盟编入因特网标准 RFC1738。

10.2.1 URL 的概念

Internet 中每个信息资源都有统一的且在网上唯一的地址，该地址就是统一资源定位器。URL 的描述语法由以下部分组成：协议类型（也称为资源类型）、存储资源的服务器（也称为“主机”）地址、路径和资源文件文件名。

协议://服务器地址[:端口号]/路径[/资源文件名]

例如：

```
http://www.pku.edu.cn/news/index.htm
ftp://192.168.10.119/video/film/myvideo.mp4
```

其中，http 表示超文本传输协议，说明该资源类型为超文本信息；www.pku.edu.cn 表示北京大学的 www 服务器域名地址；news 为存储文件的目录（路径）；index.htm 为资源文件名。该 URL 表示要使用 HTTP 访问 www.pku.edu.cn 服务器 news 文件夹下 index.html 文件。

ftp 表示使用文件传输协议；主机地址为 192.168.10.119；/video/film/为存储文件的目录（路径）；myvideo.mp4 为资源文件名。该 URL 表示要使用 FTP 访问位于 IP 地址为 192.168.10.119 的服务器中 video 文件夹下的 myvideo.mp4 视频文件。

1．URL 中的端口号

URL 语法格式中的可选项“端口号”可以理解成连接服务器的某条特定通道。一台服务器中可能运行着多种服务，如某服务器中可能同时提供 WWW 服务（供客户浏览网页）和 FTP 服务（供客户或管理人员上传或下载文件）。客户希望享用某种服务时，会向服务器发送连接请求，而服务器则需要不间断地监听客户发出的连接请求。为了避免各种服务连接请求的冲突，服务器将它们划分出了不同的“通道”，每个通道使用不同的编号来表示，这个编号就称为“端口号”。每个服务都有一个统一的默认端口号，如 HTTP 默认使用 80 端口号，FTP 默认使用 21 端口号等。如果在同一台服务器中运行着多个同类服务，此时只能有一个服务可以使用该服务类型的默认端口号，其他只能人为地指定一个非默认的连接端口号。用户若希望连接这种使用指定端口号的服务，就必须在 URL 中说明要连接哪一个端口。

URL 允许用户在书写时省略服务的默认端口号。如连接 WWW 服务器的标准 URL 表示为：

```
http://www.pku.edu.cn/news:80/index.html
```

可简化为：

```
http://www.pku.edu.cn/news/index.html
```

2．URL 中的资源文件名

URL 语法格式中的可选项“资源文件名”表示要访问的具体资源，对某些协议而言该部分内容可以省略。

使用 HTTP 时省略资源文件名就表示要访问网站根目录下的默认文件。默认文件需要在创建网站时人为指定，一般都会将其命名为 index 或 default。

使用 FTP 时省略资源文件名就表示要浏览 ftp 服务网站的根目录。

3．Java 的 URL 类

Java 提供的 URL 类位于 java.net 包中，需要使用时应将该包导入到项目中。在应用程序中创建一个 URL 对象的常用构造方法见表 10-1。

表 10-1　URL 类的构造方法及说明

构造方法	说　明
+URL(String protocol, String host, int port, String file)	通过给定的参数（协议、主机名、端口号、文件名）创建 URL
+URL(String protocol, String host, String file)	使用指定的协议、主机名、文件名创建 URL，端口使用协议的默认端口
+URL(String url)	通过给定的 URL 字符串创建 URL
+URL(URL context, String url)	使用基地址和相对 URL 创建 URL

当一个 URL 对象被创建时，就意味着创建了一个可以打开该 URL 中指定资源文件的输入流。需要注意的是，上述所有 URL 类的构造方法都抛出有受检查的 MalformedURLException（无效 URL）异常类，所以创建 URL 类对象时需要对上述异常进行捕获和处理。

URL 对象建立后可以通过 URL 类的 openConnection()方法打开 URL 对象表示的网络资源的链接，该方法执行后会返回一个 URLConnection 类的实例对象。

10.2.2　URL 应用示例

Java 提供的 URL 类可以使访问网络资源就像访问本地文件一样方便快捷，在多数情况下通过 URL 类对象就可以实现对网络文件的读取和修改（需要权限）。通过一个 URL 链接可以确定资源的位置，如网络文件、Web 页面以及网络应用程序等。

【演练 10-1】 通过创建 URL 类对象判断某服务器对常用协议的支持。程序运行结果如图 10-1 所示。

程序设计步骤如下。

1）在 Eclipse 环境中创建一个 Java 应用程序项目，并添加主类和主方法。

2）编写如下所示的程序代码。

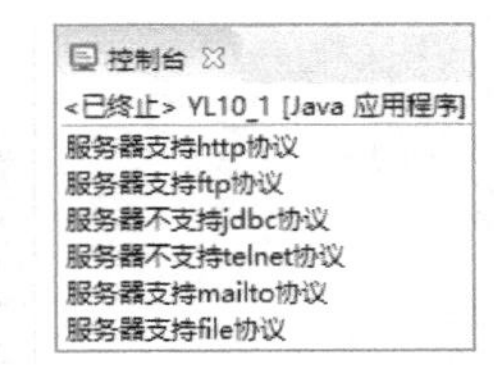

图 10-1　程序运行结果

```
//URL 类的构造方法抛出 URL 错误异常
import java.net.MalformedURLException;
import java.net.URL;
public class YL10_1 {  //主类
    public static void main(String[] args) {                    //主方法
        String host = "www.henu.edu.cn";
```

```
            String file = "";
            String[]    protocols = {"http", "ftp", "jdbc", "telnet", "mailto", "file"};
            for(String e : protocols){                              //使用 foreach 循环遍历数组
                try{
                    //e 表示 protocols[]数组中的各元素，如 http、ftp……
                    URL url = new URL(e, host, file);
                    System.out.println("服务器支持" + e + "协议");
                }
                catch(MalformedURLException ex){
                    System.out.println("服务器不支持" + e + "协议");
                }
            }
        }
    }
```

说明：

1）本演练将一些常用的协议存储到了 protocols 字符串数组中，而后使用 foreach 语句遍历数据以“www.henu.edu.cn”为主机名，省略资源文件名，创建 URL 类对象 url。由于 URL 的构造方法抛出受检查的 MalformedURLException（无效 URL 异常），所以需要将创建其对象的语句放置在 try…catch 语句中。

2）如果创建 URL 对象时出现了异常，则表明该 URL 链接无效。也就是说服务器不支持这种链接，不提供相关的服务。

一个 URL 对象成功创建后，调用其 openConnection()方法可以得到一个 URLConnection 类的对象，该对象实际上就是客户端应用程序与网络资源文件之间的连接通道，类似于本教材第 7 章中介绍过的输入/输出流。

【演练 10-2】 使用 URL 对象创建输入流对象，读取 Web 网页的内容并输出到控制台窗格。程序运行结果如图 10-2 所示。

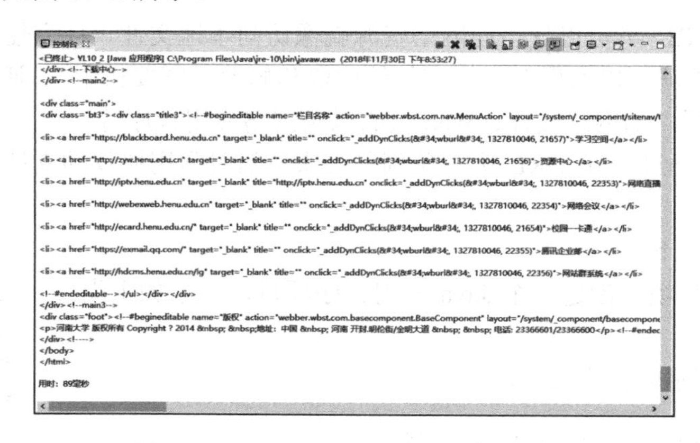

图 10-2　使用 URL 类对象获取网页内容

程序设计步骤如下。

在 Eclipse 环境中创建一个 Java 应用程序项目，向项目中添加主类并创建主方法。按如下所示编写主方法中的代码。

```java
import java.io.BufferedReader;                          //导入需要的类
import java.io.InputStream;
import java.io.InputStreamReader;
import java.net.HttpURLConnection;
import java.net.URL;
public class YL10_2 {                                   //主类
    public static void main(String[] args) throws Exception{
        try{
            //用一个 URL 字符串创建 URL 类对象 url
            URL url = new URL("http://www.net.henu.edu.cn/index.htm");
            /* 将使用 url.openConnection()方法获取的 URLConnection 对象转换成
            HttpURLConnection 对象，关于 HttpURLConnection 详见后面的说明 */
            HttpURLConnection conn = (HttpURLConnection)url.openConnection();
            conn.connect();                             //打开连接
            //调用 conn 对象的 getInputStream()方法获取输入流对象 in
            InputStream in = conn.getInputStream();
            //通过输入流对象 in 创建输入流读取器对象 inr（使用 UTF-8 编码方案）
            InputStreamReader inr = new InputStreamReader(in, "utf-8");
            //通过输入流读取器对象 inr 创建缓冲读取器对象 bfr
            BufferedReader bfr = new BufferedReader(inr);
            StringBuffer bs = new StringBuffer();           //创建一个 StringBuffer 类对象 bs
            String data = "";
            long time1 = System.currentTimeMillis()         //记录读取开始的时刻
            //使用缓冲流读取器循环读取网页中每一行数据，并赋值给字符串变量 data
            while((data = bfr.readLine()) != null){
                bs.append(data + "\r\n");           //将读取到 data 中的一行数据添加到 bs 对象中
            }
            long time2 = System.currentTimeMillis();        //记录读取结束的时刻
            System.out.println(bs.toString());              //输入 bs 对象中的所有内容
            System.out.println("用时：" + (time2 - time1) + "毫秒");     //显示读取用时（毫秒）
        }
        catch(Exception ex){
            ex.printStackTrace();
        }
    }
}
```

说明：

1）URLConnection 和 HttpURLConnection 使用的都是隶属于 java.net 包中的类，属于标准的 Java 接口。HttpURLConnection 是 URLConnection 的子类，二者的差别在于前者仅针对 HTTP 连接的情况。

2）当需要对字符串进行不断的修改时，建议使用 StringBuffer 类。它与 String 类最主要的不同是，StringBuffer 类的对象能够被多次的修改，并且不产生新的未使用对象。本例中需要从 Web 网页中一行一行地读取数据，并累加存储在一个字符串类型的变量中。故代码中使用了 StringBuffer 类对象作为读取结果的临时存储容器。

10.3 TCP 编程

TCP/IP 是一种可靠的网络协议，能够在相互通信的两端各建立一个 Socket 类对象，从而使通信双方拥有了一条虚拟的网络连接链路，并可通过 Socket 类对象产生输入/输出流实现双方的数据传输。

10.3.1 Socket 的概念

Socket 通常也称作“套接字”，用于描述 IP 地址和端口，是一个通信链的句柄。应用程序通常通过“套接字”向网络发出请求或者应答网络请求。服务器程序将一个 Socket 绑定到一个特定的端口，并通过该 Socket 监听外部用户的连接请求。客户端程序要连接服务器时，应根据服务器的 IP 地址和端口号发送连接请求。

Java 的 Socket 和 ServerSocket 类同样位于 java.net 包中。ServerSocket 类用于服务器端，而 Socket 类则是在建立网络连接时使用的。一个 Socket 对象代表了一个 TCP 连接的客户端，而一个 ServerSocket 对象则代表了一个 TCP 连接的服务器端。Socket 和 ServerSocket 类的构造方法见表 10-2。

表 10-2　Socket 和 ServerSocket 类的常用构造方法及说明

构造方法	说明
+Socket(InetAddress ip, int port)	创建一个套接字对象并将其连接到参数 ip 指定的 IP 地址及 port 指定的端口号
+Socket(String host, int port)	创建一个套接字对象并将其连接到 host 指定的主机名及 port 指定端口号
ServerSocket(int port)	创建绑定到特定端口的服务器套接字

在一般情况下，在 TCP 编程时经常遇到的情况是一个服务器端可能会对应多个客户端。客户端向服务器端发送连接请求，服务器端的 ServerSocket 对象则监听来自客户端的连接请求，并为每个请求创建新的 Socket 对象。

对于一个网络连接来说，套接字是平等的，并没有差别，不因为在服务器端或在客户端而产生不同级别。不管是 Socket 还是 ServerSocket 它们的工作都是通过 SocketImpl 类及其子类完成的。Socket 和 ServerSocket 类提供的常用方法基本相同，主要有 accept()、close()、getInputStream()和 getOutputStream()方法。

1）accept()方法：该方法用于服务器端。方法被调用后将使程序暂停执行，直到接收到一个来自客户端的连接请求。该方法能返回一个客户端的 Socket 对象实例。

2）close()方法：该方法用于关闭 TCP 连接，释放 Socket 类对象。

3）getInputStream()方法：该方法用于获取一个网络连接输入流，同时返回一个 InputStream 对象实例。

4）getOutputStream()方法：该方法用于使连接的另一端得到输入流，同时返回一个 OutputStream 对象实例。

这个概念看起来似乎不太好理解，其实对一个 Socket 连接的服务器端和客户机端来说，服务器端的输入就是客户机端的输出，反之亦然。

需要注意的是，getInputStream()和 getOutputStream()方法均抛出有一个受检查的

IOException 异常，所以在使用它们时应将相应的语句放置在 try…catch 结构中。

10.3.2　Socket 的简单应用

TCP 连接的客户端的建立，通常需要经过如下所示的 3 个步骤。

1）使用 Socket 类的构造方法创建一个 Socket 类对象，对象创建时会向目标服务器的指定端口发出连接请求，连接成功后就建立了一个 TCP 连接。

2）通过 Socket 对象创建输入/输出流，形成与服务器端通信的通道。

3）通信结束后需要调用 Socket 对象的 close()方法关闭连接。

TCP 连接的服务器端的建立，通常需要如下所示的 4 个步骤。

1）创建一个 ServerSocket 类对象并指定一个用于创建连接的本地端口。这一点与客户端不同，在客户端不需要指定特定的连接端口，通常会由系统自动分配一个随机的、1024 以上的端口号（也就是 TCP 中的源端口号）。

2）调用 ServerSocket 对象的 accept()方法获取客户端的连接，并通过其返回值创建一个 Socket 对象。

3）为 Socket 对象开启新的线程，并使用返回的 Socket 对象的输入/输出流与客户端通信。

4）通信完毕后，调用对象的 close()方法关闭连接。

在实际应用中，一个服务器端通常需要同时为多个客户端提供相同的服务。所以，创建 ServerSocket 对象、指定连接端口的工作（第 1 步）只需要执行一次。而对每个不同的客户端发送来的连接请求，则需要不断地重复 2～4 步的操作。需要注意的是，服务器端会将与不同客户端的连接及输入/输出流建立在不同的线程中。通过 Socket 实现服务器与客户端连接的示意如图 10-3 所示。

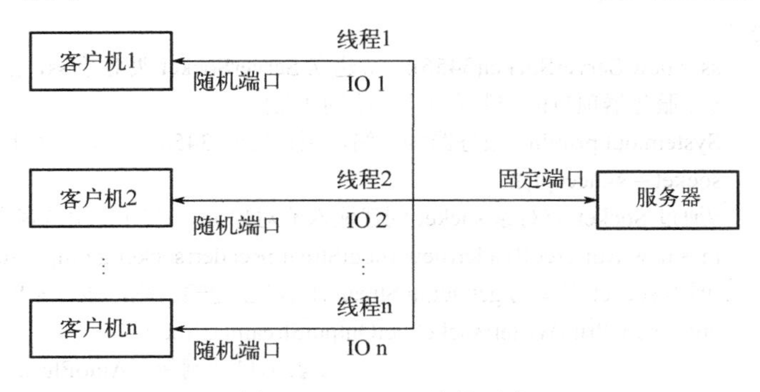

图 10-3　Socket 连接示意

【演练 10-3】 通过 Socket 类实现客户机与服务器间的通信。本演练需要设计两个 Java 应用程序项目 YL10_3S（服务器端）和 YL10_3C（客户端）。服务器端程序执行后，在自己的控制台窗格中显示图 10-4 所示的信息。客户端程序启动后，在自己的控制台窗格中显示图 10-5 所示的信息。用户在客户端程序的控制台中输入了希望发送给服务器的消息后，按〈Enter〉键，将得到图 10-6 所示的回应。本例仅为了说明 SocketServer、Socket 类及 getInputStream()和 getOutputStream()方法的使用，故设计为服务器端接收到一次由客户端传递来的消息后就关闭了服务，应用程序退出。

（1）创建服务器端 Java 应用程序项目

在 Eclipse 环境中创建一个 Java 应用程序项目 YL10_3S，向项目中添加主类和主方法。在 YL10_3S.java 中新建一个名为 SocketService 的类，按如下所示编写类代码和主方法中的代码。

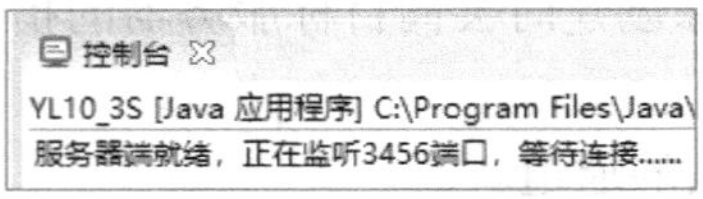

控制台 ⊠
YL10_3S [Java 应用程序] C:\Program Files\Java\
服务器端就绪，正在监听3456端口，等待连接......

图 10-4　服务器端启动

控制台 ⊠
YL10_3C [Java 应用程序] C:\Program
请输入希望发送给服务器的消息：

图 10-5　客户端启动

控制台 ⊠
<已终止> YL10_3C [Java 应用程序] C:\Program Files
请输入希望发送给服务器的消息：Hello Server.
我是服务器，已收到你的消息：Hello Server.

图 10-6　向服务器发消息及收到的回应

```
import java.io.BufferedReader;                  //导入需要的类
import java.io.InputStreamReader;
import java.io.PrintWriter;
import java.net.ServerSocket;
import java.net.Socket;
public class YL10_3S {                          //服务器端主类
    public static void main(String[] args) {    //主方法
        new SocketService();    //调用自定义 SocketService 类的构造方法创建该类的匿名对象
    }
}
class SocketService {                           //自定义 SocketService 类
    private ServerSocket ss;                    //类的私有属性
    private Socket socket;
    private BufferedReader in;
    private PrintWriter out;
    public SocketService(){
        try {
            ss = new ServerSocket(3456);   //建立 ServerSocket 类对象 ss，监听 3456 端口
            //在服务器项目的控制台中显示提示信息
            System.out.println("服务器端就绪，正在监听 3456 端口，等待连接……");
            socket = ss.accept();
            //通过 Socket 类对象 socket 创建输入流对象 in，该对象就是客户端的输出流
            in = new BufferedReader(new InputStreamReader(socket.getInputStream()));
           //调用 socket 对象的 getOutputStream()方法创建输出流，该对象也是客户端的输入流
            out = new PrintWriter(socket.getOutputStream(), true);
                                        //true 表示自动刷新（AutoFlush）
            String line = in.readLine();        //从输入流中读取一行
            //将读取到的一行数据写入输出流（发送给客户端）。
            out.println("我是服务器，已收到你的消息：" + line);
        }
        catch(Exception ex) {
            System.out.println(ex.toString());
        }
        finally {
            try {
                in.close();                     //关闭连接，释放对象
```

```
                out.close();
                ss.close();
            }
            catch(Exception ex) {
                System.out.println(ex.toString());
            }
        }
    }
}
```

（2）创建服务器端 Java 应用程序项目

在 Eclipse 环境中创建一个 Java 应用程序项目 YL10_3C，向项目中添加主类和主方法。在 YL10_3C.java 中新建一个名为 SocketClient 的类，按如下所示编写类代码和主方法中的代码。

```
import java.io.BufferedReader;
import java.io.InputStreamReader;
import java.io.PrintWriter;
import java.net.Socket;
public class YL10_3C {                              //客户端主类
    public static void main(String[] args) {        //主方法
        new SocketClient();                 //调用 SocketClient 类的构造方法创建该类的一个匿名对象
    }
}
class SocketClient{                         //自定义 SocketClient 类
    private Socket socket;                  //私有属性
    private BufferedReader in;
    private PrintWriter out;
    public SocketClient() {                 //构造方法
        try {
            //“192.168.0.104”为服务器 IP，读者应注意改成自己的 IP；3456 为服务器端口号
            socket = new Socket("192.168.0.104", 3456);        //创建 Socket 类对象 socket
            //调用 socket 对象的 getInputStream()方法创建输入流（也是服务器的输出流）
            //再由输入流创建缓冲读取器对象 in
            in = new BufferedReader(new InputStreamReader(socket.getInputStream()));
            //调用 socket 对象 getOutputStream()方法创建输出流（也是服务器的输入流）
            //再由输入流创建 PrintWriter 类对象 out
            out = new PrintWriter(socket.getOutputStream(), true);
                                                    //true 表示自动刷新（AutoFush）
            //将用户从键盘输入的一行数据存入缓冲读取器
            BufferedReader line = new BufferedReader(new InputStreamReader(System.in));
            //在客户端控制台显示提示信息
            System.out.print("请输入希望发送给服务器的消息：");
            //将用户输入的一行信息发送到输出流（服务器的输入流）
            out.println(line.readLine());
            //将输入流（服务器的输出流）中收到的回应显示到客户端控制台
            System.out.println(in.readLine());
```

```
            }
            catch(Exception ex) {
                System.out.println(ex.toString());
            }
            finally {
                try {
                    in.close();
                    out.close();
                    socket.close();
                }
                catch(Exception ex) {
                    System.out.println(ex.toString());
                }
            }
        }
    }
```

10.4 UDP 编程

UDP（也称为“数据报”）没有采用复杂的措施和手段来解决传输过程中丢包、流控等问题，所以它是不可靠的。但正由于少了丢包、流控的保障措施反而使 UDP 的协议设计和应用都较 TCP 简单了许多。对一些不需要很高质量的应用（如一般化的音频和视频传输）来说，使用 UDP 来实现是一个非常好的选择。

位于 java.net 包中的 DatagramSocket（数据报套接字）和 DatagramPacket（数据报包）类，为在应用程序中使用 UDP 编程提供了开发接口。

10.4.1 DatagramSocket 类

Java 使用 DatagramSocket 代表 UDP 的 Socket，DatagramSocket 本身只是码头，不维护状态，不能产生 IO 流，它唯一的作用就是接收和发送数据报。DatagramSocket 类的常用构造方法见表 10-3。

表 10-3　DatagramSocket 类的常用构造方法及说明

构造方法	说明
+ DatagramSocket()	创建一个 DatagramSocket 对象，并将其绑定到本机默认 IP 地址，并在本机所有可用端口中任选一个
+DatagramSocket(int prot)	创建一个 DatagramSocket 对象，并将其绑定到本机默认 IP 地址及 port 参数指定的端口
+DatagramSocket(int port, InetAddress ip)	创建一个 DatagramSocket 对象，并将其绑定到 port 参数指定的端口和 ip 参数指定的 IP 地址（用于接收数据）

当 Client/Server 程序使用 UDP 时，实际上并没有明显的服务器端和客户端，双方都需要先建立一个 DatagramSocket 对象，用来接收或发送数据报，然后使用 DatagramPacket 对象作为传输数据的载体。通常固定 IP 地址、固定端口的 DatagramSocket 对象所在的程序被称

为服务器，因为该 DatagramSocket 可以主动接收客户端数据。

10.4.2 DatagramPacket 类

Java 使用 DatagramPacket 来代表数据报，DatagramSocket 接收和发送的数据则需要通过 DatagramPacket 对象来完成。DatagramPacket 类常用构造方法见表 10-4。

表 10-4 DatagramPacket 类的常用构造方法及说明

构 造 方 法	说 明
DatagramPacket(byte[] buf, int length)	以一个空字节数组 buf（长度为 length）来创建 DatagramPacket 对象，该对象的作用是接收 DatagramSocket 传递来的数据（用于发送数据）
DatagramPacket(byte[] buf, int length, InetAddress ip, int port)	以一个包含数据的字节数组 buf 来创建 DatagramPacket 对象，参数 ip 和 port 表示目的端的 IP 及端口号（用于发送数据）
DatagramPacket(byte[] buf, int offset, int length)	以一个空字节数组来创建 DatagramPacket 对象，并指定接收到的数据放入 buf 数组中时从索引值 offset 开始，最多放 length 个字节（用于接收数据）
DatagramPacket(byte[] buf, int offset, int length, InetAddress address, int port)	创建一个用于发送的 DatagramPacket 对象，指定发送 buf 数组中从 offset 开始，总共 length 个字节（用于发送数据）

在接收数据之前，应该采用上面的第 1 个或第 3 个构造方法生成一个 DatagramPacket 对象，给出接收数据的字节数组及其长度。然后调用 DatagramSocket 的 receive()方法等待数据报的到来，receive()将一直等待（该方法会阻塞调用该方法的线程），直到收到一个数据报为止。例如：

```
//创建一个接收数据的 DatagramPacket 对象 packet
DatagramPacket packet = new DatagramPacket(buf, 256);
socket.receive(packet); //接收数据报
```

在发送数据之前，应调用第 2 个或第 4 个构造方法创建 DatagramPacket 对象，此时的字节数组里存储了希望发送出去的数据。除此之外，还要给出完整的目的地址，包括 IP 地址和端口号。发送数据是通过 DatagramSocket 的 send()方法实现的，send()方法根据数据报的目的地址来寻径以传送数据报。例如：

```
//创建一个发送数据的 DatagramPacket 对象
DatagramPacket packet = new DatagramPacket(buf, length, ip, port);
socket.send(packet);                              //发送数据报
```

Java 要求创建接收数据用的 DatagramPacket 时，必须传入一个空的字节数组，该数组的长度决定了该 DatagramPacket 能放多少数据。同时 DatagramPacket 又提供了一个 getData()方法，该方法可以返回 DatagramPacket 对象里封装的字节数组。

当服务器端（也可以是客户端）接收到一个 DatagramPacket 对象后，可能会需要向该数据报的发送者“反馈”一些信息。但由于 UDP 是面向非连接的，所以接收者并不知道每个数据报由谁发送过来。为解决这个问题 DatagramPacket 提供了如下 3 个方法来获取发送者的 IP 地址和端口。

1）getAddress()：该方法的返回值为一个 InetAddress 对象。用来返回将要发送的数据报的目标机器的 IP 地址；当程序刚接收到一个数据报时，该方法返回该数据报的发送主机的

IP 地址。

2）getPort()：该方法的返回值是一个 int 类型的整数。当程序准备发送此数据报时，该方法返回此数据报的目标机器的端口；当程序刚接收到一个数据报时，该方法返回该数据报的发送主机的端口。

3）getSocketAddress()：该方法的返回值是一个 SocketAddress 类型的对象。当程序准备发送此数据报时，该方法返回此数据报的目标 SocketAddress；当程序刚接收到一个数据报时，该方法返回该数据报的发送主机的 SocketAddress。

SocketAddress 对象，实际上就是一个 IP 地址和一个端口号的封装。也就是说对象中封装了一个 InetAddress 对象和一个代表端口的整数，所以使用 SocketAddress 对象可以同时获取需要的 IP 地址和端口。

10.5 实训 UDP 通信的实现

10.5.1 实训目的

通过本实训加深对 UDP 通信机制理解，掌握使用 DatagramSocket 类和 DatagramPacket 类及相关方法实现两主机间的通信。

10.5.2 实训要求

本实训要求将学生每两个人分为一组，分别负责在不同的计算机中完成接收端和发送端应用程序的设计。在 UDP 通信中是没有服务器和客户机之分的，也就是说接收端也可以发送数据，发送端也可以接收数据。在本实训中为了使问题简化，使需要理解的概念和程序设计方法更加突出，特规定本实训中的接收端只负责接收数据，并将接收情况反馈给发送端。而发送端只负责发送数据，但可以收到发送端对发送情况的反馈。具体要求如下。

1．接收端要求

接收端启动后，在控制台窗格显示“----接收端启动成功----”。当收到发送端的消息后显示“----接收端收到数据----”，而后列出收到消息的内容，发送者的 IP 和端口号。若收到的消息为“bye”则反馈给发送端“好吧，再见”，而后终止接收消息，应用程序退出。程序运行结果如图 10-7 所示。

2．发送端要求

发送端程序启动后，在控制台窗格中显示“这里是发送端，请输入要发送的数据：”。用户输入数据后按〈Enter〉键即可将消息发送给接收端，并显示接收端的反馈信息。程序运行结果如图 10-8 所示。

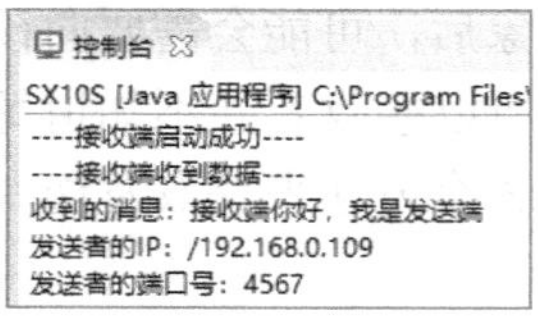

```
控制台
SX10S [Java 应用程序] C:\Program Files\
----接收端启动成功----
----接收端收到数据----
收到的消息：接收端你好，我是发送端
发送者的IP：/192.168.0.109
发送者的端口号：4567
```

图 10-7 接收端

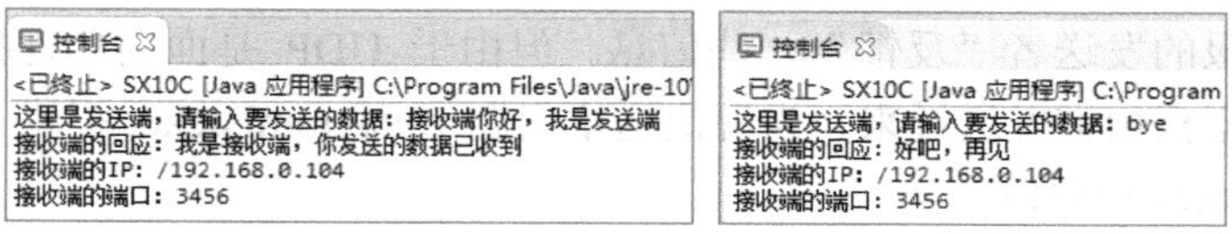

```
控制台
<已终止> SX10C [Java 应用程序] C:\Program Files\Java\jre-10
这里是发送端，请输入要发送的数据：接收端你好，我是发送端
接收端的回应：我是接收端，你发送的数据已收到
接收端的IP：/192.168.0.104
接收端的端口：3456
```

```
控制台
<已终止> SX10C [Java 应用程序] C:\Program
这里是发送端，请输入要发送的数据：bye
接收端的回应：好吧，再见
接收端的IP：/192.168.0.104
接收端的端口：3456
```

图 10-8 发送端

10.5.3 实训步骤

1．接收端设计

在 Eclipse 环境中新建一个 Java 应用程序项目 SX10S，并向项目中添加主类和主方法。按如下所示编写程序代码。

```
import java.io.IOException;
import java.net.DatagramPacket;
import java.net.DatagramSocket;
import java.net.InetAddress;
public class SX10S {
    static boolean isRun = true;
    public static void main(String[] args) {
        System.out.println("----接收端启动成功----");
        try {
            //演练时请注意将 IP 地址更换成实际 IP
            InetAddress ip = InetAddress.getByName("192.168.0.104");
            DatagramSocket socket = new DatagramSocket(3456, ip);
            byte[] buf = new byte[1024];
            //创建接收数据包，数据存储在 buf 中
            DatagramPacket packet1 = new DatagramPacket(buf, buf.length);
            while(isRun) {          //接收操作，接收端循环操作，跳出循环将停止接收信息
                socket.receive(packet1);
                System.out.println("----接收端收到数据----");
                displayRecInfo(packet1);
                String temp ="";
                byte[] d = packet1.getData();
                if(!new String(d).toString().trim().equals("bye")) { //如果接收到的不是“bye”
                    temp = "我是接收端，你发送的数据已收到";
                }
                else {
                    temp = "好吧，再见";
                    isRun = false;   //若接收的信息是“bye”，则退出循环，不再接收数据
                }
                byte[] buffer = temp.getBytes();
                //创建数据报，指定需要反馈给发送者的 SocketAddress 地址
                DatagramPacket packet2 =
                        new DatagramPacket(buffer, buffer.length, packet1.getSocket
Address());
                socket.send(packet2);
            }
            socket.close();
        }
        catch(Exception ex) {
```

```
            System.out.println(ex.toString());
        }
    }
    public static void displayRecInfo(DatagramPacket p) throws IOException{      //显示数据的方法
        byte[] data = p.getData();
        InetAddress ip = p.getAddress();                    //发送者的地址
        //trim()方法用于除去空元素
        System.out.println("收到的消息：" + new String(data).trim());
        System.out.println("发送者的 IP：" + ip.toString());
        System.out.println("发送者的端口号：" + p.getPort());
    }
}
```

2．发送端设计

在 Eclipse 环境中新建一个 Java 应用程序项目 SX10C，并向项目中添加主类和主方法。按如下所示编写程序代码。

```
import java.io.IOException;
import java.net.DatagramPacket;
import java.net.DatagramSocket;
import java.net.InetAddress;
public class SX10C {            //主类
    public static void main(String[] args) {      //主方法
        Scanner input = new Scanner(System.in);
        System.out.print("这里是发送端，请输入要发送的数据：");
        String info = input.nextLine();
        input.close();
        try {
            //创建发送端 Socket，使用 4567 端口
            DatagramSocket socket = new DatagramSocket(4567);
            String info = "接收端你好，我是发送端";
            byte[] buf = info.getBytes();
            //指明接收端的 IP 和端口号。演练时请注意更换成实际 IP
            InetAddress ip = InetAddress.getByName("192.168.0.104");
            DatagramPacket pcket = new DatagramPacket(buf, buf.length, ip, 3456);
            socket.send(pcket);  //从此套接字中发送数据
            displayRecInfo(socket);    //调用 displayRecInfo()方法显示结果
        }
        catch(Exception ex) {
            System.out.println(ex.toString());
        }
    }
    //用于在控制台中显示结果的 diplayRecInfo()方法
    public static void displayRecInfo(DatagramSocket s) throws IOException {
```

```
            byte[] buffer = new byte[1024];          //定义用于存储数据的字节数组
            DatagramPacket packet = new DatagramPacket(buffer, buffer.length);
            s.receive(packet);
            byte[] data = packet.getData();
            InetAddress ip = packet.getAddress();
            System.out.println("接收端的回应：" + new String(data));
            System.out.println("接收端的 IP：" + ip.toString());
            System.out.println("接收端的端口：" + packet.getPort());
        }
    }
```

思考：如果要求将本程序改成一个简易的自助服务机器人（发送端可以提出特定的问题，接收端能根据提问和预设答案给予应答），应怎样修改代码？

第 11 章　JavaFX 基础

JavaFX 是 Oracle 公司推出的，用于开发 Java 图形界面（Graphical User Interface，GUI）应用程序的最新框架，用来替代早期的 AWT 和 Swing。JavaFX 是一种“富互联网”（Rich Internet Application，RIA）应用程序开发工具，不能简单地将其理解成桌面应用开发工具。

所谓“RIA”是集桌面应用程序的最佳用户界面功能与 Web 应用程序的普遍使用和快速、低成本部署以及互动多媒体通信的实时快捷于一体的新一代网络应用程序。目前 Web 领域和桌面应用程序领域正逐步向 RIA 上靠拢。目前市场上流行的 RIA 开发框架除了本章将要介绍的 JavaFX 外，还有 Adobe 公司的 Flex 和 Microsoft 公司的 Silverlight。

11.1　JavaFX 概述

JavaFX 是一个新型的 RIA 开发工具，用于在台式计算机、智能手持设备和 Web 上开发跨平台的 RIA 应用程序。JavaFX 应用程序既可以在桌面环境中运行，也可以在浏览器中运行，具有良好的跨平台性。

11.1.1　理解 JavaFX

Java 图形界面应用程序的开发工具经历了 AWT、Swing 等几个阶段，一直发展到今天的 JavaFX。

1．Java GUI 的发展历程

早期的 Java 图形界面应用开发主要使用的是一个名为 AWT（抽象窗体工具包）的类库。AWT 可以用于开发一些简单的图形界面应用程序，但不适合开发大型、综合的 GUI 项目，并且其跨平台性相对较差。

此后，AWT 被一个更加健壮、功能更加齐全、使用更加灵活的 Swing 组件取代。Swing 组件对平台的依赖性和对本地系统资源的占用都更小一些，主要用来开发基于 Java 语言的桌面应用程序，目前 Swing 拥有较高的市场占有率。

现今，JavaFX 融入了现代 GUI 技术以方便开发 RIA 应用程序为主要目标，JavaFX 应用程序可以无限制地运行于桌面或 Web 浏览器中。此外，为适应当今客户端设备的发展趋势，JavaFX 提供了用于触摸屏设备（如智能手机、平板等）的多点触控支持。JavaFX 具有内置的 2D、3D 动画支持，以及音视频的回访功能。JavaFX 可以作为一个应用程序独立运行，也可以在浏览器中运行，较好地满足了 RIA 应用程序的需求。

2．传统 Web 应用与 RIA 的比较

相对于传统的 Web 应用，RIA 应用程序最主要的特点是丰富的界面效果，是一种可以将原本应在桌面环境中运行的应用程序放到浏览器中运行，以提高其跨平台运行能力的技术。

需要注意的是，Web 应用（特别是企业级应用）强调的是数据的存储、查询和管理，重点在业务和逻辑，而不在界面。而 RIA 则强调以丰富的界面效果改善用户体验和交互性。

在实际应用中，若希望在浏览器中玩扫雷游戏可以考虑 RIA。若应用程序是一个搜索引擎，使用普通的 Web 界面足矣。若希望开发一个网上银行程序则可以考虑将二者结合起来。由于篇幅所限，本教材中仅介绍 JavaFX 的基础知识，并不涉及 JavaFX 应用程序的综合设计与开发。

3．在 Eclipse 中配置 JavaFX 开发环境

若要在 Eclipse IDE 环境中配置 JavaFX 应用程序，还需要安装 e(fx)clipse 组件，目前该组件的最高版本为 e(fx)clipse 3.4。在 NetBeans 8.2 完全版中已包含了 JavaFX 开发组件，无须再单独安装。

在 Eclipse 环境中添加 e(fx)clipse 组件的操作步骤如下。

启动 Eclipse 后，执行“帮助”→“安装新软件”命令，在图 11-1 所示对话框的“Work with:”文本框中输入“http://download.eclipse.org/efxclipse/updates-nightly/site”后按〈Enter〉键。经过在搜索结果窗格中选择“e(fx)clipse - install”和“e(fx)clipse - singl components”两个安装项及其下级子项后单击“下一步”按钮。而后，确认安装细节，接受软件使用许可协议，重启 Eclipse 后完成组件的安装。

e(fx)clipse 组件被正确安装到 Eclipse 后，执行“文件”→“新建”→“项目”命令，在图 11-2 所示的“新建项目”对话框中将能看到“JavaFX”选项。

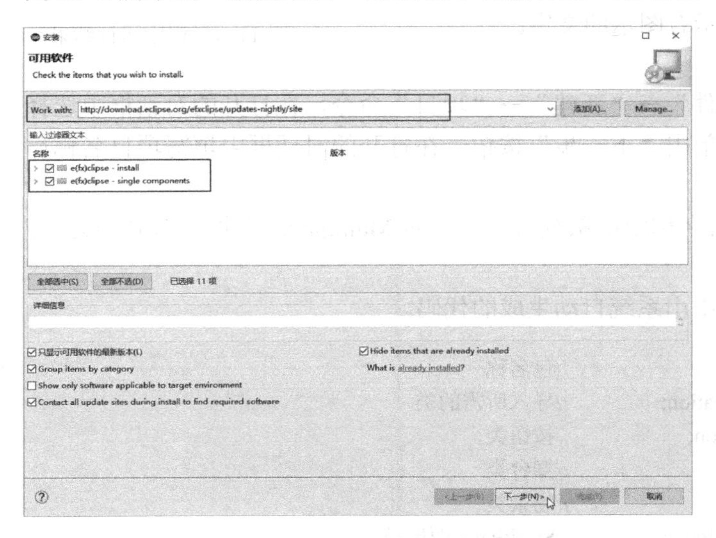

图 11-1　安装 e(fx)clipse 组件

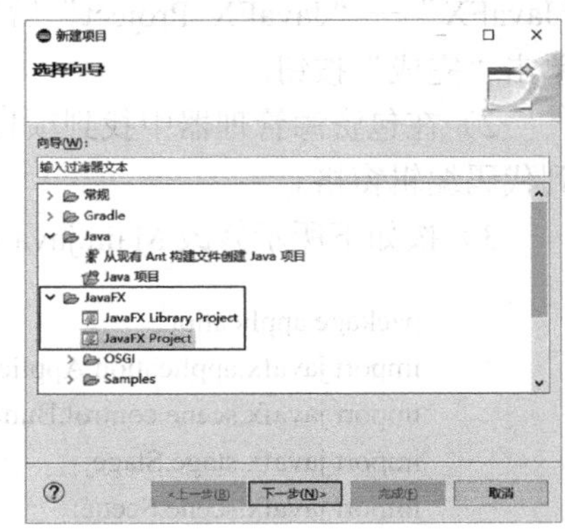

图 11-2　在 Eclipse 中创建 JavaFX 项目

11.1.2　JavaFX 项目组成及代码结构

所有 JavaFX 应用程序的基本框架都由抽象类 javafx.application.Application 来定义，也就是说所有 JavaFX 应用程序类都是 javafx.application.Application 抽象类的子类。

1. JavaFX 的界面组成类

JavaFX 应用程序的界面是由 Stage（舞台）、Scene（场景）、Parent（面板）和 Node（节点）组成的。而且，这些组件都以类对象的形式出现在 JavaFX 应用程序中，通过设置这些对象的属性或调用其方法可以控制它们的大小和布局，它们之间的关系如图 11-3 所示。

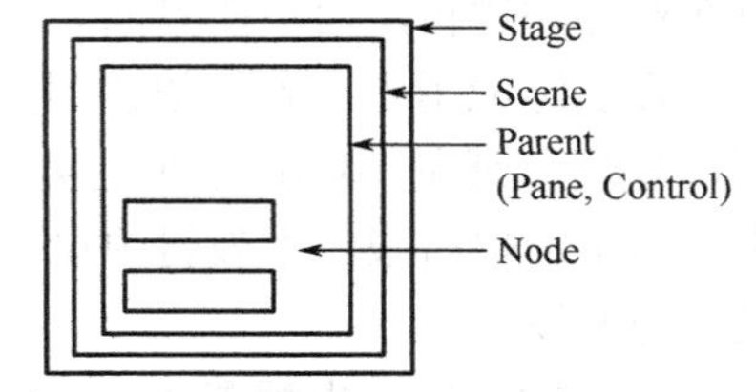

图 11-3　JavaFX 界面组成

1）Stage：Stage 表示一个 GUI 应用程序的界面，也就是一个窗体。

2）Scene：Scene 包含在 Stage 中，用于容纳 Pane 和 Node。需要注意的是，Scene 中不可以包含形状和图像。

3）Pane：Pane 是包含于 Scene 中的一个局部布局容器，一个 Scene 中可以包含多个 Pane。根据 Pane 对其中 Node 的布局控制方式不同，可将其分为 StackPane、FlowPane、GridPane、HBox 和 VBox 等。

4）Node：Node 是一个可视化组件，可以是形状（文字、直线、圆、椭圆、矩形、弧线、多边形、折线等）、图像、UI 组件（也称为“控件”，如文本框、标签、按钮等），也可以是一个 Pane。这些形状、图像和 UI 组件是 JavaFX 应用程序的外观表述和与用户进行交互的核心部件。

2. JavaFX 项目的代码结构

【演练 11-1】 在 Eclipse 环境中创建一个 JavaFX 项目 YL11_1。程序启动后显示图 11-4 所示的窗体，窗体正中放置有一个“确定”按钮，窗体标题栏中显示有图示的文字。

图 11-4　程序运行结果

程序设计步骤如下。

1）Eclipse 启动后，执行“文件”→“新建”→“项目”命令，在打开的对话框中选择“JavaFX”→“JavaFX Project”后单击“下一步”按钮，在打开的对话框中填写项目名称后单击“完成”按钮。

2）在包资源管理器中找到项目名称中由系统自动生成的 Main.java 文件，双击将其打开到代码编辑窗格。

3）按如下所示修改 Main.java 中由系统自动生成的代码。

```
package application;                          //包名称
import javafx.application.Application;        //导入所需的类
import javafx.scene.control.Button;           //按钮类
import javafx.stage.Stage;                    //舞台类
import javafx.scene.Scene;                    //场景类
import javafx.scene.layout.StackPane;         //StackPane 面板类
//系统自动创建的、继承于 javafx.application.Application 类的 Main 类
public class Main extends Application {
    @Override
    //重写继承来的 start()方法，Stage 类型的参数 primaryStage 由系统传递过来，表示主窗体
    public void start(Stage primaryStage) {   //start()方法用于启动 JavaFX 程序，由主方法调用
        Button btn = new Button("确定");      //创建一个按钮类（Button）对象
```

```
        StackPane sPane = new StackPane(); //创建一个 StackPane 面板对象
        sPane.getChildren().add(btn);          //将按钮对象 btn 放置在面板中
        //将 StackPane 面板对象 sPane 放置在场景中，并设置其大小
        Scene scene = new Scene(sPane, 300, 100);
        primaryStage.setTitle("将按钮放置在面板中");          //设置主窗体的标题文本
        primaryStage.setScene(scene);          //将场景放置在窗体中
        primaryStage.show();                   //显示主窗体
    }
    public static void main(String[] args) {   //主方法，所有 JavaFX 程序的主方法内容都相同
        launch(args);                          //调用 start()方法
    }
}
```

从上述代码中可以看出，一个 JavaFX 应用程序至少要包含有一个继承于 javafx.application.Application 类的主类，该类中包含有用于启动程序的主方法 main()和实现 javafx.application.Application 抽象类的 start()方法，start()方法用于构建并显示主窗体。

构建窗体的一般步骤如下。

1）声明所需 UI 组件类对象，如本例中的 Button 类对象。

2）根据布局需要声明一个或多个 Pane 类对象，并将前面声明的 UI 组件对象装入其中。如本例的 StackPane 类对象 sPane。Pane 类提供有 add(节点对象)和 addAll(节点对象 1, 节点对象 2……节点对象 n)方法，用于将指定的一个或多个节点加入面板中。

3）声明一个 Scene 类对象，并将前面声明的 sPane 对象按指定大小装入其中。如本例的 scene 对象。

4）将 Scene 对象装入窗体，并调用窗体对象的 show()方法将其显示出来。一个 JavaFX 项目创建后，系统会自动通过 start()方法为其传递来一个名为 primaryStage 的默认窗体对象，也称为“主窗体”。

3．JavaFX 项目的文件构成

在项目资源管理器窗格中逐级展开一个 JavaFX 项目，可以看到类似图 11-5 所示的项目文件构成。其中 Main 类及其中 main()和 start()两个方法是系统自动创建的，只需要修改 start()方法中的相关代码即可。项目中由系统创建的以包名称命名的.css 文件（级联样式表文件）用于使用 JavaFX CSS 语法设置窗体中各对象的外观属性。例如，若希望窗体中按钮上的文本使用红色、15px 大小的字体，可以在 Main.java 和 CSS 文件中添加如下所示的代码。

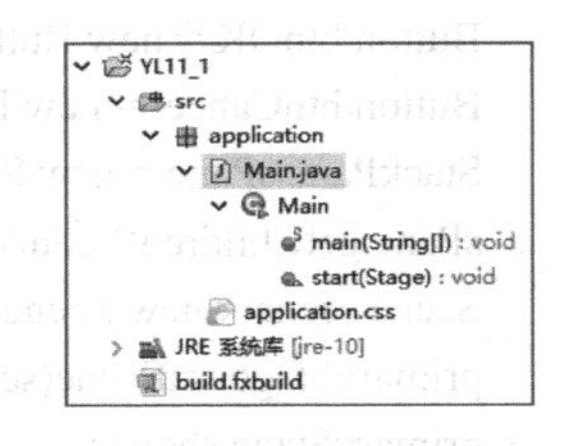

图 11-5　JavaFX 项目文件构成

1）在 Main.java 中添加如下所示的代码。

```
//指明 Main 类使用哪个 CSS 文件
scene.getStylesheets().add(Main.class.getResource("application.css").toExternalForm());
```

2）在 CSS 文件中添加如下所示的代码。

```
.button{
```

```
        -fx-text-fill : red;
        -fx-font-size : 15px;
    }
```

在 e(fx)clipse 中创建的 JavaFX 项目中都会包含有一个名为“build.fxbuild”的文件，它实际上是一个用于打包和部署 JavaFX 项目的工具，双击它可打开“FX Build Configuration”对话框。该工具用于生成 Ant 编译工具所需要的 XML（可扩展标记语言）文件。经过 Ant 编译工具编译后可生成能在 Windows 中运行的.exe 或在 MacOS 中运行的.dmg 文件。

由于篇幅所限本教材不能展开介绍关于 CSS 和 JavaFX 部署的知识，请读者自行查阅相关资料。

11.2 常用布局面板

JavaFX 提供了多种类型的面板，用于将节点以适当的大小布局到适当的位置。常用的面板类型有 StackPane、FlowPane、GridPane、HBox 和 VBox 等，这些面板类均是 Pane 类的子类。

11.2.1 StackPane 面板

StackPane 也称为堆面板，它以堆叠覆盖的方式管理添加到其中的所有的节点，后添加的节点会显示在前一个节点的上方。

例如，下列代码中创建了两个 Button 对象 btnOK 和 btnCancel，而后先将 btnOK 添加到 StackPane 对象 sPane 中，再将 btnCancel 添加到 sPane 中。最后将 sPane 添加到场景对象 scene，将 scene 添加到主窗体并显示出来。程序运行后，只能从窗体中看到 btnCancel，看不到被覆盖的 btnOK。

```
Button btnOK = new Button("确定");
Button btnCancel = new Button("取消");
StackPane sPane = new StackPane();                    //创建 StackPane 类对象 sPane
sPane.getChildren().addAll(btnOK, btnCancel);         //向 sPane 中添加两个按钮
Scene scene = new Scene(sPane, 300, 100);
primaryStage.setScene(scene);
primaryStage.show();
```

这种布局方式常用在分层的布局需求中。例如，需要在一个图片上显示某些文字（图片在下，文字在上分为两层）或者使用 StackPane 设置窗体的背景图片。

StackPane 拥有从 Pane 类继承来的 Alignment（对齐）、Margin（外边距）和 Padding（内边距）3 个私有属性，用于设置面板中所有节点的对齐方式、单个节点的外边距和单个节点的内边距。若希望更改面板内节点的对齐方式或内外边距值，需要通过调用 StackPane 对象的 setAlignment()方法或静态的 setMargin()或 setPadding()方法来实现。

例如，下列代码设置 StackPane 面板中所有子节点的对齐方式为右对齐；设置 StackPane 面板对象 sPane 中的按钮对象 btn 相对于 sPane 的左边距为 10px。

```
StackPane sPane = new StackPane();                    //创建 StackPane 类对象 sPane
//设置 sPane 对象中的所有子节点右对齐（垂直居中，水平靠右）
sPane.setAlignment(javafx.geometry.Pos.CENTER_RIGHT);    //对面板中所有节点都有效
//设置单个按钮对象 btn 的左边距为 10px。4 个数字表示上、右、下、左（顺时针）的边距值
StackPane.setMargin(btn, new javafx.geometry.Insets(0, 0, 0, 10));
```

说明：

1）代码中 setMargin()为静态方法，需要通过类名来调用。

2）Insets(top, right, bottom, left)是位于 javafx.geometry 包中的一个用于设置对象外边距的一个类。new javafx.geometry.Insets(0, 0, 0, 10)表示一个左边距为 10 的匿名 Insets 类对象。

11.2.2 FlowPane 面板

FlowPane 也称为流面板，它将加入的节点从左到右（水平）或从上到下（垂直）顺序排列，且具有自动换行（列）的功能。常用的属性见表 11-1。

表 11-1 FlowPane 常用属性和方法

名　称	类型	说　明
−orientation : Orientation 常数	属性	使用 orientation.HORIZONTAL（水平）或 orientation.VERTICAL（垂直）两个常数设置节点水平排列或垂直排列，默认为水平排列
−hgap : double	属性	用于设置节点之间的水平间距，默认为 0
−vgap : double	属性	用于设置节点之间的垂直间距，默认为 0
+getHgap() : double +getVgap() : double	方法	由于 hgap 和 vgap 属性都是私有的，所以需要相应的 get 方法读取其值
+setHgap(double h) : void +setVgap(double v) : void	方法	用于设置 hgap 或 vgap 私有属性的值

由于 FlowPane 同样是 Pane 类的子类，所以与 StackPane 相同也继承了用于设置对齐方式的 alignment、margin 和 padding 属性及相应的 get()和 set()方法。

FlowPane 类的构造方法有以下 4 种形式。

```
FlowPane 对象名 = new FlowPane();      //无参数构造方法
//创建对象时为水平和垂直间距赋值
FlowPane 对象名 = new FlowPane(double h, double v);
//创建对象时指定面板中节点的排列方向
FlowPane 对象名 = new FlowPane(Orientation 常数);
//创建对象时指定排列方向及节点的水平、垂直间距
FlowPane 对象名 = new FlowPane(Orientation 常数, double h, double v);
```

【演练 11-2】 使用 FlowPane 布局图 11-6 所示的界面。界面有 12 个按钮组件依次排列而成，每个按钮上显示一个.png 格式的图标（50px×50px）。如图 11-7 所示，当用户调整窗体宽度时，按钮的排列能自动适应窗体的宽度（流布局特征）。

程序设计步骤如下。

1）在 Eclips 环境中创建一个 JavaFX 项目 YL11_2，将事先准备好的、包含有图标文件 1.png、2.png、3.png……12.png 的文件夹 icon 复制到项目文件夹的 src 子文件夹中。复制完

毕后注意要刷新一下项目，使 icon 文件夹能显示到包资源管理器中。

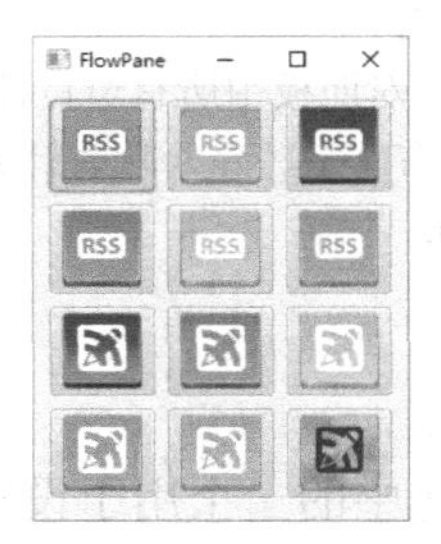

图 11-6　使用 FlowPane 布局界面

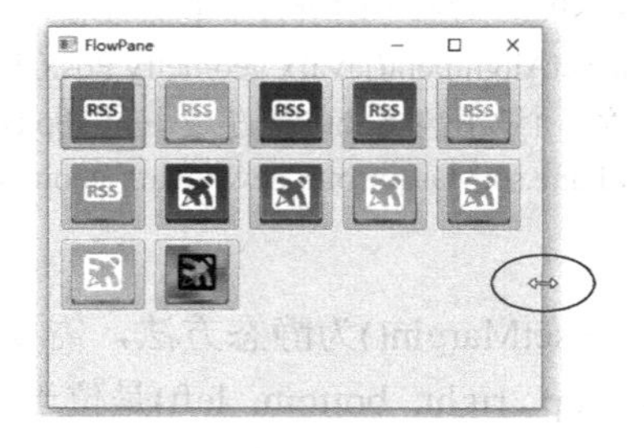

图 11-7　FlowPane 的流布局特征

2）按如下所示修改由系统自动创建的程序代码，运行后即可得到使用 FlowPane 布局的界面。从图中可以看出，使用 FlowPane 布局的界面中所有 UI 组件是一字排列的，组件间的水平距离由 hGap 决定，垂直距离（行间距离）由 vGap 决定。且当窗体的宽度调整时，组件的排列能自动适应。

```
import javafx.application.Application;                    //导入所需的类
import javafx.geometry.Insets;
import javafx.scene.control.Button;                       //按钮类
import javafx.stage.Stage;                                //舞台类
import javafx.scene.Scene;                                //场景类
import javafx.scene.layout.FlowPane;
public class Main extends Application {                   //继承于 Application 类的主类
    @Override
    public void start(Stage primaryStage) {               //重写继承来的 start()方法
        //创建一个 FlowPane 对象 fPane
        FlowPane fPane = new FlowPane(8, 8);              //fPane 中按钮的水平、垂直间距均为 5px
        //fPane 相对于场景的上、右、下、左边距均为 10px
        fPane.setPadding(new Insets(10, 10, 10, 10));
        for(int i = 1; i < 13; i++) {          //通过循环创建 12 个按钮，并逐一添加到 fPane 中
        //匿名 ImageView 类对象用于设置按钮上显示的图片，按钮上不显式文本（文本为空）
            Button btn = new Button("", new ImageView("icon/" + i + ".png"));
            fPane.getChildren().add(btn);                 //将按钮添加到 fPane 中
        }
        Scene scene = new Scene(fPane, 234, 280);         //以指定大小将 fPane 装入场景
        primaryStage.setScene(scene);                     //将场景装入主窗体
        primaryStage.show();                              //显示主窗体
    }
    public static void main(String[] args) {              //主方法
        launch(args);                                     //调用 start()方法
    }
}
```

11.2.3　GridPane 面板

GridPane 也称为表格面板，该面板可以将布局区域规划成一个表格，而后将组成界面的

各种 UI 组件显示到表格单元格中。GridPane 面板特别适合需要界面中各 UI 组件按行列规则布局的情况。GridPane 的常用属性和方法见表 11-2。

表 11-2　GridPane 常用属性和方法

名　　称	类型	说　　明
-gridLinesVisible : Boolean	属性	设置 GridPane 中是否显示网格线，默认为 false
-hgap : double、-vgap : double	属性	用于设置节点之间的水平或垂直间距，默认为 0
+add(node, int col, int row) : void	方法	将节点对象 node 放置在 col 指定的列和 row 指定的行中
+addCloumn(int col, node1, node2, …) : void	方法	将用逗号分隔的若干节点（节点列表）放置在 col 指定的列中
+addRow(int row, node1, note2, …) : void	方法	将用逗号分隔的若干节点（节点列表）放置在 row 指定的行中
+setHalighnment(node, hPos) : void	静态方法	设置节点 note 的水平对齐方式，hPos 为 HPos 常数
+setValighnment(node, vPos) : void	静态方法	设置节点 note 的垂直对齐方法，vPos 为 VPos 常数

【演练 11-3】 使用 GridPane 面板设计图 11-8 所示的用户登录界面。

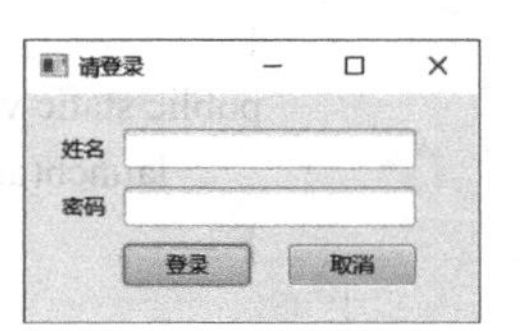

图 11-8　使用 GridPane 设计登录界面

程序设计步骤如下。

在 Eclipse 中创建一个 JavaFX 项目 YL11_3，按如下所示修改由系统自动生成的代码，运行后即可得到使用 GridPane 面板布局的登录界面。

```
import javafx.application.Application;
import javafx.geometry.HPos;
import javafx.geometry.Insets;
import javafx.stage.Stage;
import javafx.scene.Scene;
import javafx.scene.control.Button;
import javafx.scene.control.Label;
import javafx.scene.control.TextField;
import javafx.scene.layout.GridPane;
public class Main extends Application {                //继承于 Application 类的主类
    @Override
    public void start(Stage primaryStage) {            //重写继承来的 start()方法
        //创建组成界面所需的控件
        Label lblName = new Label("姓名");             //创建两个标签、两个文本框和两个按钮控件
        TextField txtName = new TextField();
        Label lblPwd = new Label("密码");
        TextField txtPwd = new TextField();
        Button btnOK = new Button("登录");
        btnOK.setPrefWidth(70);                        //设置“确定”按钮的宽度为 70px
        Button btnCancel = new Button("取消");
        btnCancel.setPrefWidth(70);                        //设置“取消”按钮的宽度为 70px
        GridPane gPane = new GridPane();                   //声明一个 GridPane 对象 gPane
        //gPane 相对于场景的上、右、下、左边距分别为 20px、10px、10px、20px
```

```
            gPane.setPadding(new Insets(20, 10, 10, 20));
            gPane.setHgap(10);                    //设置 gPane 中各控件的水平间距为 10px
            gPane.setVgap(10);                    //设置 gPane 中各控件的垂直间距为 10px
            //向 gPane 第 1 行（索引值为 0）中添加“姓名”标签和对应的文本框
            gPane.addRow(0, lblName, txtName);
            //向 gPane 第 2 行（索引值为 1）中添加“密码”标签和对应的文本框
            gPane.addRow(1, lblPwd, txtPwd);
            gPane.add(btnOK, 1, 2);               //向 gPane 第 2 列第 3 行添加“确定”按钮
            gPane.add(btnCancel, 1, 2);           //向 gPane 第 2 列第 3 行添加“取消”按钮
            //使“取消”按钮右对齐。否则，同一格中的两个按钮会重叠覆盖
            GridPane.setHalignment(btnCancel, HPos.RIGHT);    //静态方法需要通过类名来访问
            Scene scene = new Scene(gPane, 250, 130);         //按指定大小将 gPane 装入场景
            primaryStage.setScene(scene);                     //将场景装入主窗体
            primaryStage.setTitle("请登录");                   //设置主窗体标题栏中显示的文本
            primaryStage.show();                              //显示主窗体
        }
        public static void main(String[] args) {              //主方法
            launch(args);                                     //调用 start()方法
        }
    }
```

11.2.4 BorderPane 面板

BorderPane 也称为边界面板，它可以将节点放置在顶端、底部、右端、左端或中间。由于面板也是一种节点，所以在实际应用中 BorderPane 面板通常充当其他面板的容器，对界面进行整体布局。例如，使用 BorderPane 将一个 FlowPane 作为节点放置在窗体的顶端，然后在 FlowPane 中创建菜单栏。或者将 FlowPane 作为节点放置在窗体的底部，然后在 FlowPane 中创建状态栏。BorderPane 面板的常用属性和方法及其说明见表 11-3。

表 11-3　BorderPane 常用属性和方法

名　称	类　型	说　明
-top : node、-right : node、-bottom : note、-left : node、-center : node	属性	放置在 BorderPane 面板上、右、下、左、中位置上的节点，默认值为 null
+BorderPane()	构造方法	用于创建一个 BorderPane 对象
+setTop(node) : void	方法	用于将节点 node 放置到面板的顶端
+setRight(node) : void	方法	用于将节点 node 放置到面板的右端
+setBottom(node) : void	方法	用于将节点 node 放置到面板的底部
+setLeft(node) : void	方法	用于将节点 node 放置到面板的左端
+setCenter(node) : void	方法	用于将节点 node 放置到面板中央
+setAlignment(node, pos) : void	静态方法	设置指定节点 node 的对齐方式，pos 表示一个 Pos 常数

【演练 11-4】 使用 BorderPane 面板实现图 11-9 所示的界面布局。该界面由 5 个分别位于顶端、右端、底部和左端的 StackPane 面板组成，每个 StackPane 中放置一个用于说明区域作用的标签控件。

程序设计步骤如下。

1）在 Eclipse 环境中创建一个 JavaFX 项目 YL11_4，在由系统自动创建的 Main.java 文件中按如下所示创建一个继承于 StackPane 类的 MyStackPane 子类。该类用于创建一个包含有一个标签控件的 StackPane 对象。

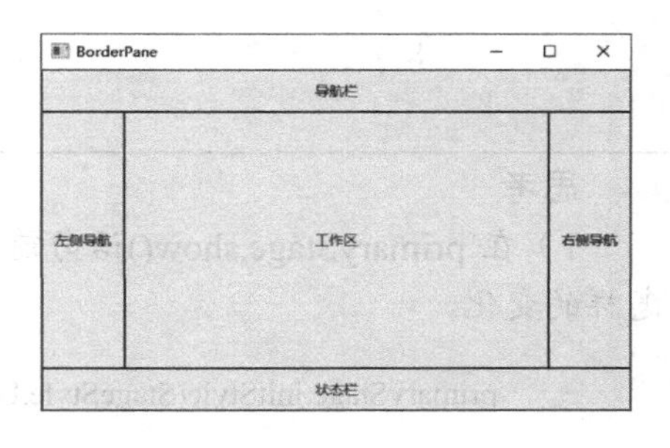

图 11-9　使用 BorderPane 布局界面

```
class MyStackPane extends StackPane {
                //继承于 StackPane 的 MyStackPane 类
    public MyStackPane(String txt) {                 //MyStackPane 类的构造方法
        getChildren().add(new Label(txt));           //将一个标签添加到面板中
        setStyle("-fx-border-color : red");          //设置面板边框为红色
        setPadding(new Insets(10, 10, 10, 10));      //设置面板中所有节点的内边距
    }
}
```

2）按如下所示修改由系统自动创建的主类代码。

```
import javafx.application.Application;
import javafx.stage.Stage;
import javafx.scene.Scene;
import javafx.scene.layout.BorderPane;
import javafx.scene.layout.StackPane;
import javafx.scene.control.Label;
import javafx.geometry.Insets;
public class Main extends Application {          //主类
    @Override
    public void start(Stage primaryStage) {      //重写 start()方法
        BorderPane bPane = new BorderPane();     //声明一个 BorderPane 对象 bPane
        //创建一个 MyStackPane 类的匿名对象（包含标签的 StackPane），并放置在 bPane 的顶端
        bPane.setTop(new MyStackPane("导航栏"));
        //创建一个 MyStackPane 类的匿名对象，并放置在 bPane 的右端
        bPane.setRight(new MyStackPane("右侧导航"));
        //创建一个 MyStackPane 类的匿名对象，并放置在 bPane 的底部
        bPane.setBottom(new MyStackPane("状态栏"));
        //创建一个 MyStackPane 类的匿名对象，并放置在 bPane 的左端
        bPane.setLeft(new MyStackPane("左侧导航"));
        //创建一个 MyStackPane 类的匿名对象，并放置在 bPane 的中央
        bPane.setCenter(new MyStackPane("工作区"));
        Scene scene = new Scene(bPane, 500, 300);          //将 bPane 装入场景
        primaryStage.setScene(scene);
        primaryStage.setTitle("BorderPane");
        primaryStage.show();
    }
    public static void main(String[] args) {               //主方法
        launch(args);                                      //调用 start()方法
```

```
        }
    }
```

思考

1）在 primaryStage.show()语句前添加如下所示的一行代码后再次运行程序，观察发生了怎样的变化。

```
primaryStage.initStyle(StageStyle.UNDECORATED);    //设置主窗体没有标题栏
```

2）注释掉 bPane.setRight(new MyStackPane("右侧导航"));一行语句后再次运行程序，观察发生了怎样的变化。理解 BorderPane 中缺少了上、右、下、左中一个或多个区域后，系统的处理规则。

11.2.5 HBox和VBox面板

HBox 也称为水平布局面板，它可以将包含在其中的子节点布局到一行中。VBox 也称为垂直布局面板，用于将包含在其中的子节点布局到一列中。HBox 和 VBox 的常用属性及方法见表 11-4 和表 11-5。

表 11-4　HBox 的常用属性和方法

名　称	类　型	说　明
-alignment : Pos 常数	属性	设置 HBox 中子节点的对齐方式
-spacing : double	属性	设置 HBox 中两个子节点的水平间距
+HBox()	构造方法	创建一个 HBox 对象
+HBox(double spa)	构造方法	创建一个 HBox 对象，使其中各节点的水平间距值为 spa
+setMargin(node, Insets 间距) : void	静态方法	设置 HBox 中节点 node 的外边距值
+setVgrow(node, Priority 常数) : void	静态方法	设置节点 node 适应 HBox 高度变化的方式。可取值为 Priority.ALWAYS（自动伸缩）、Priority.SOMETIMES（有条件伸缩）和 NEVER（不伸缩）

表 11-5　VBox 的常用属性和方法

名　称	类　型	说　明
-alignment : Pos 常数	属性	设置 VBox 中子节点的对齐方式
-spacing : double	属性	设置 VBox 中两个子节点的垂直间距
+HBox()	构造方法	创建一个 VBox 对象
+HBox(double spa)	构造方法	创建一个 VBox 对象，使其中各节点的垂直间距值为 spa
+setMargin(node, Insets 间距) : void	静态方法	设置 VBox 中节点 node 的外边距值
+setHgrow(node, Priority 常数) : void	静态方法	设置节点 node 适应 VBox 的宽度变化的方式

【演练 11-5】 使用 HBox 和 VBox 面板实现图 11-10 所示的界面布局。界面由一个包含有 7 个按钮控件的 HBox 对象 h1 和一个包含一个标签、一个文本框的 HBox 对象 h2 组成，h1 和 h2 又包含于一个 VBox 对象中。要求通过 HBox 的 setHgrow()静态方法设置所有按钮

和文本框能随主窗体的宽度变化自动调节自身的宽度，如图 11-11 所示。

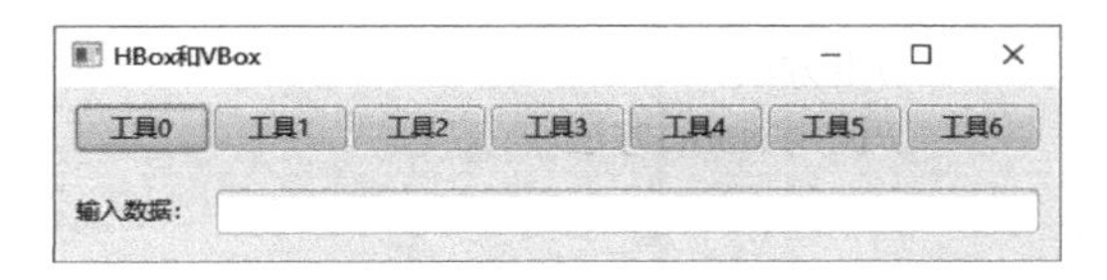

图 11-10　使用 HBox 和 VBox 布局界面

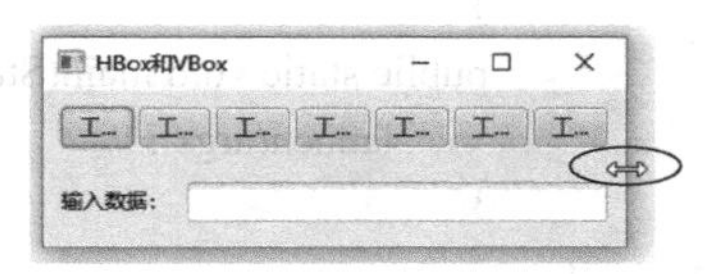

图 11-11　节点的自动伸缩效果

程序设计步骤如下。

在 Eclipse 环境中新建一个 JavaFX 项目 YL11_5，按如下所示修改由系统自动生成的 Main.java 中的代码，然后运行程序即可得到使用 HBox 和 VBox 面板布局的界面。

```
import javafx.application.Application;
import javafx.stage.Stage;
import javafx.scene.Scene;
import javafx.geometry.Insets;
import javafx.scene.layout.HBox;
import javafx.scene.layout.Priority;
import javafx.scene.layout.VBox;
import javafx.scene.control.Button;
import javafx.scene.control.Label;
import javafx.scene.control.TextField;
public class Main extends Application {                    //主类
    @Override
    public void start(Stage primaryStage) {                //重写继承来的 start()方法
        VBox v = new VBox(20);                             //VBox 对象 v 的垂直间距为 20px
        HBox h1 = new HBox(3);                             //HBox 对象 h1 的水平间距为 3px
        h1.setPadding(new Insets(10, 10, 0, 10));          //设置 h1 相对于场景的边距值
        for(int i = 0; i < 7; i++) {                       //循环创建 7 个按钮并放置在 h1 中
            Button btn = new Button("工具" + i);
            btn.setMaxWidth(150);                          //设置按钮的最大宽度值
            h1.getChildren().add(btn);
            //设置按钮可以自动伸缩（达到最大值后就不能再伸展了）
            HBox.setHgrow(btn, Priority.ALWAYS);
        }
        HBox h2 = new HBox(10);                            //创建 HBox 对象 h2
        h2.setPadding(new Insets(0, 10, 10, 10));
        Label lbl = new Label("输入数据：");
        TextField txt = new TextField();
        h2.getChildren().addAll(lbl, txt);                 //将标签和文本框装入 h2
        HBox.setMargin(lbl, new Insets(3, 0, 0, 0));//设置标签相对于 h2 的上边距值为 3px
        HBox.setHgrow(txt, Priority.ALWAYS);               //设置文本框的宽度可以自动伸缩
        v.getChildren().addAll(h1, h2);                    //将两个 HBox 对象装入 VBox 对象 v 中
        Scene scene = new Scene(v, 500, 90);               //将 VBox 对象装入场景中
        primaryStage.setScene(scene);                      //将场景装入主窗体
        primaryStage.setTitle("HBox 和 VBox");
```

```
        primaryStage.show();
    }
    public static void main(String[] args) {            //主方法
        launch(args);                                   //调用 start()方法
    }
}
```

11.3 形状和常用 UI 组件

JavaFX 提供的继承于 Node 类的 Shape（形状）类及其包含的子类可用于在窗体上绘制文本（Text）、直线（Line）、圆（Circle）、矩形（Rectangle）、椭圆（Ellipse）等形状。通过这些类的属性可以控制其外观表现，如颜色、背景色、尺寸、是否填充等。

此外，JavaFX 还提供了丰富的用于构成 RIA 界面的 UI 组件类，如前面已经接触到的 Button（按钮）、Label（标签）、TextField（文本框），以及图形界面应用程序中常见的 CheckBox（复选框）、RadioButton（单选按钮）、ComboBox（组合框）、Image 和 ImageView（图像和图像视图）等。

11.3.1 形状

Shape 类是一个抽象类，它定义了所有形状的共有属性。如 fill（填充颜色）、stroke（边框颜色）、strokeWidth（边框宽度）等。

1．Text

Text 类用于在指定坐标位置绘制出一个字符串。它作为一个节点一般需要放置在某个面板中。Text 类的构造方法有如下 3 种形式。

```
Text 对象名 = new Text();                                  //无参数构造方法
Text 对象名 = new Text(String text);                       //创建对象的同时为 text 私有属性赋值
Text 对象名 = new Text(double x, double y, String text);   //指定显示位置和文本
```

Text 类除了拥有私有的 text、x、y 属性外，还拥有 underline、strikethrough 和 font 三个常用的私有属性，这些属性需要通过 Text 类的相关 get()或 set()方法进行读写。例如，下列代码创建了一个 Text 类对象并设置了其外观属性。

```
import javafx.scene.text.Text;
import javafx.scene.text.Font;
import javafx.scene.text.FontWeight;
import javafx.scene.text.FontPosture;
…
Text txt = new Text(20, 30, "JavaFX 基础");          //设置显示位置（x, y 坐标）及文本内容
//设置文本的字体为 Cambria，加粗，斜体，30 磅
txt.setFont(Font.font("Cambria", FontWeight.BOLD,FontPosture.ITALIC, 30));
…
```

需要注意的是，在 JavaFX 中坐标原点（0, 0）位于容器（窗体、场景、面板）的左上

角，X 轴向右，Y 轴向下。

2．Line

Line 类用于从指定起点到指定终点画出一条直线，拥有 startX、startY、endX 和 endY 四个私有属性及相应的 get()和 set()方法，其构造方法有如下所示的两种形式。

```
Line 对象名 = new Line();
//创建对象时指定其起点和终点坐标
Line 对象名 = new Line(double sX, double sY, double eX, double eY);
```

例如，下列代码表示从点（30, 50）到点（89, 120）画一条红色、3px 粗细的直线。

```
import javafx.scene.shape.Line;
…
Line line = new Line(30, 50, 89, 120);
line.setStroke(Color.RED);
line.setStrokeWidth(3);
…
```

3．Rectangle

Rectangle 类用于绘制一个矩形，矩形的外观由起点坐标（x，y）和宽（width）、高（height）以及圆角的弧半径 arcWidth、arcHeight 六个私有属性来确定。其构造方法有如下所示的两种形式。

```
Rectangle 对象名 = new Rectangle();
//创建对象时指定其起点坐标和宽高值
Rectangle 对象名 = new Rectangle(double x, double y, double width, double heighe);
```

例如，下列代码表示从点（30，30）起绘制一个宽 200px，高 100px 的矩形，该矩形填充蓝色，拥有宽边半径和高边半径均为 25px 的 4 个圆角，顺时针旋转 20°，如图 11-12 所示。

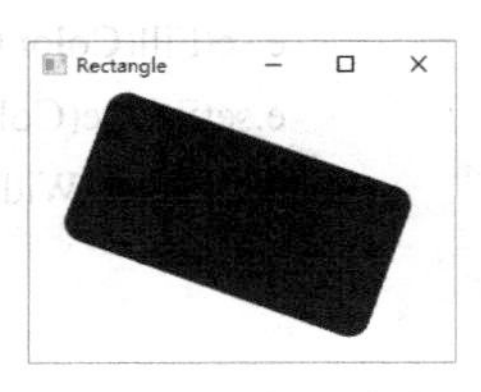

图 11-12　绘制矩形

```
import javafx.scene.shape.Rectangle;
…
Rectangle rect = new Rectangle(30, 30, 200, 100);       //创建矩形对象
rect.setArcWidth(25);                                   //设置倒角半径
rect.setArcHeight(25);
//填充蓝色，默认为黑色，若颜色常数为 null 则矩形透明
rect.setFill(Color.BLUE);
rect.setStroke(Color.BLACK);                            //黑色边框
rect.setRotate(20);                                     //旋转 20°
…
```

4．Circle 和 Ellipse

Circle 类用于绘制一个由 centerX（圆心 X 坐标）、centerY（圆心 Y 坐标）和 radius（半径）3 个属性决定的圆。其构造方法有如下所示的 4 种形式。

```
Circle 对象名 = new Circle();     //无参数构造方法
//创建对象时指定圆半径
Circle 对象名 = new Circle(double r);
//创建对象时指定圆心坐标和半径
Circle 对象名 = new Circle(double x, double y, double r);
//创建对象时指定圆心、半径和填充色
Circle 对象名 = new Circle(double x, double y, double r, Color 常数);
```

例如，下列代码在点（100, 100）出绘制了一个半径为 70px、填充色为绿色、边线为黑色、边线宽度为 2px 的圆。

```
import javafx.scene.shape.Circle;
…
Circle c = new Circle(100, 100, 70, Color.GREEN);
c.setStroke(Color.BLACK);
c.setStrokeWidth(2);
…
```

Ellipse 类与 Circle 类十分相似，它用于绘制一个椭圆。Ellipse 除了需要确定圆心坐标外，还需要有 radiusX（X 轴半径）和 radiusY（Y 轴半径）两个半径值才能确定其形状。

例如，下列代码以点（100, 100）为圆心，绘制了一个 X 轴半径为 70、Y 轴半径为 50、填充灰色、黑色 2px 边框的椭圆。

```
import javafx.scene.shape.Ellipse;
…
Ellipse e = new Ellipse(100, 100, 70, 50);
e.setFill(Color.GRAY);
e.setStroke(Color.BLACK);
e.setStrokeWidth(2);
…
```

11.3.2 CheckBox、RadioButton 和 ComboBox

CheckBox（复选框）、RadioButton（单选按钮）和 ComboBox（组合框）都是在界面中用于向用户提供可选项的组件，使用这些组件可以规范用户输入数据的格式，避免因数据格式问题出现错误。

1. CheckBox

CheckBox 用于在界面中提供一组可选项，用户可以选择其中一个或多个选项。CheckBox 类的构造方法有如下所示的两种形式。

```
CheckBox 对象名 = new CheckBox();        //无参数构造方法
//创建 CheckBox 对象的同时为其添加说明文本
CheckBox 对象名 = new CheckBox(String text);
```

CheckBox 类的常用方法见表 11-6。

表 11-6　CheckBox 的常用方法

名　　称	说　　明
+setText(String text) : void	设置复选框的说明文本（显示在复选框旁的文本）
+isSelected() : boolean	返回一个布尔值用于说明当前复选框是否处于选中状态
+setSelected(boolean b) : void	设置复选框处于选中状态
+setDisable(boolean b) : void	设置复选框是否可用，不可用时控件呈灰色显示，并不再响应单击

例如，下列代码创建了一个复选框对象 chk，并设置复选框的说明文本为“选项 1”，复选框处于选中状态。

```
CheckBox chk = new CheckBox("选项 1");          //创建 CheckBox 对象 chk
chk.setSelected(true);                          //使复选框处于选中状态
```

2．RadioButton

RadioButton 也称为单选按钮，它可以使用户从一组选项中选择某一个，而且选项组中各选项是互斥的。与 CheckBox 相似，RadioButton 类的构造方法也有如下所示的两种形式。

```
RadioButton  对象名  = new RadioButton();             //无参数构造方法
//创建 RadioButton 对象的同时为其添加说明文本
RadioButton  对象名  = new RadioButton(String text);
```

RadioButton 类的常用方法见表 11-7。

表 11-7　RadioButton 的常用方法

名　　称	说　　明
+setText(String text) : void	设置单选按钮的说明文本（显示在复选框旁的文本）
+isSelected() : boolean	返回一个布尔值用于说明当前单选按钮是否处于选中状态
+setSelected(boolean b) : void	设置单选按钮处于选中状态
+setDisabled(boolean b) : void	设置单选按钮是否可用，不可用时控件呈灰色显示，并不再响应单击
+setToggleGroup(ToggleGroup g) : void	设置单选按钮所在的组，g 为一个 ToggleGroup 类对象

如果同一界面中存在有多个单选按钮组，为避免相互影响，需要使用 ToggleGroup 类对象对其进行分组。

例如，对界面中存在的 4 个单选按钮，下列代码可将单选按钮对象 rbtn1、rbtn2 划分为一组，将 rbtn3、rbtn4 划分为一组。这样用户在进行选择时就可以从每组中各选择一个可选项了（不分组时只能 4 选 1）。

```
RadioButton rbtn1 = new RadioButton("x1");   //创建 4 个单选按钮对象 rbtn1、rbtn2、rbtn3、rbtn4
RadioButton rbtn2 = new RadioButton("x2");
RadioButton rbtn3 = new RadioButton("x3");
RadioButton rbtn4 = new RadioButton("x4");
ToggleGroup g1 = new ToggleGroup();          //创建两个组对象 g1、g2
ToggleGroup g2 = new ToggleGroup();
```

```
rbtn1.setToggleGroup(g1);            //将 rbtn1、rbtn2 加入到 g1 组
rbtn2.setToggleGroup(g1);
rbtn3.setToggleGroup(g2);            //将 rbtn3、rbtn4 加入到 g2 组
rbtn4.setToggleGroup(g2);
```

3．ComboBox

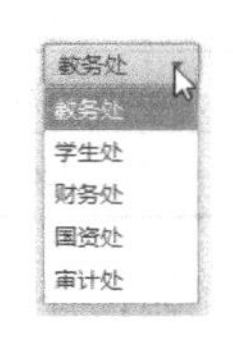

图 11-13　组合框

ComboBox 也称为组合框或下拉列表框，它提供一组折叠起来的可选项供用户选择。使用时需要单击其右侧的“▼”级联按钮将选项列表展开后，再单击希望的选项来完成选择，如图 11-13 所示。

ComboBox 是一个泛型类，其类型参数<T>为选项值的数据类型。为 ComboBox 对象填充可选项列表时，通常需要先创建一个空的 ComboBox 类对象 cbo，然后通过 cbo.getItems().add(选项值);语句将一个选项添加到列表中。也可以使用 cbo.getItems().addAll(选项值 1, 选项值 2 …… 选项值 n);语句将一批选项值一次性添加到 cbo 中。例如：

```
ComboBox<String> cbo = new ComboBox<>();                 //创建 ComboBox 类对象 cbo
cbo.getItems().add("教务处");                             //将单个选项添加到列表中
cbo.getItems().add("学生处");
cbo.getItems().addAll("财务处", "国资处", "审计处");      //将多个选项添加到列表中
cbo.setValue("教务处");                                   //设置 ComboBox 对象的当前选中项
```

用户选择后可以通过 getValue()方法获取用户选择的选项值。如果 cbo 包含有众多可选项，可以通过 setVisibleRowCount(int x)方法指定其可见的选项数量（可见行数默认为 10），其他行需要显示时需要借助于 cbo 中自动出现的滚动条。如果希望统计出当前 cbo 中包含有多少可选项，则应按如下方式编写代码。

```
ObservableList<String> items = cbo.getItems();       //将选项集提取到泛型集合 list 中
int iCount = items.size();                           //调用泛型集合的 size()方法获取其中包含的项目数
```

【演练 11-6】 JavaFX 界面设计练习。如图 11-14 所示，程序界面可以分为 5 行，每行中又包含有若干常用 UI 组件。设计时可采用 5 个包含各种组件的 HBox 面板和一个包含上述 5 个 HBox 的 VBox 构成。

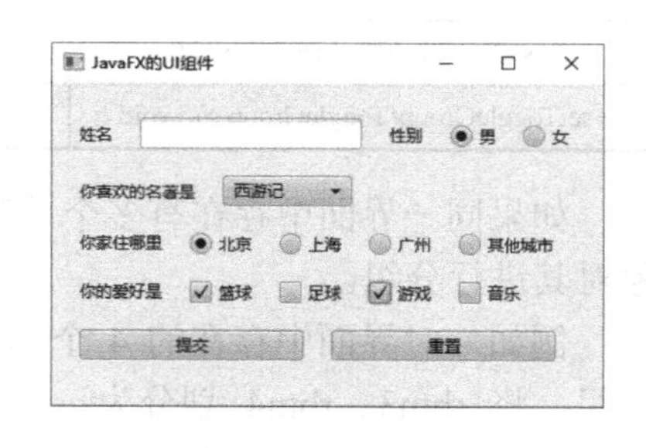

图 11-14　使用 UI 组件构建程序界面

程序设计步骤如下。

按如下所示修改由系统自动生成的 Main.java 中的代码。

```
import javafx.application.Application;
import javafx.geometry.*;
import javafx.scene.Scene;
import javafx.stage.Stage;
import javafx.scene.control.*;
import javafx.scene.layout.VBox;
import javafx.scene.layout.HBox;
```

```
public class Main extends Application {                                    //主类
    @Override
    public void start(Stage primaryStage) {                                //重写继承来的 start()方法
        //第 1 行相关组件的代码
        Label lblName = new Label("姓名");
        TextField txtName = new TextField();
        Label lblSex = new Label("性别");
        RadioButton rbtn1 = new RadioButton("男");
        rbtn1.setSelected(true);                       //设置性别为“男”的单选按钮处于选中状态
        RadioButton rbtn2 = new RadioButton("女");
        ToggleGroup group1 = new ToggleGroup();    //创建组对象 group1
        rbtn1.setToggleGroup(group1);     //将两个表示性别的单选按钮添加到 group1
        rbtn2.setToggleGroup(group1);
        HBox h1 = new HBox(20);            //创建 HBox 对象 h1，并将第一行所有组件放置其中
        h1.getChildren().addAll(lblName, txtName, lblSex, rbtn1, rbtn2);
        h1.setPadding(new Insets(20, 10, 10, 10));        //设置边距
        HBox.setMargin(txtName, new Insets(-5, 0, 0, 0));    //将姓名文本框向上提升 5px
        //第 2 行组件的相关代码
        Label lblBooks = new Label("你喜欢的名著是");
        ComboBox<String> cboBook = new ComboBox<>();
        cboBook.getItems().addAll("西游记", "三国演义", "红楼梦");
        cboBook.setValue("西游记");
        HBox h2 = new HBox(20);
        h2.getChildren().addAll(lblBooks, cboBook);
        h2.setPadding(new Insets(10, 10, 10, 10));              //设置边距
        HBox.setMargin(lblBooks, new Insets(5, 0, 0, 0));       //将 lblBooks 标签向下降 5px
        //第 3 行组件的相关代码
        Label lblHome = new Label("你家住哪里");
        RadioButton rbtn3 = new RadioButton("北京");
        rbtn3.setSelected(true);                           //设置“北京”单选按钮处于被选中状态
        RadioButton rbtn4 = new RadioButton("上海");
        RadioButton rbtn5 = new RadioButton("广州");
        RadioButton rbtn6 = new RadioButton("其他城市");
        ToggleGroup group2 = new ToggleGroup();         //创建一个组对象 group2
        rbtn3.setToggleGroup(group2);                   //将第 3 行所有单选按钮加入 group2
        rbtn4.setToggleGroup(group2);
        rbtn5.setToggleGroup(group2);
        rbtn6.setToggleGroup(group2);
        HBox h3 = new HBox(20);
        h3.getChildren().addAll(lblHome, rbtn3, rbtn4, rbtn5, rbtn6);
        h3.setPadding(new javafx.geometry.Insets(10, 10, 10, 10));
        //第 4 行组件的相关代码
        Label lblLike = new Label("你的爱好是");
        CheckBox chkLike1 = new CheckBox("篮球");
        CheckBox chkLike2 = new CheckBox("足球");
        CheckBox chkLike3 = new CheckBox("游戏");
```

```
        CheckBox chkLike4 = new CheckBox("音乐");
        HBox h4 = new HBox(20);
        h4.getChildren().addAll(lblLike, chkLike1, chkLike2, chkLike3, chkLike4);
        h4.setPadding(new Insets(10, 10, 10, 10));
        //第 5 行相关组件的代码
        Button btnOK = new Button("提交");
        Button btnCancel = new Button("重置");
        btnOK.setPrefWidth(200);
        btnCancel.setPrefWidth(200);
        HBox h5 = new HBox(20);
        h5.setAlignment(Pos.CENTER);      //设置 h5 中所有节点居中显示
        h5.setPadding(new Insets(10, 25, 10, 10));
        h5.getChildren().addAll(btnOK, btnCancel);
        VBox vPane = new VBox();          //创建一个 VBox 对象
        vPane.setPadding(new Insets(10, 10, 10, 10));
        vPane.getChildren().addAll(h1, h2, h3, h4, h5);  //将前面设置的 5 个 HBox 对象装入其中
        Scene scene = new Scene(vPane, 400, 240);        //将 VBox 对象装入场景
        primaryStage.setTitle("JavaFX 的 UI 组件");
        primaryStage.setScene(scene);                    //将场景装入主窗体
        primaryStage.show();
    }
    public static void main(String[] args) {             //主方法
        launch(args);                                    //调用 start()方法
    }
}
```

11.3.3 Image 和 ImageView

Image 类表示一个图像对象，图片可以是本地图像文件，也可以是使用 URL 表示的存储在 Internet 中的图像文件。ImageView 是一个用于显示图像的节点，其图像源可以来自于 Image 对象或一个 URL。

1．Image

Image 类属性及构造方法见表 11-8。需要注意的是，Image 类的对象并不是一个节点，所以不能将其直接装入某个面板加以显示。若希望显示 Image 中的图像需要 ImageView 节点对象的配合。

表 11-8 Image 类的属性和构造方法

名　称	说　明
-height : double	只读私有属性，表示图像的高
-width : double	只读私有属性，表示图像的宽
-progress : double	只读私有属性，表示图像已载入的百分比
+Image(String src)	类的构造方法，src 可以是本地图像文件名或网络中图像文件的 url

例如，下列代码的第一行以保存在项目文件夹下的 pic 子文件夹中的 1.jpg 为源创建了

一个 Image 类对象 img1。第 2 行以 URL“http://www.baidu.com/ bd_logo1.png”为图像源创建了一个 Image 类对象 img2。

```
Image img1 = new Image("pic/1.jpg");
Image img2 = new Image("http://www.baidu.com/bd_logo1.png");
```

2．ImageView

ImageView 是一个节点类，用于将一个 Image 类对象、一个本地图像文件或一个用 URL 表示的网上图像显示出来。ImageView 的构造方法有如下所示的 3 种形式。

```
ImageView 对象名 = new ImageView();  //无参数构造方法
ImageView 对象名 = new ImageView(Image img);  //以 Image 对象为图像源
//以本地或网上图像文件为图像源（使用本地文件路径或网上文件的 URL）
ImageView 对象名 = new ImageView(String filenameOrUrl);
```

ImageView 类提供的常用属性见表 11-9。从表中可以看出 ImageView 拥有 5 个常用的私有属性，要想读写这些属性值就需要调用相应的 get()或 set()方法。

表 11-9　ImageView 类的常用属性

名　称	类　型	说　明
-fitHeight : double	私有属性	ImageView 的高度（显示图像时表现出的高度）
-fitWidth : double	私有属性	ImageView 的宽度（显示图像时表现出的宽度）
-x : double、-y : double	私有属性	ImageView 对象的原点坐标
-image : Image	私有属性	ImageView 中包含的 Image 类对象

例如，下列代码使用一个网上图像文件 bd_logo1.png 的 URL 创建了一个 Image 对象 img，然后通过 ImageView 节点对象 imv 将该图像显示到某个面板中。程序运行结果如图 11-15 所示。

图 11-15　使用 ImageView 显示图像

```
import javafx.scene.image.Image;
import javafx.scene.image.ImageView;
…
Image img = new Image("http://www.baidu.com/bd_logo1.png"); //使用 URL 创建 Image 对象 img
ImageView imv = new ImageView(img);        //以 img 作为 ImageView 对象 imv 的图像源
imv.setFitHeight(100);          //设置 imv 的高度
imv.setFitWidth(200);           //设置 imv 的宽度，这个高度和宽度实际上是最终图像显示出来的大小
imv.setRotate(10);              //使图像顺时针旋转 10°
…
```

【演练 11-7】 在 Eclipse 环境中创建一个 JavaFX 项目 YL11_7，在项目中使用泛型集合 ArrayList<>及其随机排序方法实现在窗体中显示 54 张扑克牌中的任意不重复的 3 张。扑克牌图像文件分别以 1.png、2.png …… 54.png 为文件名，保存在项目文件夹/src/card 下。布局面板可以使用 HBox，程序运行结果如图 11-16 所示。

程序设计步骤如下。

1）在 Eclipse 中创建一个 JavaFX 项目 YL11_7，将事先准备好的包含有 54 张扑克牌图像文件的 card 文件夹复制到项目所在文件夹下的 src 子文件夹中。复制完毕后，在包资源管理器中右击项目名称，在弹出的快捷菜单中执行“刷新”命令。

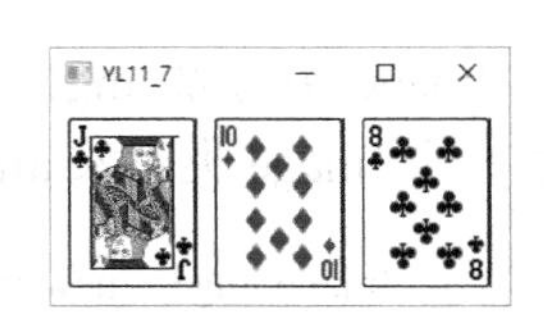

图 11-16　随机显示图像文件

2）按如下所示修改由系统自动生成的 Main.java 中的代码。

```
import javafx.application.Application;
import javafx.stage.Stage;
import javafx.scene.Scene;
import javafx.scene.layout.HBox;
import javafx.scene.image.ImageView;
import java.util.ArrayList;
import javafx.geometry.Pos;
public class Main extends Application {                          //主类
    @Override
    public void start(Stage primaryStage) {                      //重写继承来的 start()方法
        ArrayList<Integer> list = new ArrayList<>();             //声明一个 ArrayList<>泛型集合 list
        for (int i = 1; i <= 54; i++) {                          //为 list 的各元素赋值，随机数 1～54
            list.add(i);
        }
        //Collections 集合类的 shuffle()方法用于随机排序一个 ArrayList 泛型集合对象（洗牌）
        java.util.Collections.shuffle(list);
        HBox pane = new HBox(10);                     //设置 HBox 面板中各节点的间距为 10px
        pane.setAlignment(Pos.CENTER);                //设置面板的对齐方式为“居中”
        //设置面板的“上右下左”4 个边距均为 10px
        pane.setPadding(new javafx.geometry.Insets(10, 10, 10, 10));
        //添加 3 个随机的图片文件
        pane.getChildren().add(new ImageView("card/" + list.get(0) + ".png"));
        pane.getChildren().add(new ImageView("card/" + list.get(1) + ".png"));
        pane.getChildren().add(new ImageView("card/" + list.get(2) + ".png"));
        Scene scene = new Scene(pane);                           //将 HBox 面板装入场景
        primaryStage.setTitle("YL11_7");
        primaryStage.setScene(scene);                            //将场景装入主窗体
        primaryStage.show();
    }
    public static void main(String[] args) {                     //主方法
        launch(args);                                            //调用 start()方法
    }
}
```

11.4　事件和事件处理

“事件”是指能被程序感知到的用户或系统发起的操作。如用户操作了鼠标（单击、双击、移动、拖动、悬停等）、按下了键盘上的某个键、输入了文字、选择了选项；系统将窗体装入内存并初始化等。开发人员可以编写响应事件的代码段（事件处理方法）来实现程序的具体功能，这就是 GUI 程序的“事件驱动”机制。

11.4.1 JavaFX 的事件处理机制

一个 GUI 程序运行时，程序和用户的交互要通过由用户或系统触发的事件来实现。可以将事件理解成告知程序某种状况发生的一种信号。能产生这种信号并触发它的 UI 组件称为事件源，如一个按钮是按钮单击事件的事件源。

如图 11-17 所示，JavaFX 中将 UI 组件不同类型的事件绑定到对应的事件监听器（也称为事件处理类），当监听器侦测到事件发生时能自动调用类中的事件处理方法给予响应。

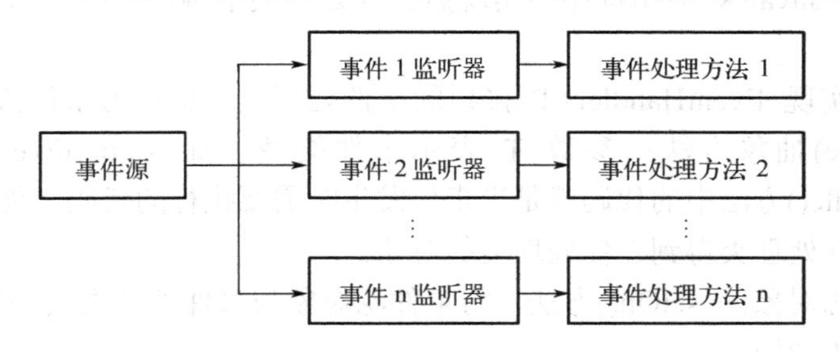

图 11-17 JavaFX 的事件处理机制

事件监听器是一个实现了 EventHandler<T>泛型接口的类。其中，参数 T 表示事件的类型。如继承于 Event 类的 ActionEvent、InputEvent、WindowEvent 类及其子类 MouseEvent 或 KeyEvent 类等。事件监听器必须实现继承来的 handle(T e)抽象方法，该方法实际上就是用于响应事件的事件处理方法，表示当事件发生时需要执行怎样的动作。参数 e 表示了触发事件的事件源，在 handle()方法中可以通过调用 e 的 getSource()方法来获取事件源。

将事件源与事件监听器关联（也称为事件注册）需要使用事件源的 setOn()方法。用户动作、事件源对象、触发的事件类型及相应的 setOn()方法的使用说明见表 11-10。

表 11-10 常用 setOn()方法的使用说明

用 户 动 作	源对象	事件类型	setOn 方法（event 为实现了 EventHandler<T>接口的实现类对象）
单击按钮	Button	ActionEvent	setOnAction(EventHandler<ActionEvent> event)
在文本框中按〈Enter〉键	TextField		
选择或取消选择	RadioButton		
选择或取消选择	CheckBox		
更改选项	ComboBox		
按下鼠标	Node、Scene	MouseEvent	setOnMousePressed(EventHandler<MouseEvent> event)
释放鼠标			setOnMouseReleased(EventHandler<MouseEvent> event)
单击			setOnMouseClicked(EventHandler<MouseEvent> event)
鼠标进入			setOnMouseEntered(EventHandler<MouseEvent> event)
鼠标退出			setOnMouseExited(EventHandler<MouseEvent> event)

（续）

用 户 动 作	源对象	事件类型	setOn 方法（event 为实现了 EventHandler<T>接口的实现类对象）
移动鼠标指针			setOnMouseMoved(EventHandler<MouseEvent> event)
拖动鼠标			setOnMouseDragged(EventHandler<MouseEvent> event)
按下键盘键		KeyEvent	setOnKeyPressed(EventHandler<KeyEvent> event)
释放键盘键			setOnKeyReleased(EventHandler<KeyEvent> event)
敲击键盘键			setOnKeyTyped(EventHandler<KeyEvent> event)

总而言之，在 JavaFX 应用程序中实现监听并处理某个事件源触发的事件，一般需要经过如下几个步骤。

1）创建一个实现 EventHandler<T>接口的事件处理类（也称为事件监听器），并实现继承来的 handle(T e)抽象方法。参数 T 表示事件类型，如 ActionEvent、MouseEvent、KeyEvent 等。handle()方法中的代码就是当事件发生时需要执行的代码（处理事件的代码）。

2）实例化事件处理类得到事件处理类的对象。

3）调用事件源对象的 setOn()方法，将事件源对象与事件处理类关联起来（也称为事件注册或指定事件监听器）。

【演练 11-8】 设计一个 JavaFX 应用程序，程序界面中包含“确定”和“取消”两个按钮。要求用户单击某个按钮时能弹出信息框显示用户单击了哪个按钮。程序运行结果如图 11-18 和图 11-19 所示。

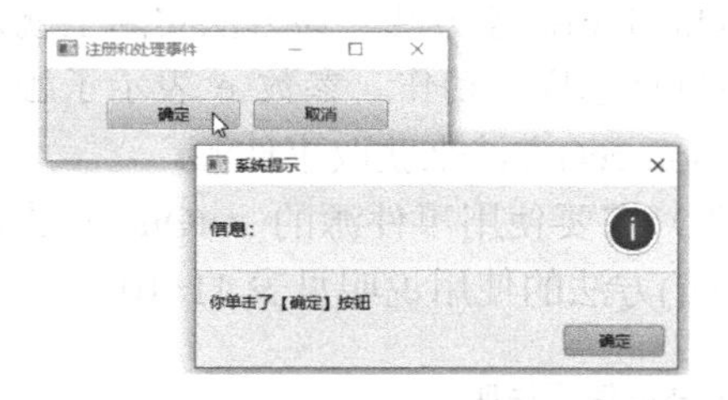

图 11-18　单击“确定”按钮

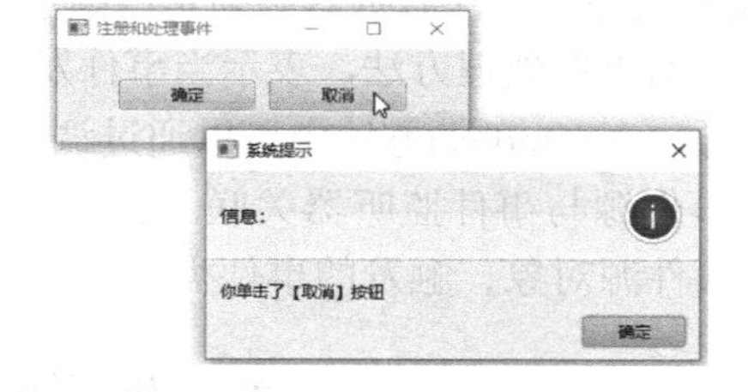

图 11-19　单击“取消”按钮

程序设计步骤如下。

在 Eclipse 环境中新建一个 JavaFX 项目 YL11_8，按如下所示修改由系统自动生成的 Main.java 中的代码。

```
import javafx.application.Application;
import javafx.geometry.Pos;
import javafx.scene.layout.HBox;
import javafx.event.ActionEvent;
import javafx.event.EventHandler;
import javafx.scene.Scene;
import javafx.scene.control.Button;
import javafx.stage.Stage;
import javafx.scene.control.Alert;                    //用于弹出信息框的 Alert 类
public class Main extends Application {               //主类
```

```
    @Override
    public void start(Stage primaryStage) {             //重写继承来的 start()方法
        HBox pane = new HBox(10);                       //创建一个 HBox 面板
        pane.setAlignment(Pos.CENTER);                  //设置面板对齐方式为居中
        Button btnOK = new Button("确定");              //定义“确定”和“取消”两个按钮控件
        Button btnCancel = new Button("取消");
        btnOK.setPrefWidth(100);                        //设置按钮对象的宽度
        btnCancel.setPrefWidth(100);
        ClickHandler click = new ClickHandler();  //声明事件处理类 ClickHandler 的对象 click
        //将 btnOK 和 btnCancel 的 Action 事件与 ClickHandler 类对象 click 关联
        btnOK.setOnAction(click);                            //也称为事件注册或指定监听器
        btnCancel.setOnAction(click);
        pane.getChildren().addAll(btnOK, btnCancel);         //将两个按钮添加到面板中
        Scene scene = new Scene(pane, 300, 70);              //将面板装入场景，并设置场景的大小
        primaryStage.setTitle("注册和处理事件");             //设置窗体的标题栏文本
        primaryStage.setScene(scene);                        //将场景装入窗体
        primaryStage.show();                                 //显示窗体
    }
    public static void main(String[] args) {
        launch(args);
    }
}
//创建用于监听按钮单击事件的事件处理类，该类必须实现 EventHandler<ActionEvent>接口
class ClickHandler implements EventHandler<ActionEvent>{
    @Override
    //实现 handle 抽象方法（事件处理方法，事件发生时具体执行的操作）
    public void handle(ActionEvent e){     //参数 e 表示触发事件的对象，如本例的“确定”按钮
        Button btn = (Button)e.getSource();  //获取被单击的按钮对象（用户单击了哪个按钮）
        //弹出信息框
        Alert information = new Alert(Alert.AlertType.INFORMATION,
                                        "你单击了【" + btn.getText() + "】按钮");
        information.setTitle("系统提示");              //设置信息框标题栏文本
        information.setHeaderText("信息：");           //设置信息框头标题
        information.showAndWait();                     //显示弹窗，同时后续代码挂起
    }
}
```

11.4.2 使用匿名内部类和 lambda 表达式简化事件处理类

本教材 4.3 中对内部类、匿名内部类进行了详细的介绍，这里介绍的是如何使用内部类、匿名内部类和 lambda 表达式简化事件处理类的编写。

1．使用匿名内部类

所谓内部类是指一个类完全嵌套在另一个类的内部。例如，下列代码所示的 InClass 就是一个内部类，而包含有内部类的 OutClass 称为 InClass 的外部类。

```
class OutClass{                              //InClass 的外部类
```

```
        …                               //定义属性、构造方法、方法等
        class InClass{                  //内部类
            …                           //定义属性、构造方法、方法等
        }
    }
```

使用内部类可以将按钮单击的事件处理类按如下方式编写，注册事件处理类时也可以使用内部类的匿名对象。

```
    public class Main extends Application {                      //主类
        public void start(Stage primaryStage) {                  //重写 start()方法
            …
            Button btnOK = new Button("确定");
            class ClickHandler implements EventHandler<ActionEvent>{     //内部事件处理类
                public void handle(ActionEvent e){
                    …
                }
            }
            btnOK.setOnAction(new ClickHandler());       //使用内部类的匿名对象注册事件处理类
            …                                            //btnOK 的 setOn 语句的后续语句
        }
        public static void main(String[] args) {
            launch(args);
        }
    }
```

可以按如下方式进一步使用匿名内部类改写 btnOK 的 setOn 语句。

```
    public class Main extends Application {              //主类
        public void start(Stage primaryStage) {          //重写 start()方法
            …
            Button btnOK = new Button("确定");
            btnOK.setOnAction(
                new EventHandler<ActionEvent>(){         //匿名内部类（事件处理类）
                    public void handle(ActionEvent e){
                    …                                    //事件处理代码
                    }
            });
            …                                            //btnOK 的 setOn 语句的后续语句
        }
        public static void main(String[] args) {
            launch(args);
        }

    }
```

使用匿名内部类注册事件处理类的一般语法格式如下：

```
    对象名.setOnXXXX(
```

```
        new EventHandler<XXXX>(){        //匿名内部类（事件处理类），XXXX 为事件类型
            public void handle(XXXX e){
            …                            //事件处理代码
            }
    });
```

2．使用 lambda 表达式

lambda 表达式是 Java 8 中出现的新特征，使用 lambda 表达式可以用更加精简的语法格式表示匿名内部类。例如，图 11-20 所示的是使用匿名内部类表示的事件处理类注册代码，可以简化成图 11-21 所示的格式。如果 lambda 表达式中调用了外部的一个方法来处理事件，则对象的 setOnXXXX 语句可进一步简化成类似图 11-22 所示的格式。

```
btnOK.setOnAction(
    new Eventhandler<ActionEvent>() {
        public void handle(ActionEvent e){
            //事件处理代码
        }
    }
});
```

图 11-20　使用匿名内部类注册事件

```
btnOK.setOnAction(e -> {
    // 事件处理代码
});
```

图 11-21　使用 lambda 注册事件

```
btnOK.setOnAction(e ->
    // 外部方法名
);
```

图 11-22　使用外部方法

对于只有一个参数的数据类型既可以显式地声明，也可以由编译器自动隐式地推断。若只有一个参数，并且没有显式的数据类型，则圆括号可以省略。

编译器将一个 lambda 表达式看成 EventHandler<ActionEvent>的一个实例对象。由于 EventHandler<ActionEvent>接口定义了一个具有 ActionEvent 类型参数的 handle()方法，编译器自动识别 e 是一个 ActionEvent 类型的参数。表达式中包含的语句就是 handle()方法的方法体语句。需要注意的是，如果要编译器理解 lambda 表达式，则接口只能包含有一个抽象方法，这样的接口称为“功能接口”（Functional Interface），也称为单抽象方法（Single Abstract Mehtod, SAM）接口。

使用 lambda 表达式注册事件的一般语法格式如下：

格式 1

```
对象名.setOnXXXX(e -> {
    //事件处理方法代码
});
```

格式 2

```
对象名.setOnXXXX(e ->
    //外部方法名
);
```

【演练 11-9】 在 Eclipse 环境中使用 JavaFX 设计一个能实现两个整数求和的应用程序。程序启动后显示图 11-23 所示的界面。用户在输入了两个整型操作数后单击“求和”按钮可以在“操作数和”文本框中得到相应的计算结果。任何一个操作数未输入前单击“求和”按钮将弹出信息框给出提示，如图 11-24 所示。单击“重置”按钮可清除上次输入的数据和计算结果，恢复到初始状态。要求“求和”和“重置”两个按钮的单击事件使用 lambda 表达式进行处理。

程序设计步骤如下。

1）设计思路分析。程序界面可以由 4 个 HBox 和一个 VBox 面板组成，前 3 个 HBox 中

都包含有一个标签和一个文本框，组件的大小也完全相同。为了简化代码，可以创建一个继承于 HBox 的 MyHBox 类，该类的构造方法负责完成创建标签、创建文本框并装入 HBox 面板的任务。第 4 行包含有两个按钮的 HBox 由单独的代码来实现。

图 11-23 整数求和

图 11-24 出错提示

MyHBox 类成员及说明见表 11-11。

表 11-11 MyHBox 类成员及说明

成 员 名 称	说 明
+txt : TextField	公有属性，表示包含的文本框对象
+hBox : HBox	公有属性，表示包含的 HBox 面板对象
+MyHBox(String title)	MyHBox 类的构造方法，参数 title 表示要显示到标签中的文本内容。创建 MyHBox 类对象时，构造方法会创建一个以 title 为标识的标签，一个保存到 txt 属性中的文本框和一个容纳上述标签、文本框并保存到 hBox 属性中的 HBox 对象

2）在 Eclipse 环境中创建一个 JavaFX 项目 YL11_9，按如下所示编写程序代码。

```
import javafx.application.Application;
import javafx.stage.Stage;
import javafx.scene.Scene;
import javafx.scene.control.Alert;          //用于创建信息框的类
import javafx.scene.control.Button;
import javafx.scene.control.Label;
import javafx.scene.control.TextField;
import javafx.scene.layout.HBox;
import javafx.scene.layout.VBox;
import javafx.geometry.Insets;
class MyHBox extends HBox{       //用于生成前 3 行标签、文本框、HBox 组合对象的 MyHBox 类
    public TextField txt;
    public HBox hBox;
    MyHBox(String title) {
        Label lbl = new Label(title);
        HBox.setMargin(lbl, new Insets(5, 0, 0, 0));
        txt = new TextField();
        hBox = new HBox(10);
        hBox.getChildren().addAll(lbl, txt);
    }
}
```

```
MyHBox h1, h2, h3;    //声明 3 个 MyHBox 类对象。思考：为何必须在此处声明？
public class Main extends Application {                              //主类
    @Override
    public void start(Stage primaryStage) {                          //重写 start()方法
        //创建第 1 行 HBox 对象及包含的组件
        h1 = new MyHBox("操作数 1");
        h1.hBox.setPadding(new Insets(23, 10, 3, 24));               //设置间距
        //创建第 2 行 HBox 对象及包含的组件
        h2 = new MyHBox("操作数 2");
        h2.hBox.setPadding(new Insets(3, 10, 3, 24));
        //创建第 3 行 HBox 对象及包含的组件
        h3 = new MyHBox("操作数和");
        h3.txt.setEditable(false);
        h3.hBox.setPadding(new Insets(3, 10, 3, 20));
        //创建第 4 行 HBox 对象及包含的组件
        Button btnOK = new Button("求和");
        btnOK.setPrefWidth(70);
        Button btnCancel = new Button("重置");
        btnCancel.setPrefWidth(70);
        HBox h4 = new HBox(20);
        h4.setPadding(new Insets(3, 10, 3, 77));
        h4.getChildren().addAll(btnOK, btnCancel);
        VBox v = new VBox(10);                   //创建 VBox 对象 v
        //将 4 个 HBox 对象装入 VBox 面板
        v.getChildren().addAll(h1.hBox, h2.hBox, h3.hBox, h4);
        Scene scene = new Scene(v, 280, 190);
        primaryStage.setScene(scene);
        primaryStage.setTitle("整数求和");
        primaryStage.show();
        //使用 lambda 表达式注册“求和”按钮的单击事件（调用了外部的方法 getSum()）
        btnOK.setOnAction(e -> getSum()); //请注意比较与“重置”按钮单击事件写法的不同
        btnCancel.setOnAction(e ->{       //使用 lambda 表达式注册“重置”按钮的单击事件
            h1.txt.setText("");           //清空 3 个文本框
            h2.txt.setText("");
            h3.txt.setText("");
        });
    }
    //用于计算并显示两个操作数和或显示出错提示的方法，该方法有 lambda 表达式调用
    void getSum(){
        if(!(h1.txt.getText().isEmpty() || h2.txt.getText().isEmpty())) {
            int sum = Integer.parseInt(h1.txt.getText()) + Integer.parseInt(h2.txt.getText());
            h3.txt.setText(sum + "");
        }
        else {
            Alert information = new Alert(Alert.AlertType.INFORMATION,
                                                            "两个操作数不能为空");
```

```
                information.setTitle("系统提示");            //设置标题
                information.setHeaderText("信息：");         //设置头标题
                information.showAndWait();                   //显示弹窗，同时后续代码挂起
            }
        }
        public static void main(String[] args) {             //主方法
            launch(args);                                    //调用 start()方法
        }
    }
```

11.4.3 常用鼠标和键盘事件

鼠标和键盘事件是指由键盘按键及鼠标的移动、单击、双击、右击、进入、离开等触发的事件，这些事件的事件源可以是一个节点或场景。

1．常用鼠标事件

当鼠标在一个节点或场景中移动、单击、双击、右击、进入、离开时，将触发一个 MouseEvent 类型的事件。MouseEvent 类提供了一系列方法用于处理这些鼠标事件，常用的方法及说明见表 11-12。

表 11-12 MouseEvent 类中包含的常用方法及说明

方 法 名	说 明
+getButton() : MouseButton	获取是哪个鼠标键被单击。方法执行后返回一个 MouseButton 枚举常数，PRIMARY 表示左键，SECONDARY 表示右键，MIDDLE 表示中键（仅对三键鼠标有效）
+getClickCount() : int	获取事件中鼠标的单击次数
+getX() : double、+getY() double	获取鼠标单击位置相对源节点的（x, y）坐标
+getSceneX() : double、+getSceneY() : double	获取鼠标单击位置相对场景的坐标（x, y）
+isAtlDown() : boolean	获取单击鼠标时是否同时按下了〈Alt〉键
+isControlDown() : boolean	获取单击鼠标时是否同时按下了〈Ctrl〉键
+isShiftDown() : boolean	获取单击鼠标时是否同时按下了〈Shift〉键

例如，下列代码表示了捕获并处理在场景 scene 中发生的鼠标单击事件编程方法。代码可以判断用户单击了右键还是左键，单击左键时是否按下了键盘上的〈Ctrl〉键。

```
Scene scene = new Scene(pane, 500, 300);
scene.setOnMouseClicked(e -> {  //处理场景中发生鼠标单击事件的 lambda 表达式
    if(e.getButton()= = MouseButton.PRIMARY) {          //若单击的是左键
        if(e.isControlDown())    //判断单击左键时是否按下了键盘上的〈Ctrl〉键
            System.out.println("你按着 Ctrl 键单击了鼠标左键");
        else
            System.out.println("你单击了鼠标左键");
    }
    if(e.getButton()= = MouseButton.SECONDARY) {      //若单击的是右键
```

```
            System.out.println("你单击了鼠标右键");
        }
    });
```

2. 常用键盘事件

在某个节点或场景中按下、释放或敲击键盘将触发一个 KeyEvent 事件，该事件包含有 KeyPressed（任意按键按下时响应）、KeyReleased（任意按键放开时响应）和 KeyTyped（文字输入键按下后又松开时响应）3 种形式。通过 KeyEvent 类提供的方法可以获取用户按下了哪个键或是否配合使用了〈Ctrl〉、〈Shift〉、〈Alt〉键，常用的方法见表 11-13。

表 11-13　KeyEvent 类中包含的常用方法及说明

方　法　名	说　　明
+getCharacter() : String	获取用户按下了哪个字符键
+getCode() : KeyCode 常数	获取用户按键的 KeyCode 编码，常用键对应的 KeyCode 常数见表 11-14
+getText() : String	获取用户按键编码的字符串
+isAtlDown() : boolean	获取按键时是否同时按下了〈Alt〉键
+isControlDown() : boolean	获取按键时是否同时按下了〈Ctrl〉键
+isShiftDown() : boolean	获取按键时是否同时按下了〈Shift〉键

表 11-14　常用 KeyCode 常数及说明

常数	说明	常数	说明
HOME	表示〈Home〉键	CONTROL	表示〈Ctrl〉键
END	表示〈End〉键	SHIFT	表示〈Shift〉键
PAGE_UP	表示向上翻页的〈PgUp〉键	BACK_SPACE	表示退格〈Backspace〉键
PAGE_DOWN	表示向下翻页的〈PgDn〉键	CAPS	表示大写锁定〈CapsLock〉键
UP	表示上移光标的〈↑〉键	NUM_LOCK	表示数字小键盘锁定〈NumLock〉键
DOWN	表示下移光标的〈↓〉键	ENTER	表示〈Enter〉回车键
LEFT	表示左移光标的〈←〉键	UNDEFINED	表示 KeyCode 未知
RIGH	表示右移光标的〈→〉键	F1～F12	表示〈F1〉到〈F12〉键
ESCAPE	表示〈Esc〉取消键	0～9	表示 0～9 数字键
TAB	表示〈Tab〉制表位键	A～Z	表示 A～Z 字母键

【演练 11-10】 设计一个 JavaFX 应用程序，程序启动后在窗体上显示一段文本。要求该文本能通过鼠标拖动或上下左右光标键移动其位置，当用户按下〈Enter〉键时能恢复到原始位置。程序运行结果如图 11-25 所示。

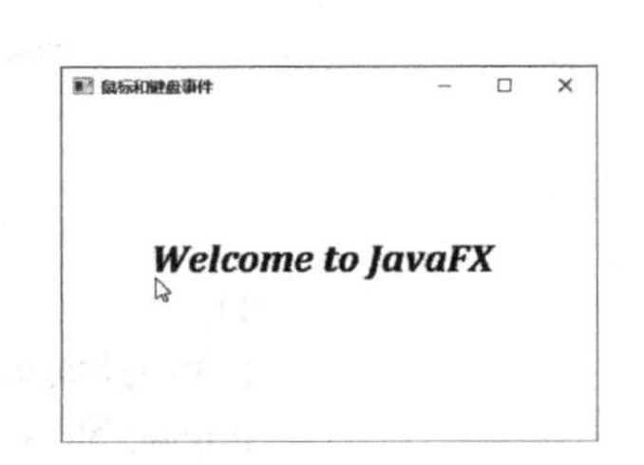

图 11-25　程序运行结果

程序设计步骤如下。

在 Eclipse 环境中创建一个 JavaFX 应用程序项目，按如下所示修改由系统自动生成的 Main 类代码。

```
import javafx.application.Application;
import javafx.stage.Stage;
import javafx.scene.Scene;
import javafx.scene.layout.Pane;
import javafx.scene.text.Text;
import javafx.scene.text.Font;
import javafx.scene.text.FontWeight;
import javafx.scene.text.FontPosture;
public class Main extends Application {          //主类
    @Override
    public void start(Stage primaryStage) {     //重写 start()方法
        //创建一个 Text 文本对象，起始位置在(20, 20)处
        Text txt = new Text(20, 20, "Welcome to JavaFX");
        //设置文本的字体为 Cambria，加粗，斜体，30 磅
        txt.setFont(Font.font("Cambria", FontWeight.BOLD, FontPosture.ITALIC, 30));
        Pane pane = new Pane();          //创建一个面板对象
        pane.getChildren().add(txt);     //将文本对象 txt 装入面板
        Scene scene = new Scene(pane, 400, 260);        //将面板按指定大小装入场景
        txt.setOnMouseDragged(e -> {                //txt 对象上发生的鼠标拖动事件的处理代码
            //按鼠标当前坐标修改 txt 的坐标
            txt.setX(e.getX());                     //e.getX()获取当前鼠标的 X 坐标
            txt.setY(e.getY());
        });
        scene.setOnKeyPressed(e -> {                //场景中侦听到键盘按键事件的处理代码
            switch(e.getCode()){                    //e.getCode()用于获取按键的 KeyCode 值
                case DOWN:                          //如果按下的是向下光标键
                    txt.setY(txt.getY() + 3);       //txt 对象的 Y 坐标加 3px
                    break;
                case UP:
                    txt.setY(txt.getY() - 3);
                    break;
                case LEFT:
                    txt.setX(txt.getX() - 3);
                    break;
                case RIGHT:
                    txt.setX(txt.getX() + 3);
                    break;
                case ENTER:                         //如果按下的是〈Enter〉键
                    txt.setX(20);                   //将 txt 对象的坐标设置为初始值(20, 20)
                    txt.setY(20);
            }
        });
        primaryStage.setScene(scene);
        primaryStage.setTitle("鼠标和键盘事件");
        primaryStage.show();
    }
```

```
        public static void main(String[] args) {      //主方法
            launch(args);          //调用 start()方法
        }
    }
```

11.4.4 属性绑定和可观察对象监听器

在 JavaFX 中除了可以通过注册事件处理类、编写用于事件处理的 setOn()方法的方式监听和处理事件外，还可以通过设置属性绑定（bind）或对象监听器（listener）来响应某些对象的状态变化。例如，可以将某个 Circle 对象的圆心坐标绑定到所在面板的中心。这样当用户拖动窗体边框使其大小改变时，圆心坐标能自动随之改变，以保证圆总能显示在窗体的正中央。

1．属性绑定

JavaFX 引入了一个称为“属性绑定”的概念，可以将一个目标对象和一个源对象绑定。如果源对象中的值发生了变化，目标对象能自动跟随变化。目标对象称为绑定对象或绑定属性，源对象称为可绑定对象或可观察对象。

属性绑定需要使用到在 javafx.beans.property.Property 接口中定义的 bind()方法，被绑定的属性必须是 javafx.beans.property.Property 接口的一个实例。

目标对象.可绑定属性.bind(源对象.可绑定属性);

JavaFX 类中的可绑定属性通常都是私有（private）的，获取或设置这些属性值时需要借助于对应的 get()和 set()方法。若要获取可绑定属性本身，则要使用 xxxxProperty()方法。其中，xxxx 表示属性名称。

例如，一个 Circle 对象 c，它的圆心 X 坐标属性 centerX 和 Y 坐标属性 centerY 都是可绑定属性。可以用 c.getCenterX()方法获取圆心的 X 坐标值；用 c.getCenterX(半径值)方法设置圆心的 X 坐标值；而 c.centerXProperty()则用于获取圆心 X 坐标属性本身。

【演练 11-11】 在 Pane 面板中添加一个包含一个文本框和一个标签的 HBox 面板，添加一个初始位置为 Pane 面板中央的圆，程序启动后显示图 11-26 所示的界面。

1）要求将标签的 text 属性绑定到文本框的 text 属性，当用户在文本框中输入文本时，标签的内容自动同步变化。

2）要求将圆心坐标绑定到 Pane 的中心（以 Pane 宽度的 1/2 为 X 坐标值，以高度的 1/2 为 Y 坐标值）。这样当 Pane 的大小变化时，圆心坐标能自动跟随变化，使圆总能自动显示在面板的正中央。绑定效果如图 11-27 所示。

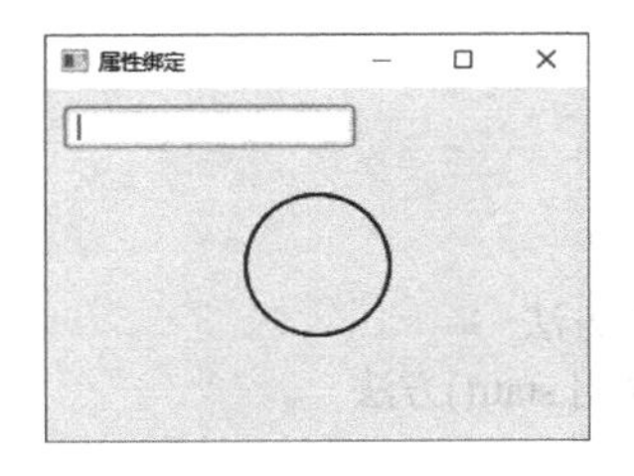

图 11-26 初始状态

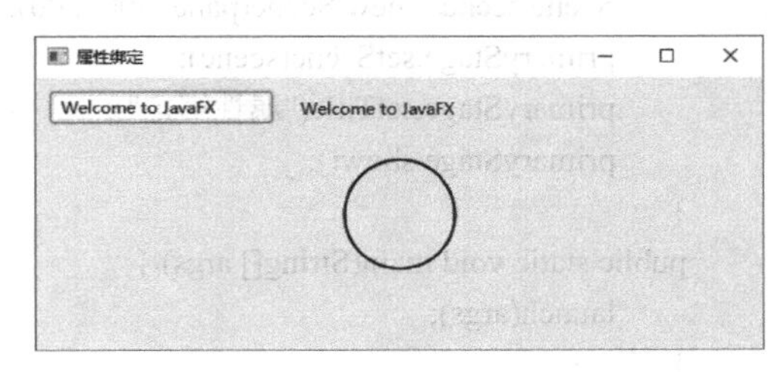

图 11-27 属性绑定的效果

程序设计步骤如下。

在 Eclipse 环境中新建一个 JavaFX 项目 YL11_11，按如下所示编写修改由系统自动创建 Main.java 中的代码。请重点理解代码中的斜体字部分。

```
import javafx.application.Application;
import javafx.stage.Stage;
import javafx.scene.Scene;
import javafx.scene.layout.Pane;
import javafx.scene.layout.HBox;
import javafx.scene.shape.Circle;
import javafx.scene.paint.Color;
import javafx.scene.control.TextField;
import javafx.scene.control.Label;
import javafx.geometry.Insets;
public class Main extends Application {
    @Override
    public void start(Stage primaryStage) {
        Pane pane = new Pane();                              //创建一个 Pane 面板对象 pane
        //在(150, 100)处创建一个半径为 40px 的圆
        Circle c = new Circle(150, 100, 40);                 //使圆最初显示在面板的正中央
        c.setFill(null);                                     //无填充色
        c.setStroke(Color.BLUE);                             //蓝色 2px 边线
        c.setStrokeWidth(2);
        TextField txt = new TextField();                     //创建一个文本框对象
        Label lbl = new Label();                             //创建一个标签对象
        HBox h = new HBox(20);                               //设置 HBox 中各节点的水平间距
        h.setPadding(new Insets(10, 10, 10, 10));            //设置边距
        HBox.setMargin(lbl, new Insets(5, 0, 0, 0));         //使标签下降 5px
        h.getChildren().addAll(txt, lbl);                    //将文本框和标签装入 HBox
        pane.getChildren().addAll(h, c);                     //将 HBox 和圆装入 Pane 面板
        //将标签的 text 属性绑定到文本框的 text 属性，使文本框内容变化时标签中文本同步变化
        lbl.textProperty().bind(txt.textProperty());
        //将圆心 X 坐标值绑定到面板宽度属性的 1/2
        c.centerXProperty().bind(pane.widthProperty().divide(2));
        //将圆心 Y 坐标值绑定到面板高度属性的 1/2
        c.centerYProperty().bind(pane.heightProperty().divide(2));
        Scene scene = new Scene(pane, 300, 200);
        primaryStage.setScene(scene);
        primaryStage.setTitle("属性绑定");
        primaryStage.show();
    }
    public static void main(String[] args) {                 //主方法
        launch(args);                                        //调用 statr()方法
    }
}
```

说明：上例中 centerX、centerY 以及 Pane 对象的 width、height 等均为 DoubleProperty 类型。对这种数值类型的属性，JavaFX 提供有 add()、substract()、multiply 以及 divide()方法，用于对属性值进行加、减、乘、除计算并返回一个新的可绑定属性。

2．可观察对象监听器

可观察对象是指一个 Observable 类的实例（所有绑定属性都是 Observable 类的实例），它包含了一个名为 addListener()的方法，该方法用于为对象添加一个监听器。当对象的值发生变化时，监听器能接收到相关信息（也称为捕获改变），并调用预设的方法对该变化进行处理。

监听器类必须实现 InvalidationListener 接口，并实现继承来的 invalidaed(Observable ov)方法，该方法中包含的代码就是监听到改变时的事件处理代码。

下列代码演示了使用可观察对象监听器的一般编程步骤，代码执行后在控制台窗格中得到的结果如图 11-28 所示。

```
控制台
<已终止> Main (14) [Java 应用程序]
监听到变化：100.0
监听到变化：54.7
```

图 11-28　设置对象监听器

```
import javafx.beans.Observable;
import javafx.beans.property.DoubleProperty;
import javafx.beans.property.SimpleDoubleProperty;
import javafx.beans.InvalidationListener;
…
public class Main extends Application {
    @Override
    public void start(Stage primaryStage) {
        //创建一个可绑定属性（double 数值）对象 d
        // SimpleDoubleProperty 为 DoubleProperty 抽象类的具体实现子类
        DoubleProperty d = new SimpleDoubleProperty();
        d.addListener(new InvalidationListener() {        //为对象 d 添加监听器（匿名内部类方式）
            public void invalidated(Observable ov) {      //监听到 d 的值变化时的处理代码
                //在控制台窗格中显示 d 值变化情况
                System.out.println("监听到变化：" + d.doubleValue());
            }
        });
        d.set(100);            //改变 d 对象的值为 100
        d.set(54.7);           //再次改变 d 对象的值为 54.7
    }
}
```

从代码的运行结果可以看出，DoubleProperty 类型对象 d 的值每次变化都会被监听器捕获，并自动调用类中包含的 invalidated()方法来响应该变化。上述代码中使用匿名内部类的方式注册监听器并处理监听到的变化。若使用 lambda 表达式方式，可将斜体字部分按如下方式进行修改简化。

```
d.addListener(ov -> {
    System.out.println("监听到变化：" + d.doubleValue());
});
```

说明：DoubleProperty、FloatProperty、LongProperty、IntegerProperty 和 BooleanProperty

都是抽象类，它们的具体实现子类为 SimpleDoubleProperty、SimpleFloatProperty、SimpleLongProperty、SimpleIntegerProperty 和 SimpleBooleanProperty，用于创建这些属性的对象。

【演练 11-12】 使用可观察对象监听器实现两个组合框的联动。具体要求如下。

如图 11-29 所示，在窗体中添加两个标签和两个组合框。在表示“省”的组合框 cboProvince 中添加“北京市”“河南省”两个供选项。当用户在 cboProvince 中选择“北京市”时，表示“市”的组合框 cboCity 中的供选项有“海淀区”“朝阳区”“东城区”和“西城区”；当用户在 cboProvince 中选择“河南省”时，cboCity 的供选项自动变成“郑州市”“开封市”“洛阳市”和“许昌市”。

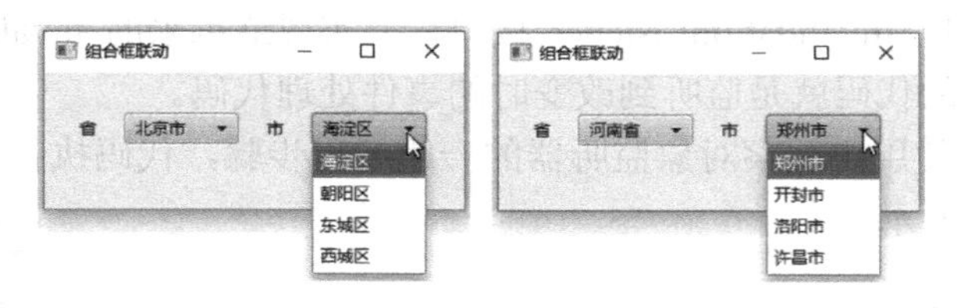

图 11-29　通过监听器设置组合框联动

程序设计步骤如下。

在 Eclipse 环境中新建一个 JavaFX 项目 YL11_12，按如下所示修改由系统自动生成的 Main.java 文件中的代码。

```
import javafx.application.Application;
import javafx.beans.Observable;
import javafx.stage.Stage;
import javafx.scene.Scene;
import javafx.scene.layout.HBox;
import javafx.scene.control.Label;
import javafx.scene.control.ComboBox;
import javafx.collections.ObservableList;
import javafx.geometry.Insets;
import javafx.collections.FXCollections;
public class Main extends Application {                    //主类
    @Override
    public void start(Stage primaryStage) {                //重写继承来的 start()方法
        Label lbl1 = new Label("省");                      //创建“省”标签对象 lbl1
        ComboBox<String> cboProvince = new ComboBox<>();
                                                           //创建“省”组合框 cboProvince
        cboProvince.setValue("北京市");       //设置 cboProvince 组合框的初始文本为“北京市”
        Label lbl2 = new Label("市");         //创建“市”标签 lbl2
        ComboBox<String> cboCity = new ComboBox<>();   //创建“市”组合框 cboCity
        cboCity.setValue("海淀区");           //设置 cboCity 组合框的初始文本为“海淀区”
        //使用可监听泛型集合创建选项列表
        ObservableList<String> itemsP = FXCollections.observableArrayList( "北京市", "河南省");
        ObservableList<String> itemsC1 = FXCollections.observableArrayList(
            "海淀区", "朝阳区", "东城区", "西城区");
        ObservableList<String> itemsC2 = FXCollections.observableArrayList(
```

```
            "郑州市", "开封市", "洛阳市", "许昌市");
        cboProvince.getItems().addAll(itemsP);      //填充“省”组合框
        cboCity.getItems().addAll(itemsC1);         //按“北京市”填充“市”组合的初始供选项
        //为组合框的值属性添加监听器
        cboProvince.valueProperty().addListener((Observable ov) -> {
            //监听到“省”组合框选项改变时执行的代码（处理）
            //lbl.setText("你选择的是：" + cbo.getValue());
            System.out.println("你选择的是：" + cboProvince.getValue());
            cboCity.getItems().clear();         //清除“市”组合框中的现有供选项
            if(cboProvince.getValue()= = "河南省") {
                                                //若用户在“省”组合框中选择了“河南省”
                cboCity.getItems().addAll(itemsC2);     //填充对应的供选项
            }
            if(cboProvince.getValue()= = "北京市") {
                cboCity.getItems().addAll(itemsC1);
            }
            cboCity.setValue(cboCity.getItems().get(0)); //在“市”组合框中显示第一项的文本
        });
        HBox h = new HBox(20);
        h.setPadding(new javafx.geometry.Insets(30, 10, 10, 25));
        h.getChildren().addAll(lbl1, cboProvince, lbl2, cboCity);
        HBox.setMargin(lbl1, new Insets(4, 0, 0, 0));
        HBox.setMargin(lbl2, new Insets(4, 0, 0, 0));
        Scene scene = new Scene(h, 300, 100);
        primaryStage.setTitle("组合框联动");
        primaryStage.setScene(scene);
        primaryStage.show();
    }
    public static void main(String[] args) {                //主方法
        launch(args);                                       //调用 start()方法
    }
}
```

11.5 实训 扑克牌猜数游戏

11.5.1 实训目的

进一步理解 JavaFX 的程序设计方法，掌握常用布局面板，能通过布局面板构建需要的程序界面。掌握标签、文本框、按钮、图像框、图像查看器等常用 UI 组件的使用方法。熟练掌握使用 lambda 表达式编写常用 UI 组件的事件处理方法的编程技术。

11.5.2 实训要求

设计一个能与计算机比猜数的小游戏，具体要求如下。

1）程序启动后显示图 11-30 所示的界面，界面中反放有 3 张由计算机随机抽取的扑克牌。计算机通过随机数猜测这 3 张扑克牌的数字和，并显示到窗体中（如图中显示的“11”，扑克牌的值为 1～13，不区分花色，大小王的值为 0）。用户可在文本框中输入自己认为正确的数值后单击“确定”按钮。

2）用户单击“确定”按钮后，显示图 11-31 所示的界面，亮出 3 张扑克牌的实际值。谁的数值更接近 3 张扑克牌的数值和算谁赢。本局的输赢情况、当前输赢比分及本局 3 张扑克牌的数值和均显示在窗体的标题栏中。单击“再来”按钮，可开始下一局。

3）本游戏允许用户在提交答案前查看 3 张扑克牌中的任意一张，但只能查看一次。如图 11-32 所示，鼠标进入某张扑克牌时，该扑克牌能亮出，鼠标离开后扑克牌重新置于反放状态。此后用户就不能再次查看任何一张扑克牌了。

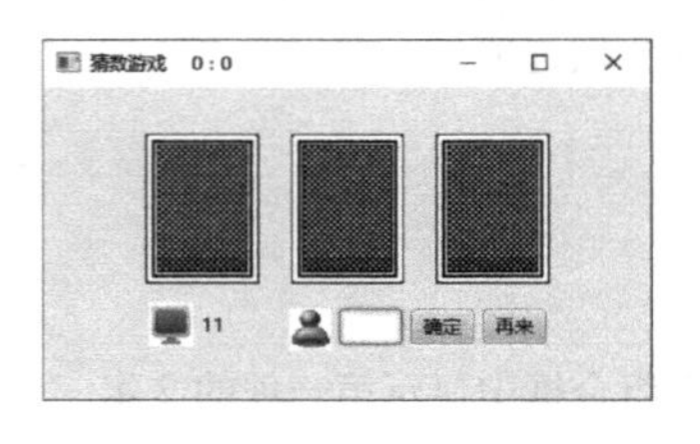

图 11-30　初始界面

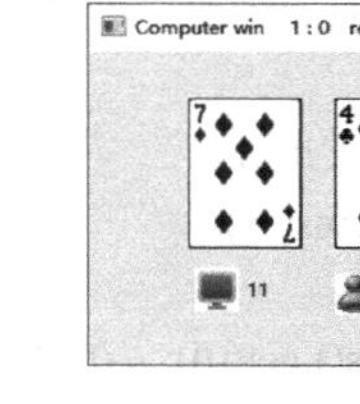

图 11-31　揭晓答案

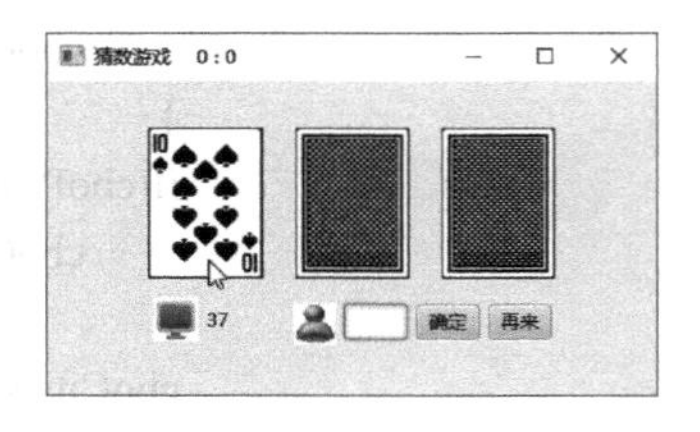

图 11-32　提前查看

已知提供的扑克牌图片文件的命名规则为：每个花色 1～13 排列，大小王为 53 和 54。例如，黑桃 A～黑桃 K 用 1.png～13.png；红桃 A～红桃 K 用 14.png～26.png……显示背面图案的图片文件为 backCard.png。

11.5.3　实训步骤

程序设计步骤如下。

1）在 Eclipse 环境中创建一个 JavaFX 应用程序项目 SX11，将存有 54 张扑克牌及扑克牌反面图案、编程所需小图标文件的 card 文件夹复制到项目文件夹的 src 子文件夹中。复制后要在包资源管理器中刷新项目。

2）根据程序运行结果图，可以使用两个 HBox 和一个 VBox 面板来布局程序界面。在下方的 HBox 中，为了方便调整间距可以在其中再添加两个内部 HBox。设计思路如图 11-33 所示。

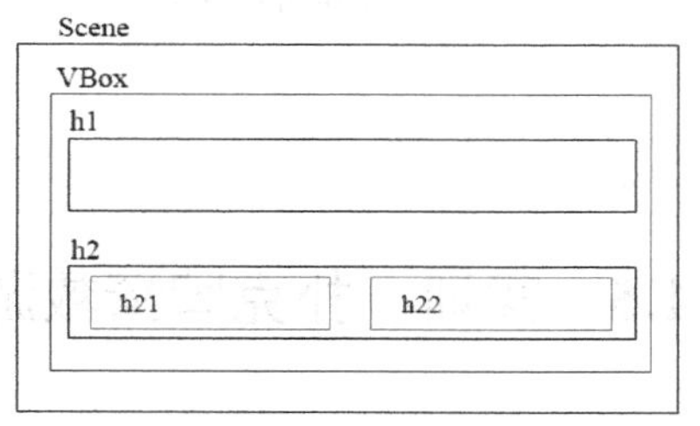

图 11-33　设计界面布局

3）按如下所示编写 Main.java 中的程序代码。

```
import javafx.application.Application;
import javafx.stage.Stage;
import javafx.scene.Scene;
import javafx.scene.layout.HBox;
import javafx.scene.layout.VBox;
import javafx.scene.image.Image;
import javafx.scene.image.ImageView;
import javafx.scene.control.Label;
import javafx.scene.control.TextField;
import javafx.scene.control.Button;
```

```
import java.util.ArrayList;
import javafx.geometry.Insets;
import javafx.geometry.Pos;
public class Main extends Application {          //主类
    //score1、score2 用于存储计算机和用户的当前得分，num 存储提前看牌的次数
    int score1 = 0, score2 = 0, num = 0;
    ArrayList<Integer> list = new ArrayList<>();     //声明一个 ArrayList 泛型集合
    @Override
    public void start(Stage primaryStage) {     //重写继承来的 start()方法
        num = 0;
        if(list.isEmpty()) {
            for (int i = 1; i <= 54; i++) {      //为 list 的各元素赋值，随机数 1～54
                list.add(i);
            }
        }
        java.util.Collections.shuffle(list);      //对泛型集合对象 list 随机排序（洗牌）
        HBox h1 = new HBox(20);                  //设置 HBox 面板中各节点的间距为 10px
        h1.setAlignment(Pos.CENTER);             //设置面板的对齐方式为“居中”
        h1.setPadding(new javafx.geometry.Insets(30, 10, 10, 10));
        ImageView imv1 = new ImageView("card/backCard.png");
        ImageView imv2 = new ImageView("card/backCard.png");
        ImageView imv3 = new ImageView("card/backCard.png");
        h1.getChildren().addAll(imv1, imv2, imv3);
        imv1.setOnMouseEntered(e -> {      //鼠标进入第 1 张扑克牌时执行的事件处理代码
            if(num != 0)   //num 不等于 0 表示用户曾看过某张扑克牌了
                return;
            imv1.setImage(new Image("card/" + list.get(0) + ".png"));
            num = num + 1;
        });
        imv1.setOnMouseExited(e -> {//鼠标离开第 1 张扑克牌时执行的事件处理代码
            imv1.setImage(new Image("card/backCard.png"));
        });
        imv2.setOnMouseEntered(e -> {
            if(num != 0)
                return;
            imv2.setImage(new Image("card/" + list.get(1) + ".png"));
            num = num + 1;
        });
        imv2.setOnMouseExited(e -> {
            imv2.setImage(new Image("card/backCard.png"));
        });
        imv3.setOnMouseEntered(e -> {
            if(num != 0)
                return;
            imv3.setImage(new Image("card/" + list.get(2) + ".png"));
            num = num + 1;
```

```
});
imv3.setOnMouseExited(e -> {
    imv3.setImage(new Image("card/backCard.png"));
});
HBox h2 = new HBox(40);
h2.setAlignment(Pos.CENTER);
ImageView icon1 = new ImageView("card/pc.png");
icon1.setFitWidth(28);
icon1.setFitHeight(28);
Label lblComputer = new Label("", icon1);          //标签中显示表示计算机的图标
HBox.setMargin(lblComputer, new Insets(-4, 0, 0, 0));
//3 张扑克牌的数值和最小为 1，最大为 39
int r = 1 + (int)(Math.random() * 39);             //产生 1～39 的随机整数（包括 1 和 39）
Label lblValue = new Label(r + "");                //显示计算机猜的数字
HBox.setMargin(lblValue, new Insets(3, 0, 0, 0));
HBox h21 = new HBox(5);
h21.getChildren().addAll(lblComputer, lblValue);
ImageView icon2 = new ImageView("card/me.png");
icon2.setFitWidth(26);
icon2.setFitHeight(26);
Label lblMe = new Label("", icon2);                //标签中显示一个小人图标
TextField txtMe = new TextField();
txtMe.setPrefWidth(40);
Button btnOK = new Button("确定");
Button btnAgain = new Button("再来");
HBox h22 = new HBox(5);
h22.getChildren().addAll(lblMe, txtMe, btnOK, btnAgain);
h2.getChildren().addAll(h21, h22);
//“再来”按钮被单击时执行的代码
btnAgain.setOnAction(e -> start(primaryStage));         //直接调用 start()方法
btnOK.setOnAction(e -> {                                //“确定”按钮被单击时执行的代码
    if(txtMe.getText().isEmpty())
        return;
    if(Integer.parseInt(txtMe.getText()) < 1 || Integer.parseInt(txtMe.getText()) > 39)
        return;
    //按随机数控制 3 张扑克牌中显示的图像文件
    imv1.setImage(new Image("card/" + list.get(0) + ".png"));
    imv2.setImage(new Image("card/" + list.get(1) + ".png"));
    imv3.setImage(new Image("card/" + list.get(2) + ".png"));
    int result = 0;
    //根据扑克牌图像文件的编号，计算不按花色时对应的实际数值
    for(int i = 0; i < 3; i++) {
        if(list.get(i) < 13)
            result = result + list.get(i);
        if(list.get(i) > 13 && list.get(i) < 27)
            result = result + list.get(i) - 13;
```

```
            if(list.get(i) > 26 && list.get(i) < 40)
                result = result + list.get(i) - 26;
            if(list.get(i) > 39 && list.get(i) < 53)
                result = result + list.get(i) - 39;
        }
        //Math.abs()方法用于绝对值运算
        if(Math.abs(result - Integer.parseInt(lblvalue.getText())) <
                                    Math.abs(result - Integer.parseInt(txtMe.getText()))) {
            score1 = score1 + 1;
            //字符串中安排了若干空格，用于拉开不同含义文本段之间的距离
            primaryStage.setTitle("Computer win        " +
                                score1 + " : " + score2 + "      result is " + result);
        }
        else if(Math.abs(result - Integer.parseInt(lblvalue.getText())) >
                                    Math.abs(result - Integer.parseInt(txtMe.getText()))) {
            score2 = score2 + 1;
            primaryStage.setTitle("You win     " + score1 + " : " + score2    +
                                                        "      result is " + result);
        }
        else                //Dogfall 表示平局
            primaryStage.setTitle("Dogfall        " + score1 + " : " + score2    +
                                                        "      result is " + result);
    });
    VBox v = new VBox(6);
    v.getChildren().addAll(h1, h2);
    Scene scene = new Scene(v, 380, 200);       //将 HBox 面板装入场景
    primaryStage.setTitle("猜数游戏        " + score1 + " : " + score2);
    primaryStage.setScene(scene);               //将场景装入主窗体
    primaryStage.show();
  }
  public static void main(String[] args) {      //主方法
    launch(args);                               //调用 start()方法
  }
}
```

第 12 章　JavaFX Scene Builder

在本教材第 11 章中介绍了使用 JavaFX 开发图形界面应用程序的基础知识，读者可能已经感觉到了在 JavaFX 中设计一个图形界面的应用程序，需要开发人员完全使用手工的方式设计包括界面布局和功能实现在内的所有代码，很是烦琐。本章介绍的 JavaFX Scene Builder 可以配合 Eclipse 使用，能很好地解决这一问题。使用 JavaFX Scene Builder 可以使开发人员几乎无须编写任何代码，就可以设计出所需的应用程序界面；使开发人员能把主要精力集中在功能实现方面，从而使开发效率得以大幅度的提升。

12.1　JavaFX Scene Builder 概述

JavaFX Scene Builder 是 Oracle 公司推出的一个可视化 JavaFX 界面布局工具，目前其最高版本为 JavaFX Scene Builder 2.0。使用该工具无须编写任何代码，就可以快速地设计出需要的 JavaFX 应用程序界面。

用户可以将 UI 组件拖放到工作区，在图形方式下设置或修改这些组件的属性、应用样式表。所有在 JavaFX Scene Builder 中完成的工作，都会在后台自动生成 FXML 格式的代码，保存退出 JavaFX Scene Builder 后，将得到一个可以与 Java 项目整合到一起的.fxml 文件，从而将 UI 设计与应用程序逻辑绑定起来。

12.1.1　JavaFX Scene Builder 的下载与安装

在使用 JavaFX Scene Builder 之前，首先需要从 Oracle 公司的网站中下载和安装 JavaFX Scene Builder 软件。软件的安装过程很简单，用户只需按屏幕提示逐步进行。

JavaFX Scene Builder 安装完毕后还需要将其整合到 Eclipse 环境中，使之能与 e(fx)clips 配合，以达到快速设计 JavaFX 应用程序界面的目的。

在 Eclipse 环境中执行“窗口”→“首选项”命令，打开图 12-1 所示的对话框，并选择左侧导航栏中的 JavaFX，单击“SceneBuilder executable”右侧的“Browse”按钮，在打开的对话框中选择安装文件夹中的“JavaFX Scene Builder 2.0.exe”后单击“Apply and Close”按钮。

12.1.2　JavaFX Scene Builder 的界面构成

如图 12-2 所示，JavaFX Scene Builder 的界面与大多数 Windows 应用程序相似，也是由菜单栏、工具栏、功能选项卡窗格和工作区窗格组成的。

在 JavaFX Scene Builder 界面的左右两侧以选项卡的形式，排列了一些可选项列表窗格。每个选项卡的最左端都有一个黑色三角标记，当该标记指向右侧时选项卡处于折叠状态，单击选项卡可将其展开，此时黑色三角标记的指向改为向下。选项卡展开后，在其供选项列表的右侧会自动出现一个滚动条，拖动该滚动条可以显示当前可见列表项以外的内容。

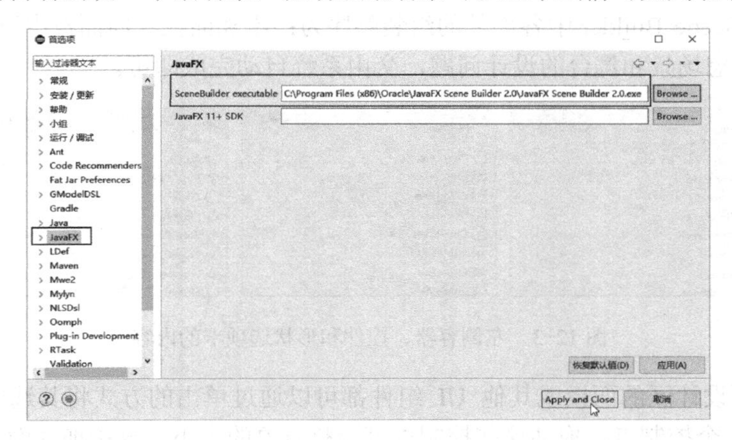

图 12-1 在 Eclipse 中集成 JavaFX Scene Builder

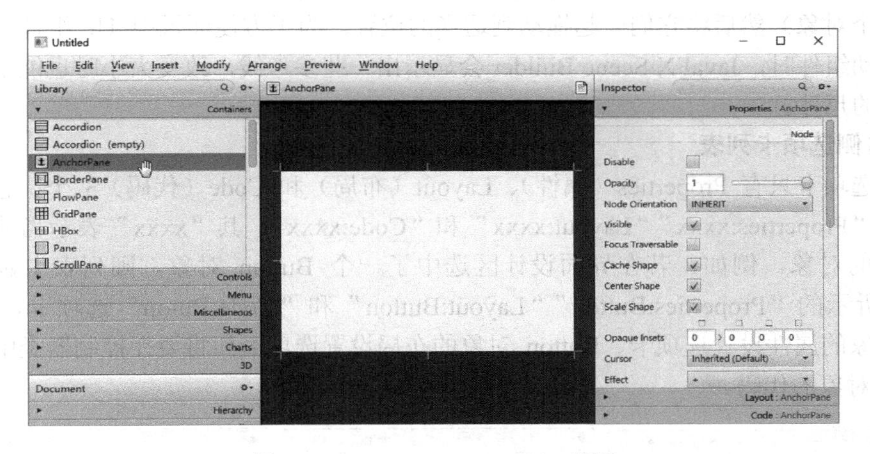

图 12-2 JavaFX Scene Builder 界面

1．左侧选项卡列表

左侧选项卡中最为常用的是 Containers（容器）、Controls（控件）、Shapes（形状）等，如图 12-3 所示。其中 Containers 中存储的是各种用于布局的面板类（如 AnchorPane、GridPane、HBox、VBox 等）；Controls 中则存储着各种 UI 组件类（如 Label、TextField、Button、ImageView 等）。Shapes 选项卡中存储着各种形状类。使用这些组件时，只需要用鼠标将其拖动到已添加到工作区的面板上即可。

2．界面设计区

界面设计区是 JavaFX Scene Builder 的主要工作区。要设计一个应用程序界面，首先需要向工作区添加一个底层面板，使之成为构成界面的所有 UI 组件的容器。至于场景与舞台的概念，在 JavaFX Scene Builder 中没有直接体现，它们的设计与使用完全交给系统自动完成了。

在界面部件添加顺序方面 JavaFX Scene Builder 与使用纯代码方式创建图形界面的方式

不同，使用纯代码方式创建界面时一般要求首先定义较小的 UI 组件，然后定义区域面板并将已定义好的 UI 组件装入其中。最后定义主面板，并将主面板装入场景，将场景装入舞台。在 JavaFX Scene Builder 中各部件的组装顺序为：添加面板→向面板中添加 UI 组件，开发人员无须再考虑场景和舞台的设计问题，交由系统自动完成即可。

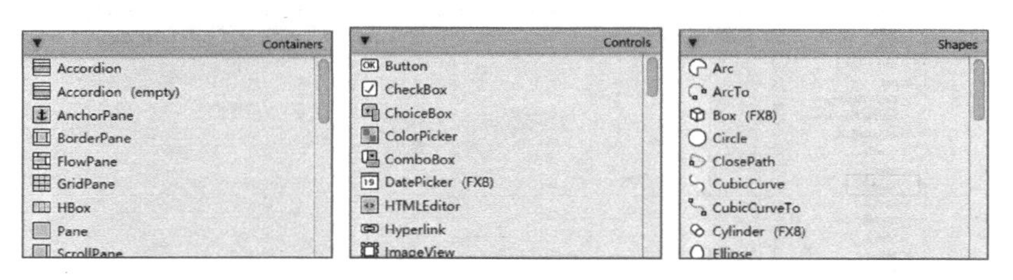

图 12-3　左侧容器、控件和形状选项卡的内容

添加到界面设计区的面板或其他 UI 组件都可以通过单击的方式将其选中，被选中的对象四周将出现 8 个控制点，拖动这些控制点可调整对象的大小。直接拖动面板中的 UI 组件可以将其移动到希望的位置。如果希望同时移动多个对象，可配合〈Ctrl〉键逐个单击（同时选中多个对象）然后将它们一起拖动到适当的位置。为了方便面板中 UI 组件的定位和对齐，在拖动组件时，JavaFX Scene Builder 会显示出一些参考线，改变大小时也能动态地显示当前对象的尺寸。

3．**右侧选项卡列表**

右侧选项卡只有 Properties（属性）、Layout（布局）和 Code（代码）3 个。它们在列表中显示为“Properties:xxxx”“Layout:xxxx”和“Code:xxxx”，其“xxxx”表示当前在界面设计区选中的对象。例如，若在界面设计区选中了一个 Button 对象，则列表中显示的就是图 12-4 所示的“Properties:Button”“Layout:Button”和“Code:Buton”选项卡，分别表示 Button 对象的属性设置选项卡、Button 对象的布局设置选项卡和将要在控制器类中生成的关于 Button 对象的代码。

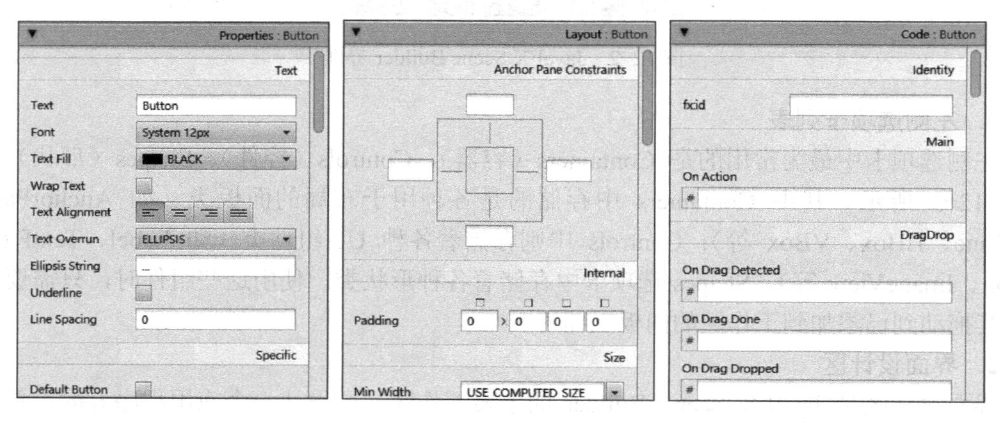

图 12-4　右侧属性、布局和代码选项卡的内容

在 Code 选项卡中主要列出的有 fx:id 属性和该对象所支持的一些事件类型名称，如对于 Button 的“On Action”指的就是按钮的单击事件。需要注意的是，所有需要在代码中调用其事件或读取、设置其值的对象都必须指定其 fx:id 属性，它是对象在程序中的唯一标识。

12.2 使用 JavaFX Scene Builder

使用 JavaFX Scene Builder 来创建应用程序一般需要经过以下几个步骤。

1）创建用于表述界面结构、UI 组件属性和样式的.fxml 文件。

2）向 JavaFX Scene Builder 中添加布局用的面板（.fxml 文件中的根节点）。

3）向面板中添加所需的各种 UI 组件（如标签、文本框、按钮等）。

4）设置各 UI 组件的初始属性。

5）为某些 UI 组件创建所需要的事件处理方法定义。

12.2.1 创建 FXML 文件

在 Eclipse 中使用 JavaFX Scene Builder 需要在创建了 JavaFX 项目后，向项目中添加一个.fxml 文件，该文件用来存储 JavaFX Scene Builder 自动生成的界面代码。

在 Eclipse 包资源管理器中右击项目名称，在弹出的快捷菜单中执行“新建”→“其他”命令，在图 12-5 所示的对话框中选择“New FXML Document”后单击“下一步”按钮。在图 12-6 所示的对话框中输入文件名（如本例的“MyFXML”）后单击“完成”按钮。如果没有在“Package”文本框中指定文件所属的包，则系统默认将其归属于默认包，对应的.fxml 文件中将保存在项目的 src 子文件夹中。文件保存位置在后面的代码编写中还要用到，应特别注意。

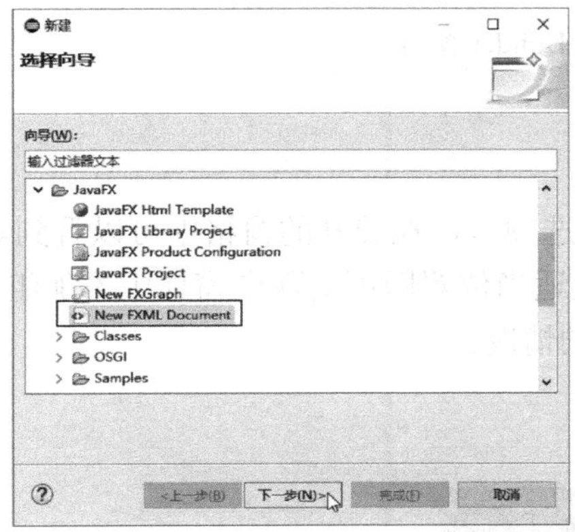

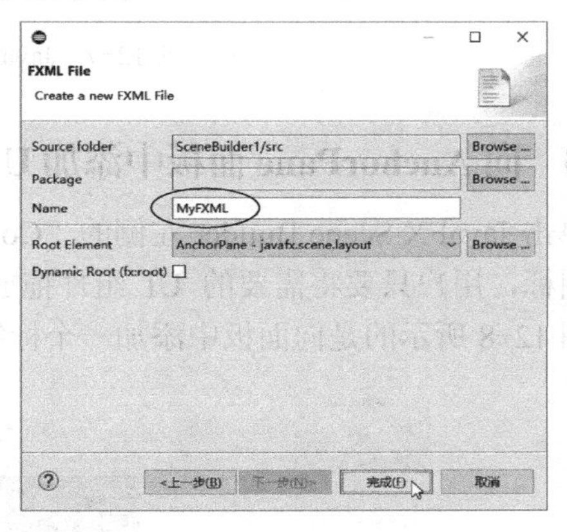

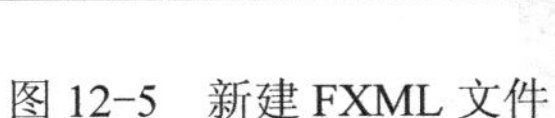
图 12-5　新建 FXML 文件

图 12-6　创建指定名称的 FXML 文件

操作完成后，在包资源管理器的 application 包中可以看到新建的.fxml 文件。右击该文件，在弹出的快捷菜单中执行“Open with SceneBuilder”命令，打开图 12-7 所示的 JavaFX Scene Builder 工作窗口。使用 JavaFX Scene Builder 设计程序界面一般需要经过添加面板、添加 UI 组件、设置组件的初始属性、设置需要响应的组件事件等几个环节。

需要注意的是，程序中使用的.fxml 文件可以如上所示先添加到项目中，再调用 JavaFX Scene Builder 在可视化环境中编辑。也可以将其他项目中的.fxml 文件直接复制到项目文件夹中，再调用 JavaFX Scene Builder 修改。对于熟悉.fxml 编写方法的开发人员也可以双击将其打开到代码编辑窗口，直接修改其中的代码。

12.2.2 添加 AnchorPane 面板

如图 12-7 所示，选择左下方“AnchorPane”（锚面板）后，工作区将出现一个蓝色十字标记，用鼠标移动该标记可以创建一个适当大小的 AnchorPane（拖动鼠标时要注意屏幕上显示的尺寸提示数据）。

AnchorPane 允许用户通过鼠标拖动的方式，设置面板中 UI 组件的 Anchor（锚）位置。例如，要将一个 Button 放置在左下角，离右边 100px、离下边 100px 的位置，则可以使用 AnchorPane 控件。当窗口放大缩小的时候，该 Button 始终在左下角离右边 100px，离下边 100px 的位置。通俗地说，AnchorPane 可以将 UI 组件快速“锚定”到面板中的某个位置。

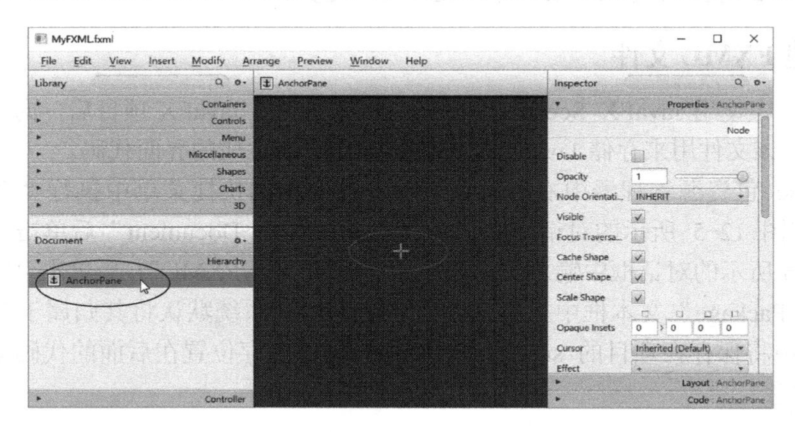

图 12-7 JavaFX Scene Builder 窗口

12.2.3 向 AnchorPane 面板中添加 UI 组件

单击 JavaFX Scene Builder 左侧的“Controls”选项卡，在展开的窗格中可以看到众多 UI 组件图标，用户只要将需要的 UI 组件拖放到面板适当位置即可实现向窗体中添加组件的操作。图 12-8 所示的是向面板中添加一个标签控件的情况。

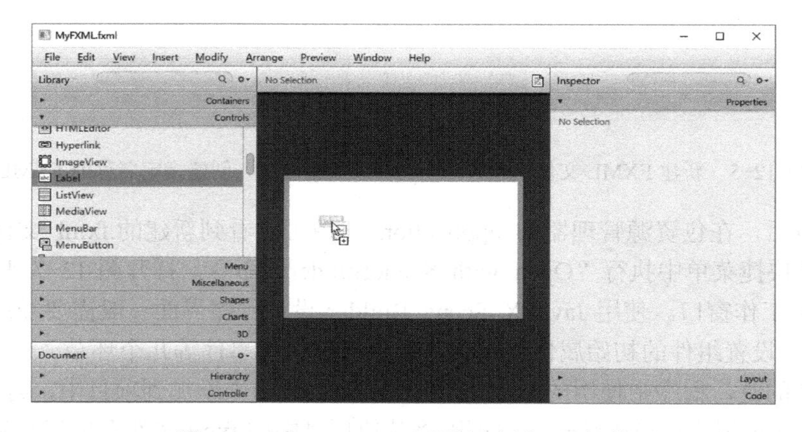

图 12-8 向 AnchorPane 面板中添加 UI 组件

添加到面板中的 UI 组件仍可以通过拖动其边框来调整大小，拖动组件本身来调整布局位置。在面板中拖动组件或其边框时，屏幕上显示有位置或大小参数及用于对齐的参考线，可以帮助用户快速将 UI 组件以适当的大小布局到适当的位置。

12.2.4　设置 UI 组件的初始属性

已布局到 AnchorPane 面板中的 UI 组件需要在 JavaFX Scene Builder 工作区左侧、图 12-9 所示的“Properties”选项卡中设置其初始属性。如标签中显示的文本（Text 属性）、字体（Font 属性）、字体颜色（Text Fill）、是否允许自动换行（Wrap Text）等。图 12-10 所示的是完成设计的一个用户登录界面。

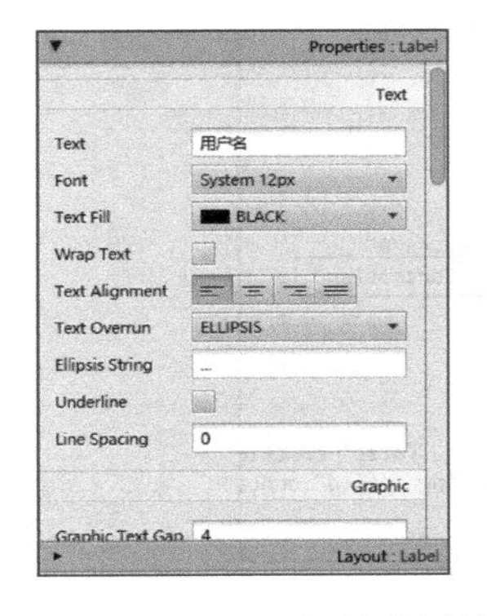

图 12-9　设置 UI 组件的属性

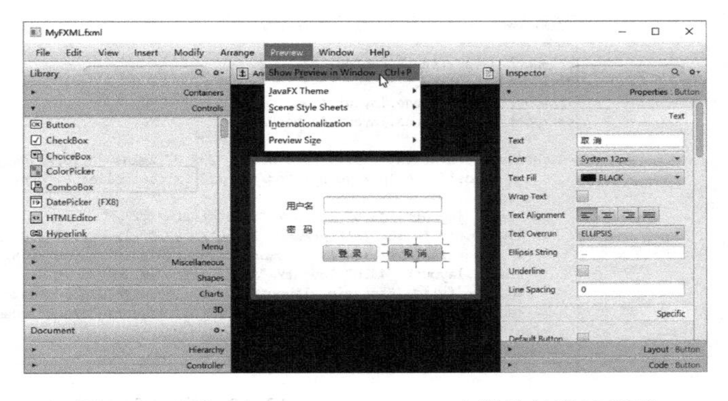

图 12-10　在 JavaFX Scene Builder 中设计的登录界面

初步设计完成后，可以执行“Preview”→“Show Preview in Window”命令，预览设计效果。

12.2.5　创建 UI 组件的事件定义

在 AnchorPane 面板中选中需要设置事件的组件，在工作区右侧选择“Code：xxxx”（xxxx 为组件类型，如 Button、TextField 等）。在打开的设置区中填写“fx:id”，如本例的“btnLogin”（实际上就是前面使用过的组件对象名）。在后面的事件类型列表中为需要的事件定义名称。如图 12-11 所示，本例在“On Action”文本框中填写了“btnLong_Clic”，表示要创建“登录”按钮的单击事件。所有组件的事件按需要设置完毕后，可关闭 JavaFX Scene Builder 窗口，并保存 FXML 文件。

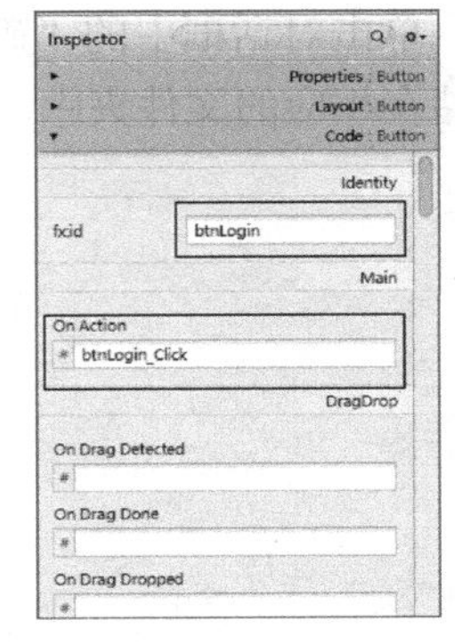

图 12-11　定义组件的事件

12.3　将 FXML 整合到 JavaFX 项目

当需要在 JavaFX Scene Builder 中进行的工作完成后，需要回到 Eclipse 环境中，将由 JavaFX Scene Builder 创建的.fxml 文件整合到当前应用程序中。该过程一般需要经过以下步骤。

1）创建控制器类。

2）在控制器代码文件（.java）中编写前面创建的事件处理方法定义的具体代码。

3）修改由系统自动创建的 Main.java 中的代码，包括与控制器文件和.fxml 文件相关联的代码。

4）运行、测试应用程序，必要时应进一步修改.fxml 文件和控制器代码文件。

12.3.1 创建控制器类

在包资源管理器中双击项目列表中的 FXML 文件，在根节点中添加如图 12-12 所示的内容，表示控制器类是 application 包中的 MyController 类（控制器类名可以根据需要自行定义）。

```
<?xml version="1.0" encoding="UTF-8"?>

<?import javafx.scene.control.*?>
<?import java.lang.*?>
<?import javafx.scene.layout.*?>
<?import javafx.scene.layout.AnchorPane?>

<AnchorPane prefHeight="185.0" prefWidth="299.0" xmlns="http://javafx.com/javafx/8"
        xmlns:fx="http://javafx.com/fxml/1" fx:controller = "application.MyController" >
   <children>
      <Label layoutX="43.0" layoutY="54.0" text="用户名" />
      <TextField fx:id="txtUserName" layoutX="93.0" layoutY="48.0" />
      <PasswordField fx:id="txtPassword" layoutX="93.0" layoutY="81.0" />
      <Label layoutX="43.0" layoutY="87.0" text="密  码" />
      <Button fx:id="btnLogin" layoutX="92.0" layoutY="116.0" mnemonicParsing="false" onActic
      <Button fx:id="btnCancel" layoutX="181.0" layoutY="116.0" mnemonicParsing="false" onAct
   </children>
</AnchorPane>
```

图 12-12 修改.fxml 文件

右击添加的代码，在弹出的快捷菜单中执行“source”→“GenerateController”命令，打开图 12-13 所示的对话框，在指定了类名称，设置了所在包位置，选择了需要创建的对象后，单击对话框中的“确定”按钮生成控制器类。控制器类文件（.java）将按指定的包位置存储在相应的文件夹中。

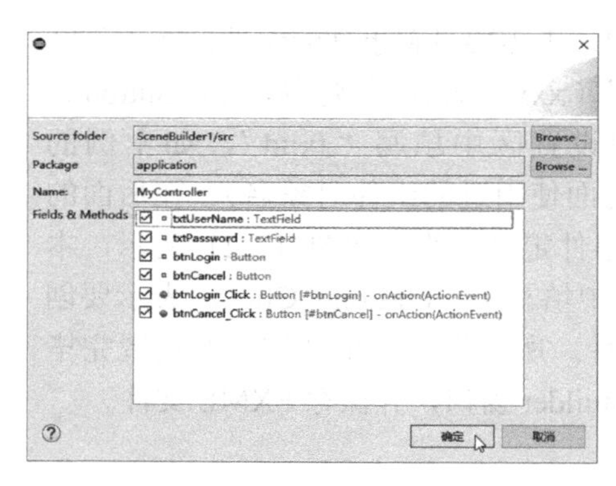

图 12-13 创建控制器类

12.3.2 编写组件的事件处理方法代码

控制器生成后，在指定包中（如本例的 application 包中）会出现一个以控制器类命名的.java 文件，这个就是控制器类的代码文件。双击该文件将其打开到代码编辑窗口，可以看到其中由系统自动生成的代码。其中包含了本例设置的 6 个 UI 组件（2 个标签，1 个文本框，1 个密码框和 2 个按钮）的定义，以及用于处理“登录”按钮和“取消”按钮单击事件的 btnLongin_Click()和 btnCancel_Click()方法的方法头定义。

按如下所示修改 MyController.java 中的代码（只有斜体字部分需要自行书写，其他均由系统自动生成）。

```
import javafx.fxml.FXML;
import javafx.scene.control.Button;
import javafx.scene.control.TextField;
import javafx.scene.control.PasswordField;
import javafx.event.ActionEvent;
import javafx.scene.control.Alert;
public class MyController {
    @FXML
    private TextField txtUserName;
    @FXML
    private PasswordField txtPassword;
    @FXML
    private Button btnLogin;
    @FXML
    private Button btnCancel;
    @FXML
    public void btnLogin_Click(ActionEvent event) {        //“登录”按钮被单击时执行的代码
        //若用户名为“zhangsan”，并且密码为“123456”，则登录“成功”，否则“失败”
        //注意，这里不能使用“==”来比较字符串是否相等
        if(txtUserName.getText().equals("zhangsan") && txtPassword.getText().equals("123456")) {
            showMsg("成功");
        }
        else {
            showMsg("失败");
        }
    }
    @FXML
    public void btnCancel_Click(ActionEvent event) {        //“取消”按钮被单击时执行的代码
        txtUserName.setText("");                            //清空“用户名”和“密码”框中的内容
        txtPassword.setText("");
    }
    public void showMsg(String msg) {                       //自定义方法，用于弹出信息框
        Alert information = new Alert(Alert.AlertType.INFORMATION, "登录" + msg);
        information.setTitle("系统提示");                   //设置信息框标题栏文本
        information.setHeaderText("信息：");                //设置信息框头标题
        information.showAndWait();                          //显示弹窗，同时后续代码挂起
    }
}
```

12.3.3 修改 Main.java 中的代码

按如下所示修改 Main.java 中由系统自动生成的代码。

```
import java.io.IOException;
import javafx.application.Application;
import javafx.fxml.FXMLLoader;
import javafx.stage.Stage;
import javafx.scene.Scene;
import javafx.scene.Parent;
public class Main extends Application {
    @Override
    public void start(Stage primaryStage) {
        try {
            //关于这条语句的含义，请阅读后面的说明
            Parent root = FXMLLoader.load(getClass().getResource("/MyFXML.fxml"));
            Scene scene = new Scene(root);
            primaryStage.setScene(scene);
            primaryStage.setResizable(false);      //设置不能改变窗口大小
            primaryStage.setTitle("请登录");        //设置标题
            primaryStage.show();
        }
        catch (IOException ex) {        //将异常信息显示到弹出信息框中
            MyController myctr = new MyController();
            myctr.showMsg(ex.toString());
        }
    }
    public static void main(String[] args) {
        launch(args);
    }
}
```

说明：

1）Parent 类是 Control 类和 Pane 类的父类，start()方法中使用该类创建了一个来自 MyFXML.fxml 文件中定义的面板对象 root。

2）start()方法中使用了 JavaFX 中提供的 FXMLLoader 类的 load()方法来加载前面编辑好的、用于描述 JavaFX 界面的.fxml 文件，该文件的路径信息一定要书写正确。如本例中将.fxml 文件存储在默认包位置，也就是直接保存到了项目文件夹下的 src 子文件夹中，所以应该表述为"/MyFXML.fxml。

3）语句中 getClass().getResource()是用来获取该类目录资源的语句。由于 getResource()方法抛出一个 IOException 受检查类型的异常，所以整个语句应当放入 try…catch 块中或者使用 throws 语句继续将异常抛出给上级调用者。

实际上通过 JavaFX Scene Builder 创建界面、自动生成控制器类、编写事件处理代码的方式是一种基于 MVC 架构的应用程序设计方法。MVC 是模型（Model）、视图（View）和控制器（Controller）3 个单词的缩写，它意味着这种开发模式将一个应用程序分为模型、视图和控制器 3 个组成部分。

Model 模型表示企业数据和业务规则，是用于存储或处理数据的组件，其主要作用是实现业务逻辑对实体类所对应的数据库的操作，包括数据验证规则、数据访问和业务逻辑等。

Controller 控制器是处理用户交互的类，用于接收用户的输入并调用模型和视图去完成用户的需求。

View 视图是用户操作界面的表现，用于将 Model 中的数据展示给用户或将用户输入的数据提交给 Controller。JavaFX Scene Builder 的主要功能就是帮助用户快速建立 View 视图界面，协助用户创建控制器框架，而 Model 部分则需要用户根据实际问题自行创建。

由于篇幅所限这里不能展开介绍更多的关于 MVC 编程的知识，这里仅将 JavaFX Scene Builder 作为一种快速创建用户界面的工具来使用。

12.3.4 创建多窗体应用程序

多窗体应用程序是指程序中包含有两个及以上的窗体。进行多窗体应用程序设计时，主要应解决的问题是如何实现窗体间的跳转以及如何实现窗体间数据的传递。

窗体间的跳转是指通过在 A 窗体中触发某个事件，使得 A 窗体被隐藏、B 窗体被打开的情形。同样，也可以在 B 窗体中通过触发某个事件恢复 A 窗体的显示，同时关闭 B 窗体（如单击“返回”按钮）。在一个多窗体应用程序中，首先显示的称为主窗体，其他的则称为主窗体的子窗体。应用程序中最后一个显示的窗体被关闭后，整个应用程序的运行就会结束。

窗体间的数据传递是指从 A 窗体跳转到 B 窗体时，B 窗体可以获得 A 窗体中产生的某些数据。

例如，在用户登录界面中用户输入用户名和密码后，提交到数据库进行验证，验证通过后则需要将用户名及用户的级别数据传递给程序的主界面（此时登录界面应当关闭）。在主界面中可以根据登录界面传递来的用户名和用户级别数据，决定该用户在当前界面中可以拥有怎样的权限。用户在主界面中完成了各种操作后，可关闭主界面结束整个程序的运行，也可以注销当前用户的登录状态，返回到登录界面。

【演练 12-1】 多窗体应用程序设计与窗体间的数据传递示例。具体要求如下。

1）应用程序由 A、B 两个窗体组成，程序启动后首先显示图 12-14 所示的由一个文本框和一个按钮组成的 A 窗体。

2）在 A 窗体的文本框中输入一些文本后，单击“跳转到 B 窗体并传递数据”按钮，可关闭 A 窗体；同时显示图 12-15 所示的背景为渐变色的 B 窗体。单击“A 的数据”按钮可将 A 窗体传递来的数据显示到 B 窗体的文本框中，单击“返回”按钮 B 窗体关闭，A 窗体恢复显示。

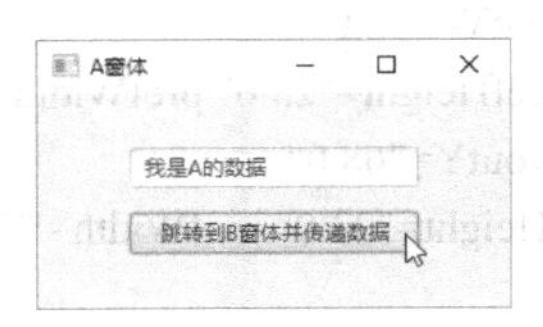

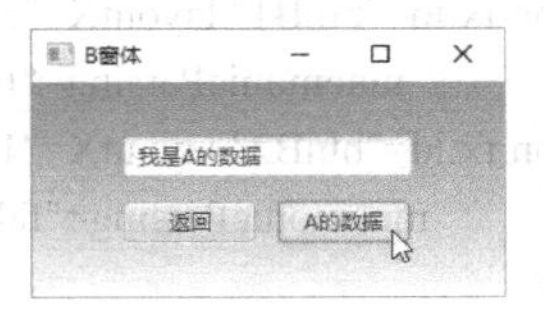

图 12-14 A 窗体　　图 12-15 B 窗体

程序设计步骤如下。

1）在 Eclipse 环境中创建一个 JavaFX 应用程序项目，向其中添加两个分别用来描述 A 窗体和 B 窗体界面的.fxml 文件。

2）在 JavaFX Scene Builder 环境中按要求设计两个窗体的布局（添加 UI 组件，设置窗体大小和组件放置的位置）。为了便于理解，本例中不创建控制器类，仅将 JavaFX Scene Builder 作为一种快速创建界面的工具来使用，程序的功能（数据传递及事件处理等）直接在 Main.java 中实现。

3）编写 Main.java 文件中的代码实现程序功能。

由 JavaFX Scene Builder 创建的.fxml 文件如下所示。

A.fxml 的代码：

```
<?xml version="1.0" encoding="UTF-8"?>
<?import javafx.scene.control.*?>
<?import java.lang.*?>
<?import javafx.scene.layout.*?>
<?import javafx.scene.layout.AnchorPane?>
<AnchorPane prefHeight="122.0" prefWidth="263.0" xmlns:fx="http://javafx.com/fxml/1"
                                                xmlns="http://javafx.com/javafx/8">
    <children>
        <TextField fx:id="txtA" layoutX="51.0" layoutY="31.0" />
        <Button fx:id="btnA" layoutX="51.0" layoutY="68.0" mnemonicParsing="false"
        prefHeight="23.0" prefWidth="161.0" text="跳转到 B 窗体并传递数据" />
    </children>
</AnchorPane>
```

需要注意的是，设计中将 A 窗体中文本框命名为“txtA”，将命令按钮命名为“btnA”。这两个 fx:id 值在后面的编程中还要使用。

B.fxml 的代码：

```
<?xml version="1.0" encoding="UTF-8"?>
<?import javafx.scene.control.*?>
<?import java.lang.*?>
<?import javafx.scene.layout.*?>
<?import javafx.scene.layout.AnchorPane?>
<AnchorPane prefHeight="122.0" prefWidth="263.0" xmlns="http://javafx.com/javafx/8"
                                                xmlns:fx="http://javafx.com/fxml/1">
    <children>
        <TextField fx:id="txtB" layoutX="51.0" layoutY="31.0" />
        <Button fx:id="btnB1" layoutX="51.0" layoutY="68.0"
                mnemonicParsing="false"    prefHeight="23.0" prefWidth="73.0" text="返回" />
        <Button fx:id="btnB2" layoutX="137.0" layoutY="68.0"
               mnemonicParsing="false" prefHeight="23.0" prefWidth="73.0" text="A 的数据" />
    </children>
</AnchorPane>
```

Main.java 中的代码：

```
import javafx.application.Application;
import javafx.fxml.FXMLLoader;
import javafx.scene.Parent;
```

```
import javafx.scene.Scene;
import javafx.scene.control.Alert;
import javafx.scene.control.Button;
import javafx.scene.control.TextField;
import javafx.stage.Stage;
public class Main extends Application {   //Main 主类
    @Override
    public void start(Stage primaryStage){      //实现继承来的 start()方法
        Parent rootA = null;
        try {
            //使用 A.fxml 文件中的定义创建 A 窗体
            rootA = FXMLLoader.load(getClass().getResource("/A.fxml"));
        }
        catch(Exception ex) {
            Data myData = new Data();
            myData.showMsg(ex.toString());        //调用 Data 类的 showMsg()方法显示提示信息
            return;                               //不再执行后续代码
        }
        primaryStage.setTitle("A 窗体");
        primaryStage.setScene(new Scene(rootA));
        primaryStage.show();
        //从 A 窗体的面板中根据 fx:id 值获取节点对象
        Button btnA = (Button)rootA.lookup("#btnA");
        TextField txtA = (TextField)rootA.lookup("#txtA");
        btnA.setOnAction(e ->{ //跳转按钮被单击时执行的事件处理代码
            //将用户输入到文本框的数据保存到 Data 类对象 myData 中
            Data myData = new Data();
            myData.data = txtA.getText();
            txtA.setText("");
            Slave b = new Slave();      //创建 Slave 类（管理第 2 个窗体的类）对象 b
            //调用 Slave 中用于显示第 2 个窗体的 showB()方法，并将 Data 类对象传递过去
            b.showB(myData);            //myData 对象中包含有保存的需要传递的数据
            primaryStage.hide();        //隐藏主窗体
        });
    }
    public static void main(String[] args) {      //主方法
        launch(args);
    }
}
class Slave {                         //用来控制第 2 个窗体的 Slave 类
    void showB(Data myData) {         //用于设置和显示第 2 个窗体的 showB()方法
        Parent rootB = null;
        try {
            //使用 B.fxml 文件中的定义创建 B 窗体
            rootB = FXMLLoader.load(getClass().getResource("/B.fxml"));
```

```
            }
            catch(Exception ex) {
                myData.showMsg(ex.toString());        //使用信息框显示异常信息
                return;                               //不再执行后续代码
            }
            Scene scene = new Scene(rootB);
            Stage stageB = new Stage();
            stageB.setScene(scene);
            stageB.setTitle("B 窗体");
            stageB.show();
            //设置第 2 个窗体的背景色为渐变色，to bottom 表示从上到下
            rootB.setStyle("-fx-background-color: linear-gradient(to bottom, #00aacf,#ffffff);");
            Button btnB1 = (Button)rootB.lookup("#btnB1");
            Button btnB2 = (Button)rootB.lookup("#btnB2");
            TextField txtB = (TextField)rootB.lookup("#txtB");
            Main main = new Main();
            //B 窗体中返回按钮被单击时执行的事件处理代码
            btnB1.setOnAction(e ->{
                    stageB.close();
                      Stage stage = new Stage();
                      main.start(stage);
            });
            //第 2 个窗体中“A 的数据”按钮被单击时执行的事件处理代码
            btnB2.setOnAction(e ->{
                    //读取 A 窗体传递来的数据，并显示到第 2 个窗体的文本框中
                    txtB.setText(myData.data);
            });
        }
    }
    class Data{        //用于保存需要传递的数据和显示出错提示信息框的类 Data
        public String data;
        public void showMsg(String msg) {
            Alert information = new Alert(Alert.AlertType.INFORMATION, msg);
            information.setTitle("系统提示");    //设置信息框标题栏文本
            information.setHeaderText(null);     //不显示信息框头标题
            information.showAndWait();           //显示弹窗，同时后续代码挂起
        }
    }
```

说明：

1）本例由书写在 Main.java 中的 Main、Slave 和 Data 三个类组成。Main 类负责 A 窗体的创建及相关事件处理；Slave 类负责 B 窗体的创建及相关事件处理；Data 类用于保存需要传递的数据和弹出出错提示信息框。

2）本例中数据传递使用了一个专用的 Data 类，实际上若需要传递的数据仅是一些基本类型的数据，就完全可以使用声明在类中的字段变量来保存和传递。

12.4 实训 用户登录与管理的实现

12.4.1 实训目的

进一步掌握通过 JavaFX Scene Builder 快速创建应用程序界面的操作方法，熟练掌握通过.fxml 文件生成程序界面的编程技巧。熟练掌握 UI 组件的常用事件处理方法定义及编程技术，掌握通过 lambda 表达式简化事件监听器类及事件处理方法的编程技术。

进一步理解可监听属性及监听器定义和相关编程技术。熟练掌握多窗体应用程序中窗体跳转和窗体间数据传递的编程技术。熟练掌握通过 jdbc 连接、访问和操作 MySQL 数据库的程序设计技术。

12.4.2 实训要求

本实训要求设计一个具有用户登录和用户管理功能的多窗体应用程序，程序启动后显示图 12-16 所示的登录界面。用户在正确输入了用户名、密码后单击“登录”按钮可跳转到图 12-17 所示的用户管理界面。在登录界面中单击“注册”按钮可无条件跳转到图 12-18 所示的新用户注册界面。程序后台由 MySQL 数据库提供支持，user 表中数据如图 12-19 所示。

图 12-16 登录界面

图 12-17 用户管理界面

图 12-18 新用户注册

uName	uPwd	uLevel
chen	123456	1
lisi	654321	1
wang	123456	0
zhang	123456	1
珠江	123456	0
长江	456123	0
黄河	123456	0

图 12-19 user 表

1．各界面具有的功能要求

（1）登录界面

登录界面由 2 个标签，1 个文本框、1 个密码框和 2 个按钮组件构成。该界面中提供如下一些功能。

1）用户输入用户名和密码并单击“登录”按钮时，程序会将用户数据与 MySQL 数据库 Students 中的 user 表中的数据进行比较。若匹配成功则跳转到用户管理界面，否则弹出图 12-20 所示的出错提示信息框。

2）登录成功转到用户管理界面时，登录界面自动隐藏。

（2）用户管理界面

用户管理界面由 4 个标签、2 个组合框、2 个密码框和 2 个按钮组件构成。该界面提供如下一些功能。

1）界面初始化时，接收从登录界面传递来的当前用户名和用户级别数据，并将其分别作为 2 个组合框的当前选中项。在用户级别组合框中提供“管理员”和“用户”2 个供选项。

2）若当前登录用户的级别为“管理员”，则自动从数据库中获取所有用户名数据填充到用户名组合框。设置监听器使得当用户名组合框中当前选中项变化时，用户级别组合框中的当前选中项能从数据库中检索对应值进行自动匹配。也就是说，用户级别组合框中总能自动显示当前选中用户的级别。

3）若当前登录用户的级别为“用户”，则该用户只能修改自己的密码。此时，用户名和用户级别 2 个组合框不可用（呈灰色显示）。组合框中固定显示当前登录的用户名和对应的用户级别。以用户身份登录时的程序界面如图 12-21 所示。

图 12-20　登录失败提示

图 12-21　普通用户登录后的用户管理界面

4）用于修改密码的 2 个密码框初始化时能自动显示“不修改可以留空”的提示，当密码框得到输入光标时，该提示自动消失。

5）若当前登录用户的级别为“管理员”，则可在用户名组合框中选择了某用户后，单击“删除”按钮将其从数据库中删除。当普通用户登录时，“删除”按钮不可用（呈灰色显示）。

（3）用户注册界面

用户注册界面由 1 个文本框、2 个密码框和 2 个按钮组件构成。该界面提供如下一些功能。

1）新用户在填写了用户名、密码并确认了密码后单击“提交”按钮时，程序会检测用户名是否已存在于数据库中，2 次输入的密码是否相同等；若出现错误将显示图 12-22 所示的信息框。通过检测后会将数据保存到数据库，并显示图 12-23 所示的注册成功信息框。

图 12-22　出错提示信息框

图 12-23　注册成功

2）单击界面中“返回”按钮可关闭当前注册界面，返回到登录界面。

2．项目包含的类设计

项目中包含有如下一些用于界面控制、事件处理、数据库操作和数据存储的类。

1）Main（主类）：该类用于管理“登录”界面的显示、隐藏及界面中各 UI 组件的事件处理。该类通过调用 Main.fxml 来形成登录界面。

2）Edit：该类用于管理“用户管理”界面的显示及界面中各 UI 组件的事件处理。该类通过调用 Edit.fxml 来形成用户管理界面。

3）Reg.java：该类用于管理“用户注册”界面的显示、关闭及界面中各 UI 组件的事件处理。该类通过调用 Reg.fxml 来形成用户注册界面。

4）DBH：该类是一个数据库操作类，其他各类对数据库的所有增、删、改、查操作都要通过该类提供的相应方法来实现。此外，该类还提供了一个供所有其他类调用的、用于弹出信息框的方法。建立 jdbc 连接所需数据存储在项目文件夹下的 dbDriver。

5）User 类：该类实际上是一个 user 数据表的实体类，用于存储用户属性相关的数据。

12.4.3　实训步骤

1．通过 JavaFX Scene Builder 设计程序界面

1）在 Eclipse 环境中新建一个 JavaFX 应用程序项目 SX12，向项目中添加 3 个分别用于构成登录、用户管理和用户注册窗体的.fxml 文件（Main.fxml、Edit.fxml 和 Reg.fxml）。在项目文件中新建一个名为 dbDriver 的子文件夹，将存有数据库连接所需数据的 db.txt 文件和 MySQL 数据库驱动包复制到其中，并参照第 8 章中介绍的方法将数据库驱动添加到项目中。

2）用 JavaFX Scene Builder 分别打开上述.fxml 文件，按要求布局登录、用户管理和用户注册界面。在本步骤中要特别注意，为所有需要在程序中调用的 UI 组件添加 fx:id 属性值。本实训中将所有事件的定义与控制界面的相关代码都写在了界面管理类中，不要求创建对应的控制器类。

2．编写数据库操作类 DBH（DBH.java）的代码

DBH.java 中的代码如下所示。

```
import java.io.File;
import java.io.FileNotFoundException;
import java.sql.*;
import java.util.ArrayList;
import java.util.Scanner;
import javafx.scene.control.Alert;
public class DBH {
    public Connection conn;          //类的字段
    public Statement stmt;
    public DBH() throws FileNotFoundException, SQLException{          //构造方法
        //如图 12-24 所示，db.txt 中存储有数据库 IP、数据库名、用户名和用户密码等数据
        File f = new File("dbDriver/db.txt");
        Scanner read = new Scanner(f);
        String dbIP = read.nextLine();
        String db = read.nextLine();
        String user = read.nextLine();
        String pwd = read.nextLine();
        read.close();
        String url = "jdbc:mysql://" + dbIP + "/" + db + "?serverTimezone=GMT%2B8";
        //通过 url 字符串、user（用户名）和 pwd（密码）为 conn 字段赋值
        conn = DriverManager.getConnection(url, user, pwd);
        stmt = conn.createStatement();          //通过 conn 字段为 stmt 字段赋值
    }
```

```
db.txt - 记事本
文件(F) 编辑(E) 格式(O) 查看(V) 帮助(H)
localhost
Students
admin
123456
```

图 12-24　db.txt 的内容

```
public void showMsg(String msg String type) {          //用于弹出信息框
    Alert information = null;
    if(type.equals("w")) {
        information = new Alert(Alert.AlertType.WARNING, msg);    //弹出警告框
    }
    if(type.equals("i")) {
        information = new Alert(Alert.AlertType.INFORMATION, msg);    //弹出信息框
    };
    information.setTitle("系统提示");             //设置信息框标题栏文本
    information.setHeaderText(null);             //不显示信息框头标题
    information.showAndWait();                   //显示弹窗，同时后续代码挂起
}

public int dml(String sql) {              //添加、删除或修改一条记录
    int num = 0;
    try {
        //executeUpdate()方法的返回值为受影响的记录数
        num = stmt.executeUpdate(sql);
    }
    catch(Exception ex) {
        showMsg(ex.toString(), "w");    //参数“w”表示要弹出一个警告框
    }
    return num;
}
//用于查询记录的 query()方法，返回值为一个 User 类型的 ArrayList 泛型集合
public ArrayList<User> query(String sql) {
    ArrayList<User> list = new ArrayList<>();
    try {
        ResultSet rs = stmt.executeQuery(sql);
        while(rs.next()) {
            //根据用户名和用户级别创建用户对象
            User u = new User(rs.getString(1), rs.getInt(2));
            //将符合条件的用户对象存储在 ArrayList 集合中，最后返回给调用语句
            list.add(u);
        }
    }
    catch(SQLException ex) {
        showMsg(ex.toString(), "w");
    }
    return list;
}
//用于获取数据表中所有用户名的 getName()方法，返回值是一个 ArrayList 类型的泛型集合
public ArrayList<String> getName(String sql)   {
    ArrayList<String> list = new ArrayList<>();
    try {
        ResultSet rs = stmt.executeQuery(sql);
```

```
            while(rs.next()) {
                list.add(rs.getString(1));
            }
        }
        catch(SQLException ex) {
            showMsg(ex.toString(), "w");
        }
        return list;
    }
    //根据用户名返回用户级别的 getLevel()方法，返回值为一个 int 类型的整数
    public int getLevel(String sql) {
        int level = 0;          //返回 0 表示用户为普通用户，返回 1 表示用户为管理员
        try {
            ResultSet rs = stmt.executeQuery(sql);
            rs.next();          //将记录指针指向第一条记录
            level = rs.getInt("uLevel");
        }
        catch(SQLException ex) {
            showMsg(ex.toString(), "w");
        }
        return level;
    }
}
```

3．编写 User 类（User.java）的代码

```
public class User {                         //与 MySQL 数据库中 user 表对应的实体类
    public String uName, uPwd;
    public int uLevel;
    public User(){};                        //空构造方法
    public User(String n, int l) {          //可以为 uName 和 uLevel 属性赋值的构造方法
        uName = n;
        uLevel = l;
    }
}
```

4．编写 Main.java 中的代码

```
import javafx.application.Application;
import javafx.fxml.FXMLLoader;
import javafx.stage.Stage;
import javafx.scene.Parent;
import javafx.scene.Scene;
import javafx.scene.control.Button;
import javafx.scene.control.TextField;
public class Main extends Application {  //主类
    DBH dbh;   //声明一个数据库操作类 DBH 的字段
    @Override
```

```
    public void start(Stage primaryStage) {     //实现继承来的 start()方法
        Parent rootLogin = null;
        try {
            dbh = new DBH();            //创建一个数据库操作类对象
            //根据 Login.fxml 创建 Parent 类型的面板
            rootLogin = FXMLLoader.load(getClass().getResource("/Login.fxml"));
            Scene scene = new Scene(rootLogin);
            primaryStage.setScene(scene);
            primaryStage.setResizable(false);       //设置不能改变窗口大小
            primaryStage.setTitle("请登录");        //设置标题
            primaryStage.show();                    //显示登录窗体
        }
        catch(Exception ex) {
            //调用数据库操作类中的弹出信息框方法，显示异常信息
            dbh.showMsg(ex.toString(), "w");
            return;         //不再执行后续代码
        }
        //获取面板中需要使用的 UI 组件对象，要注意在 fx:id 值前加“#”号
        TextField txtName = (TextField)rootLogin.lookup("#txtName");
        TextField txtPwd = (TextField)rootLogin.lookup("#txtPwd");
        Button btnLogin = (Button)rootLogin.lookup("#btnLogin");
        Button btnReg = (Button)rootLogin.lookup("#btnReg");
        btnLogin.setOnAction(e -> {         // “登录”按钮被单击时的事件处理代码
            //根据用户输入的用户名和密码查询数据库
            String sql = "select uName, uLevel from user where uName='" +
                                txtName.getText() + "' and uPwd='" + txtPwd.getText() + "'";
            if(dbh.query(sql).size() != 0) {  //返回的 ArrayList 长度不为 0 表示有符合条件的记录
                Edit edit = new Edit();
                //调用 Edit 类的 showEdit 方法，显示用户管理窗口，并传递用户名和级别
                edit.showEdit(dbh.query(sql));
                primaryStage.hide();        //隐藏登录窗口
            }
            else {
                dbh.showMsg("用户名或密码错", "w");
            }
        });
        btnReg.setOnAction(e -> {       //注册按钮被单击时的事件处理代码
            Reg reg= new Reg();
            reg.showReg();              //调用 Reg 类中的 showReg()方法，显示注册窗口
            primaryStage.hide();        //隐藏登录窗口
        });
    }
    public static void main(String[] args) {     //主方法
        launch(args);                           //调用 start()方法
    }
}
```

5．编写 Edit 类（Edit.java）的代码

由 Edit 类管理和控制的用户管理界面中，2 个密码框在初始化时显示有“不修改可留空”的提示信息，如图 12-25 所示。该提示无须在本类中通过代码进行设置，可在 JavaFX Scene Builder 中打开 Edit.fxml 后选中密码框，在右侧“Properties”选项卡中填写“Prompt Text”属性值或直接修改 Edit.fxml 文件，在相应的位置上添加“promptText = xxxx”的属性设置语句即可。

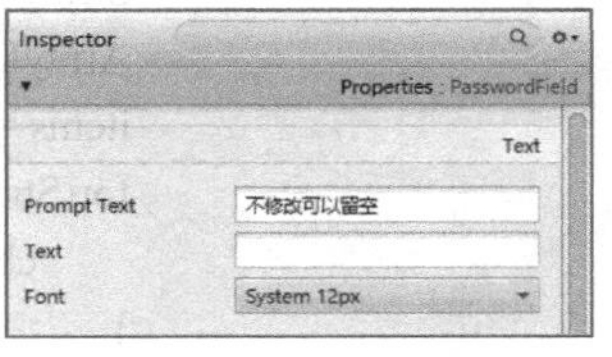

图 12-25　设置密码框的提示

```
import java.util.ArrayList;
import javafx.beans.Observable;
import javafx.fxml.FXMLLoader;
import javafx.scene.Parent;
import javafx.scene.Scene;
import javafx.scene.control.Button;
import javafx.scene.control.ComboBox;
import javafx.scene.control.PasswordField;
import javafx.stage.Stage;
public class Edit {          //用于管理“用户管理”界面的 Edit 类
    DBH dbh;
    @SuppressWarnings("unchecked")
    //showEdit()方法接收的 ArrayList 类型的参数中包含有当前登录用户的用户名和级别
    public void showEdit(ArrayList<User> list){
        Stage sEdit = new Stage();
        Parent rootEdit = null;
        try {
            dbh = new DBH();   //创建一个数据库操作类对象
            rootEdit = FXMLLoader.load(getClass().getResource("/Edit.fxml"));
        }
        catch(Exception ex) {
            dbh.showMsg(ex.toString(), "w");
            return;
        }
        Scene scene = new Scene(rootEdit);
        sEdit.setScene(scene);
        sEdit.setResizable(false);
        sEdit.setTitle("用户管理");
        sEdit.show();
        ComboBox<String> cboName = (ComboBox<String>)rootEdit.lookup("#cboName");
        ComboBox<String> cboLevel = (ComboBox<String>)rootEdit.lookup("#cboLevel");
        Button btnEdit = (Button)rootEdit.lookup("#btnEdit");
        Button btnDel = (Button)rootEdit.lookup("#btnDel");
        PasswordField txtPwd1 = (PasswordField)rootEdit.lookup("#txtPwd1");
        PasswordField txtPwd2 = (PasswordField)rootEdit.lookup("#txtPwd2");
        //从传递来的参数中提取出当前登录用户对象（包含用户名和密码）
        User u = list.get(0);
```

```
cboName.setValue(u.uName);  //将当前用户名显示到用户名组合框中
cboLevel.getItems().addAll("管理员", "用户");
if(u.uLevel = = 1) {        //获取当前登录用户的级别，1--管理员，0--用户
    cboLevel.setValue("管理员");
    String sql = "select uName from user";
    ArrayList<String> items = null;
    items = dbh.getName(sql);
    for(String e : items) {        //将所有用户名添加到用户名组合框中
        cboName.getItems().add(e);
    }
}
else {
    cboLevel.setValue("用户");              //设置级别组合框中当前选中项为“用户”
    cboName.setDisable(true);               //用户名组合框不可用
    cboLevel.setDisable(true);              //用户级别组合框不可用
    btnDel.setDisable(true);                //删除按钮不可用
}
btnEdit.setOnAction(e -> {                  //单击修改按钮时执行的事件处理代码
    if(!txtPwd1.getText().equals(txtPwd2.getText())) { //两次输入的密码不相同
        return;    //不再执行后续语句
    }
    String sql = "";
    if(u.uLevel = = 1) {          //如果当前登录用户为管理员，同时修改密码和级别
        int level = 0;            //级别为用户
        if(cboLevel.getValue()= = "管理员") {
            level = 1;  //级别为管理员
        }
        //如果密码框不为空需要同时修改密码和级别，为空则只修改级别
        if(!txtPwd1.getText().equals("")) {
            sql ="update user set uPwd='" + txtPwd1.getText() +
                    "', uLevel=" + level + " WHERE uName='" + cboName.getValue() + "'";
        }
        else {
            sql ="update user set uLevel=" + level +
                                " WHERE uName='" + cboName.getValue() + "'";
        }
    }
    else {
        if(txtPwd1.getText().equals("")) {
            dbh.showMsg("不能修改成空密码", "w");
            return;      //不再执行后续语句
        }
        sql ="update user set uPwd='" + txtPwd1.getText() +
                                "' WHERE uName='" + cboName.getValue() + "'";
    }
    if(dbh.dml(sql) != 0)
```

```
                dbh.showMsg("修改成功", "i");          //参数“i”表示弹出信息框
            else
                dbh.showMsg("修改失败", "w"); //参数“w”表示弹出警告框
        });
        btnDel.setOnAction(e -> {
            String sqlDel = "delete from user where uName='" + cboName.getValue() + "'";
            if(dbh.dml(sqlDel) != 0) {
                dbh.showMsg("删除成功", "i");
                //清除用户名组合框中的被删除项
                cboName.getItems().removeAll(cboName.getValue());
            }
            else
                dbh.showMsg("删除失败", "w");
        });
        //设置监听器在用户名组合框中选项变化时，使
        //级别组合框的显示值能同步自动变化为当前用户的对应级别
        cboName.valueProperty().addListener((Observable ov) -> {
            String sql = "select uLevel from user where uName='" + cboName.getValue() + "'";
            String level = "用户";
            if(dbh.getLevel(sql) = = 1)       //获取当前所选用户的级别
                level = "管理员";
            cboLevel.setValue(level);
        });
    }
}
```

6．编写 Reg 类（Reg.java）的代码

```
import javafx.fxml.FXMLLoader;
import javafx.scene.Parent;
import javafx.scene.Scene;
import javafx.scene.control.Button;
import javafx.scene.control.PasswordField;
import javafx.scene.control.TextField;
import javafx.stage.Stage;
public class Reg {        //用于管理和控制“用户注册”界面的 Reg 类
    DBH dbh;
    public void showReg(){          //用于显示注册窗口的 showReg()方法
        Stage sReg = new Stage();
        Parent rootReg = null;
        try {
            dbh = new DBH();
            rootReg = FXMLLoader.load(getClass().getResource("/Reg.fxml"));
        }
        catch(Exception ex) {
            dbh.showMsg(ex.toString(), "w");
            return;
        }
```

```
        Scene scene = new Scene(rootReg);
        sReg.setScene(scene);
        sReg.setResizable(false);
        sReg.setTitle("用户注册");
        sReg.show();
        TextField txtName = (TextField)rootReg.lookup("#txtName");
        PasswordField txtPwd1 = (PasswordField)rootReg.lookup("#txtPwd1");
        PasswordField txtPwd2 = (PasswordField)rootReg.lookup("#txtPwd2");
        Button btnSub = (Button)rootReg.lookup("#btnSub");
        Button btnBack = (Button)rootReg.lookup("#btnBack");
        btnSub.setOnAction(e -> {     //“提交”按钮被单击时执行的事件处理代码
            //用户名、密码或确认密码框中没有输入数据
            if(txtName.getText().equals("") || txtPwd1.getText().equals("") ||
                                            txtPwd2.getText().equals("")) {
                dbh.showMsg("用户名和密码不能为空", "w");    //弹出警告框
                return;    //不再执行后续代码
            }
            //如果密码和确认密码框中的文本不相同
            if(!txtPwd1.getText().equals(txtPwd2.getText())) {
                dbh.showMsg("两次输入的密码不相同", "w");
                return;    //不再执行后续代码
            }
            String sql = "select uName, uLevel from user where uName ='" + txtName.getText() + "'";
            if(dbh.query(sql).size() != 0) {   //调用 DBH 类的 query()方法查询用户是否已存在
                dbh.showMsg("用户名已存在，请更换", "w");
                return;
            }
            sql = "insert into user(uName, uPwd, uLevel) value('" +
                                txtName.getText() + "', '" + txtPwd1.getText() + "', 0)";
            if(dbh.dml(sql) != 0) {     //dbh.dml()方法的返回值为受影响的记录数
                dbh.showMsg("用户 " + txtName.getText() + " 注册成功", "i");
                txtName.setText("");
                txtPwd1.setText("");
                txtPwd2.setText("");
            }
            else {
                dbh.showMsg("注册失败", "w");
            }
        });
        btnBack.setOnAction(e -> {    //“返回”按钮被单击时执行的事件处理代码
            sReg.close();         //注册窗体关闭
            Stage stage = new Stage();
            Main main = new Main();
            main.start(stage);    //调用主类的 start()方法显示登录窗口
        });
    }
}
```